HaaS物联网设备云端一体开发框架

AliOS Things最佳实践

阿里云IoT HaaS技术团队◎编著

電子工業出版社
Publishing House of Electronics Industry
北京•BEIJING

内 容 简 介

阿里云 IoT HaaS（Hardware as a Service）物联网设备云端一体低代码开发框架集合阿里云、达摩院、平头哥相关技术，基于数亿台物联网设备接入经验，提供积木式硬件开发能力，实现低代码快速开发，帮助中小开发者聚焦业务，实现设备安全上云，加速设备创新迭代。

本书主要对 HaaS 开发框架中的技术进行详细的介绍，主要包括 HaaS 云端一体低代码开发框架、国产全自研 AliOS Things 物联网操作系统、物联网云平台、IoT Studio 物联网应用开发新模式、HaaS 轻应用开发新模式，以及轻应用进行 HaaS 云端一体实战等内容。全书覆盖了从 HaaS 硬件生态及积木、物联网操作系统、物联网设备端轻应用开发、物联网设备上云到物联网应用开发新模式的全链路知识，并且结合的都是行业应用新案例，呈现的是通过项目实战积累的技术经验和解决方案，参考价值高。

HaaS 是阿里云 IoT 部门针对物联网开发痛点推出的特色解决方案，目前已经在多个行业中有比较广泛的应用，是物联网行业的开发创新模式。本书适合物联网开发者、物联网操作系统爱好者、嵌入式开发者及计算机相关专业学生参考阅读。

未经许可，不得以任何方式复制或抄袭本书之部分或全部内容。
版权所有，侵权必究。

图书在版编目（CIP）数据

HaaS 物联网设备云端一体开发框架：AliOS Things 最佳实践 / 阿里云 IoT HaaS 技术团队编著.
—北京：电子工业出版社，2022.3

（阿里巴巴集团技术丛书）

ISBN 978-7-121-42803-6

Ⅰ. ①H… Ⅱ. ①阿… Ⅲ. ①物联网－系统开发 Ⅳ. ①TP393.4②TP18

中国版本图书馆 CIP 数据核字（2022）第 018380 号

责任编辑：孙学瑛　　　　特约编辑：田学清
印　　刷：天津千鹤文化传播有限公司
装　　订：天津千鹤文化传播有限公司
出版发行：电子工业出版社
　　　　　北京市海淀区万寿路 173 信箱　　　　邮编：100036
开　　本：720×1000　1/16　印张：28.75　字数：577 千字
版　　次：2022 年 3 月第 1 版
印　　次：2022 年 3 月第 1 次印刷
定　　价：150.00 元

凡所购买电子工业出版社图书有缺损问题，请向购买书店调换。若书店售缺，请与本社发行部联系，联系及邮购电话：（010）88254888，88258888。

质量投诉请发邮件至 zlts@phei.com.cn，盗版侵权举报请发邮件至 dbqq@phei.com.cn。

本书咨询联系方式：010-51260888-819，faq@phei.com.cn。

编委会

（按章节内容先后排序）

王晓冬　胡俊锋　王向然　梁超众　汪　贇

徐庆江　童武胜　熊　健　林世勤　刘勇锋

罗　奎　陆洲町　肖月振　沈　平　万国建

葛　伟　王　路　张宇晨　黄　震　尹　鑫

姚秋果　石亚军　陈文军　毛熠璐　黄启生

罗继列　王　震　戴胜平　张　辉　郑剑杰

郑　方　慕银锁　朱兴龙　王国亮　李进良

王　森　廖怡然　符　浩　于龙华

序

物联网概念的出现已经有几十年了，曾经喧嚣过，也曾经落寞过，起起落落很多次。最近几年，万物互联，万物智能又随着 AI 技术再次火热起来。虽然概念火了，但还是新瓶装旧酒，没有新花样。例如，物联网的经典分层结构仍然是感知层、网络层、平台层和应用层；物联网的端到端全链路也无非是云端、网络、边缘、设备端（包括 App 端），这些简称云网边端。当然，这些方面没有太大变化恰恰说明了人们对物联网认知的一致性，反而是好事，但也说明了物联网领域这么多年缺乏重大创新。为了解决碎片化问题，提高物联网设备云端一体开发效率，让开发者聚焦业务创新，我们提出了一套全新的物联网开发框架。

在介绍这套开发框架之前，先回顾一下历史。从物联网概念被提出到现在，从来就没有一套统一的开发框架来提高开发效率，开发者都是从零开始做产品、项目的，这些技术沉淀和积累都没有形成框架并共享给全社会使用。而其他很多领域，如前端领域就非常不一样，前端领域有 3 大开发框架，即 Vue、React 和 Angular。特别是 Vue 开发框架，在我国甚至全世界都有很多拥趸。其实开发框架并不神秘，它就是一个提高开发效率的工具，并且可以提供更多功能赋能开发者。

看一个真实的案例。我有一个朋友，他创业做了一款共享餐巾纸盒，是如何做的呢？我给大家先介绍一下用户场景，在一个餐厅里，每张桌子上都会有一个共享餐巾纸盒，它是通过 Wi-Fi 和路由器连接上云的，用户通过 App 扫描这个纸盒上面的二维码，可以有偿使用里面的餐巾纸。就是这么一个简单的智能硬件，就包含了以下 4 块工作内容：第一是硬件阶段，需要制作控制电路板，并且要调试 Wi-Fi 性能，还要解决供应链交付问题；第二是软件阶段，需要开发相应的硬件驱动；第三是服务阶段，需要投入人力做云端开发；第四是 App 阶段，需要设计好人机交互界面。做这样一个简单的智能硬件，需要搭建至少 10 人以上的小团队，因此投入产出比极低，最终公司倒闭了。因此，我有一个 HaaS（Hardware as a Service）的梦想，即通过 HaaS

帮助 AIoT（人工智能物联网）中小开发者聚焦业务，降低开发门槛，快速组装软/硬件积木，实现设备安全上云，加速 AIoT 的创新迭代。

HaaS 是一种物联网设备云端一体低代码开发框架，其战略目的是通过数量收敛的硬件积木（如主控板、Wi-Fi+BT Combo 模组、各种通过 HaaS 认证的传感器）和丰富、标准的软件积木（包括各种组件、服务）持续降低物联网的开发门槛，让用户（包括 C/C++、JavaScript、Python 用户）可以快速用软/硬件积木搭建应用，并且不用关心任何硬件调试（如根据硬件 ID 自动加载硬件驱动代码），而只需关注“云端钉”（阿里云、设备端及钉钉）的业务逻辑代码。这里的硬件积木主控板需要不断地收敛为一个最小集合，降低用户选择成本，但是传感器可以越来越丰富；这里的软件积木是一个应用市场，需要越来越丰富，但是必须标准化，如 JSAPI、驱动代码等，一定要达到屏蔽底层硬件细节的目的，不能让用户在这里花费时间调试代码。最后，我们需要打造一个供需生态，即帮助中小 IHV/ISV（软/硬件积木贡献者）来服务千千万万碎片化的物联网需求。

我们的 HaaS 开发框架从下往上包含了 5 个分层，分别是硬件积木、AliOS Things 物联网操作系统、软件积木、轻应用框架（JavaScript&Python）和云端积木。HaaS 框架要落地，AliOS Things 是基础，因为它是解决硬件碎片化问题、屏蔽底层硬件细节的最重要的中间层。具体内容在后面还会讲到，这里不再赘述。软件积木包含了诸如 Link Kit、OTA、文件访问和存储等各种设备端能力。为了屏蔽软件积木的细节并降低开发门槛，让云端工程师、AI 工程师都可以使用软件积木，我们提出了轻应用这个新概念。轻应用可以把 JavaScript 和 Python 这样的解释型语言引入嵌入式开发中。这是革命性的，之前还没有成熟的解决方案，有了 HaaS，嵌入式开发不仅能由嵌入式工程师来做，任何人都可以来做物联网创新。轻应用支持热更新、热加载。之前的嵌入式 C/C++开发需要安装编译器，还要烧录，而我们的轻应用开发由于使用了解释型语言，而且主控板都出厂内置 JavaScript 和 Python 解释器，所以开发者不用安装任何编译器，也不用烧录，只要用任何文本编辑器写上很少的几行代码就可以调用丰富的设备端能力，如串口收发、PWM 频率控制灯闪烁。当然也可以调用更加丰富、海量的云端资源，如用几行代码就可以调用并完成支付，这在几年前是完全不可想象的。说到这里，就不得不提我们的云端积木了，由于物联网必然是云端一体的，所以未来趋势是更“瘦”的终端和更丰富的云端能力，如云端提供 OTA、支付、TTS、ASR、定位、健康码、AI 等，这些组成了能力丰富的云端积木。

介绍完 HaaS 开发框架，我们来回顾一下前面提到的 AliOS Things。我们知道，物联网的几个痛点就是硬件碎片化、软件碎片化、应用场景碎片化，要解决它们，就必须提供一个统一标准的物联网操作系统，AliOS Things 就是为此而生的。我们在 2017 年发布了 AliOS Things V1.0，它是一个轻量级的 RTOS（实时操作系统）。到今天，我们已经发布了 V3.3 版本，这是一个弹性内核操作系统，既支持 RTOS，又支持微内核，在性能和稳定性之间取得了更好的平衡。我们的 AliOS Things 支持设备的范围非常宽，既可以支持蓝牙模组、Wi-Fi 模组、插座、灯泡等低端无屏设备，又可以支持儿童手表、智慧面板等低端带屏设备（4 寸以下），还可以支持广告机、平板、带屏 POS 机等高端带屏设备。

另外，在介绍硬件积木时，我想提一下连接积木，因为物联网的核心是一定要先解决连接问题，不管是蓝牙、Wi-Fi、ZigBee 等局域网连接，还是 4G Cat.1、5G 等广域网连接，都是物联网重要的连接方式。当然，这些连接都各有其优点和缺点。例如，蓝牙虽然功耗低、配网简单、价格低，但是通信距离近，需要网关支持；Wi-Fi 的通信距离虽然可以达到 100m 以上，但是功耗高，配网复杂；ZigBee 虽然稳定性不错，在工业领域有很多应用场景，但是价格高，也仍然需要网关支持。在广域网方面，5G 刚刚兴起，价格是 4G 的 10 倍，在物联网领域还很难快速普及。目前，速率稍低的 4G Cat.1 反而是一个不错的选择，特别是现在正处于 2G、3G 退网的阶段，4G Cat.1 逐步取代了 2G/3G，因此，4G Cat.1 是一个性价比不错的选择。既然称为硬件积木，就是希望大家做硬件就像搭积木一样，拿几个积木就可以搭建一个产品，而不用考虑画原理图、Layout、飞线测试、电烙铁、热风枪、元器件及量产。如果不用我们的积木，要做一个前面提到的共享餐巾纸盒，就需要 6～12 个月；用了我们的积木，7 天就可以做好并接近量产的原型机，极大地提高了开发效率。我们发布了几个经典的硬件积木：HaaS100、HaaS200、HaaS600 等。其中，HaaS100 是 Wi-Fi+BT+AP（应用处理器，比一般 MCU 的性能更高的 CPU），可以用在工业、农业、商业的各种复杂场景中；HaaS200 是 Wi-Fi+BT 的连接加少量控制能力的硬件积木；HaaS600 是性价比极高的 4G Cat.1 模组，可以用在远程控制、DTU、RTU、商业共享中。我们后续还会陆续推出各种 HaaS 硬件积木，作为不同细分领域的主控、连接单元。当然，这些板子的软件积木，特别是各种驱动（如 SPI、I2C、UART、PWM、GPIO 等）开发，我们已经提前完成，开发者只要使用轻应用框架灵活调用这些软件积木，就可以快速搭建自己需要的业务逻辑。

最后，我想说的是，物联网领域期待一个开发框架已经很久了，现在 HaaS 的提出只是迈出了一小步，要继续走下去，急需广大开发者的加入。不管是原来的嵌入式开发者，还是 JavaScript、Python 开发者，只有更好的开发者一起共建生态，物联网领域才会出现一个大家共建、共享、共创的伟大的开发框架，进而让这几十年的技术积累、沉淀赋能所有热爱物联网开发的开发者。

胡俊锋（崮德）
阿里云 IoT HaaS 技术团队负责人
2022 年 1 月于杭州

读者服务

微信扫码回复：42803

- 获取本书配套代码
- 加入本书读者交流群，与作者互动
- 获取【百场业界大咖直播合集】（持续更新），仅需 1 元

目录

第 1 章 物联网概述

物联网（Internet of Things，IoT），顾名思义，就是将物体连接起来形成一张互联网，实现信息数据的传递和交换。对于物联网的定义和讨论范围，有很多不同的视角和版本，本书将结合大家熟知的以 PC 为代表的互联网、以智能手机为代表的移动互联网，为大家呈现作者对以万物为代表的物联网，以及与 AI 结合后的 AIoT 的理解。

20 世纪以计算机和通信技术的结合为代表的互联网时代的到来，给人类社会的生产力、生产关系及人们的生活都带来了深刻的改变。短短几十年间，人类社会对于信息的采集、处理、传播、应用等发生了翻天覆地的变化。特别是万维网的出现，以网页为代表的信息载体经历了 Web 网页技术的不断发展，将文本、图像、音频、视频等丰富的信息传递到世界各地，大多数人也都享受到了互联网带来的便利。这一时期，人们通过计算机接入互联网获取信息服务。

21 世纪初，随着 3G 移动通信网络的建设及智能手机的发布，人们可以更便捷地通过智能手机这一移动终端接入互联网获取信息服务。特别是 App 应用市场的开放，所有开发者可以共享智能手机的计算和网络通信等资源，将各式各样的信息和服务以 App 应用的方式呈现给每一个用户，极大地降低了人们获取信息的门槛，提高了对信息获取和应用的便利性，从而衍生出了社交、电商、移动支付、新闻聚合、生活服务等各个领域的超级 App。这一时期，人们通过智能手机接入互联网获取信息服务，即移动互联网时代。

那么，以万物为代表的物联网及 AIoT 是怎样的呢？又会给我们的生活带来哪些变化呢？如何更好地把握物联网时代机遇是我们每位物联网从业者所关注的，接下来让我们一起学习后续章节。

1.1 物联网的基本概念

1.1.1 物联网的定义

物联网是指通过各种传感器技术、射频识别技术（RFID）、全球定位系统（GPS、北斗等）、激光扫描等各种装置与技术，采集物体的声音、光学信号、力学、化学、生物特征及位置等各种信息，通过网络连接，实现对物体的智能化感知、识别和管理，从而实现物与物、物与人的信息传递和交换。物联网是一个基于互联网、传统电信网等的信息承载体，让所有能够被独立寻址的普通物理对象形成互联互通的网络，最终实现万物互联。

物联网是继计算机、互联网之后的第三次信息技术革命发展的浪潮，其核心和基础仍然是互联网，是在互联网的基础上延伸和扩展出的更广泛的网络。从广义的角度来讲，也可以称为泛在网络。物联网包含了各种各样的物体连接组成的网，如智能家居、车联网、工业互联网等。随着近十年物联网建设速度的加快，以及物联网应用场景的扩展，数以亿计的物联网硬件设备正在被加速部署，以实现万物互联、物理世界数字化的宏大愿景。根据全球移动通信系统协会（Groupe Speciale Mobile Association，GSMA）的预测，到 2025 年，全世界的物联网设备连接数量将达到 246 亿个。如此庞大的物联网络将产生海量的数据，借助 AI、云计算和大数据等新技术的应用必将深刻影响人和物理世界信息交换的方式，人和物将在数字空间更好地融合相处。

1.1.2 物联网分层架构

传统上，物联网从逻辑架构上一般分为 4 层，从底向上依次为感知层、网络层、平台层和应用层。在 AIoT 时代，本书将分为 5 层来介绍，如图 1-1 所示，从底向上依次为感知层、智能层、网络层、平台层和应用层。

其中，感知层主要用于采集物理世界发生的物理事件和数据，典型设备有 RFID 读写器、无线传感器、图像采集设备等；智能层主要借助 AI 技术实现智能化计算，包括离线的本地 AI 计算和云端一体的 AI 计算；网络层主要利用现有的各种网络通信技术（有线传输或以蓝牙、Wi-Fi、ZigBee、NB-IoT、LoRa、4G、5G 等为代表的无线传输技术），对来自经过智能层初步筛选处理后的数据进行接入和传输；平台层主要用于设备管理，为上层服务和行业应用建立一个高效、可靠、安全的通用计算平台；应用层根据用户需求建立面向行业实际应用的管理平台和运行平台，并集成相关的内容服务。

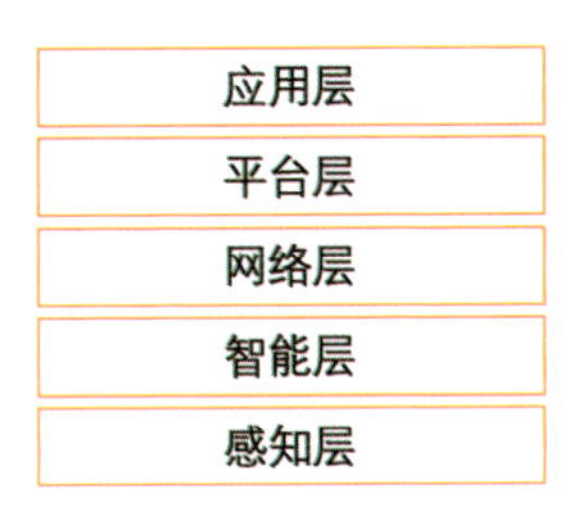

图 1-1　AIoT 物联网分层架构

物联网中的节点具有感知能力、计算能力和连接能力，是整个物联网中最重要的一环。在日常生活中，我们可以看到多种形态的物联网节点。例如，共享单车上的智能车锁可以在用户扫码后远程接收开/关锁指令，并在骑行过程中跟踪骑行路线，定位单车位置；智能电表可以自动读取电表计数，根据账户余额远程通/断电等。这些物联网节点也称为终端，是具备计算能力的微型计算机。

而物联网操作系统就是运行在这些终端上，对终端进行控制和管理并提供统一编程接口的系统软件。学术界对物联网操作系统的定义是：提供物物相连能力的操作系统。物联网操作系统的核心在于能够将各种物体连接到互联网，并为各种物体提供通过互联网进行数据通信的能力。因此，对于碎片化的物联网来讲，也可以说共性收口在物联网操作系统。

物联网终端的资源能力都是受限的，随着云计算的普及，物联网终端通过物联网平台可以很好地扩展其能力。特别是物联网操作系统云端一体能力的设计，让受限的物联网终端也可以轻松调用云上丰富的算力资源与服务，物联网+云计算实现了整个物联网数据的全生命周期管理。

最后，物联网的价值体现在实际的应用层，物联网终端无时无刻不在产生海量的实时数据，如何更好地挖掘数据的价值，使其转化成具有更高价值的信息和服务是决定整个物联网价值之所在，这就涉及海量物联网数据的大数据分析和运营。

1.2　物联网典型应用场景

本节主要围绕常见的典型物联网应用场景进行举例，包括智能家居、智慧城市、智慧能源、车联网、智能物流、智能安防、智慧医疗、智能制造、智慧商业和智慧农业。

1.2.1 智能家居

将家庭内的各种单品进行联网，通过手机 App 或智能音箱语音交互进行实时控制，让家庭生活更加舒适、安全和高效，提高人们的整体生活水平。智能家居主要分为 3 种连接类型：单品连接、物物联动及互联互通。

- 单品连接。目前，在单品连接方面，国内外已经做得很丰富了，日常生活中的灯、插座、冰箱、空调、洗衣机、净水器、电饭煲等设备都已经实现了单品智能。
- 物物联动。国内外的各大物联网设备及平台厂商逐渐在朝物物联动的方向推进，这也是现阶段智能家居行业发展的重点，如人体感应与灯光亮灭的联动、温湿度传感器与空调加湿器的联动等。
- 互联互通。智能家居完整的方案往往涉及至少几十个品类上百种设备上千家品牌，如何给用户完整一致的使用体验是未来要面临的最大的挑战，智能家居发展的终局必定是实现不同设备、不同品牌、不同平台之间的互联互通，以目前的进展来看，距离这个目标还有很长的路要走。不过国内外的各大厂商都已经开始朝这个目标努力了，期待智能家居互联互通时代早点到来。

1.2.2 智慧城市

智慧城市是指以图像识别为核心技术，对车辆、信号灯及道路进行监控，让人、车、路可以得到更紧密的配合，改善交通运输环境、保障交通运输的安全及提高车、路等资源的利用率。

智慧城市主要有以下几个应用场景。

- 智能路灯。智能路灯是指通过搭载传感器等设备实现路灯的远程控制及故障自动报警功能。
- 智能红绿灯。智能红绿灯是指依据车流量、人流量、天气等情况动态调整交通信号灯，以达到提高道路利用率及通行效率的目的。
- 无感收费系统。无感收费系统是指通过摄像头精准识别车辆牌照信息，根据车辆行驶路径信息进行识别而自动收费，缩短高速、停车场出入口等易堵塞节点的等候时间，提高通行效率。

- 智能停车系统。智能停车系统是指通过安装地磁感应、车位监控等系统及停车场建模导航技术，实现车辆停车的自动引导、在线查询车库车位信息等。
- 智能调度。智能调度是指通过车载终端系统获取车辆行驶状况及车辆位置、车速等信息，发送给后台数据处理中心，对车辆进行智能调度，实现按需调整公交发车班次并通过公交站台的电子站牌提示车辆到达时间，最终通过对人员上下车、乘车人数等信息进行统计分析，达到优化车辆行驶线路的目的。

1.2.3　智慧能源

物联网在能源领域，可用在对水、电、燃气等表计设备的远程控制上，也可称为能源物联网。

- 智能水表。智能水表利用 NB-IoT 技术远程采集用水量，并提供用水提醒服务。目前，智能水表在国内的普及率还不高。随着各大水厂的加码招标，无论是新型智能水表，还是后加装的智能水平读数器，都可以实现自动抄表。相信过不了几年就可以实现更高的普及率。
- 智能电表。新型智能电表具有远程监测用电情况及反馈的功能，目前已经在全国大范围内得到普及。
- 智能燃气表。智能燃气表通过网络技术将用气量自动传输回燃气集团，无须入户查表，且能监控燃气用量及用气时间等信息。

1.2.4　车联网

车联网是指通过车路协同技术、车车互联技术及车人互联技术使汽车拥有更大范围的感知能力，让车辆系统可以提前预知潜在的道路风险，优化行驶路径规划，提高行车效率及安全性；通过连接云平台及车辆内的娱乐设施，可以提高乘车舒适度，并通过对车辆设备状态进行监控，以在紧急情况下自动发起紧急救援请求，降低交通事故的死亡率。

1.2.5　智能物流

智能物流以物联网、大数据及 AI 等信息技术为支撑，在物流行业的包装、运输、仓储、卸载及配送各个环节实现全方位地信息感知及处理能力，可以极大地降低物流运输成本，提升整个物流行业的自动化水平。

- 仓库管理。传统的仓库管理需要人工对货物进行扫描及手动进行数据的录入，工作效率低，同时存在着货位划分不清、摆放混乱、难以盘点等问题。而基于 NB-IoT/LoRa 等网络仓库信息管理系统，可以完成入库、拣货、出库等仓库全链路环节的信息检索、查询统计及自动生成报表等应用，在提高货物进出库效率的同时提高了交货的准确率，也降低了人工劳动的强度及成本。
- 运输检测。运输检测是指实时检测货物在运输过程中的车辆行驶情况，货物位置、状态及温/湿度信息。同时检测车辆的速度、胎压、刹车等驾驶行为，对车辆的使用和保养状态进行全方位的监测。据统计，在货运行业，司机的行车速度、刹车次数等行为对运输油耗的影响起着决定性的作用。通过对车辆的状态进行分析及优化，可以避免数以亿计的费用。

1.2.6 智能安防

智能安防系统主要包括门禁、监控及报警三大部分。它以门禁卡、指纹识别、人脸识别、虹膜识别等技术为依托，可以实现远程开门、视频自动抓拍等功能，在检测到可疑人员时，可以及时抓拍视频信息进行备份；在检测到非法入侵后，报警主机可以通过预置程序主动报警，缩短报警反应时间。

1.2.7 智慧医疗

智慧医疗领域主要分为可穿戴智慧医疗设备和智慧数字化医院两大领域。

- 可穿戴智慧医疗设备。可穿戴智慧医疗设备通过各种体能特征传感器监控人体的各项生理及周围环境的指标，将数据存储在本地或实时上传到云端，并通过不同的途径（如医院的监控中心、个人的手机 App 等）将消息展示给医生或患者。对于突发症状，做到及早介入及个性化治疗。
- 智慧数字化医院。智慧数字化医院通过自动化体温采集、智能床位等系统实现对患者的定位、生理指标的采集，做到对患者身体情况进行全面的掌握并做到突发事件紧急处理。一般来说，对传统医院进行数字化改造主要包括对医疗设备监测系统、资产定位系统、医疗废弃物管理系统的改造，以实现对医疗器械和药物的智能化管理。

1.2.8 智能制造

智能制造也可称为工业互联网，主要是对传统工厂的智能化和数字化改造，包括对工厂设备和环境的监控。通过在工厂设备上加装传感器，可以对设备进行远程升级、故障排查及维护。例如，通过智能摄像头，可以实现对产品生产全过程的监控把关，并对产品数量进行智能统计；通过机械臂、智能分拣、自动装配系统等，可以替代人工作业，实现生产过程自动化、智能化和网络化。

智能制造是物联网的一个重要领域，全世界范围内的工厂都在大规模地进行数字化工作，但至今还未有一家企业宣称完全实现了数字化工厂的建设。在行业细分领域，阿里巴巴在 2020 年 7 月发布了“犀牛”数字化新制造工厂，犀牛智造是专门为中小企业服务的数字化智能化制造平台，大量应用云计算、IoT、AI 技术，目前主要在服装行业探索：每件服装的每块面料都有自己的“身份 ID”，进厂、裁剪、缝制、出厂可全链路跟踪；产前排位、生产排期、吊挂路线都由 AI 机器来做决策。以往必须清点物料和检查排期后才能确定的工期，在“犀牛工厂”一键即可得到回复。“犀牛工厂”的运转效率达到行业平均水平的 4 倍，可实现 100 件起订，7 天交货，比当前行业厂商的平均出货时间要快 7 天。

1.2.9　智慧商业

智慧商业是充分借助物联网相关技术实现的对传统商业的改造，如共享租赁、自动贩卖机、无人便利店等。

共享租赁是这几年非常火热的领域，将传统设备进行物联网智能化改造。用户只需通过手机 App 扫码就可以低成本地按需共享租赁设备的使用权，最大限度地发挥设备的使用价值，如常见的共享单车、充电宝、充电桩、汽车、雨伞、按摩椅、寄存柜等。相信随着物联网技术的发展应用，共享租赁领域必将更加火热。

自动贩卖机需要配备控制屏以和人进行交互，也需要接入网络进行远程管理（可以查看机器的销售状态、库存量、机器状态机是否缺货等信息），可以及时了解机器的运行状态，及时补充货物并对机器故障进行及时管理，从而提高机器的整体运营效率。

无人便利店通常采用 RFID 技术，用户仅需扫码开门，选购商品，关门后系统会自动统计购买商品并结账。最新的无人售卖机采用人脸识别技术，无须扫码即可完成购物流程，大大提高了便利性。

1.2.10　智慧农业

智慧农业领域包含智慧农、林、牧、渔等行业。

在现代农业中，通过各种传感器收集土壤温/湿度、空气温/湿度、光照强度及灌溉量等数据，通过无线网络将生产环境数据及农作物状态上传到云端之后，对数据进行分析和模型构建，从而对农作物进行精准管理。

精细化养殖应用在养猪、养牛和养鸡方面，利用可穿戴设备及摄像头收集畜禽生活环境及体态等特征，对收集到的数据进行 AI 分析，便可同时判断畜禽的喂养情况、健康状况及发情期预测。这使畜禽出栏健康状态及产量都得到了很不错的提升。

此外，在农机自动化、珍稀动物保护、林业安全等方面，物联网技术也在越来越多地发挥着重要的作用。

1.3 常见物联网操作系统

物联网操作系统是运行在物联网设备上的提供物物相连能力的操作系统，其核心在于能够将各种物体连接到互联网，并提供数据通信能力。

如果把常见的操作系统按照其应用场景进行分类，可主要分为桌面操作系统、移动操作系统和物联网操作系统，如图 1-2 所示。

图 1-2 常见物联网操作系统

目前，桌面操作系统和移动操作系统的市场占比都形成了比较稳定的格局。相比之下，物联网操作系统领域的碎片化问题非常严重，并没有哪几个操作系统占据绝对优势，正处于“百花齐放、百家争鸣”的阶段。

大部分物联网操作系统都是从嵌入式操作系统发展而来的，如 uC/OS、FreeRTOS 等；也有一些是从 Linux、Android 等大型系统裁剪而来的，如 RT Linux、Android Things 等，而 AliOS Things 则是专门为物联网应用场景研发的。

下面简单介绍一下国内外比较有名的物联网操作系统。

1.3.1 uC/OS

如图 1-3 所示，uC/OS 最早于 1992 年正式发布，1998 年发布了 uC/OS-II 版本，最新的版本是 uC/OS-III，而国内比较流行的是 uC/OS-II 版本。除任务管理、时间管理、内存管理、通信与同步等操作系统基本功能外，uC/OS 还提供了 TCP/IP、USB、CAN 和 Modbus 等功能组件，但其网络功能相对来说比较薄弱。uC/OS 采用的是开源不免费的策略，在商业上使用它需要缴纳授权费用。从其在国内的发展过程来看，2010 年是 uC/OS 的鼎盛时期，可能也正是由于开源不免费的策略导致它在 2010 年后迅速地被 FreeRTOS 超越。uC/OS 在 2016 年的时候被 Silicon Labs 收购。

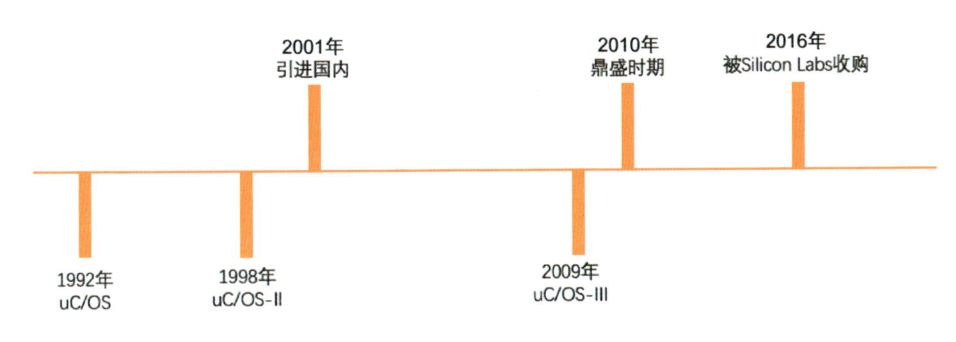

图 1-3　uC/OS 发展历史

1.3.2　FreeRTOS

如图 1-4 所示，FreeRTOS 嵌入式操作系统诞生于 2003 年，采用 MIT 许可证，开源免费，适用于任何商业或非商业场合。ARM 在 2004 年推出 Cotex-M3 系列架构的 IP 之后，TI、ST、NXP、Atmel 等国外芯片公司在约 2006 年的时候都相继推出了基于 Cotex-M3 的 MCU，这些芯片默认搭载的都是 FreeRTOS 操作系统，这就直接促使了 FreeRTOS 在 2010 年后迅速超越 uC/OS，成为第一大嵌入式操作系统。FreeRTOS 在 2016 年被 Amazon 正式收购，Amazon 将自己的 AWS 服务内嵌到 FreeRTOS 操作系统中，并于 2017 年推出了集成无线连接、安全、OTA 等功能的物联网操作系统。

Amazon FreeRTOS 的内核具有简单、轻量、可靠性好、可移植性好等诸多优点，有着广泛的用户基础，已经在多个行业中进行商业应用。Amazon FreeRTOS 版本提供了与 AWS 服务相关的软件库，方便用户将物联网功能集成到设备中。它提供的软件库还支持 TLS v1.2 协议，可以帮助设备安全地连接到云。

除此之外，Amazon FreeRTOS 设备可以直接连接到 AWS IoT Core 等云服务，也可以连接到 AWS Greengrass 等本地边缘服务。

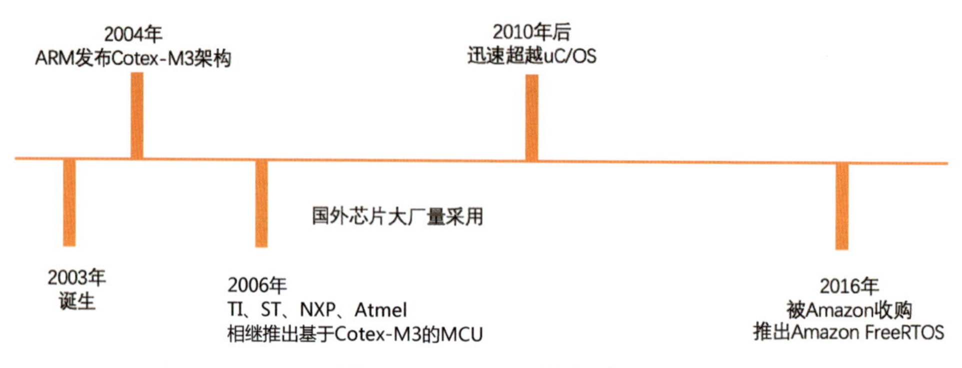

图 1-4　FreeRTOS 发展历史

1.3.3　LiteOS

LiteOS 是 2015 年华为推出的轻量级物联网操作系统，目前已经适配了众多的通用 MCU 及 NB-IoT 集成开发套件。LiteOS 是面向 IoT 领域构建的轻量级物联网操作系统，遵循 BSD-3 开源许可协议，可广泛应用于智能家居、个人穿戴、车联网、城市公共服务、制造业等领域。

1.3.4　Linux

人们通常所说的 Linux 大多数时候是指 Linux 内核，但只有内核并不是一个完整的操作系统。实际上，Linux 是一套开放源代码且可以自由传播的类 UNIX 操作系统。它是一个基于 POSIX 的多用户、多任务且支持多线程和多 CPU 核心的操作系统。人们常说的 Linux 操作系统包括 Linux 内核、GNU 项目组件、应用程序（数据库、网络、图形界面、音频等）。

Linux 内核最初是由 Linus Torvalds 在赫尔辛基大学读书时出于个人爱好而编写的，当时他觉得教学用的迷你版 UNIX 操作系统 Minix 太难用了，于是决定自己开发一个操作系统。自从 Linus Torvalds 于 1991 年年底发布了 Linux 内核的 0.02 版本之后，全世界的开源爱好者共同推进着 Linux 操作系统的发展。

Linux 的标志和吉祥物为一只名叫 Tux 的企鹅——Torvalds Unix。

常见的 Linux 的系统结构如图 1-5 所示。

Linux 从诞生到现在，经过 30 多年的发展，在服务器、桌面操作系统、嵌入式、云计算和大数据等领域占据了广阔的市场。据统计，在全球服务器市场，Linux 已经占有超过 75%的市场份额。在桌面操作系统领域，基于 Linux 的比较有代表性的是

Ubuntu 操作系统，虽然其普及程度还远落后于 Windows，但满足日常办公及娱乐需求是没有问题的。Android 系统（Google 推出的移动端操作性系统）底层也是基于 Linux 修改而来的。

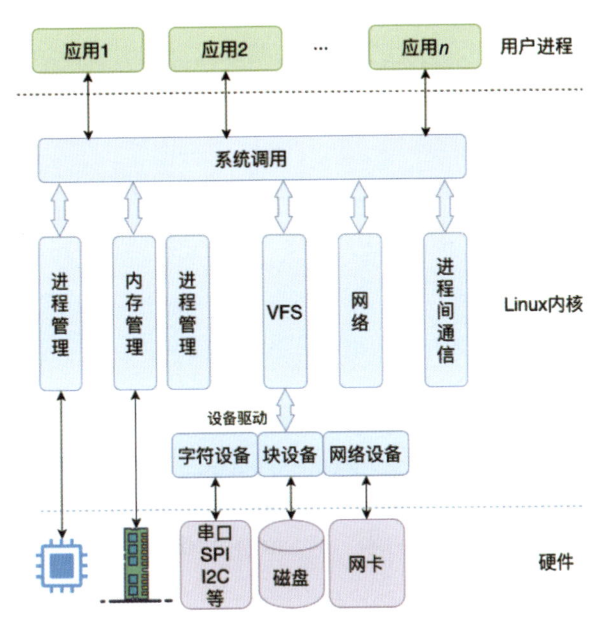

图 1-5　常见的 Linux 的系统结构

除了在服务器、大数据、AI 等领域的广泛应用，在国内物联网操作系统被广泛应用之前，Linux 是物联网应用中使用最广泛的操作系统。Linux 操作系统一般都比较大，为了适应物联网领域的应用场景，很多开源组织和商业公司对 Linux 进行了很多的裁剪，RT Linux 和 uClinux 是两个比较有代表性的基于 Linux 的物联网操作系统。

- RT Linux。RT Linux 最初是由新墨西哥矿业及科技学院的 V. Yodaiken 开发的，现在已被 WindRiver 公司收购。RT Linux 将 Linux 的内核代码做了一些修改，将 Linux 本身的任务及 Linux 内核作为优先级很低的任务，而将负责物联网应用的实时任务作为优先级最高的任务来执行。这样既可以享受到 Linux 丰富的软/硬件生态的便利性，又能满足业务层对实时性的需求。
- uClinux。uClinux 是 Lineo 公司的主打产品，也是开放源码的嵌入式 Linux 的典范之作。它是从 Linux 2.0/2.4 内核派生而来的，沿袭了 Linux 的绝大部分特性。它专门针对没有 MMU（内存管理单元）的 CPU，并且为嵌入式系统做了许多小型化工作。它通常用于具有很少内存或 Flash 的嵌入式操作系统。在 GNU 通用许可证的保证下，运行 uClinux 操作系统的用户可以使用几乎所有的 Linux API 函数。由于经过了裁剪和优化，所以它形成了一个高度优化、代码紧凑的嵌入式 Linux。它具有体积小、稳定、良好的移植性、优秀的网络功能、完备的对各种文件系统的支持，以及丰富的 API 函数等优点。

1.3.5 AliOS Things

AliOS Things 是阿里巴巴集团于 2017 年推出的面向物联网领域的轻量级操作系统，致力于搭建云端一体化 IoT 基础设施，具备极致性能、极简开发、云端一体、丰富组件、安全防护等关键能力，并支持终端设备连接到阿里云物联网平台，目前在智能家居、智慧城市、智能制造、新出行等领域大量使用。从诞生之初到现在，其主要经历了如图 1-6 所示的几个阶段。

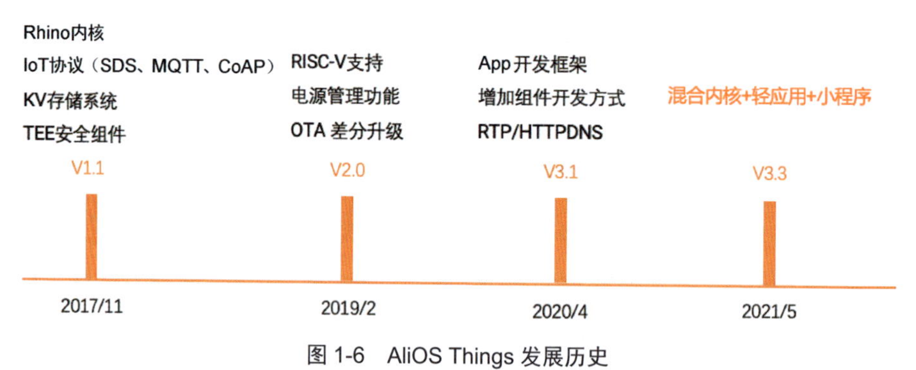

图 1-6　AliOS Things 发展历史

- 2017 年，AliOS Things V1.1 版本正式发布，除了 Rhino 内核，还集成了常用的 MQTT/CoAP 等非常适用于物联网行业的协议和 TEE 安全组件，因此，AliOS Things 天生就是为物联网行业而生的。
- 2019 年 2 月，AliOS Things 开始支持 RISC-V 体系结构的芯片，并且增加了电源管理功能，为低功耗应用场景打下了基础；针对物联网系统升级慢的问题，设计了 OTA 差分升级的方案，大大提高了系统升级的效率。
- 2020 年 4 月，V3.1 版本正式发布，设计了应用程序开发框架，并且引入了组件式开发模型。组件中比较值得一提的是用于实时传输的 RTP 协议，以及可以防止 HTTP 网络劫持的 HTTPDNS 协议，为物联网的安全性提升了一个等级。

- 2021 年 5 月，AliOS Things 正式发布 V3.3 版本，真正做到了基于弹性内核的积木式开发方案，并且支持 Python 和 JavaScript 的轻应用开发新模式。

AliOS Things 采用分层体系结构和组件式结构，如图 1-7 所示。后面有专门的章节对 AliOS Things 进行详细介绍。

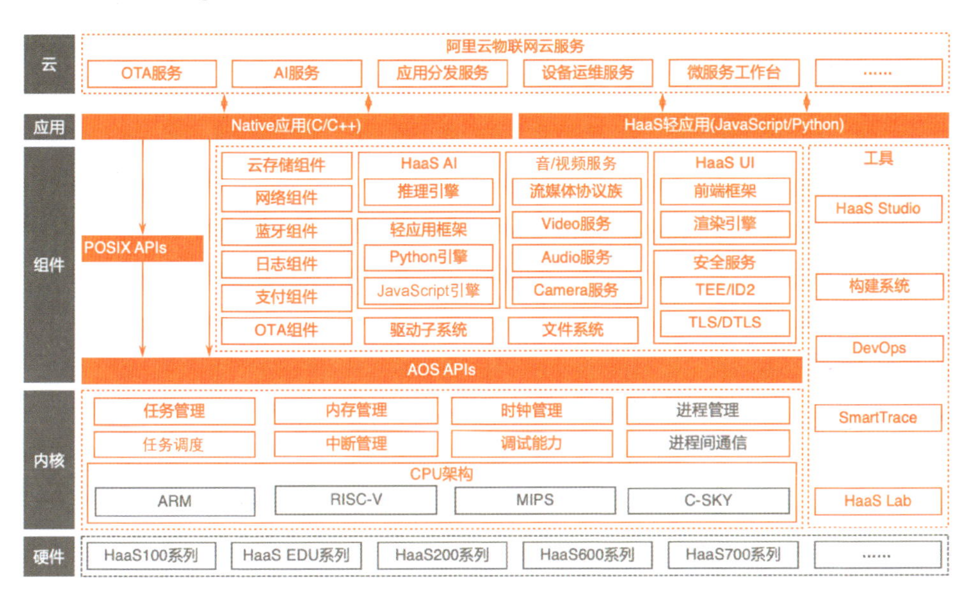

图 1-7　AliOS Things 体系架构图

1.4　物联网无线连接方式介绍

连接技术是物联网万物互联的基础能力之一，为了部署方便，我们更多时候会使用无线通信的方式来进行连接。无线通信技术根据覆盖范围的大小分为无线局域网通信和无线广域网通信。

1.4.1　无线局域网通信技术介绍

我们通常把覆盖范围在几千米之内的无线通信技术称为无线局域网通信技术，目前常用的无线局域网通信技术有 Wi-Fi、蓝牙、红外、RFID、ZigBee、NFC 和 UWB 等。

1. Wi-Fi

Wi-Fi 作为互联网时代最成功的无线连接技术之一，其高速率、普及程度高的特点天生比较适合物联网领域。基于 Wi-Fi 的物联网设备能经过路由器直接接入云端，连接可靠性很高，因此在物联网的各个行业都有着很广泛的应用。但是跟蓝牙相比，Wi-Fi 功耗相对比较高，因此不太适合在移动端应用场景下使用。Wi-Fi 的物理层遵循 IEEE 802.11 协议族定义的规范。目前，市面上应用最多的是 Wi-Fi 4 类型的产品，在 Wi-Fi 4 协议中，定义对网络资源采用时分复用的方式，单个网络服务集合的可接入设备数量有一定的限制。随着支持 Wi-Fi 6 路由器的普及，越来越多的 IoT 设备会使用 Wi-Fi 6 技术，Wi-Fi 6 的正交频分多址技术、多用户上下行并行接入等技术能更好地支持更大的网络规模并降低网络传输时延，非常适合物联网领域设备多、时延要求高的场景的需求。

2. 蓝牙

蓝牙是一种用于短距离（一般在 10m 内）的无线通信技术，支持蓝牙功能的外围设备可以与移动电话、平板电脑、笔记本电脑等设备进行无线通信。蓝牙工作的频段是全球通用的 2.4GHz ISM（工业、科学、医学），使用标准 IEEE 802.15 协议，由于蓝牙技术具有跳频的功能，因此其安全性和抗干扰能力也非常强。蓝牙协议栈发展到 4.0 之后，分成了经典蓝牙和低功耗蓝牙（BLE）两部分。其中，经典蓝牙的传输数据速率高，主要应用于音频领域业务；相比经典蓝牙，低功耗蓝牙的数据传输速率低，功耗也低，尤其在电池供电的设备中使用非常适合，如手表、手环、耳机等可穿戴设备。低功耗蓝牙比较适合在点对点的连接场景中使用，在物联网领域中，物物相连的能力非常重要。因此，蓝牙技术联盟设计了蓝牙 Mesh 协议，它是基于 BLE 技术设计的支持多对多的链接，非常适合物联网领域的应用场景。在协议推出两年多的时间内就得到了众多厂商的广泛推广，目前已经是物联网领域连接技术的主力军之一。

3. 红外

红外线是波长为 750nm ~ 1mm 的电磁波，它的频率高于微波的频率而低于可见光的频率，是一种人的眼睛看不到的光线。由于红外线的波长较短，对障碍物的衍射能力差，所以更适合应用在需要无障碍物的短距离无线通信场合，进行点对点的直线数据传输，传输速率最高可达 16Mbit/s。早期的电视、电视遥控器、空调等产品采用的都是红外技术，用以进行无线控制。

4. RFID

RFID（Radio Frequency Identification，无线射频识别）技术最早兴起于 20 世纪 90 年代，通过将无线电信号调制成无线电频率的电磁场，即无线射频的方式，把数据从附着在物品上的标签上传送出去，以自动辨识与追踪该物品。

一个典型的 RFID 电子标签系统由一个有源的阅读器和若干无源的标签构成，当它们接近的时候，可以进行短距离无线通信：阅读器可以主动向标签发送数据，而标签只能通过反射阅读器的发射能量向阅读器发送数据。由于 RFID 电子标签系统成本极低、通常又无须电池供电，因此被广泛应用于各种应用场景中，如身份识别、供应链管理、仓储管理等。

按照供电方式，RFID 电子标签可分为有源（Active）标签和无源（Passive）标签。如上所述，无源标签出现时间最早、最成熟，应用也最广泛；有源标签出现时间较晚，它通过外接电源供电，可以主动向射频识别阅读器发射信号，因此，具有较长的传输距离和较高的传输速率，其主要应用之一是高速公路电子不停车收费系统。

5. ZigBee

ZigBee 协议是基于 IEEE 802.15.4 标准的低功耗短距离无线网络协议，被业界认为是最有可能应用在工控场合的无线通信方式。IEEE 802.15.4-2003 ZigBee 规范于 2004 年 12 月被批准；ZigBee 联盟于 2005 年 6 月宣布推出 ZigBee V1.0 版本，被称为 ZigBee 2004 规范。

ZigBee 协议的物理层和数据链路层由 IEEE 802.15.4 定义，而上层的网络层和应用层由 ZigBee 联盟定义。ZigBee 技术具有低功耗、低速率、低成本、组网灵活等优点。ZigBee 的名称来源于蜜蜂的八字舞，这种舞蹈是蜜蜂群体间一种简单、高效的传递信息的方式，因此，ZigBee 也被称为“紫蜂”协议。

ZigBee 的典型应用包括智能家居、路灯监控、农业和工业监控等。

6. NFC

NFC（Near Field Communication，近场通信技术）在 2004 年由飞利浦半导体、诺基亚和索尼共同研制开发，是一种短距离高频的无线电技术，用于电子设备之间非接触式点对点的数据传输；通常工作在 13.56MHz 频率上，当通信距离在 20cm 内时，数据传输速率为 106Kbit/s、212Kbit/s 或 424Kbit/s，将来可提高至 1Mbit/s 左右。

NFC 由 RFID 及互联互通技术整合演变而来，通过在单一芯片上集成感应式读卡器、感应式卡片和点对点的功能，能够在短距离内与兼容设备进行数据交换。NFC 与 RFID 的通信原理相似，同样基于无线频率的电磁感应耦合原理；与 RFID 不同的是，RFID 仅支持单向读取，而 NFC 支持双向连接和通信。NFC 设备可以用作非接触式智能卡、智能卡读写器，还可以用于设备与设备间的通信。例如，使用带有 NFC 芯片的手机进行移动支付，或者为智能燃气卡、公交一卡通充值等。

7. UWB

UWB 是一种短距离的无线载波通信技术，有别于目前主流的通信技术路径。UWB 不需要使用传统通信体制中的正弦载波，而是通过发送和接收具有纳秒级或纳秒级以下的极窄脉冲来传输数据的，从而具有 GHz 量级的带宽。

20 世纪 60 年代，一种利用频谱极宽的超宽基带脉冲进行通信的技术已经在美国的雷达系统中使用，这也是 UWB 技术的前身。2002 年，美国联邦通信委员会发布了民用 UWB 设备使用频谱和功率的初步规定，自此该项技术才进入民用领域。

UWB 是一种“特立独行”的无线通信技术，解决了困扰传统无线通信技术多年的有关传播方面的重大难题，具有数据传输速率高、功耗低、成本低、穿透能力强、抗多径效果好、安全性高等诸多优点，成为无线局域网（LAN）和个人局域网（PAN）中一个较好的技术路径。

UWB 的主要用途并不在于通信，其技术特点非常适用于室内静止或移动物体（人）的定位跟踪与导航，且能提供十分精确的厘米级定位精度。UWB 技术应用按照通信距离大体可以分为两类。

- 短距离高速应用：数据传输速率可以达到数百 Mbit/s，主要用来构建短距离高速 WPAN、家庭无线多媒体网络及替代高速率短程有线连接，如无线 USB 和 DVD，其典型的通信距离是 10m。
- 中长距离（几十米以上）低速率应用：通常数据传输速率为 1Mbit/s，主要应用于无线传感器网络和低速率连接。同时，由于 UWB 技术可以利用低功耗、低复杂度的收发信机实现高速数据传输，所以近年来得到了迅速发展。它在非常宽的频谱范围内采用低功率脉冲传输数据而不会对常规窄带无线通信系统造成大的干扰，并可充分利用频谱资源。基于 UWB 技术构建的高速率数据收发机有着广泛的用途。

1.4.2 无线广域网通信技术介绍

覆盖范围超过几千米的无线通信技术称为无线广域网通信技术。常用的无线广域网通信技术有移动蜂窝网络和 LoRa、卫星通信等。移动蜂窝网络通信又可分为 2G（GSM、GPRS、EDGE、CDMA）、3G（WCDMA、CDMA2000、TD-SCDMA）、4G（TD-LTE、FDD-LTE）、5G 等。

1. 2G（GSM、GPRS、EDGE、CDMA）

自从 1978 年美国贝尔实验室开发了高级移动电话系统（Advanced Mobile Phone System，AMPS）之后，第一代（1G）模拟制式的频分双工系统给人们带来了远程通信的便利，但也暴露了其频谱利用率低、无高速数据业务、保密性差等缺陷。为了解决模拟系统中存在的根本性技术缺陷，1991 年，第二代（2G）移动通信系统诞生了。全球的 2G 移动通信系统主要是由欧洲主导开发的以时分多址技术（Time Division Multiple Access，TDMA）为代表的全球移动通信系统（Global System for Mobile Communication，GSM）和由北美主导开发的以码分多址技术（Code Division Multiple Access，CDMA）为代表的先进数字移动电话系统（Digital Advanced Mobile Phone System，DAMPS）。这两种技术大大提高了人们在远程通话时的质量和便利性，同时做到了全球范围的漫游，标准的 GSM 除了能传输语音，还能传输低速率的数据业务。为了解决中速率数据传输，在 GSM 的基础上又出现了通用分组无线服务（General Packet Radio Service，GPRS）和增强型数据速率 GSM 演进（Enhanced Data for GSM Evolution，EDGE），在当时也被称为 2.5G 技术和 2.75G 技术。

2. 3G（WCDMA、CDMA2000、TD-SCDMA）

人们感受到了无线通信的魅力之后，2G 技术的性能和表现无法满足飞速发展的数据与多媒体的需求。1998 年年底，全球多个电信标准组织共同成立了第三代合作伙伴组织（The 3rd Generation Partnership Project，3GPP），从此，无线蜂窝通信系统有了全球性的标准组织，3GPP 选择了欧洲和日本提出的宽带码分多址技术（Wideband Code Division Multiple Access，WCDMA）、北美的 CDMA2000 技术，以及我国提出的时分同步的码分多址技术（Time Division-Synchronization Code Division Multiple Access，TD-SCDMA）。作为全球第三代（3G）无线蜂窝通信系统的技术，这些技术在室内环境下达到了 2Mbit/s 的数据传输速率并提供了高可靠的服务质量，这也是我国首次在国际通信标准中提出了自己的方案并被采纳作为全球标准。后来，由 WCDMA 逐渐演进出了高速下行分组接入（High Speed Downlink Packet Access，HSDPA）和高速上行分组接入（High Speed Uplink Packet Access，HSUPA）技术，其峰值速率分别可以达到下行 14.4Mbit/s 和上行 5.8Mbit/s，后来又进一步发展成为增强型高速分组接入技术，其上下行的峰值速率达到了 42Mbit/s 和 22Mbit/s。

3. 4G（TD-LTE、FDD-LTE）

虽然 3G 解决了一些问题，但实际使用效果并未达到人们的预期，因此，3GPP 开始计划制定下一代（4G）通信技术标准，整个计划被称为长期演进（Long Term

Evolution，LTE）计划。2011 年，3GPP 发布了第四代（4G）无线蜂窝系统的长期演进（LTE）技术。LTE 技术有时分双工（Time Division Duplexing，TDD）和频分双工（Frequency Division Duplexing，FDD）两种模式，下行速率最高可达到 1Gbit/s，上行速率最高可达到 500Mbit/s，是目前应用最广泛的通信技术之一。

LTE Cat.X 指的是 UE-Category（User Equipment Category，用户设备分类），这里的 Cat.X 是用来衡量用户终端设备的无线性能的。LTE 被宣传为 4G 网络，因此，LTE Cat.1 技术也被称为 4G Cat.1，其上行峰值速率为 5.2Mbit/s，下行峰值速率为 10.3Mbit/s。它拥有的如下独特优势让其在物联网领域有着非常广泛的应用。

- 成本低：集成度高、整体硬件架构简单，模块所需外围硬件少，整体硬件成本更低。相对于 Cat.4，低约 40%，较现有市面产品有价格优势。
- 覆盖广：依托 4G 良好的网络覆盖，可以有效规避 2G/3G 退网带来的风险。
- 部署易：无缝接入现有 LTE 网络，无须对基站进行软/硬件升级。
- 速率高：上/下行峰值速率达 5.2Mbit/s/10.3Mbit/s。
- 时延低：拥有与 LTE Cat.4 相同的毫秒级传输时延，支持 100km/h 以上的移动速度。

它主要面向于支持语音和中等速率的物联网市场。

- 智能穿戴：如儿童手表等。
- 共享支付：如云音箱，POS 机。
- 公网对讲：如公网对讲机。
- 共享设备：如无人售货柜。
- 物流跟踪：如 Tracker。

4. 5G

无线蜂窝通信网络对高速率、高容量、低时延这些指标的追求是无限的。前几代蜂窝通信网络主要为了满足人与人之间的通信需求，但对于物联网时代的海量设备接入需求而言，就显得似乎有点难以为继了，因此，3GPP 基于国际电信联盟（ITU）定义的三大类应用场景，于 2018 年发布了第一个 5G 标准（Release-15），并在 2020 年 6 月发布了 Release-16 版本的标准，支持低时延、高可靠、超高速率传输、超高容量等特性，实现了人们对未来高速数据传输的需求，以及未来海量物联网设备的低时延和高容量的需求。

5. LoRa

前面提到的无线蜂窝通信网络在全球范围内使用的频段都是由国家管控的，并且都是由运营商在拿到牌照之后建设基站给大家使用的，而运营商很难把网络覆盖到全部的区域，那么当我们在运营商无法覆盖到的区域需要使用广域无线网络时该怎么办呢？LoRa 技术就是一个好的选择，LoRa 全称叫作远距离无线电（Long Range Radio）。LoRa 是由 Semtech 公司于 2013 年推出的一款超长距离低功耗的无线通信技术，能很好地实现远距离通信。它具有长电池寿命、大系统容量和低硬件成本的特点，非常完美地满足了物联网场景的需求。

2015 年，Semtech 公司牵头成立了 LoRa 联盟。LoRaWAN（Long Range Wide Area Network）是由 LoRa 联盟提出的基于 LoRa 物理层、传输层技术之上的以数据链路层为主的一套协议标准，主要目标是组建大容量、长距离和低功耗的星形网络，满足 IoT 应用场景的需求。

在偏远农场、山区等蜂窝通信网络覆盖不全的地方，LoRa 技术特别适用。另外，在工厂的自动化制造和生产中，LoRa 凭借其节点低功耗和低成本的特点，可以很好地保障生产数据的安全。

值得一提的是，虽然 LoRa 联盟成了一个国际标准组织，但 LoRa 芯片的底层专利还是掌握在 Semtech 公司手里的，其他公司必须通过 Semtech 公司的授权 IP 才能开发芯片，否则只能基于 Semtech 公司的芯片进行开发，因此，阻碍了 LoRa 技术在全球范围内的大规模推广。

6. NB-IoT

NB-IoT（Narrow Band Internet of Things）即基于蜂窝的窄带物联网技术，是目前最受青睐的广域网通信技术之一，适用于对续航要求较高、数据连接规格较高的智能设备。它具备很多方面的优势。

- 广覆盖：更强的信号增益，有更强的覆盖区域能力。
- 低功耗：通过 PSM 省电模式和 eDRX 扩展非连续接收技术，可以大大降低 NB-IoT 芯片的功耗。
- 低成本：通过简化协议栈和较低采样速率来减少片内 Flash 和 RAM 硬件资源，相对其他蜂窝通信网络，具备更低的成本优势。

NB-IoT 射频网络带宽为 200kHz，下行速率最高为 250kbit/s，上行速率最高为 250kbit/s（Multi-tone，多频传输）/200kbit/s（Single-tone，单频传输），主要适用于抄

表、市政设施、智能停车和环境管理等低速场景中。

1.5 常见物联网开发板

1.5.1 Arduino 开发板

Arduino 是一款开源嵌入式控制平台，自 2005 年问世以来，以其灵活便捷、容易上手的特点风靡世界。它借助丰富的子板和库，使非电子专业的使用者也可以轻松开发嵌入式应用，实现各种奇思妙想。

Arduino 开发板包含诸多系列，其 MCU 性能及端口资源有所区别。以最适合入门学习的 Arduino UNO（见图 1-8）为例，它使用爱特梅尔公司（Atmel）设计生产的 ATmega328P 作为微控制器。

Arduino 的特点主要有上手容易、开发简单、可扩展性强、低功耗、开源资源丰富。Arduino 开发板主要由微处理器、USB 串口、扩展插座、电源部件构成。

Arduino 使用 setup-loop 代码结构。其中，setup 是程序入口函数，仅执行一次，往往用于程序的初始化；loop 是循环体，setup 返回之后会被重复执行。Arduino IDE 是为 Arduino 系列硬件平台旗下开发板定制的集成开发环境，包括软件库支持、交叉编译、程序烧录和串口通信等功能。在开源社区中，Arduino 非常知名，其硬件原理图、电路图、IDE 软件及核心库文件都是完全开源的。

图 1-8 Arduino UNO

Arduino UNO 产品规格。

- 工作电压：5V。
- 输入电压：接上 USB 时，无须外部供电或外部 VDC(7 ~ 12)输入。
- 输出电压：DC 5V 输出和 DC 3.3V 输出；外部电源输入。
- 微处理器：ATmega328P，主频 16MHz，8 位。
- Boot Loader：Arduino UNO。
- 输入电压（推荐）：7 ~ 12V。
- 输入电压（限制）：6 ~ 20V。
- 支持 USB 接口协议及供电（不需要外接电源）。
- 支持 ISP 下载功能。
- 数字 I/O 端口：14 个（6 个 PWM 输出口）。
- 模拟输入端口：6 个。
- 直流电流 I/O 端口：40mA。
- 直流电流 3.3V 端口：50mA。
- Flash 内存：32KB（ATmega328P）（0.5KB 用于引导程序）。
- SRAM：2KB（ATmega328P）。
- EEPROM：1KB（ATmega328P）。
- 尺寸：75mm×55mm×15mm。

1.5.2　树莓派开发板

树莓派是一款微型计算机，其性能不可小觑，除了体积小一点（只有一张信用卡大小），其性能几乎和一台计算机的性能相同。树莓派开发板属于高功耗类型，与前面介绍的 Arduino 开发板的能耗完全不是一个等级。树莓派开发板的主要特点如下。

- 开发简单：树莓派软件开发支持 C、Python、JavaScript 等跨平台高级编程语言，在开发方面具有快速、易上手的特点。
- 上手容易：树莓派是一台微型计算机，可以接入键盘、鼠标、显示器等外部设备，对于初学者而言，与学习普通计算机的过程基本没什么区别。
- 功能强大：树莓派采用基于 Cortex-A 系列的高频微控制器，主频可达 1GHz，配有 1GB 内存，还有 HDMI、USB、AV、以太网等接口，硬件配置方面堪比普通计算机。

本节以树莓派 3B 开发板（见图 1-9）为例介绍该硬件平台的相关属性。

图 1-9　树莓派 3B 开发板

树莓派 3B 产品规格。

- 工作电压：5V。
- 额定功率：800mAH（4.0W）。
- 电源输入：5V，2.5A/通过 MicroUSB 或 GPIO 头。
- 微处理器：BCM2837，主频 1.2GHz，64 位。
- 内存：1GB。
- USB 2.0 接口：4 个。
- 视频输入：15 针头 MIPI 相机接口。
- 影像输出：HDMI 1.4 的分辨率为 640×350 ~ 1920×1200（单位为像素），3.5mm，PAL 和 NTSC 制式输出。
- 音源输出：3.5mm 插孔，HDMI 电子输出或 I2S（一种传输数字音频的接口标准）。
- 板载存储：Micro SD 卡（TF 卡）插槽。
- 网络接口：10/100Mbit/s 以太网接口、IEEE 802.11n Wireless LAN、Bluetooth 4.0、Bluetooth Low Energy（BLE）。
- 外设：40 个 GPIO 扩展接口。

- 尺寸：85mm×56mm×17mm。

1.5.3 STM32 开发板

STM32 是意法半导体集团推出的基于 ARM Cortex 内核的 32 位处理器（CPU）的微控制器，如图 1-10 所示（更多关于 STM32 的详细信息参见意法半导体官网），旨在为微控制器用户提供新的开发自由度。它包括一系列产品，集高性能、实时功能、数字信号处理、低功耗与低电压操作、连接性等特性于一身，还保持了集成度高和易于开发的特点。

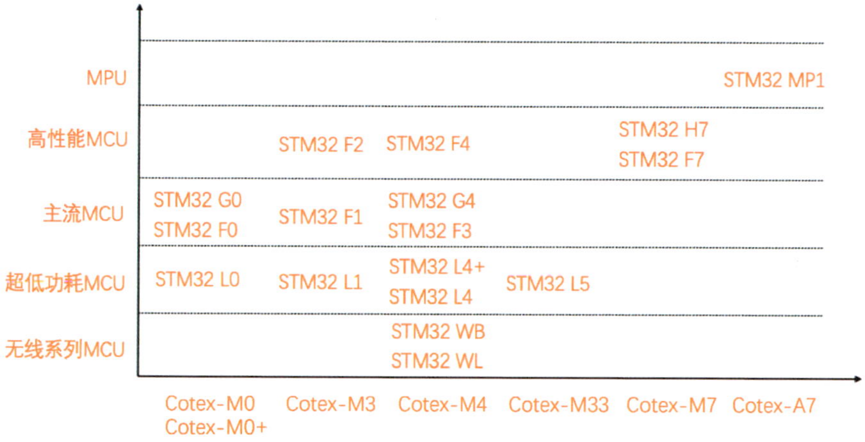

	Cotex-M0 Cotex-M0+	Cotex-M3	Cotex-M4	Cotex-M33	Cotex-M7	Cotex-A7
MPU						STM32 MP1
高性能MCU		STM32 F2	STM32 F4		STM32 H7 STM32 F7	
主流MCU	STM32 G0 STM32 F0	STM32 F1	STM32 G4 STM32 F3			
超低功耗MCU	STM32 L0	STM32 L1	STM32 L4+ STM32 L4	STM32 L5		
无线系列MCU			STM32 WB STM32 WL			

图 1-10　基于 ARM Cotex 内核的 STM32 芯片

其中，STM32L 系列产品属于意法半导体超低功耗产品平台，专门面向低功耗需求的物联网开发场景，目前已成为消费电子、工业应用、医疗仪器或能源计量表等市场上低功耗应用设计的首选微控制器。市面上有非常多的 STM32 系列的开发板，图 1-11 是搭载 STM32 L496VGx 芯片的某一款开发板——Developer Kit，该开发板是基于 STM32 L496VGx 芯片研发的一款物联网开发板。STM32 L496VGx 具有高性能、低功耗的特点，其内核为 ARM 32 位 Cortex-M4 CPU，最高 80MHz 的主频率，1MB 的闪存，320KB 的 SRAM，还支持 SPI、CAN、I2C、I2S、USB、UART 等常用的通信接口。

Developer Kit 开发板给使用者预留了很多通用接口，其特性如下。

- 微处理器：STM32 L496VGx，80MHz。
- 存储：1MB Flash，320KB SRAM。

图 1-11　Developer Kit 开发板

- 板载 Wi-Fi 模块，支持 IEEE 802.11b/g/n。
- 板载 3D 加速度传感器、陀螺仪、磁力计传感器、压力传感器、温湿度传感器、光强度传感器、距离传感器。
- 主板供电：通过 USB 5V 供电或外部 5V 供电，也可以单独 3.3V 供电。
- LED 灯：三色 RGB LED，用于显示 Wi-Fi 状态；上电指示 LED，绿色；下载指示 LED，橙色；三个用户自定义 LED，橙色。
- 系统支持 AliOS Things。
- 板载 ST-Link 下载电路，内置 ST-Link/V2.1 固件，支持串口。
- 按键：1 个复位按键 RESET，3 个用户自定义按键 KEY。
- SD 卡：系统支持最大 32GB 的 SD 卡存储扩展。
- 显示屏：1.3 寸 TFT，分辨率为 240×240（单位为像素）。

1.5.4　HaaS EDU K1 物联网教育开发板

HaaS EDU K1 是 HaaS Education Kit1 的缩写，是基于四核高性能 MCU-HaaS1000 芯片打造的、集颜值和内涵于一身的物联网教育开发板。它作为云端一体全链路解决方案的软/硬件积木平台，深度集成了 AliOS Things 物联网操作系统、HaaS 轻应用、小程序和阿里云物联网平台等技术与服务，让开发者可以轻松地学习和开发云端一体全链路实战项目，解决实际场景或孵化创新应用的难题。图 1-12 是 Haas EDU

K1 开发板全景图。

图 1-12　HaaS EDU K1 开发板全景图

HaaS EDU K1 产品规格如下。

- 微处理器：定制芯片 HaaS1000，高性能四核，主频最高为 1GHz。
- 存储：16MB Flash，16MB PSRAM。
- 蓝牙：蓝牙 5.0，支持 BLE mesh。
- Wi-Fi：2.4G/5G 双频。
- 显示屏：1.3 寸 OLED，分辨率为 128×64（单位为像素）。
- 电池：1200mAh 可充电锂电池，充电电流为 450mA。
- 指示灯：3 个 RGB 单色可编程 LED 灯，1 个白色电源指示灯。
- 按键：4 个可编程按键，1 个小孔径复位按键。
- USB 接口：Type-C 接口，可充电、烧录、调试。
- TF 卡槽：最大支持 64GB。
- 传感器：6 轴（加速度、陀螺仪）传感器、磁力计传感器、气压传感器、温湿度传感器、光强度传感器。

HaaS EDU K1 主板功能非常丰富，大部分以板载功能呈现。另外，还有 30PIN 扩展接口可以使用，尽可能释放 HaaS1000 芯片的开发资源，满足开发者的应用需求。

基于 HaaS EDU K1 硬件，在无须外接任何外部设备的情况下，官方提供了 10 个精心打造的场景式案例，每个都是不同的知识点，如图 1-13 所示。

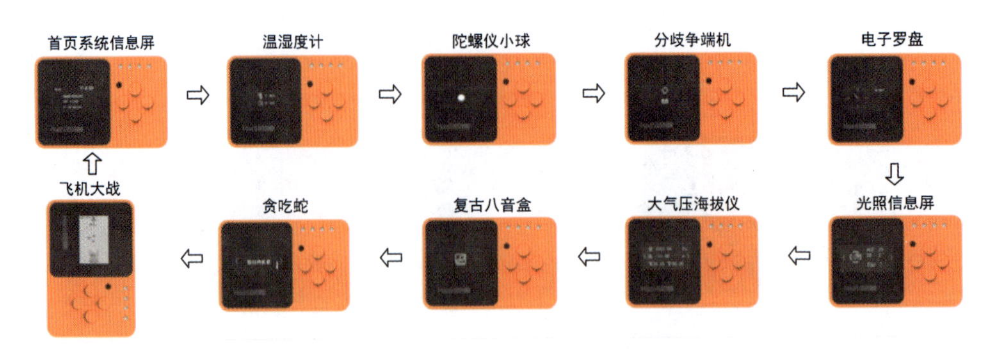

图 1-13　HaaS EDU K1 场景式案例总览

十大场景式案例中包含了常见的物联网传感器及相应的操作案例、开源代码。

1.6　常见外设接口介绍

物联网设备经常需要用到外部的传感器来感知物理世界的物理信息或通过显示设备来和用户进行交互，那这些外部的设备和微处理器是怎样连接起来的呢？本节就主要介绍常用微处理器在和外部元器件或设备进行通信的时候采用的接口形式。

1.6.1　UART

通用异步收发传输器（Universal Asynchronous Receiver/Transmitter，UART）是一种通用串行数据总线，用于异步通信。该总线双向通信，可以实现全双工传输和接收。UART 常用于主机与辅助设备间的通信，如微处理器与外接 RFID 模块或外接 LoRa/NB-IoT 等模块之间的通信。

UART 的工作原理是将要传输数据的每个字符一位接一位地传输，如图 1-14 所示。

在图 1-14 中，各个数据位的意义说明如下。

- 起始位。起始位先发出一个逻辑“0”的信号，表示传输字符的开始。
- 数据位。数据位紧接在起始位之后。数据位的个数可以是 4、5、6、7、8 等，构成一个字节；通常采用 ASCII 码；从最低位开始传送，靠时钟定位，图 1-14 为 8 位（bit），即 1B（内容为 0x55）的传输过程。

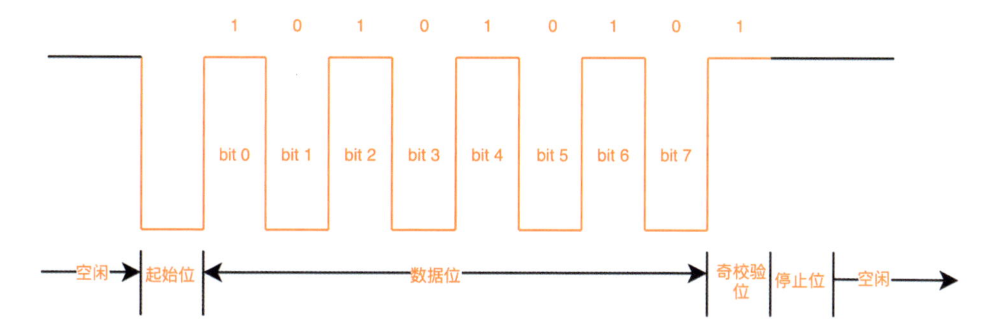

图 1-14　UART 数据传输时序

- 奇偶校验位。对于奇偶校验位，资料位加上这一位后，使得“1”的位数应为偶数（偶校验）或奇数（奇校验），以此来校验资料传送的正确性。（注：在图 1-14 中，采用的是奇校验的方式。）
- 停止位。停止位是一个字符数据的结束标志，可以是 1 位、1.5 位、2 位的高电平。由于数据是在传输线上定时的，并且每台设备都有自己的时钟，很可能在通信中两台设备间出现小小的不同步。因此，停止位不仅表示传输的结束，还提供计算机校正时钟同步的机会。适用于停止位的位数越多，不同时钟同步的容忍程度越高，但是数据传输速率越低。
- 空闲位。空闲位处于逻辑“1”状态，表示当前线路上没有数据传送。
- 波特率。波特率是 UART 使用过程中最重要的指标之一，是衡量资料传送速率的指标，表示每秒钟可以传送的比特数，每 8bit 数据位代表 1B。现代微处理器一般最常使用的波特率有 115200bit/s、921600bit/s 等，高速 UART 可以达到 1500000bit/s、3000000bit/s、4000000bit/s 等。

在数据位为 8bit、关闭奇偶校验且停止位为 1bit 的情况下，采用 115200bit/s 的波特率，每秒钟可以传输的字符数量的计算方法为 115200/(1 起始位+8 数据位+1 停止位+1 空闲位)，约为 10472B。

平时我们还会听到 RS232、RS485 等名词，它们其实是两种不同的电气特性协议，对传输在数据通路上的信号的电气特性及物理特性进行了定义 ，属于物理层传输规范，但它们并没有对传输在上面的数据传输格式进行定义。

1.6.2　GPIO

通用型输入/输出（General Purpose Input/Output，GPIO）引脚可以供使用者由程

控自由使用。GPIO 可作为通用输入（GPI）或通用输出（GPO）的功能选择。GPIO 可以对外输出或读取外部输入的数字信号（只有 0 和 1 两种状态）。当 GPIO 单独作为输出功能使用时，常用于开关量的控制，如控制灯的开关、风扇开关、插座是否对外输出电压等；当单独作为输入功能时，常用于获取物体的运行状态，如设备是否处于上电状态、传感器是否检测到有效信号等。GPIO 除可以单独使用之外，还常和其他的总线一起实现更复杂的功能。例如，SPI 协议中的 CS（Chip Select，片选信号）就用 GPIO 功能来选择当前要通信的 SPI 从设备。

GPIO 在开发板上一般是通过引脚的方式提供给开发者使用的，开发过程中通常使用杜邦线和外部元件的引脚连接。

基本上，每个开发板在出厂的时候都预留出一部分的扩展接口给开发者连接外部设备使用。一般微控制器为了方便开发者使用，都会对同一个引脚设计复用功能。例如，GPIO_0_7 引脚除 GPIO 功能外，还可以根据需要配置成 SD 卡、SPI、UART 等。芯片内部提供了寄存器，可以让开发者对这个引脚的功能进行配置；也提供了寄存器以控制 GPIO 的工作模式（输入/输出、上拉/下拉等）。当然，芯片内部还会提供寄存器以供开发者控制 GPIO 输出的高低电平或读取 GPIO 输入电平的高低状态。

1.6.3 Flash

从严格意义上来说，Flash 并不属于外设接口，而是数据存储设备的一种。对于存储设备，一般分为易失性存储和非易失性存储。两种 Flash 的主要差别是在没有电流供应的条件下是否能长久地保持数据。易失性存储的数据需要保持对其供给工作电压才能正常保存数据。例如，大家常用的内存，不论是以前的 SDRAM、DDR SDRAM，还是现在的 DDR2、DDR3 等，都是断电后数据就没有了。非易失性存储即使没有电流供应也能长久保持数据不丢失，其存储特性相当于硬盘，这项特性正是闪存得以成为各类便携型数字设备的存储介质的基础。

Flash 有两种类型：Nor Flash 和 Nand Flash。

- 一般来说，Nor Flash 的成本相对高、容量相对小，如常见的只有 128KB、256KB、1MB、2MB 等；优点是在读/写数据时候不容易出错。因此，Nor Flash 比较适合存储少量的代码。
- Nand Flash 的成本相对低，缺点是使用中数据读/写容易出错，因此，一般都需要有对应的软件或硬件的数据校验算法（ECC）。它的优点是容量比较大，现在常见的 Nand Flash 都是 GB 级别的。因为价格便宜，所以它更适合用来存储大量数据。它在嵌入式系统中的作用相当于计算机上的硬盘，用于存储大量数据。

因此，比较常见的实际应用组合是用小容量的 Nor Flash 存储启动代码，用大容量的 Nand Flash 存储系统和用户数据。

1.6.4 ADC

ADC 即模拟数字转换器（Analog to Digital Converter），是用于将模拟形式的连续信号转换为数字形式的离散信号的一类设备，与之相对的设备为数字模拟转换器（DAC）。

典型的 ADC 将模拟信号转换为表示一定比例电压值的数字信号。一个完整的 ADC 过程分为采样、保持、量化和编码 4 步。其中，采样和保持在采样–保持电路中完成；量化和编码在 ADC 中完成。常用的 ADC 有积分型、逐次逼近型、并行比较型/串并行型、Σ-Δ 调制型、电容阵列逐次比较型及压频变换型。

ADC 的主要技术指标如下。

- 分辨率。分辨率指输出数字量变化一个最低有效位（LSB）所需的输入模拟的变化值。
- 精度。精度取决于量化误差及系统内其他误差的总和。一般精度指标为满量程的百分比，如一般精度指标为满量程的±0.02%，高精度指标为满量程的 0.001%。
- 转换速率。转换速率指完成一次从模拟量转换到数字量（AD 转换）所需的时间的倒数。
- 量化误差。量化误差是由 ADC 转换的有限分辨率引起的误差，通常是 1 个或半个最小数字量代表的模拟量大小，表示为 1LSB、1/2LSB。

自电子管 ADC 面世以来，经历了分立半导体、集成电路数据转换器的发展历程。ADC 在转换速度、转换精度及集成度等主要指标上有了重大突破。除了 ADC 自身的指标，物联网领域使用的 ADC 还会集成和 MCU 通信的通信接口，可以更加方便地被操作系统及应用程序集成使用，大大拓展了其使用范围。在物联网的感知层中，传感器是最重要的组成部分，非常大量的传感器中都需要使用 ADC 技术，将物理世界的模拟量转化成 MCU 可以识别的数字量。可以说，ADC 技术是物联网产业的基础输入（测量）技术之一。

1.6.5 DAC

DAC 即数字模拟转换器，是用于将数字形式的离散信号转换为模拟形式的连续信号的一类设备。

对于 DAC，一般按输出是电流还是电压、能否做乘法运算等进行分类。大多数 DAC 由电阻阵列和 n 个电流开关（或电压开关）构成，按数字输入值切换开关，产生与输入成比例的电流（或电压）。此外，也有为了改善精度而把恒流源放入器件内部的。DAC 分为电压型和电流型两大类，电压型 DAC 可分为权电阻网络、T 型电阻网络和树形开关网络等；电流型 DAC 可分为权电流型电阻网络和倒 T 型电阻网络等。

DAC 的主要技术指标如下。

- 分辨率。分辨率是输出模拟电压的最小增量，即表明 DAC 输入一个最低有效位（LSB）在输出端上引起的模拟电压的变化量。
- 转换时间。转换时间是将一个数字量转换为稳定模拟信号所需的时间，常用建立时间来描述其转换速度，一般电流型 DAC 的转换时间较短，电压型 DAC 的转换时间较长。
- 精度。精度是指在输入端加有最大数值量时，DAC 的实际输出值和理论计算值之差，主要包括非线性误差、比例系统误差、失调误差等。
- 线性度。在理想情况下，DAC 的数字输入量做等量增加时，其模拟输出电压也应做等量增加，但是实际输出往往有偏离。

随着通信行业、多媒体技术和数字化设备的飞速发展，信号处理越来越趋向数字化，使高速 DAC 得到了长足的进步，牵动着 DAC 制造商研制出许多新结构、新工艺及各种特殊用途的高速 DAC。在物理世界中，大多数设备端的运行都是采用模拟信号的方式进行控制的，如果用 MCU（微控制器）对其进行控制，则一定需要用 DAC 转换成设备可以识别的模拟信号才可以。可以说，DAC 技术是物联网产业的基础输出（控制）技术之一。

1.6.6 PWM

脉冲宽度调制技术（Pulse Width Modulation，PWM）是利用 MCU 的数字输出来对模拟电路进行控制的另外一种非常有效的技术，广泛应用在从测量、通信到功率控制与变换的许多领域中。它有两个非常重要的参数：频率和占空比。

- 频率和周期互为倒数。

- 占空比是指一个周期内高电平所占的比例。

PWM 信号根据需求调节占空比的大小以实现负载端电压的线性变化，如图 1-15 所示。在图 1-15 中，高电平电压为 5V，占空比在 50%的情况下，相当于对外输出 2.5V 的等效电压；占空比在 75%的情况下，相当于对外输出 3.75V 的等效电压。

在工控行业中，PWM 信号经常被用来调节电机转速、变频器等；在 LED 照明行业，可以通过 PWM 信号控制 LED 灯的亮度；还可以通过 PWM 信号控制无源蜂鸣器发出简单的声音。

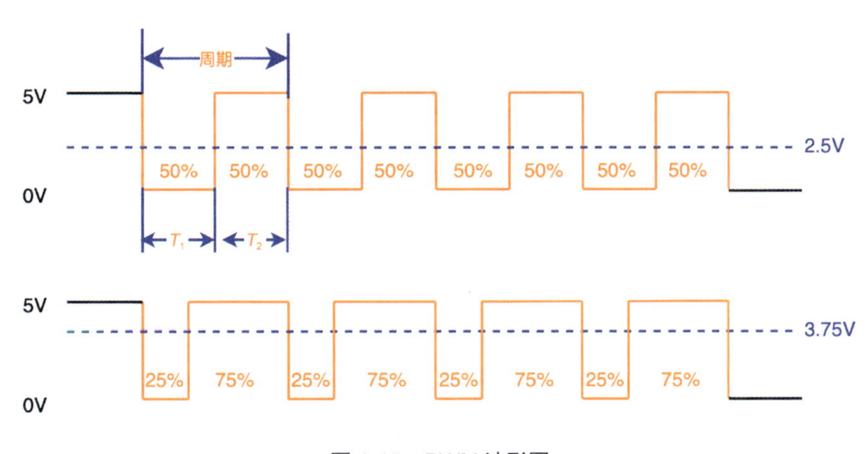

图 1-15　PWM 波形图

1.6.7　I2C

I2C 正确的读法是“I 方 C”。它的英文全称是 Inter-Integrate Circuit，是一种串行通信总线，使用的是多主从架构，是由飞利浦公司在 20 世纪 80 年代为了让 CPU 能够连接低速外部设备而设计的。目前，I2C 的规范已经发展到了 6.0 版本。

I2C 的应用场景很多，最常见的场景如下。

- 保护用户设置常用的 NVRAM 芯片。
- DAC 和 ADC，以实现数字信号和模拟信号之间的相互转换。
- 小型的液晶屏或 OLED 显示屏，这种屏的分辨率不能太高。
- 各种监控模块，如手机上的电池监控模块、键盘监控、CPU 温度和风扇转速监控等。
- 实时时钟芯片。

- GPIO 扩展芯片。
- 各种传感器，如温湿度传感器、光强度传感器、加速度传感器、陀螺仪传感器、接近传感器等。

常见 I2C 总线连线结构如图 1-16 所示，其主要特点如下。

- 由 SCL 和 SDA 两条双向漏极电路组成，需要外接上拉电阻才能正常工作。

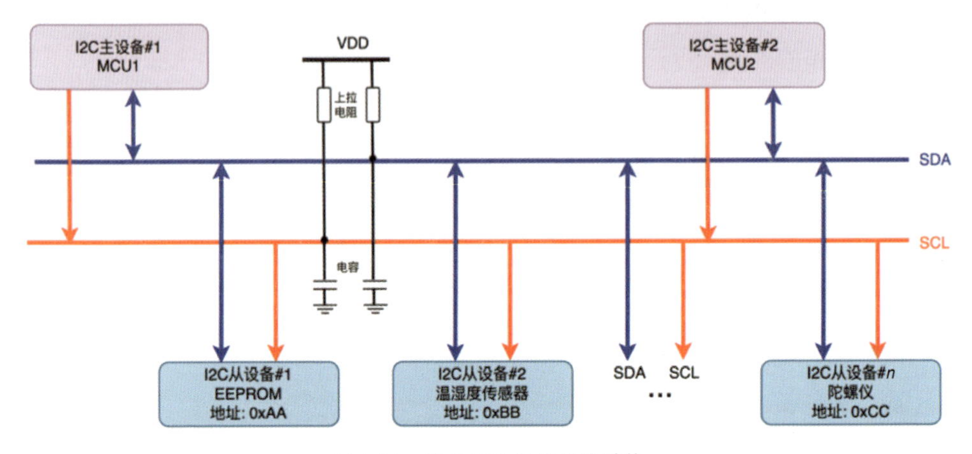

图 1-16 常见 I2C 总线连线结构

- 基于地址的数据传输，总线上挂的每台 I2C 从设备由唯一的一个地址标识，就像 IP 地址一样。I2C 的地址模式有两种，早期的 I2C 设备只有 7bit 地址模式，后来扩展到了 10bit 地址模式。
- 支持多主模式，即同一条 I2C 总线上可以连接多台主设备，也可以连接多台从设备。
- 半双工，即在同一时刻，要么主设备向从设备发送数据，要么从设备向主设备发送数据，数据传输不能双向同时进行。
- 支持多种速度模式，10kbit/s 及以下称为低速模式，标准模式是 100kbit/s，快速模式是 400kbit/s，快速 Plus 模式是 1Mbit/s，高速模式是 3.4Mbit/s，现在还有超高速模式，可以达到 5Mbit/s。

影响 I2C 速度的因素主要是 I2C 信号跳变到稳定状态所花费的时间。我们都知道，数字信号只有 0 和 1，但是信号在发生 0 和 1 切换的时候是需要一个转换时间的，这个转换时间与图 1-16 中的电容的大小有关。转换时间越短，I2C 的速度就可以越快。表 1-1 是 I2C 在标准模式、快速模式、快速 Plus 模式下对信号稳定时间及外界电容大小的要求。

表 1-1 I2C 速度模式与电容的关系

速度模式	标准模式	快速模式	快速 Plus 模式
最大速度值	100kbit/s	400kbit/s	1Mbit/s
最大电容值	400pF	400pF	550pF
转换时间	1000ns	300ns	100ns

1.6.8 SPI

SPI（Serial Peripheral Interface，串行外围设备接口）是 Motorola 公司推出的一种同步串行接口技术。它是一种高速、全双工、同步的通信总线，既有 I2C 多设备通信的优点，又支持像串口那样的全双工通信，而且时钟频率高。

SPI 类型外设和开发板连接至少需要占用 6 个引脚。

- GND：电源地线。
- VCC：电源正极。
- CS：从设备使能信号引脚（由主设备 MCU 控制）。
- SCK：同步数据传输的时钟线。
- MOSI：主设备输出/从设备输入。
- MISO：主设备输入/从设备输出。

CPOL 与 CPHA 是 SPI 中非常重要的概念，分别代表 SPI 的时钟极性（Clock Polarity）和时钟相位（Clock Phase）。

CPOL 和 CPHA 分别都可以是 0 或 1，对应的 4 种组合如表 1-2 所示。

表 1-2 SPI 模式与极性和相位的关系

模式	极性、相位取值
Mode 0	CPOL= 0，CPHA = 0
Mode 1	CPOL = 0，CPHA = 1
Mode 2	CPOL = 1，CPHA = 0
Mode 3	CPOL = 1，CPHA = 1

在了解 CPOL 之前，需要先了解什么是时钟空闲时刻，字面理解就是时钟（SCK）此时处于稳定状态，与此对应的，SCK 在发送数据的时候，就是正常工作状态了。

SPI 的 CPOL 表示当 SCK 空闲的时候，其电平的值是低电平 0 还是高电平 1，如图 1-17 所示。

CPOL=0，SCK 空闲时候的电平是低电平，因此，当 SCK 有效的时候，就是高电平，这就是高有效。

CPOL=1，SCK 空闲时候的电平是高电平，因此，当 SCK 有效的时候，就是低电平，这就是低有效。

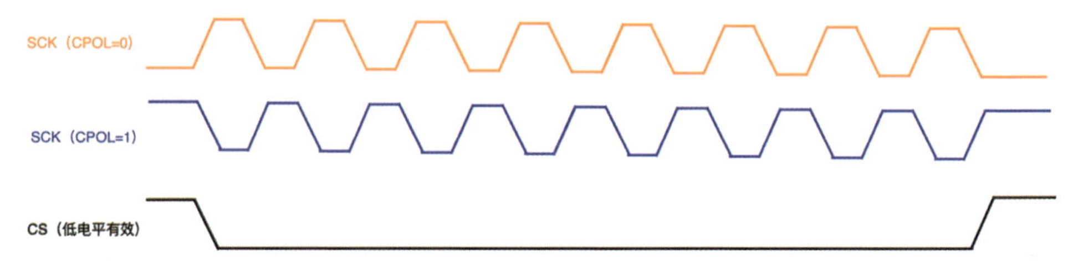

图 1-17　CPOL 示意图

CPHA 对应着数据采样是在第几个边沿，即在第一个边沿还是在第二个边沿，SPI 数据传输示意图如图 1-18 所示。

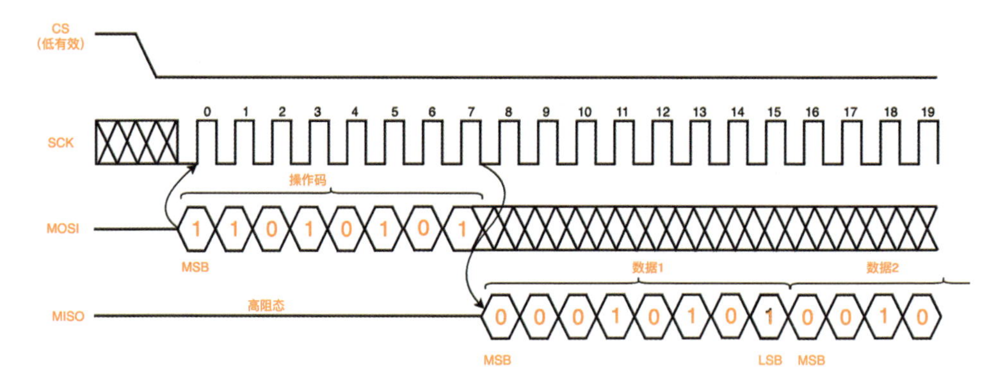

图 1-18　SPI 数据传输示意图

- CPHA=0，表示第一个边沿。对于 CPOL=0，SCK 空闲的时候是低电平，第一个边沿就是从低变到高，因此是上升沿。

对于 CPOL=1，SCK 空闲的时候是高电平，第一个边沿就是从高变到低，因此是下降沿。

- CPHA=1，表示第二个边沿。对于 CPOL=0，SCK 空闲的时候是低电平，第二个边沿就是从高变到低，因此是下降沿。

对于 CPOL=1，SCK 空闲的时候是高电平，第一个边沿就是从低变到高，因此是上升沿。

SPI 主要应用在 EEPROM、Flash、实时时钟（RTC）、ADC、数字信号处理器（DSP）及数字信号解码器之间。

表 1-3 是本节介绍的接口中常用于双向通信的几种协议在工作方式、通信模型等 4 方面的对比关系。

表 1-3　双向通信接口对比

通信协议	工作方式	通信模型	同步/异步	最少占用引脚数量
PWM	单工	一对一	同步	3
URAT	全双工	一对一	异步	4
I2C	半双工	一对多	同步	4
SPI	全双工	一对多	同步	6

1.7　常见物联网传感器介绍

传感器及 RFID 技术的发展极大地促进了物联网技术的高速发展。本节主要针对日常生活中直接或间接接触最多的传感器及 RFID 技术进行介绍。

1.7.1　温湿度传感器

温湿度传感器多以温湿度一体式的探头作为测温元件，将温度和湿度信号采集出来，经过稳压滤波、运算放大、非线性校正、V/I 转换、恒流及反向保护等电路处理后，转换成与温度和湿度呈线性关系的电流信号或电压信号以输出；也可以直接通过主控芯片进行 RS485 或 RS232 等接口输出。

温湿度传感器的形态多种多样，在消费类电子产品中，一般采用集成度非常高、尺寸非常小的温湿度芯片；在工农业领域，温湿度传感器为了能更好地适应恶劣环境，可能尺寸非常大，为了保护核心元器件的安全稳定，保护措施做得非常多。

Si7006 是应用比较广泛的温湿度传感器，其外观及引脚封装如图 1-19 所示。

Si7006 是 Silicon Labs 推出的，其内部集成了温度传感元件（Temp Sensor）、相对湿度传感元件（Humidity Sensor）、模拟数字转换器（ADC）、信号处理器（Control Logic）及一个 I2C 接口控制器（I2C Interface），如图 1-20 所示。

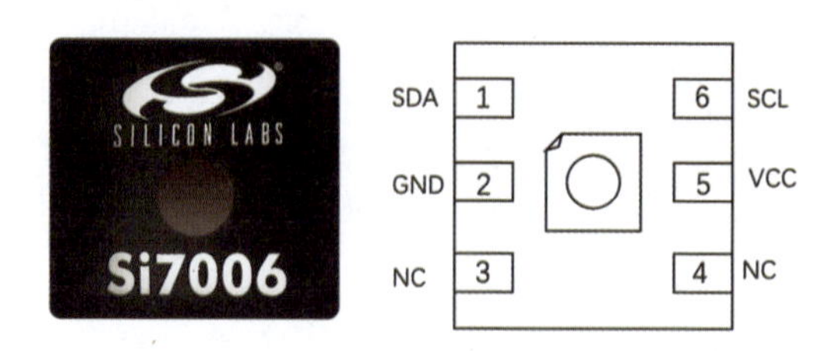

图 1-19　Si7006 温湿度传感器的外观及引脚封装

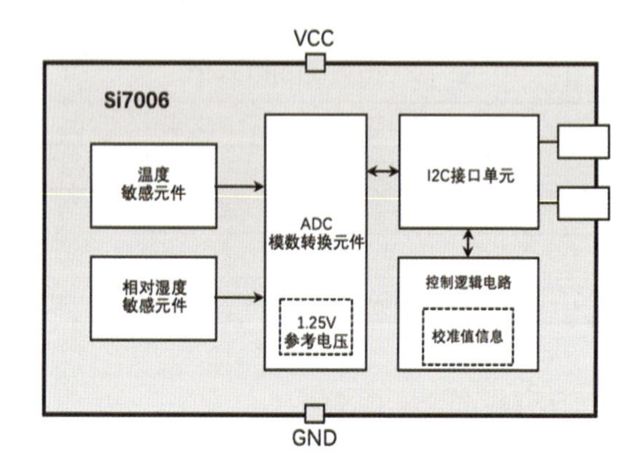

图 1-20　Si7006 内部电路结构图

图 1-20 为 Si7006 内部电路结构图，也是非常典型的温湿度传感器的原理图，主要分为四大部分。

- 温湿度传感元件。温湿度传感元件负责将外部的温湿度信息转换成电压信号。
- 模数电平转换模块。模数电平转换模块将温湿度传感元件输出的电压信号转化成数字信号。
- 控制单元。控制单元控制温湿度传感器的各种测量参数。
- 主机端口。主机端口指的是与主控制器通信所采用的端口，常用端口有 I2C、RS232、RS485 等。

温湿度传感器的主要技术参数指标有以下几个。

- 硬件接口类型。Si7006 采用 I2C 接口和 MCU 进行通信。
- 相对湿度传感器的工作范围、量程范围及最大误差。
- 温度传感器的工作范围、量程范围及最大误差。
- 工作电压。Si7006 的工作电压为 1.9～3.6V。
- 功耗参数。此参数对于低功耗产品（主要是带电池产品）非常重要。

在物联网场景中，温湿度监测是非常常见的场景，无论是智能家居、智慧城市领域，还是智慧农业、智慧工业领域，都大量采用。

1.7.2　人体感应传感器

人体感应传感器是智能家居中用的最多的传感器之一，其基本功能是感应人体的移动。目前，市面上见到的大部分人体传感器的原理都是热释电效应；个别产品采用其他原理，可以实现静止人体的检测，但是目前在技术成熟度及成本上，它和热释电效应传感器都没办法相比，用途较少。热释电效应是指一些具有自发式极化的晶体在温度发生变化的情况下会导致某一方向上产生表面极化电荷，即电位发生变化。红外线具有明显的热效应，所有物体都会向外辐射与本身温度相关的红外线，人体也一样，而此红外线照射到热释电材料上以后，就会导致热释电材料产生微弱的电位变化，将此电位变化的信号调理、放大后就能判断是否有人体移动。

最常见的人体感应传感器的外形如图 1-21 中白色的球状物体所示。

图 1-21　最常见的人体感应传感器的外形

人体感应传感器大多采用的是菲涅尔透镜，图 1-21 中的白色球状物体就是菲涅尔透镜。菲涅尔透镜是由法国物理学家奥古斯汀·菲涅尔发明的。它采用特殊形状的透镜，可以制造一个交替变化的“暗区”和“明区”，与常规透镜相比，其探测接收灵敏度更高。当有人从透镜前走过时，人体发出的红外线就会不断地交替从暗区进入明区，这样，接收到的红外信号就会以强弱交替的脉冲形式输出出去，通过测量其能量幅度的变化，便可以判定是否有活体移动。为了更精确地检测人体的移动，还可以在菲涅尔透镜后加入特定的滤光片，只允许人体发出的红外线透过，去除其他红外线的干扰，以避免被其他活物干扰。从原理上来说，菲涅尔透镜相当于红外线和可见光的凸透镜，但其成本和凸透镜相比要低很多，并且只需被动接收环境的光束，功耗极低，因此在各领域都得到了广泛的应用。但它也有缺点，从前面的原理描述来看，人体在静止的时候，热释电便没办法探测到人体的存在，因此，采用这种原理的人体感应传感器没办法检测到静止的人体。

除热释电效应技术外，有的人体感应传感器还会采用 PCR 雷达、多普勒雷达、红外热电堆阵列及超声波等技术，如表 1-4 所示。

表 1-4　各类人体感应技术的比较

人体感应技术	PCR 雷达	多普勒雷达	红外热释电	红外热电堆阵列	超声波
有效感应距离	<3m	>100m	25m 左右	—	<10m
可检测静止的人体	可以	不可以	不可以	可以	可以
环境影响因素	—	—	温度	温度	—
测量精度	毫米级	—	—	—	厘米级
功耗	低	中	低	低	低

1.7.3　烟雾传感器

烟雾传感器用于检测环境是否有烟雾及烟雾的浓度。它内置的烟雾敏感元件受烟雾（主要是可燃颗粒）浓度影响，阻值会发生变化，烟雾传感器根据此原理向主机发送烟雾浓度相应的模拟信号。常见烟雾传感器内部电路结构如图 1-22 所示，常见的烟雾传感器的外形如图 1-23 所示。

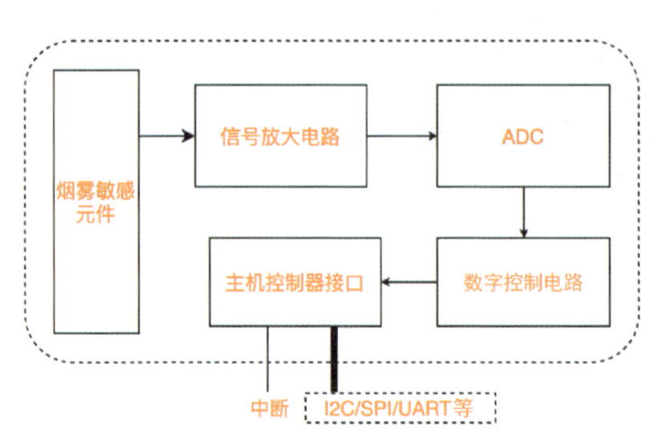

图 1-22　常见烟雾传感器内部电路结构

图 1-23　常见的烟雾传感器的外形

烟雾颗粒进入烟雾敏感元件之后变成电信号，但这种电信号一般都比较小，经过信号放大电路之后，转换成 ADC 可以辨别的模拟信号；经过 ADC 之后，变成 MCU 可以识别的数字信号，存储在数字控制电路中。当微处理器需要读取烟雾浓度信息的时候，可以利用主机控制器接口通过数字控制电路来读取当前的烟雾浓度；在烟雾浓度超出设定阈值之后，还可以主动发送中断信号给微处理器，微处理器会做出适当的处理。

烟雾传感器主要有离子式烟雾传感器、光电式烟雾传感器和气敏式烟雾传感器。

- 离子式烟雾传感器。离子式烟雾传感器在内外电离室里面有放射源镅 241，电离产生的正负离子在电场的作用下各自向正负极移动。在正常情况下，内外电离室的电信号处于稳态（电流、电压都是稳定的）。一旦有烟雾进入外电离室，干扰了带电粒子的正常运动，电流、电压就会有所改变，从而破坏内外电离室之间的平衡，传感器就会产生报警信号。这种传感器比较适用于开放性火灾的探测。
- 光电式烟雾传感器。光电式烟雾传感器内部有一个光学迷宫，安装有红外对管，无烟时，红外接收管收不到红外发射管发出的红外光；当有烟尘进入光学迷宫时，通过折射、反射，红外接收管接收到红外光，智能报警电路判断是否超过阈值，如果超过阈值就发出警报。
- 气敏式烟雾传感器。气敏式烟雾传感器是一种检测特定气体的传感器。它主要包括半导体气敏传感器、接触燃烧式气敏传感器和电化学气敏传感器等。其中，使用最多的是半导体气敏传感器，用于对一氧化碳、瓦斯、煤气等气体的检测。

烟雾传感器一般会和报警器封装成烟雾报警器（见图 1-24）独立使用，以往大多用在宾馆、公司、商场、居民楼公共区域进行火灾探测，随着近些年烟雾探测技术的发展，它在汽车烟雾探测领域也有越来越广泛的应用。近几年来，随着智能设备在普通家庭中的普及，带远程报警功能的家用烟雾探测器逐步走进了大众家庭，为家庭的安全保驾护航。

图 1-24　烟雾报警器

1.7.4 RFID 读卡器

RFID 是射频识别的缩写，是能阅读射频标签数据的自动识别设备。RFID 技术是一种非接触式自动识别技术，通过射频信号自动识别目标对象并获取相关数据。同时，因为 RFID 技术可识别高速运动物体并可同时识别多个标签，所以在日常生产和生活中有大量应用，如小区用的门禁卡、卡式车辆门禁系统、公交卡、食堂饭卡、工厂物料管理系统都会使用 RFID 技术。

一个基本的 RFID 系统由阅读器和电子标签两部分组成。其中，阅读器是 RFID 系统的信息控制和处理中心，其基本构成通常包括天线、晶振、锁相环、调制电路、微处理器、解调电路和外设接口，各部分的主要功能如下。

- 天线：发送射频信号给标签，并接收标签响应信息。
- 晶振：产生系统工作所需的振荡信号。
- 锁相环：产生所需的载波信号。
- 调制电路：把发送至标签的信息调制成载波并由射频电路发出。
- 微处理器：产生要发送给标签的信号，同时对标签返回的信号进行译码，若 RFID 系统是加密的系统，那么还需要对信号进行解密操作。
- 解调电路：解调标签返回的信号。
- 外设接口：与微处理器进行通信的接口。

电子标签稍微简单一些，一般由天线、AC/DC 电路、逻辑控制电路、调制电路及解调电路组成。

RFID 技术根据是否需要供电可以分为无源 RFID、有源 RFID 与半有源 RFID。

无源 RFID 系统工作在 125kHz、13.56MHz 较低频段，其有效识别距离通常较短，主要用于短距离接触式识别，典型应用包括公交卡、二代身份证、食堂饭卡等。

有源 RFID 系统主要工作在 900MHz、2.45GHz、5.8GHz 等较高频段，其中的电子标签需要外接电源进行供电，可以主动向阅读器发送信号。有源 RFID 系统的有效传输距离及可靠性可以大幅提升。

半有源 RFID 系统介于无源 RFID 系统和有源 RFID 系统之间，一般情况下，RFID 产品处于休眠状态，仅对电子标签中的数据部分进行供电，在电子标签进入阅读器识别范围后，阅读器其他电路开始供电并主动用高频信号与阅读器进行通信，通过这种方式，可以降低对电子标签的电源供给需求。

1.7.5　陀螺仪

传统的机械陀螺仪如图 1-25 所示，是法国科学家莱昂·傅科在 1850 年研究地球自转的过程中获得灵感而发明的：就类似于把一个高速旋转的陀螺放到一个万向支架上，靠陀螺仪的方向来计算角速度。现代电子设备中采用的陀螺仪功能集成在一颗小芯片中，如图 1-26 所示，与传统的陀螺仪相比，差别就太大了。

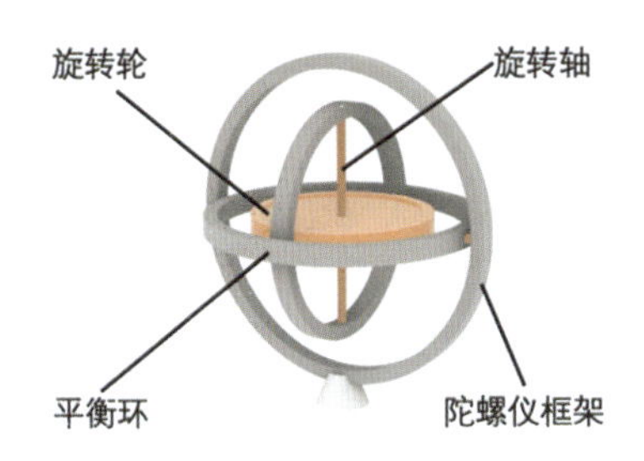

图 1-25　传统的机械陀螺仪

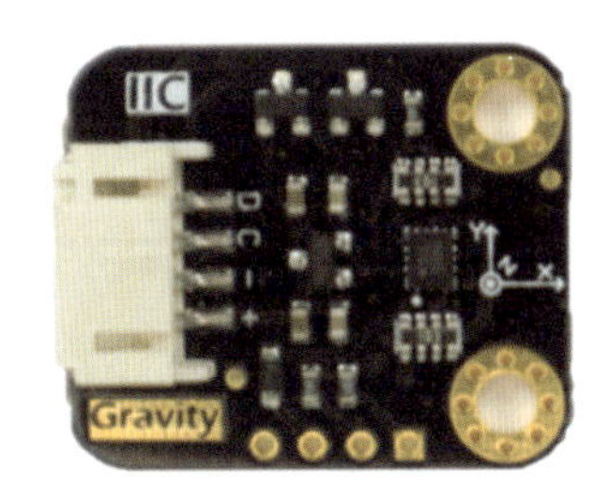

图 1-26　陀螺仪传感器

加速度传感器通常是由质量块、阻尼器、弹性元件、敏感元件和适调电路等部分组成的。加速度传感器在加速过程中，通过对质量块的惯性力进行测量，再利用牛顿第二定律计算出重力加速度的值。根据传感器中采用的敏感元件的不同，常见的加速度传感器包括电容式、电感式、应变式、压阻式、压电式等类型。

我们知道，一个旋转物体的旋转轴所指的方向是不会变的，而且不受外力影响。地球在自西向东自转的时候，旋转轴就是地轴，即南极点和北极点的连线。根据这个原理，只要知道了旋转轴的方向，就可以知道物体精确的旋转方向了。然后结合像科里奥利力等力学原理就能计算出陀螺仪在各个方向的角速度了。

现在电子产品中使用的陀螺仪及加速度传感器多属于 MEMS 的分支，MEMS（Micro-Electro-Mechanical System，微机械微电子系统）采用诸如电容、压阻、热电偶、谐振或隧道电流等效应和技术来感应系统的各种指标。

MEMS 陀螺仪也可以称为硅微机电陀螺仪。每个 MEMS 系统中一般都会集成机械结构、微型传感器、微型执行器、信号处理及控制电路、通信接口电路与电源。

绝大多数的 MEMS 陀螺仪都是依赖相互正交的震动和转动共同引起的交变科里奥利力，通过对科里奥利力进行测量及转换便可以得知物体在各个方向上的角速度。

MEMS 内部有一个质量块，如图 1-27 所示。在系统上电之后，这个质量块以固定的频率左右运动，横向运动的时候，这个锯齿和外圈的锯齿之间的距离是不变的，它们之间输出的电容值也不会变化；在器件有加速度的时候，就会引发质量块的纵向运动，从而改变锯齿和周围锯齿间的距离，进而改变它们之间的电容值，量测到电容值的变化之后，把模拟信号转换为数字信号，输出给外部以进行角速度的计算。

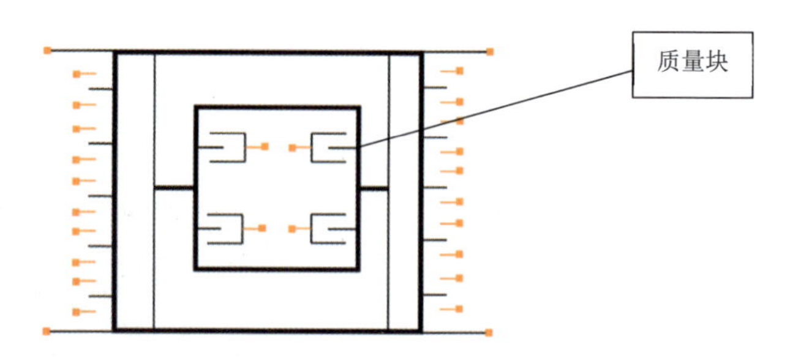

图 1-27　MEMS 内部质量块结构图

对于一个物体来说，要描述它的运动姿态，除了用它在 x、y、z 方向上的加速度，还会用到它在 3 个轴上的旋转运动状态。

欧拉角是表达旋转的最常用的方式之一。

如图 1-28 所示，x、y、z 这 3 个方向上的旋转运动状态用 pitch、yaw 和 roll 3 个指标来表示，中文分别是俯仰角、偏航角和翻滚角。

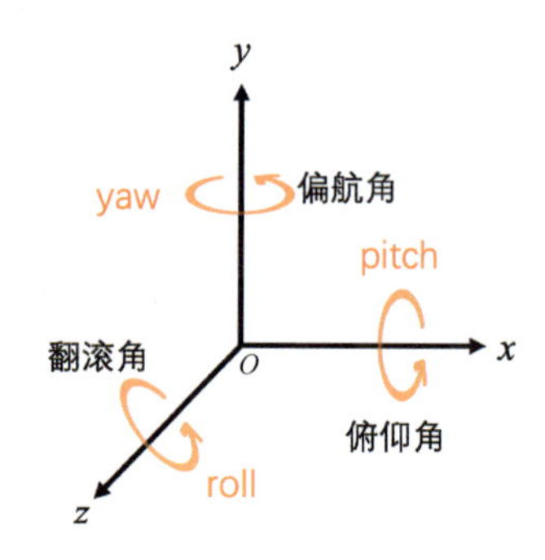

图 1-28　陀螺仪的 3 个不同方向的旋转运动角

电子产品中的旋转运动姿态一般是通过陀螺仪传感器进行测量计算的，但一般的陀螺仪并不直接输出这 3 个数据，测量结果需要根据一定的公式换算成 pitch、yaw 和 roll 3 个指标。计算过程涉及滤波、数据融合算法等，对于一般的应用者来说比较复杂，因此，陀螺仪传感器内部还会内置计算引擎以完成滤波、数据融合算法等工作，从而简化应用程序的使用。

MPU6050 是应用比较广泛的陀螺仪传感器（见图 1-29），属于 MEMS 传感器的范畴。

MPU6050 传感器内部的逻辑框图如图 1-30 所示。其中，左上角是一个振荡器，中间是 3 个方向的加速度传感器及角速度传感器、温度传感器及其对应的 ADC 模块。运动状态监测在经过这些传感器之后变成模拟信号，模拟信号在经过 ADC 后变成离散的数字信号，数字信息存在 MPU6050 的寄存器内部，主 CPU 通过 I2C 接口可以读取到这些数字信息。如果开启了 MPU6050 的 DMP 功能，那么这些数据也会被送到 DMP 中进行更高精度的运算。如果通过 MPU6050 芯片可以扩展第三方的 I2C 传感器，则会使用到下面一组 I2C 接口。除此之外，还有一些配置电路、FIFO 电路及中断控制电路。

图 1-29 MPU6050 传感器

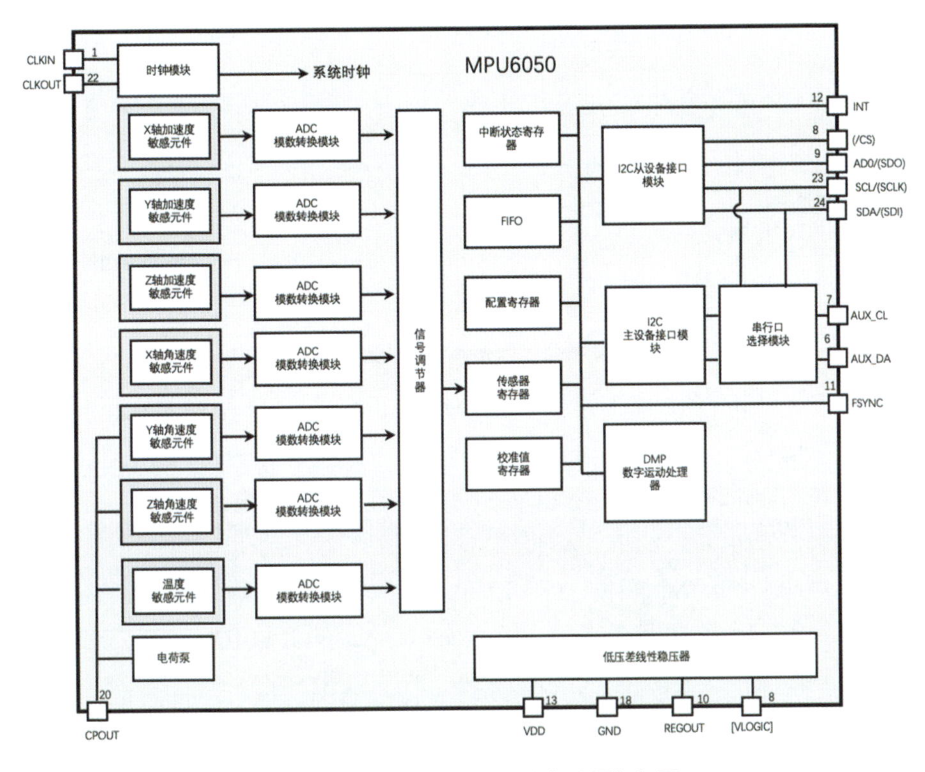

图 1-30 MPU6050 传感器内部的逻辑框图

陀螺仪及加速度传感器在日常生活的各个场合的用途很广。汽车行业中的安全气囊、ABS 防抱死系统、电子悬架系统及导航辅助系统都用到了加速度传感器。汽车在发生碰撞的时候，车身会因为惯性产生一个很大的加速度，当检测到加速度达到一定的阈值时，结合一些其他的指标来决定是否自动打开安全气囊。

加速度和陀螺仪传感器在消费类电子产品中的应用就更多了，如平时玩体感类游戏的游戏手柄都会用它来检测手柄的方位及运动姿态。除此之外，还有手机、PAD、电子计步器、智能可穿戴设备等。

有一些 App 装在手机上之后，可以监测我们用手机模拟笔在空中写出的字的动作，以此来判定是什么字，这其实也是通过手机的加速度传感器来计算手机的运动轨迹而实现的。

1.7.6 光强度及接近传感器

最常见的光强度传感器的内部结构如图 1-31 所示。

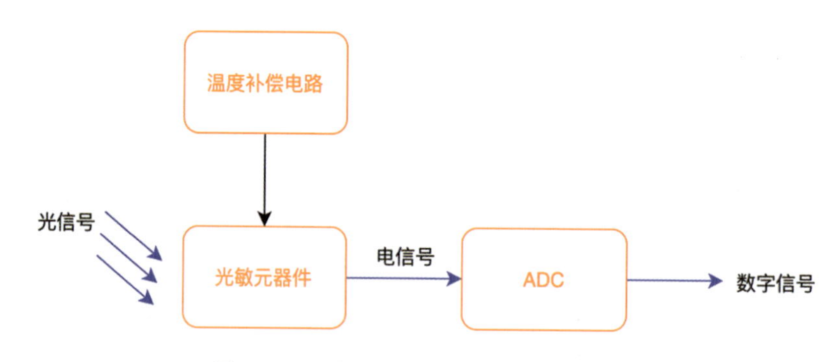

图 1-31 最常见的光强度传感器的内部结构

光信号在经过光敏元器件之后会变成电信号，电信号经过 ADC 采样之后会变成离散的数字信号。一般的光强度传感器还会带一个温度补偿电路，因为光敏元器件的工作误差是会随环境温度的变化而变化的，有了温度补偿电路之后，在正常工作温度范围内，传感器测量到的光强度值就可以保持在很小的误差范围内了。这里边的核心元件是这个光敏元器件，负责将光信号转化为电信号，与发光管配合使用，可以实现电到光、光到电的相互转换。常见的光敏元器件有光敏电阻、光电二极管和光电三极管等。

AP3216 是应用比较广泛的光强度及接近传感器，如图 1-32 所示，上面有两个孔，其中一个是用来测量光强度的，另一个是用来测量物体的接近程度的。

AP3216C 传感器内部硬件框图如图 1-33 所示，主要有如下几部分组成。

图 1-32　AP3216C 传感器外观

- 光强度敏感元件（ALS）。
- 接近度敏感元件（PS）。
- ADC 模数转换模块（ALS/PS ADC）。
- 内部的控制电路（Upper/Lower Threshold、Control Logic、Timming_ctl、IREF、FOSL）。
- I2C 总线控制器（I2C Interfaec）。
- 红外 LED 发射二极管（IR_LED）。

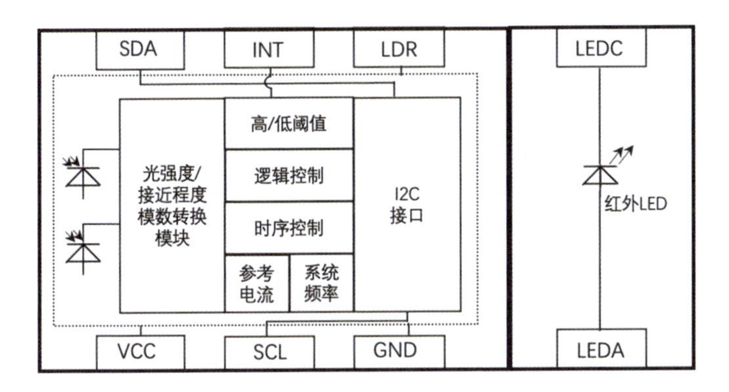

图 1-33　AP3216C 传感器内部硬件框图

光强度或接近程度通过敏感元件之后变成模拟电信号，模拟电信号经过 ADC 之后被转换成离散的数字信号，数字信号存放在控制单元的寄存器中，主机通过 I2C 协议将数字信号读走。

第2章 HaaS开发框架

HaaS 的第一次提出是在 2020 年的云栖大会上。阿里巴巴智能设备平台研发部的负责人胡俊锋（崮德）认为，在万物互联的智能硬件时代，每个行业都需要快速智能化。通过 HaaS 物联网设备云端一体开发框架把传统设备快速智能化，让开发者更加聚焦业务创新。HaaS 的战略目的是通过数量收敛的硬件积木（包括 HaaS100、HaaS200、HaaS600 等主控板和各种 HaaS 认证的传感器）和丰富、标准的软件积木（包括各种端侧组件、云端服务及钉钉/支付宝小程序等）持续降低物联网的开发门槛，让用户（包括 C/C++、JavaScript、Python 用户）可以快速用 HaaS 提供的软/硬件积木搭建应用，并且不用关心任何硬件调试（可根据硬件 ID 自动加载硬件驱动代码），而只需关注“云端钉”的业务逻辑代码即可。

HaaS 开发框架（见图 2-1）是基于 HaaS 理念打造的物联网云端一体开发框架，区别于传统物联网嵌入式设备开发模式，HaaS 开发框架从硬件层面开始设计，融合了操作系统、软件架构及云端平台等基础设施与软件方案，打造成易上手、门槛低、面向物联网开发者的新型开发模式。在这种新型开发模式背后，开发者需要对面临的主要问题及其解决方案进行深入的思考和探讨。

如图 2-1 所示，首先，从硬件生态出发，HaaS 提供了自研系列开发板，这些开发板支持丰富的外部设备，如显示屏、摄像头及传感器等。其次，由于物联网设备场景和设备形态的巨大差异性，导致物联网设备严重的碎片化问题，为此，HaaS 提供了统一标准的物联网操作系统，即 AliOS Things，可以屏蔽底层硬件差异，支持低、中、高端硬件能力，并向上提供统一的操作接口。同时，为了降低物联网设备的开发门槛，HaaS 提供了低代码开发模式，开发者只需编写少量的代码，就可以实现所需的业务逻辑，并支持远程诊断调试，打造云端一体全链路开发。最后，物联网设备控制和连接需要通过云端支撑，因此，HaaS 对接了阿里云物联网平台，支持各种各样的物联网设备的接入与服务，在阿里云物联网平台上，可以进行设备生命周期管理，并支持设备注册、功能定义、数据解析、在线调试、远程配置、OTA 升级、实时监控、设备分组、设备删除等功能，正是这些特性，才能打造真正的物联网设备云端一体开发框架。

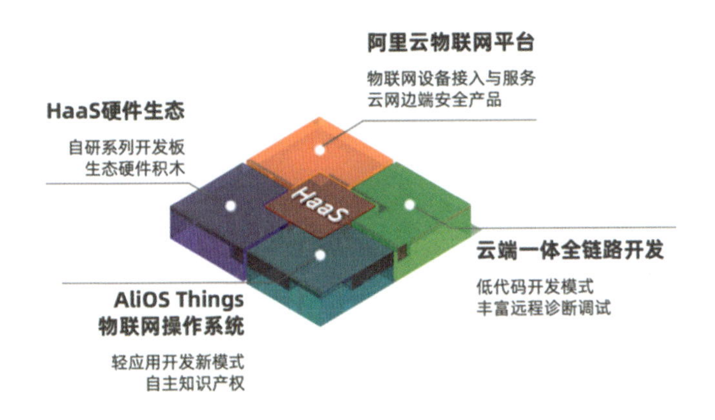

图 2-1　HaaS 开发框架

2.1　HaaS 开发框架介绍

HaaS 开发框架是结合了硬件生态、操作系统、云端一体全链路开发，以及云端平台的物联网开发框架，那么，它的整体架构及各层次的具体分工是什么呢？

如图 2-2 所示，HaaS 开发框架自底向上分为五大部分：硬件积木、自研系统、软件积木、应用框架和云端服务。

第一层是硬件积木，包括 HaaS 开发板和生态积木。其中，HaaS 开发板也就是主控板，是提供基础能力集合的开发板，包括 CPU、Wi-Fi、蓝牙及 4G Cat.1 等基础能力模块；生态积木类似于外部设备，是主控板上的可扩展模块，包括显示屏、摄像头、电机及各种传感器等。

第二层是自研系统。这里的自研系统指的是 AliOS Things 操作系统，是面向 IoT 领域的轻量级物联网嵌入式操作系统，可广泛应用在智能家居、智慧城市、新工业、新出行等领域。AliOS Things 可以运行在多种多样的硬件设备上，屏蔽了不同的硬件细节，向上提供了统一的操作接口，是 HaaS 开发框架解决物联网设备硬件碎片化问题的核心部分。

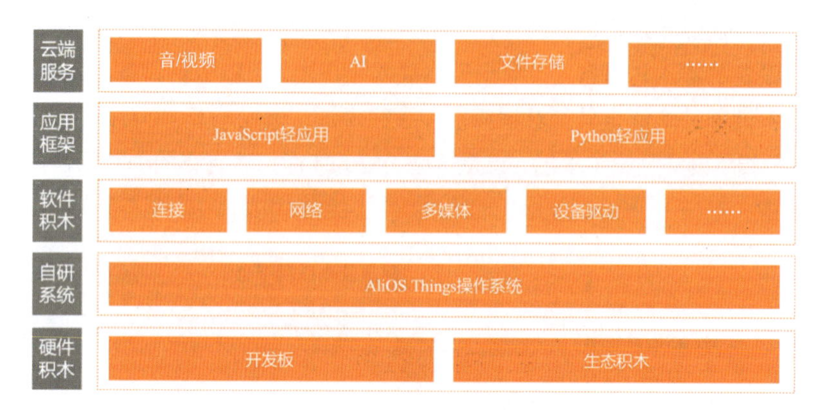

图 2-2　HaaS 开发框架的整体架构

第三层是软件积木。软件积木提供了面向 HaaS 软件开发场景的原子能力，包含连接、网络、多媒体及设备驱动等基础功能，如 LinkSDK、传感器设备驱动、音/视频播放器等。

第四层是应用框架，包含 JavaScript 轻应用和 Python 轻应用。嵌入式开发是一项门槛比较高的开发工作，为了降低开发门槛，HaaS 开发框架引入了 JavaScript 轻应用和 Python 轻应用开发模式，让一些非嵌入式开发者也可以很容易上手开发。

第五层是云端服务。区别于物联网设备端，云端服务是打造物联网云端一体不可或缺的关键节点。它运行在云端，提供了支付、存储、定位、音/视频及 AI 等能力。

接下来逐层做简单介绍，这里大家只需留下一个初步印象即可，详细的内容可以在后续相关的对应章节里找到。

2.1.1　HaaS 硬件积木简介

HaaS 硬件积木如图 2-3 所示。

图 2-3　HaaS 硬件积木

硬件积木就是硬件设备，要做一个完整的物联网方案，肯定离不开硬件设备。这里，HaaS 开发框架把硬件积木分为 HaaS 开发板和生态积木。HaaS 开发板即已经发布的 HaaS100、HaaS200、HaaS600 等。每款 HaaS 开发板都有其特有定位的主控功能，如低端的 Wi-Fi+BT 的控制板、中高端的 Wi-Fi+BT+Cortex-A7+Cortex-M33 的控制板、4G Cat.1 模组等。这些 HaaS 开发板可以用在局域网和广域网的应用领域，基本能满足 80%的开发者需求。但是只有这些核心的开发板是不够的，还需要丰富的扩展板和感知板来协同完成具体的应用需求。这些扩展板和感知板包括各类显示屏、喇叭、麦克风、继电器、风扇、马达、读卡器、摄像头，以及各类传感器，包括温湿度传感器、运动传感器、光强度传感器等。这些扩展板和感知板统称为 HaaS 生态硬件积木。

硬件积木是 HaaS 开发框架的底座，其中，开发板是自研的；而生态积木可以来自于 IHV（硬件积木贡献者），而且种类越丰富越好，只有丰富的 HaaS 生态积木才能支撑各种各样的应用场景，因此，HaaS 开发框架需要有更多的 IHV 参与进来，打造一个 HaaS 硬件供需生态，既可以让 IHV 获得收益，又可以丰富 HaaS 开发框架硬件积木，形成良性循环。

2.1.2 HaaS 自研系统简介

这里的 HaaS 自研系统就是开源自主的物联网操作系统 AliOS Things。物联网的最大特点就是碎片化，这个碎片化又包含硬件碎片化、软件碎片化和应用场景碎片化。HaaS 开发框架通过一个统一的物联网操作系统来屏蔽这些硬件的碎片化和差异性，让用户不用关心底层的硬件平台而专心于上层的业务逻辑开发中，这就是 AliOS Things 的历史使命。阿里巴巴集团在 2017 年发布了 AliOS Things V1.0，它是一个轻量级的 RTOS 系统。到今天，AliOS Things 已经迭代发展到了 3.3 版本，内核部分也从一个单纯的 RTOS 进化为一个弹性内核操作系统，既支持 RTOS，又支持微内核，在性能、安全和稳定性之间，可根据客户需求灵活配置。得益于弹性内核的设计和丰富的上层组件，AliOS Things 支持设备的范围非常宽，既支持蓝牙模组、Wi-Fi 模组、插座、灯泡这样简单的无屏设备，又支持儿童手表、智慧面板这样的低端带屏（4 寸以下）设备，还可以支持广告机、平板、带屏 POS 机等相对高端和复杂的带屏设备。

简单来讲，AliOS Things 可以分为 3 个层次：内核、接口及组件，如图 2-4 所示。这 3 个层次是 AliOS Things 的最小集。

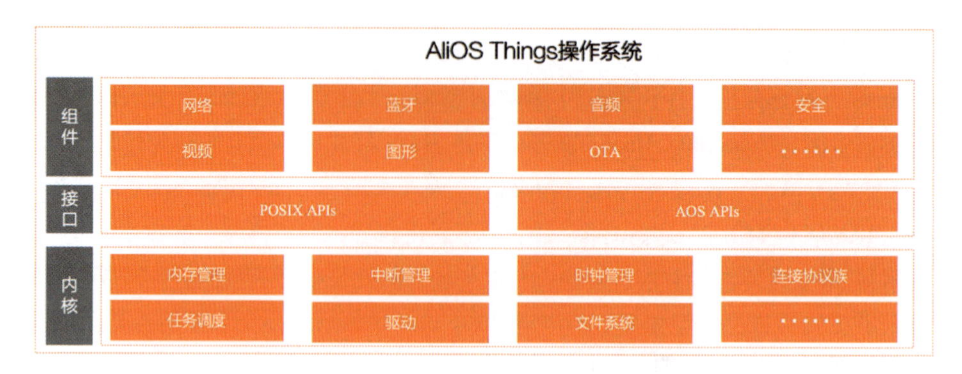

图 2-4　AliOS Things 操作系统层次结构

在内核层，内核既可以是微内核，又可以是 RTOS 内核，只需通过简单的配置就可以实现。在微内核形态中，AliOS Things 采用了多通道机制，打造了先进的 IPC 跨进程通信能力，并改造了 CFS 内核调度机制，实现了更公平的进程调度，避免进程“饿死”的情况出现；同时，AliOS Things 设计了高效的内存管理机制，兼容 MMU 和 MPU 的芯片，并实现了进程动态加载和卸载，规范了进程生命周期管理，可以更合理地使用有限的资源。在 RTOS 形态中，AliOS Things 升级了驱动系统和文件系统等能力，完善并缩短了适配不同芯片平台的时间周期。

在接口层，接口分为 POSIX APIs 和 AOS APIs。其中，POSIX APIs 为户态程序访问内核接口提供了标准、统一的接口，这样带来的好处是在 Linux 上开发的应用程序可以很方便地移植到 AliOS Things 上，大大降低用户在 AliOS Things 上移植、开发的难度；AOS APIs 是根据 AliOS Things 特性打造的自有能力扩展集合，具体细节可以查看后续章节。

组件层是 AliOS Things 开发的重点，目的是缩小与 Linux、Android 上丰富的组件能力之间的差距，为应用开发者提供零移植成本的良好体验，包含网络、蓝牙、安全、音/视频、图形等部分。组件层是可以无限扩展的，只有越来越丰富的组件，才能向 HaaS 应用输送更强大的基础支撑。

这里的 AliOS Things 操作系统描述更多的是基于结构化的概念，实际上，在真正的代码逻辑中，并不会进行严格区分。例如，AliOS Things 中的组件层和后面要介绍的 HaaS 软件积木其实是相互补充、相互促进的，甚至可以认为，AliOS Things 的组件层属于 HaaS 软件积木，HaaS 软件积木也可以是 AliOS Things 中的组件。

2.1.3　HaaS 软件积木简介

软件积木是基于硬件积木的一个概念，也是开发者在实际的编程开发中会直接面对的对象。为了发挥出硬件积木的能力，必须要有对应的软件。包括上面提到的 HaaS 开发板和 HaaS 生态积木（扩展板、感知板等），要让它们工作起来，必须要在它们之上运行相应的系统和软件。看到这里，读者可能会有一个问题：系统是不是一个软件积木呢？HaaS 开发框架的自研系统在广义上也属于 HaaS 软件积木的范畴，只不过它自身较复杂，有很多相关知识希望与读者分享，因此把它单列出来，以更好地去理解它的设计思想和重要性。除了系统这个大积木，还有很多重要的软件积木，按照大类可以把它们分为连接积木、网络积木、多媒体积木、文件系统积木、设备驱动积木、工具积木等，如图 2-5 所示，每类积木里面又有很多具体的软件积木。例如，连接积木包含配网、蓝牙、Modbus 等物联网设备连接能力，支持设备快速联网上云；网络积木包含 MQTT、HTTP、LwIP 等各种常用的物联网连接协议，用户可以根据实际场景进行相应的配置；多媒体积木有显示（HaaS UI）、摄像头（camera）、音/视频通信（RTC）等各种丰富的能力；文件系统积木有 vfs、littlefs、fatfs、ramfs 等，开发者可以根据实际需求选择最合适的文件系统；设备驱动积木有音频、I2C、Flash、PWM、SPI 等各类常用驱动，开发者可以利用设备驱动积木很快地使用各种 HaaS 生态积木；对于工具积木，HaaS 开发框架提供强大的跟踪、调试工具，帮助开发者更好、更快地完成开发工作。

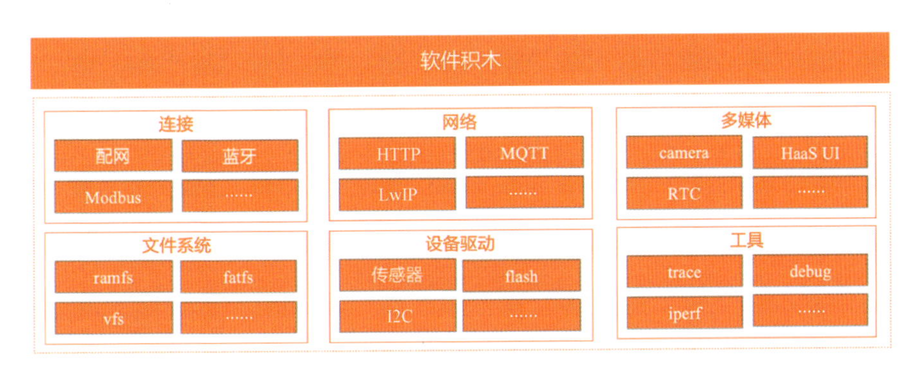

图 2-5　软件积木

软件积木是 HaaS 开发框架中非常重要的一个层次，开发者在打造各种各样的物联网设备场景时，需要基于丰富的软件积木。它本身是无限扩展的，不仅限于连接、工具、诊断调试、多媒体、文件系统及设备驱动这些种类，像 Linux、Android 上一些独立的通用模块，只要是开发者需要的，HaaS 开发框架就可以移植过来作为软件积木，并提供给其他开发者使用。只有软件积木足够丰富，才能支撑多种多样的物联网场景。有了这些丰富的 HaaS 软件积木后，开发者可以不用关心硬件细节，只需基于 HaaS 硬件积木搭载对应的软件积木就可以运行相应的功能。当然，这些功能是

HaaS 开发板自带的软件功能。如果开发者想要开发更多的功能该怎么办呢？这就是 HaaS 轻应用要解决的问题了。

2.1.4 HaaS 应用框架简介

为了降低端上的开发门槛，HaaS 开发框架在 C 和 C++的基础上增加了前端开发者特别喜欢的 JavaScript 语言，以及编程语言新贵 Python 的支持，打造了嵌入式开发平台特有的应用框架，即 HaaS 应用框架包括 JavaScript 轻应用和 Python 轻应用，如图 2-6 所示。

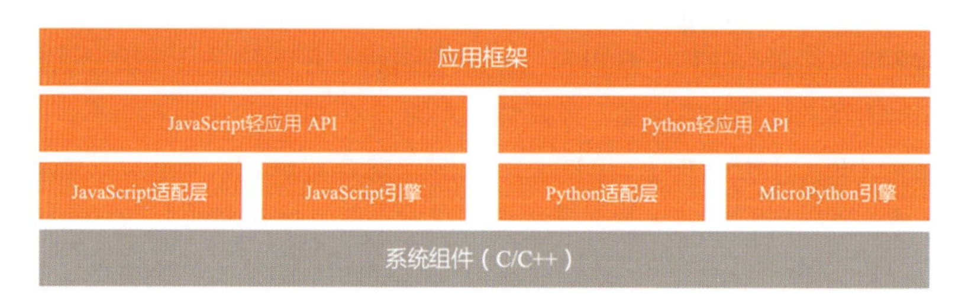

图 2-6 HaaS 应用框架

在应用框架中，HaaS 适配了丰富的组件能力，不仅包括硬件 I/O（UART/GPIO/I2C/SPI）、模数/数模转换（ADC/DAC）、脉宽调制（PWM）、定时器（TIMER）、实时时钟（RTC）、看门狗（WDG）及网络协议（UDP/TCP/HTTP/MQTT）等基础组件，还包括物联网平台连接组件、支付组件、语音组件、传感器服务组件、定位服务组件及外设驱动库等高级组件。相比于当前的嵌入式开发（C/C++），HaaS 应用框架带来一些好处。

- 轻巧：轻应用短小精悍，免编译、免烧录。
- 快速：结合阿里云物联网平台，一键完成应用代码热更新。
- 简单：API 简洁易懂，大幅降低了 IoT 嵌入式设备应用的开发门槛。

对于 RTOS 系统，当用 C 语言编写应用时，需要进行编译、烧录等步骤，开发过程相对比较烦琐，但在 HaaS 轻应用框架上，可以像编写前端页面代码或脚本文件一样简单，不需要编译和烧录，直接传到开发板上就可以运行。同时，对于 JavaScript 轻应用，它能够完美兼容各种生态软件包，与各类云端业务无缝衔接；对于 Python 轻应用，它能结合各种 Python AI 能力，打造极致的 AI 场景体验。并且，基于脚本语言的轻应用框架还能实现代码开发模式，只需少量的几行代码，就可以实现之前 C 语言开发烦琐的代码逻辑，大大降低了嵌入式开发的门槛。更进一步，可以通过轻应用实现常用业务代码模块化，基于可视化图形界面，开发者不需要写任何代码，只需进行简单的拖曳就能实现业务逻辑，极大简化了开发流程。

为了让开发者能够用 JavaScript 和 Python 很方便地开发物联网应用，需要做好 HaaS 轻应用针对底层硬件和系统的封装工作，封装工作做得越好越彻底，开发者使用起来越便捷。同时，HaaS 轻应用还需要对接云服务，让云端来承接那些无法在嵌入式设备端上完成的工作。有了 HaaS 轻应用的支持，开发者可以像写一个简单的网页或一个简单的脚本一样，轻轻松松就能完成一个物联网 AI 应用。为什么能做到这一点呢？本书后面的章节会有详细介绍。

2.1.5　HaaS 云端服务简介

HaaS 是云端一体的开发框架，这个“云”就体现在云端服务上。云端服务，顾名思义就是通过云的能力提供服务给终端。目前常见的云端服务种类有 IaaS（Infrastructure as a Service，基础设施即服务）、SaaS（Software as a Service，软件即服务）及 PaaS（Platform as a Service，平台即服务），而阿里云物联网平台提供的云端服务属于 PaaS。

阿里云物联网平台针对物联网设备提供了丰富的云端服务，包括文件存储、视频监控、语音识别、人脸识别、远程控制、定位及 OTA 等与各种场景相关的云端能力，如图 2-7 所示。在 HaaS 开发框架中，开发者可以通过设备端上的 Link SDK 接入阿里云物联网平台，它提供安全可靠的连接通信能力，向下连接海量设备，支撑设备数据采集上云；向上提供云端 API，服务端通过调用云端 API 将指令下发至设备端，实现远程控制。在上行数据链路中，物联网设备通过 MQTT 协议与物联网平台建立长连接，上报数据（通过 Publish 类型的报文发送包含主题（Topic）和负载（Payload）的消息）到物联网平台；在下行数据链路中，物联网平台通过 MQTT 协议，使用 Publish 发送数据（指定 Topic 和 Payload）到设备端。

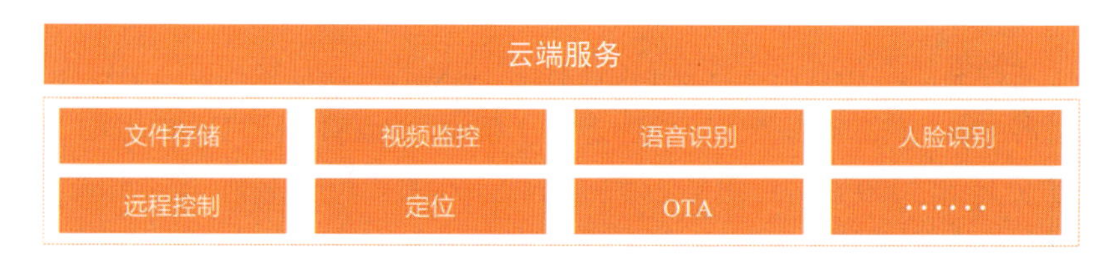

图 2-7　云端服务

在物联网嵌入式设备上，大部分设备端的能力是比较弱的，只能做一些简单的计算，无法为各种复杂的场景提供基础支撑，有了云端服务，看起来简简单单的设备终端就有了无限的想象空间。例如，AI 能力、AI 云端服务可以让终端做更多更智能的事情，如通过云端人脸识别能力，主动帮你发现“老板来了”。又如，定位能力，定位云端服务可以让用户很轻松地知道终端设备的具体位置，进而根据不同的位置信息执行不同的策略。再如，“千里传音”是一个语音云端服务，可以在云上生成我们想要的语音，并在不同的条件下通知设备终端播放相应的语音，如室内空气湿度较低时播报“空气湿度过低，请打开加湿器”等。有了 HaaS 云端服务，物联网开发者可以发挥无穷的想象力，在 HaaS 开发板上实现各种神奇的功能。

2.2　HaaS 硬件积木

在 HaaS 开发框架中，通过标准硬件和配套的生态积木，让开发者可以低门槛快速组装硬件积木，而无须关注硬件细节，从而聚焦业务。图 2-8 是 HaaS 硬件积木示意图。

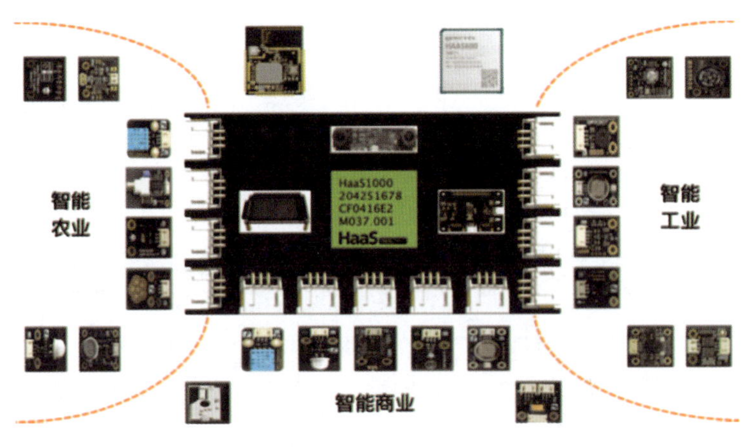

图 2-8　HaaS 硬件积木示意图

HaaS 硬件积木的组成和特点如下。

（1）主控系统采用专用高性能 MCU HaaS1000 芯片，已经搭载了 AliOS Things 操作系统和 HaaS 轻应用框架，可快速上云。目前，HaaS100 和 HaaS EDU K1 开发板就是基于 HaaS1000 芯片打造的。其中，HaaS100 主要用于工业、农业和商业项目，HaaS EDU K1 主要用于教育项目。

（2）HaaS1000 芯片内置双核 Cortex-A7，支持语音及 AI 任务，搭配显示屏、摄像头和语音等部件，可实现一定的音/视频和端上 AI 功能。两组 SPI 可以分别驱动显示屏和摄像头，3 路模拟麦克风和 2 路喇叭可实现“HaaS HaaS”语音唤醒。

（3）那么，该如何轻松上云呢？当然少不了连接模块。目前，HaaS 硬件积木中支持局域网连接和广域网连接。HaaS200 是典型的物联网开发板，支持蓝牙 5.0 和双频 Wi-Fi，还有丰富的外设接口。HaaS510、HaaS600 和 HaaS610 是内置 4G Cat.1 模块的开发板，后面会详细讲解它们的特性。

（4）HaaS1000 芯片共有 40 个 GPIO，内含丰富的外设扩展接口，常用的有 SPI、I2C、PWM、ADC、I2S 等，能支持上百种传感器等组件，广泛应用于农业、工业和商业等不同领域。

- 农业主要用到的传感器有温湿度传感器、光强度传感器、风速传感器、CO_2 传感器、土壤湿度传感器等。
- 工业主要用到的传感器有光电传感器、接近传感器、光纤传感器、位移传感器、烟雾传感器、超声波传感器等。
- 商业主要用到的传感器有霍尔传感器、心率传感器、烟雾传感器、温湿度传感器、人体红外传感器等。

2.2.1　HaaS IoT 开发板介绍

HaaS1000 是一个高度集成的 SoC 芯片，内嵌 Cortex-M33 双核 MCU 和 Cortex-A7 双核 AP，其中，M33 核主频最高 300MHz，可以运行蓝牙和 Wi-Fi 协议栈；A7 核主频最高 1GHz，可以运行语音处理和 AI 算法任务。在存储方面，它内含 16MB PSRAM、2.5MB SRAM 和 16MB Nor Flash，可以满足固件开发；内置双频 2.4G/5G Wi-Fi IEEE 802.11 a/b/g/n 和双模蓝牙 5.0 BLE Mesh，共天线方案为性能和成本提供了灵活的可选方案。在音频方面，它还支持远程声场的 3 路模拟麦克风阵列和 6 路数字麦克风阵列，可以和显示屏、摄像头一起丰富端上 AI 场景与音/视频功能。另外，它的外设接口也非常丰富，开发者可以根据需求选择组件，以实现产品或解决方案。图 2-9 是 HaaS1000 功能框图。

2.2.1.1　HaaS100 开发板介绍

HaaS100 是基于 HaaS1000 芯片打造的一款 IoT 通用和语音 AI 的开发板，搭载了 AliOS Things 操作系统，支持 Python 和 JavaScript 轻应用开发框架；外设接口资源丰富，工业级防护标准，能满足大部分应用需求，广泛用于农业、工业、商业等行业场景。

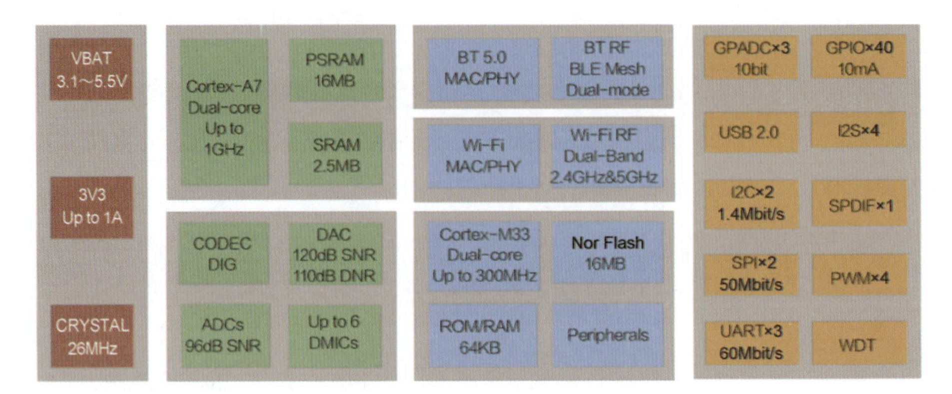

图 2-9　HaaS1000 功能框图

HaaS100 开发板外观是黑色的，板厚 1.6mm，具体尺寸是 101mm×65.5mm×19.5mm。图 2-10 是 HaaS100 开发板的硬件接口图，已经板载有电源接口、Micro USB 接口，以及按键、LED 指示灯、RJ45、天线等常用功能接口。另外，还有 42 个引脚扩展接口，资源非常丰富，其具体硬件配置如表 2-1 所示。

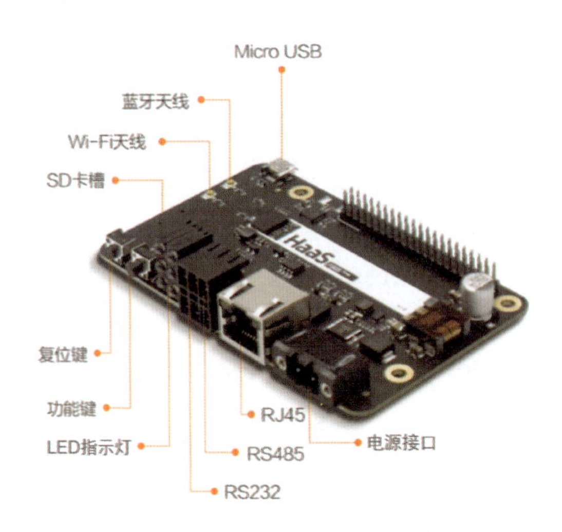

图 2-10　HaaS100 开发板的硬件接口图

表 2-1　HaaS100 开发板的具体硬件配置

类　别		参　数
CPU	型号	HaaS100
	架构	Dual Cortex-M33 Dual Cortex-A7
	主频	Cortex-M33 最高 300MHz Cortex-A7 最高 1GHz

续表

类　别	参　数
片上 Flash	16MB
内存	2.5MB SRAM，16MB PSRAM
Wi-Fi	双频 2.4G/5G，IEEE 802.11 a/b/g/n，IPEX 天线
蓝牙	双模蓝牙 5.0，BLE Mesh，IPEX 天线
USB 接口	Micro USB 2.0，速率 480Mbit/s
SD 卡槽	在背面，最大支持 64GB
RS485	上方是 RS485 接口，左中右分别对应 A/B/G，波特率支持 1200～115200bit/s
RS232	下方是 RS232 接口，左中右分别是 R/T/G，波特率最高支持 230400bit/s，兼容调试串口
以太网（RJ45）	支持 10/100Mbit/s
按键	一个复位按键，一个自定义功能按键
LED 指示灯	1 个电源指示灯，5 个自定义指示灯
电源接口	电压为 9～24V，配套电源适配器是 DC 12V
工作温度	−20～75℃
防护标准	具备雷击浪涌保护（雷击浪涌 2kV，静电接触 6kV），反接保护

那么，42 个引脚都是怎么定义的呢？图 2-11 是 HaaS100 开发板扩展接口图，从中可以看到，在供电方面，有 2 路 5V 输出和 2 路 3.3V 输出；提供了不同的电源方案；支持语音功能开发，有 1 路模拟麦克风和 1 路喇叭。另外，还有丰富的标准接口，如 SPI、I2C、UART、PWM、I2S、GPIO 等，可以扩展丰富的外部设备，适配应用解决方案。

在这 42 个引脚中，有 20 个引脚可以复用多种模式。例如，引脚 9 是 GPIO_2_5，它可以作为普通 GPIO 使用，也可以定义为 PWM 模式以驱动电机模块等。那么这些 GPIO 都有哪些模式呢？图 2-11 罗列了主要的 GPIO 复用模式，具体需要在代码中熟悉和使用。HaaS100 的所有 GPIO 及代码中的定义映射关系请参考 HaaS100 官网的说明。

2.2.1.2　HaaS EDU K1 开发板介绍

HaaS EDU K1 是 HaaS Education Kit1 的缩写，是基于四核高性能 MCU HaaS1000 芯片打造的、集颜值和内涵于一身的物联网教育开发板。作为云端一体全链路解决方案的软/硬件积木平台，它深度集成了 AliOS Things 物联网操作系统、HaaS 轻应用框架、物联网平台和 AI 等技术与服务，让开发者可以轻松学习和开发云端一体全链路实战项目及 AI 应用，解决实际场景问题或孵化创新应用等。

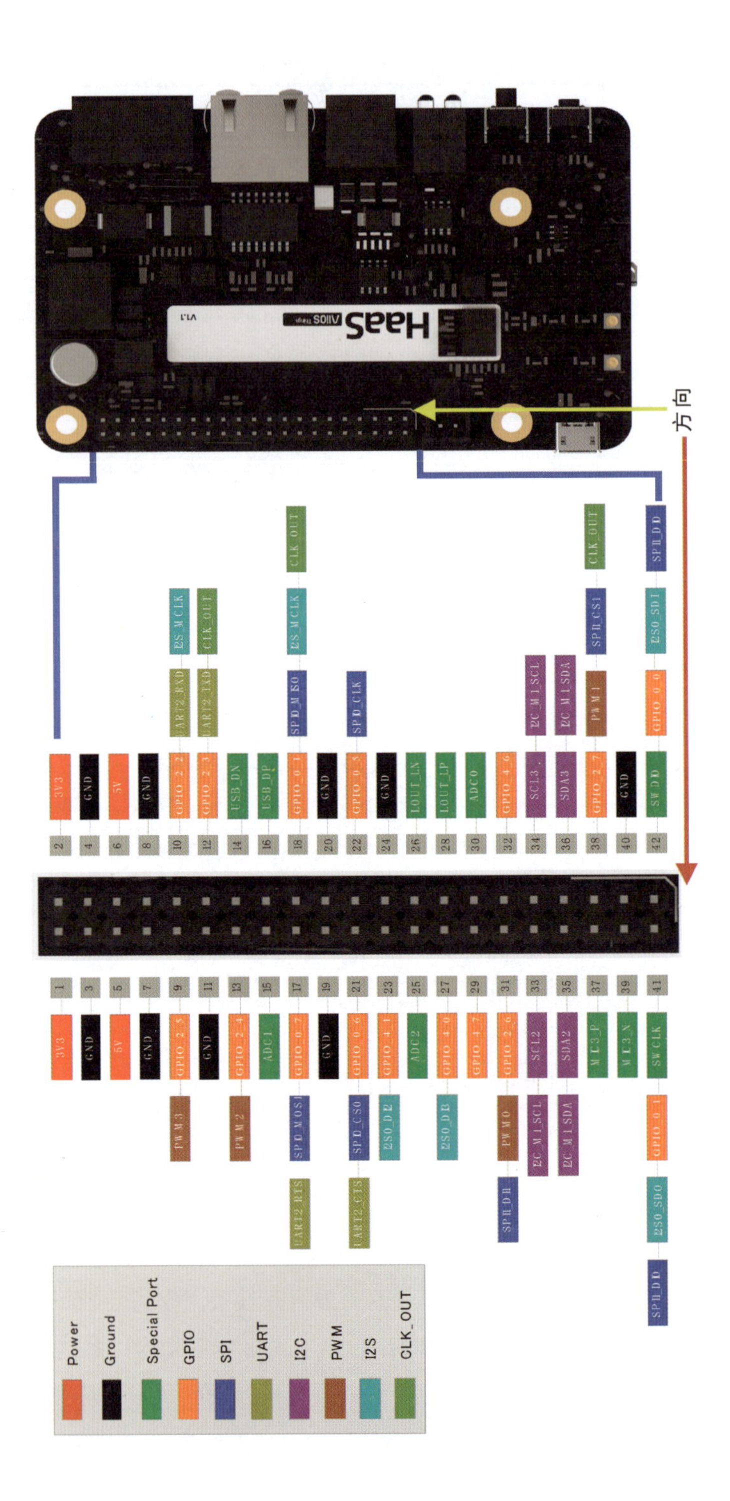

图 2-11　HaaS100 开发板扩展接口图

HaaS EDU K1 开发板的主要特点如下。

（1）高颜值：有别于传统的裸板开发板，HaaS EDU K1 开发板外观鲜艳靓丽，洋溢着青春活力。

（2）可移动：内置 1200mAh 锂电池，支持移动场景；OLED 显示屏和游戏键盘设计提高了可玩性。

（3）配置丰富：采用定制的四核（Cortex-A7 双核 1GHz 和 Cortex-M33 双核 300MHz）高性能 HaaS1000 芯片，自带 16MB Flash、16MB PSRAM 和 2.5MB SRAM，内置双频 Wi-Fi 和 BT 5.0 天线，板载丰富的物联网传感器（包括加速度传感器、陀螺仪传感器、磁力计传感器、温湿度传感器、大气压传感器、环境光和声音传感器等），可开发丰富的 AIoT 应用场景或解决方案。

（4）方便灵活：各接口有明确的标注，操作顺手，仅一条 Type C 数据线即可完成烧录、调试和充电，非常方便。

（5）可扩展：开发板的资源都可以灵活配置，30 个引脚扩展接口和 SD 卡槽可以满足更多应用场景的需求。

1. 整机配置

HaaS EDU K1 整机接口如图 2-12 所示，HaaS EDU K1 开发板的外形尺寸合理，为 94.4mm×63mm×20mm，充分考虑了手持携带的便利性；整机接口也很丰富，有一个充电和烧录二合一的 Type-C 接口，一根线即可；拨动开关可在不工作的时候关闭电源，降低消耗；正面有 OLED 显示屏、LED 指示灯和游戏键盘等；背面有 4 个蜂鸣器出声小孔。HaaS EDU K1 整机配置如表 2-2 所示。

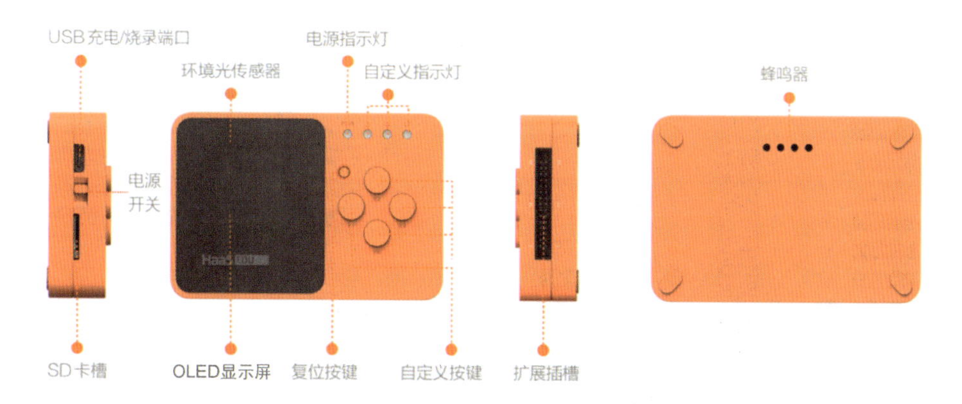

图 2-12 HaaS EDU K1 整机接口

表 2-2　HaaS EDU K1 整机配置

名　称	数　量	描　述
OLED 显示屏	1	1.3 寸，分辨率为 128×64（单位为像素），SPI 驱动
环境光传感器	1	AP3216C，光强度、接近和红外三合一传感器
LED 指示灯	4	1 个白色电源指示灯 3 个 RGB 单色指示灯，可自定义
按键	5	1 个小孔径复位按键 4 个自定义按键
电源开关	1	电源 ON/OFF 拨动开关
SD 卡槽	1	最大支持 64GB
USB 接口	1	Type-C 接口，充电和烧录二合一
扩展接口	1	2.0mm 简牛母座，共 30 个引脚
蜂鸣器出声小孔	4	蜂鸣器及温湿度检测对流孔

2. 扩展接口

除已有板载功能以外，它还有 30 个引脚扩展接口，充分释放了 HaaS1000 芯片的资源。图 2-13 说明了每个引脚的定义及其可能复用的模式情况，有一路 3.3V 的供电输出，最大输出电流可达到 1A；3 路模拟麦克风和 2 路喇叭，搭配语音扩展板，支持离线和云端智能语音识别全链路功能开发；搭配 Wi-Fi 摄像头和 LCD 扩展板，支持视觉 AI 应用开发；8 个可编程的 GPIO 及其对应的可配置模式，因为 HaaS EDU K1 使用的核心芯片也是 HaaS1000，所以 GPIO 的命名、模式配置和软件使用都和 HaaS100 开发板是一致的。这里需要注意的是，GPIO_0_2 和 GPIO_0_3 与主板的传感器一起复用为 I2C 模式，其他 6 个 GPIO 可自定义，且每路 GPIO 的最大驱动电流是 10mA。

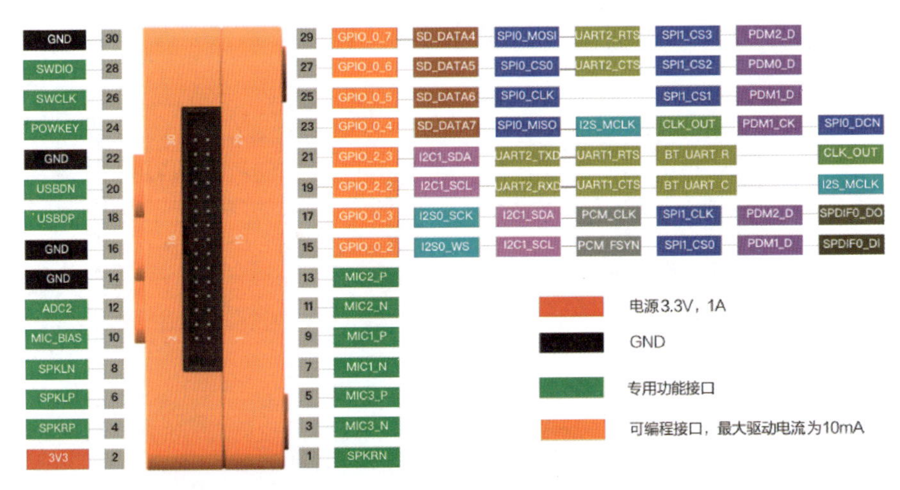

图 2-13　HaaS EDU K1 扩展接口

3. 主板配置

HaaS EDU K1 总共有 3 个 PCBA，分别是主板 PCBA，显示屏 PCBA 和按键 PCBA。这里主要讲解主板 PCBA 的配置，首先，主板尺寸为 89.98mm×49.98mm，充分契合黄金分割比，整体外形更合理美观。图 2-14 是 HaaS EDU K1 的主板配置，其核心是内嵌了 HaaS1000 芯片的 HaaS 核心板，核心板共 67 个邮票孔，焊接在主板上。很多功能以板载功能呈现，无须另外采购组件，如蓝牙、Wi-Fi、蜂鸣器、LED 和常用传感器等。此外，还有 30 个引脚扩展接口，可以满足开发者更加丰富的应用需求，其具体主板配置如表 2-3。

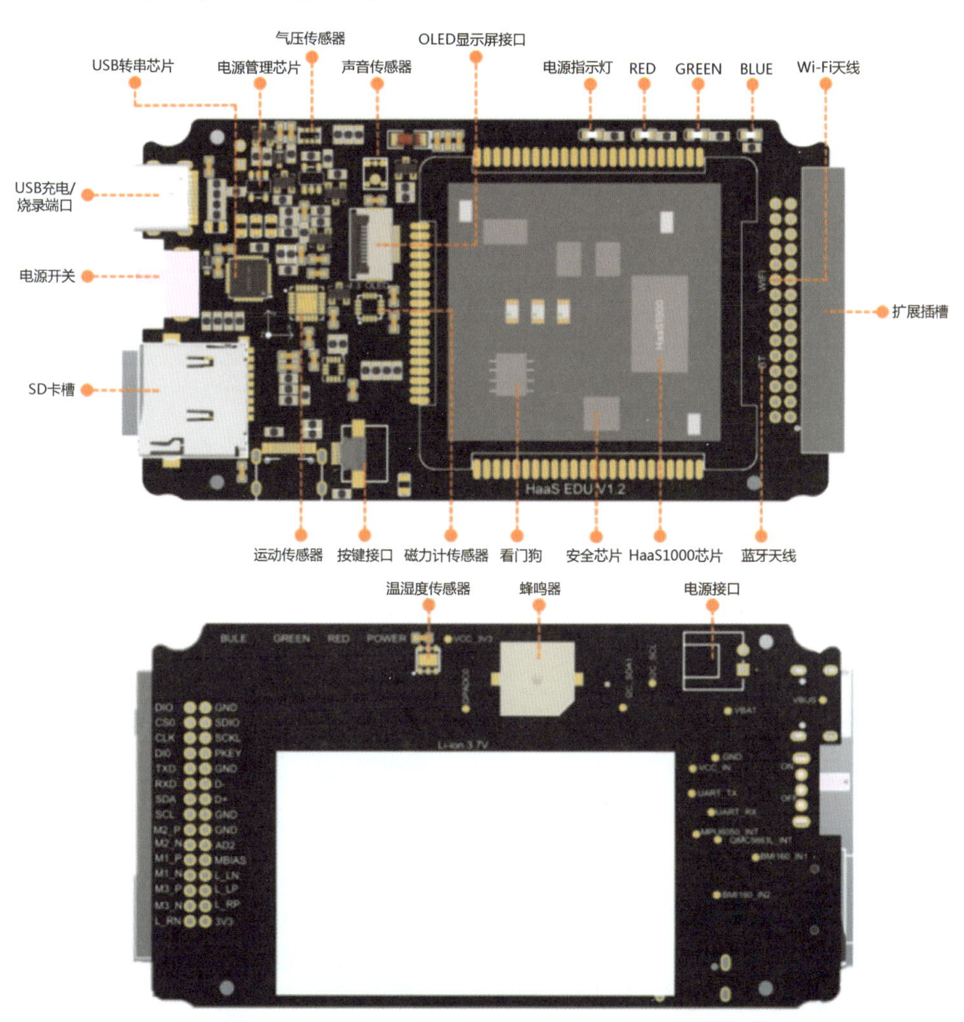

图 2-14　HaaS EDU K1 的主板配置

表 2-3　HaaS EDU K1 主板配置

名　称		描　述
CPU	型号	HaaS1000
	架构	Dual Cortex-M33 Dual Cortex-A7
	主频	Cortex-M33 最高 300MHz Cortex-A7 最高 1GHz
片上 Flash		16MB
内存		2.5MB SRAM 16MB PSRAM
加密芯片		Z8IDA
看门狗		ADM706S
蓝牙		双模蓝牙 5.0，BLE mesh，IPEX 天线
Wi-Fi		双频 2.4G/5G，IEEE 802.11 a/b/g/n，IPEX 天线
充电管理		可充电锂电池 1200mAh 充电电流 450mA
传感器		6 轴加速度/陀螺仪传感器、磁力计传感器、温湿度传感器、环境光传感器、接近传感器、气压传感器

2.2.2　广域网连接积木——4G Cat.1 开发板

目前有 3 款 HaaS 开发板内嵌了 4G Cat.1 模组，搭载了轻应用框架，支持 JavaScript 语言开发，分别是 HaaS510、HaaS600 和 HaaS610。其中，HaaS510 是开板式 DTU，采用了移远通信的 EC600S 模组；HaaS600 Kit 开发板采用的是移远通信的 EC100Y 模组；HaaS610 Kit 开发板采用的是 EC600U 模组，3 款开发板的具体配置对比如表 2-4 所示。

表 2-4　3 款开发板的具体配置对比

4G Cat.1		**HaaS510**	**HaaS600**	**HaaS610**
核心模组	4G 模组	EC600S	EC100Y	EC600U
	区域/运营商	中国/印度	中国/印度	中国/印度
	频段信息	LTE-FDD：B1/B3/B5/B8 LTE-TDD：B34/B38/B40/B41 GSM：900MHz/1800MHz	LTE-FDD：B1/B3/B5/B8 LTE-TDD：B34/B38/B40/B41 GSM：900MHz/1800MHz	LTE-FDD：B1/B3/B5/B8 LTE-TDD：B34/B38/B39/B40/B41
	Wi-Fi	Wi-Fi scan	Wi-Fi scan	Wi-Fi scan

续表

4G Cat.1		HaaS510	HaaS600	HaaS610
核心模组	蓝牙	支持	支持	支持
	GPS	不支持	支持	支持
	天线	IPEX	IPEX	IPEX
	模组尺寸	23.9mm×22.9mm×2.4mm	29mm×25mm×2.4mm	22.9mm×23.9mm×2.4mm
电气特性	供电电压	3.4～4.3V	3.4～4.3V	3.4～4.3V
	工作温度	−40～+85℃	−40～+85℃	−40～+85℃
	存储温度	−40～+90℃	−40～+90℃	−40～+90℃
功能接口	电源接口	支持 5V/2A	支持 5V/2A	支持 5V/2A
	Debug 串口	支持	支持	支持
	SIM	支持	支持	支持，ESIM 和 USIM 二选一
	SD 卡	不支持	支持 SD3.0 协议	支持
	麦克风	不支持	不支持	支持
	耳机	不支持	支持	不支持
	喇叭	不支持	支持	支持
	用户 UART	支持	支持默认 115200bit/s	支持
	USB	USB2.0，480Mbit/s	USB2.0，480Mbit/s	USB2.0，480Mbit/s
	传感器	不支持	LM75A 温度传感器	不支持
	LCD	不支持	支持 SPI 驱动	支持
	CAMERA	不支持	不支持	支持
	LED	支持	支持	支持
	KEY	复位按键	1 个复位按键 1 个开机按键 4×4 矩阵按键	1 个复位按键 1 个 Boot 按键 1 个开机按键 4×4 矩阵按键

2.2.2.1　HaaS510 开板式 DTU

HaaS510 开板式 DTU 是针对用户已开发好的设备快速增强 4G 连云能力的 4G Cat.1 数传模块，通过将模组与用户设备集成到一个外壳内，以保持设备的一体性，同时缩短重新开发 PCB 的时间，降低模组开发的难度。可通过 JavaScript 编程进行二次开发，将模组的本地串口通信及通过 4G 连接云端平台的能力开放给用户，同时为用户提供编写本地业务逻辑的能力，使得用户可以针对不同的应用场景，在设备侧完成数据清洗甚至一些简单的控制工作，给用户更高的创新自由度。

HaaS510 开发板的硬件接口如图 2-15 所示，主板黑色外观，板厚 1.2mm，具体尺寸是 82mm×61.5mm×7.6mm，其核心采用了 EC600S 模组方案，外围留有电源、UART、SIM、USB、按键等常用接口，具体硬件配置如表 2-5 所示。

图 2-15　HaaS510 开发板的硬件接口

表 2-5　HaaS510 开发板的具体硬件配置

名　称		描　述
CPU	型号	ASR1601
	架构	ARM Cortex-R5
	主频	624MHz
ROM		32KB
内存		64KB SRAM 1MB PSRAM
保安系统		支持 512 位 OTP 安全密钥
4G 频段		LTE-FDD：B1/B3/B5/B8 LTE-TDD：B34/B38/B40/B41 GSM：900MHz/1800MHz
蓝牙		蓝牙 5.0，支持 BLE mesh
Wi-Fi		支持 Wi-Fi scan 功能
串口烧录		使用 Debug UART
本地数据通信		使用 Main UART
USB		USB2.0，最高通信速率为 480Mbit/s
ADC		支持 3 路 ADC，分别是 ADC_0、ADC1_1、ADC1_2
SIM		1 个 SIM 卡槽

续表

名　　称	描　　述
按键	1 个复位按键，1 个 Boot 按键，1 个下载按键
天线	4G IPEX 天线
电源接口	供电 5V，2A

2.2.2.2　HaaS600 Kit 开发板

HaaS600 Kit 开发板是一款基于 EC100Y 模组并搭载 HaaS 轻应用框架的高性价比开发板，可应用于共享控制、金融支付、智能语音、泛工业等场景的智能硬件产品开发。HaaS600 Kit 开发板的特点如下。

- 预置轻应用开发框架，用户可以高效完成开发。
- 多硬件平台适配，应用无痛平移。
- OpenCPU，省去用户原主控 MCU 芯片。
- 云端一体服务预集成，低对接时间成本，平台对接 10min 即可完成。

图 2-16 是 HaaS600 Kit 开发板硬件接口，其核心采用 EC100Y 模组方案，主要留有电源、SIM、USB、按键、LCD 等接口，具体硬件配置如表 2-6 所示。

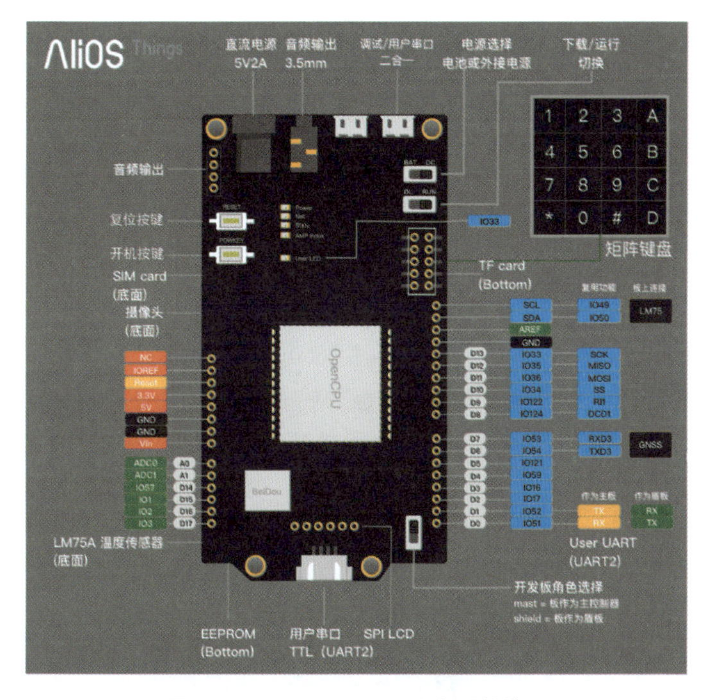

图 2-16　HaaS600 Kit 开发板硬件接口

表 2-6　HaaS600 Kit 开发板的具体硬件配置

名　称		描　述
CPU	型号	ASR1601
	架构	ARM Cortex-R5
	主频	624MHz
ROM		32KB
内存		64KB SRAM 1MB PSRAM
保安系统		支持 512 位 OTP 安全密钥
4G 频段		LTE-FDD：B1/B3/B5/B8 LTE-TDD：B34/B38/B40/B41 GSM：900MHz/1800MHz
蓝牙		蓝牙 5.0，支持 BLE mesh
Wi-Fi		支持 Wi-Fi scan
串口烧录		使用 Debug UART
本地数据通信		使用 Main UART
USB		USB2.0，480Mbit/s
SD 卡		最大支持 64GB
SIM		1 个 SIM 卡槽
按键		1 个复位按键，1 个开机按键
LCD		SPI LCD，分辨率为 240×320（单位为像素）
CAMERA		SPI 驱动方式，200W 像素
耳机座		3.5mm 国标耳机
电源接口		供电 5V，2A

2.2.2.3　HaaS610 Kit 开发板

HaaS610 Kit 开发板是基于广和通的 EC600U 4G Cat.1 模组，默认用 JavaScript 语言开发轻量级嵌入式应用的硬件开发板。它功能强大，I/O 资源丰富，自带 LCD 和摄像机等功能接口，可以满足更多样的场景。它搭载轻应用框架以后，基于阿里云物联网平台提供了在线热更新服务，可以一键推送应用更新到硬件上，极简、极速。

图 2-17 是 HaaS610 Kit 开发板硬件接口，其核心采用 EC600U 模组方案，主要留有电源、SIM、CAMERA、USB、LCD、GPIO 等接口，具体硬件配置如表 2-7 所示。

图 2-17　HaaS610 Kit 开发板硬件接口

表 2-7　HaaS610 Kit 开发板的具体硬件配置

名　称		描　述
CPU	型号	RDA8910
	架构	ARM Cortex-R5
	主频	500MHz
ROM		32KB
内存		64MB Nor Flash 16MB PSRAM
4G 频段		LTE-FDD：B1/B3/B5/B8 LTE-TDD：B34/B38/B39/B40/B41
蓝牙		蓝牙 5.0，2.4GHz
Wi-Fi		支持 Wi-Fi scan，2.4GHz，用于室内定位，不支持 Wi-Fi 连接
SIM		1 个 SIM 卡槽
按键		1 个复位按键，1 个 Boot 按键，1 个开机按键
天线		4G IPX 主天线
电源接口		5V，2A
拨动开关		控制电源方式
USB		USB1：4G 模块 USB 接口，支持 USB 供电 USB2：USB 转 UART，调试串口，不支持 USB 供电
喇叭		最大支持 4Ω/5W 输出，推荐使用 4Ω/3W
麦克风		根据需求可以连接 MIC 话筒
外置 GPS		根据需求可以焊接 GPS 模块以实现 GPS 功能
UART		1 个 UART 用户兼调度接口
LCD		FPC 排线，SPI LCD，分辨率为 240×320（单位为像素）
CAMERA		FPC 排线，SPI 驱动方式，200W
4×4 矩阵按键		根据需求，可对插矩阵按键

2.2.3 局域网连接积木——HaaS200 开发板

HaaS200 是一款由阿里云智能 IoT HaaS 团队认证的高性能、具有多种局域网连接方式能力的物联网开发板。它内嵌 HaaS201 核心模组，包含一个 KM4 内核的高性能 MCU 和一个 KM0 内核的低功耗 MCU；自带 512KB SRAM、4MB PSRAM 和外置 4MB Flash；集成有双频 Wi-Fi 2.4G/5G 和蓝牙 5.0；搭载全新的 AliOS Things 3.3 操作系统和 HaaS 轻应用开发框架；拥有丰富的接口资源，可以满足更多应用开发需求。

图 2-18 是 HaaS200 开发板硬件接口，核心内嵌了 HaaS201 模组，采用的是 RTL8721DM 芯片；Wi-Fi 和蓝牙天线可以板载，也可以选择外接，外置了 4MB Flash；USB 接口是常用的 Type-C 接口，通过一个 TTL 芯片完成代码的烧录和调试，带有 Boot 启动按键和一个 Reset 复位按键，一个可编程 RGB 指示灯；扩展的 42 个标准接口释放出来的丰富的 I/O 资源可以满足很多场景的物联网解决方案的需求。HaaS200 开发板硬件配置如表 2-8 所示。

图 2-18 Haas200 开发板硬件接口

表 2-8 HaaS200 开发板硬件配置

名称		描述
MCU	型号	RTL8721DM
	架构	高性能 Cortex-M33（KM4） 低功耗 Cortex-M23（KM0）
	主频	Cortex-M33 最高 200MHz Cortex-M23 最高 20MHz
储存		高性能 KM4，集成了 512KB SRAM，4MB PSRAM
		低功耗 KM0，集成了 64KB SRAM
		外置 4MB Flash

续表

名　　称	描　　述
蓝牙	支持蓝牙 5.0
	支持全功耗模式
Wi-Fi	IEEE 802.11 a/b/g/n 2.4GHz & 5GHz
	支持 HT20/HT40 模式
	支持低功耗 beacon 侦听模式，低功耗接收模式，极低功耗待机模式
	支持 STA、AP 和 STA+AP 模式
USB/烧录	Type-C USB
按键	1 个 Boot 启动按键，1 个 Reset 复位按键
LED	1 个可编程 RGB 指示灯
安全	AES/DES/SHA 硬件加密
	支持 TrustZone-M
	支持 Secure Boot
	SWD 保护，支持调试端口保护和禁止模式
	支持 Secure eFuse

HaaS200 开发板的扩展接口（见图 2-19）共有 42 个引脚，含 5V 和 3.3V 电源，8 个 GND 可就近选择；I/O 资源很丰富，有 2 路 SPI、1 路 I2C、2 路 UART、3 路 ADC、2 路 I2S、10 路 PWM，共计 27 个 GPIO，还支持 2 路 Mic 和 2 路 Speak 音频功能。

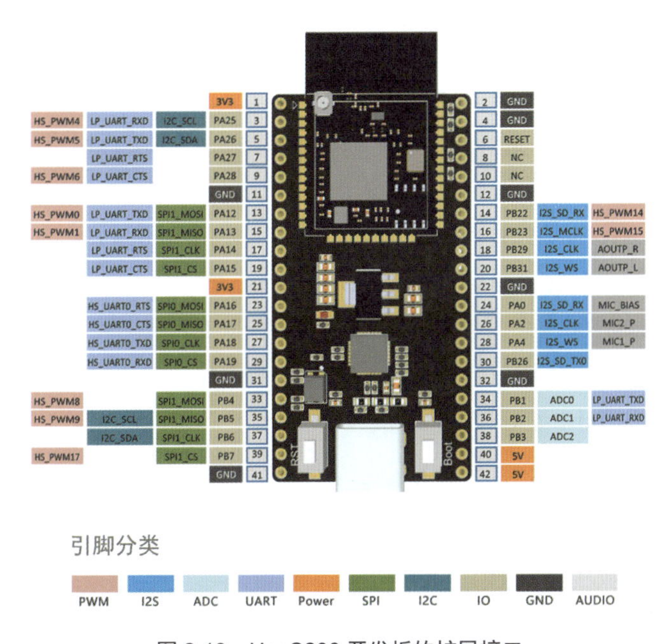

图 2-19　HaaS200 开发板的扩展接口

2.2.4 HaaS 音/视频积木

2.2.4.1 HaaS700 开发板介绍

阿里云智能 IoT HaaS 团队基于 AliOS Things 的低功耗 IP 音/视频方案沉淀出了软硬一体化的 HaaS 音/视频积木 HaaS700，如图 2-20 所示。主控侧采用 Anyka 的 AK3760D 芯片，低功耗方案侧采用海思半导体有限公司的低功耗 Wi-Fi 芯片 Hi3861L，同时通过外接引出 GPIO、UART、SPI、I2C、I2S、MIPI LCD 等引脚，开发者可以通过外插杜邦线的方法进行 IP 音/视频的方案创新。

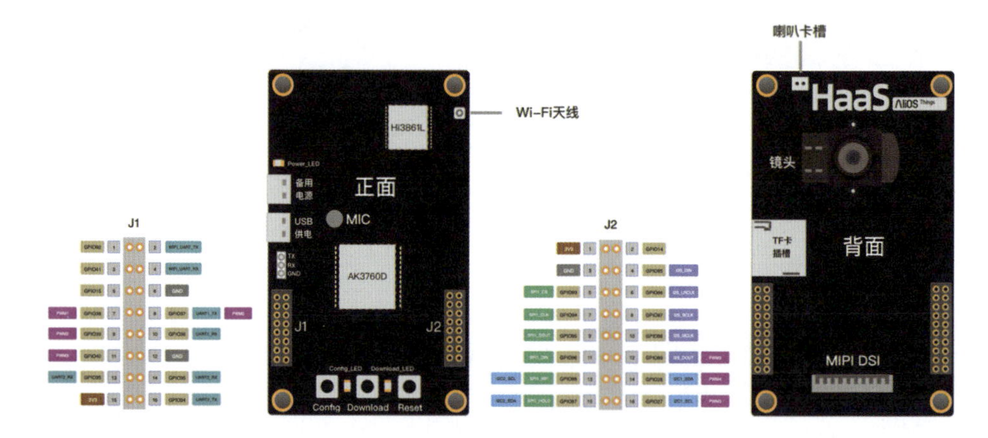

图 2-20　HaaS700 开发板硬件接口

2.2.4.2 HaaS700 主控侧硬件资源

HaaS700 主控侧的 AK3760D 是一款高性能和高系统集成度的音/视频系统级芯片，内部集成了 ARM926EJ-S 核，以及功能强大的视频、图像、音频 ADC/DAC 等处理单元和 64MB 的 DDR2 RAM，同时提供了丰富的外设接口，如 GPIO、I2S、TWI、UART、SPI、I2C、MMC/SD/SDIO 和 USB 2.0 接口，可以满足更多应用开发需求。另外，HaaS700 开发板还通过 SPI 接口外接了 128MB 的 Nor Flash，可以满足大多数音/视频开发的需求。

CPU：ARM926EJ-S，主频 800MHz。

RAM：XM25QH128C，容量 64MB。

镜头 Sensor：SC2335，像素 200W。

TF 卡槽：最大支持 64GB。

USB 供电：USB 接口供电，同时提供 LOG 输出、固件下载等功能。

MIPI DSI：支持 MIPI 接口的 LCD 显示屏，建议外接 4 寸的 LCD。

2.2.4.3 HaaS700 外设引脚

HaaS700 开发板通过 J1 和 J2 对外提供总共 40 个引脚，各引脚详细定义请参考 HaaS 官网的说明。

2.2.5 HaaS 生态积木组件

什么是 HaaS 生态积木组件？首先，这些积木组件来源于生态伙伴，包括显示屏、摄像头、喇叭、麦克风、传感器等外部设备。物联网场景中的碎片化需求非常多，开发者想要实现一个应用场景，就得花费大力气打通传感器驱动适配等烦琐的开发工作。HaaS 硬件积木的目的就是降低开发工作量，快速组装已搭载 AliOS Things 物联网操作系统及 HaaS 轻应用框架的积木组件，集中精力开发应用。目前，适配涵盖了市面上常用的 30 多款传感器模组和外围设备，同时对每种传感器型号打造有趣的案例场景。HaaS 官网及 CSDN HaaS 技术社区已经发了好几篇有体感的实战案例，如《1 小时打造 HaaS 版小小蛮驴智能车》《基于 HaaS100 搭建云端一体 RFID 读卡器》《HaaS100 OLED 信息屏显示案例》《一步步打造能手机远程管理的 HaaS 花卉养植系统》《HaaS AI 应用实践之“老板来了”》等，这些都是非常棒的实战案例引子，读者可以基于这些案例快速打造属于自己的应用场景。

2.2.5.1 LCD 显示屏

嵌入式设备主流 LCD 显示屏接口分为 MCU、RGB 和 MIPI-DSI 3 种。MCU 接口屏适用于低分辨率（QVGA）的小屏，RGB 适用于高分辨率的大屏，MIPI-DSI 在高性能的手机、平板设备中应用居多。当下支持 MIPI-DSI 的 MCU 的可选型号还不多，本节中的 SPI-LCD 显示屏就是 MCU 接口屏类型中的一种，即串行外设接口（Serial Peripheral Interface Bus，SPI），是一种用于芯片通信的同步串行通信接口规范，主要应用于单片机系统。这种接口首先由 Motorola 于 20 世纪 80 年代中期开发，后发展成了行业规范。当下各种 IoT 设备对芯片封装尺寸的要求越来越高，因此，在资源紧张的 IoT 设备中，3 线/4 线串行接口便成了最佳选择。SPI-LCD 显示屏由于传输速率不高，所以主要用于对刷新率要求不高的场景。

1. 硬件介绍

LCD 显示屏硬件图如图 2-21 所示。2.4 寸彩色 LCD 显示屏的分辨率为 320×240（单位为像素），使用 SPI 串口总线，因此，使用较少的引脚数量就可以实现驱动。

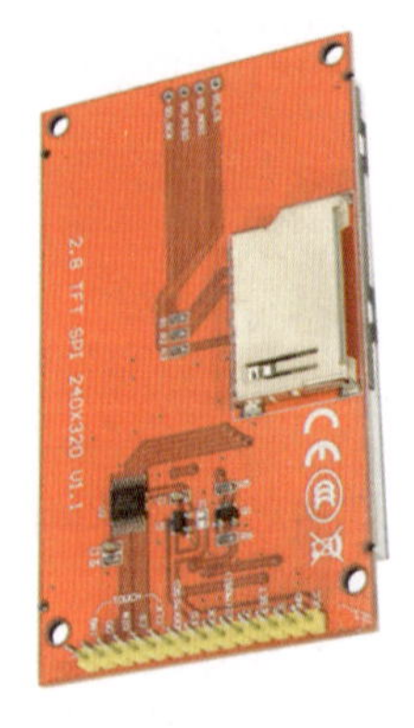

图 2-21　LCD 显示屏硬件图

2. 硬件参数

LCD 显示屏参数如表 2-9 所示。

表 2-9　LCD 显示屏参数

型号	MSP2404
类型	TFT
分辨率	320×240
驱动 IC	ILI9341
显示接口	4-wire SPI
触摸	电阻触摸（送触摸笔）
有效显示区域	36.72mm×48.96mm
PCB 底板尺寸	77.18mm×42.72mm
质量（含包装）	36g

2.2.5.2　喇叭

喇叭在 AIoT 场景中通常扮演着响应输出的角色。例如，在语音控制、音乐播放等场景下，喇叭是必不可少的外设，而喇叭的选型更决定了音质输出的好坏，因此，开发者需要根据自己的需求选择合适的喇叭。在选择时，可以一种是带功放的喇叭模块，一种是不带功放的喇叭模块。

1. 硬件介绍

带功放的喇叭模块基于高保真 8002 功放芯片制作，在输出音乐的同时，能够确保输出音频不失真，支持音量调节功能，可通过电位器调解输出音量的大小，支持宽电压输入，模块可以工作在 2.0～5.5V 的电压环境下。它体积小巧、使用方便，是 DIY 时一个必不可少的小模块。喇叭硬件图如图 2-22 所示。

图 2-22　喇叭硬件图

2. 硬件参数

喇叭参数如表 2-10 所示。

表 2-10　喇叭参数

型号	ELB080305
工作电压	2.0～5.5V
模块尺寸	40mm×40mm

2.2.5.3　OLED 显示屏

前面介绍了 LCD 显示屏，它与 OLED 显示屏最大的区别是发光源不同，LCD 显示屏实际以很多微型发光二极管作为背光源，而 OLED 显示屏自带一层有机自发光层，其价格也比 LCD 显示屏的价格昂贵。从发光机制上分类，OLED 显示屏又分为透明 OLED 显示屏、顶部发光 OLED 显示屏、可折叠 OLED 显示屏、白光单色 OLED 显示屏、蓝光单色 OLED 显示屏等，本节介绍的是一种蓝光单色 OLED 显示屏。

1. 硬件介绍

OLED 即有机发光二极管（Organic Light-Emitting Diode）。OLED 同时具备自发光、不需要背光源、对比度高、厚度薄、视角广、反应速度快、可用于扰曲性面板、使用温度范围广、构造及制程简单等优异特性。

OLED 显示屏的显示区域是 128×64 的点阵，每个点都能自己发光，因此它没有背光这一说法，可显示汉字、ASCII 码、图案等。

2. 硬件参数

OLED 显示屏有 7 针 SPI 接口及 4 针 I2C 接口等模式，本示例采用 SPI 接口，其 PIN 引脚图如图 2-23 所示，其参数说明如表 2-11 所示。

图 2-23　OLED 显示屏的 PIN 引脚图

表 2-11　OLED 显示屏参数

型号	L30 OLED
GND	电源地
VDD	电源正，3.3～5V
SCK/D0	SPI 时钟线
SDA/D1	SPI 数据线
RES	OLED 在上电的时候需要复位一次
DC	SPI 数据/命令选择引脚
CS	SPI 片选引脚，低电平有效

2.2.5.4　TX522 RFID 读卡模块

前面对 RFID 的原理及种类进行了介绍，这里介绍一款无源 RFID 读卡模块 TX522。

1. 硬件介绍

TX522 是一款基于 13.56MHz 频率的 Mifare 卡读写模块，符合 ISO 14443A 标准，可支持 Mifare1 S50、Mifare1 S70、Mifare Light、Mifare UltraLight、Mifare Pro 类型卡。TX522 RFID 读卡模块具有天线一体化、识别距离达到 80mm、兼容多种接口等特点。该模块可用于常用的微处理器的 UART 接口，也可与具有 RS232 接口的串口设备（如计算机）进行通信。该模块将先进的非接触式 IC 卡技术融入系统中，同时，与其他设备的通信简单且稳定，调试起来方便，方便客户产品很快进入量产化阶段。TX522 RFID 读卡模块硬件图如图 2-24 所示。

图 2-24　TX522 RFID 读卡模块硬件图

2. 硬件参数

TX522 RFID 读卡模块硬件参数如表 2-12 所示。

表 2-12　TX522 RFID 读卡模块硬件参数

型号	TX522
功耗	DC 5V/30mA
工作频率	13.56MHz
读卡距离	20 ~ 100mm
接口类型	2.54mm 间距、90°针座（可选用其他间距针座）
接口方式	RS232、UART、SPI、Wiegand
传输速率	RS232、UART：96000bit/s（可根据要求调整，最大为 230400bit/s）
卡片类型	Mifare1 S50、Mifare1 S70、Mifare Light、Mifare UltraLight 等卡
尺寸	34.5mm×58mm×1.6mm

2.2.5.5　DHT11 温湿度传感器

在 1.7.1 节中，对温湿度传感器的基本原理及 HaaS EDU K1 上的板载传感器进行了介绍，接下来介绍一款可外接的温湿度传感器模组 DHT11。

1. 硬件介绍

DHT11 温湿度传感器是一款含有已校准数字信号输出的温湿度复合传感器。它应用专用的数字模块采集技术和温湿度传感技术，确保产品具有可靠性与卓越的长期稳定性，具有成本低、相对湿度和温度测量、快响应、抗干扰能力强、信号传输距离长、数字信号输出、精确校准等特性。

DHT11 温湿度传感器包含一个电容式感湿元件和一个 NTC 测温元件，并与一个高性能 8 位单片机相连接，可用于暖通空调、除湿器、测试及检测设备、消费品、汽车、自动控制、数据记录器、气象站、家电、湿度调节器、医疗、其他相关湿度检测控制。DHT11 温湿度传感器硬件图如图 2-25 所示。

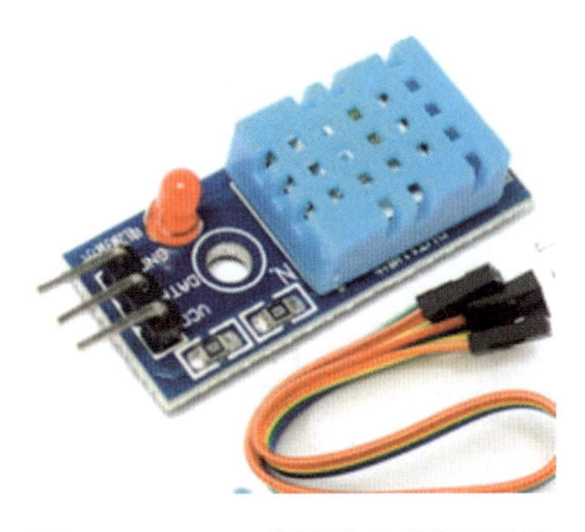

图 2-25　DHT11 温湿度传感器硬件图

2. 硬件参数

DHT11 温湿度传感器硬件参数如表 2-13 所示。

表 2-13　DHT11 温湿度传感器硬件参数

分辨率	8bit
重复性	±1%RH
精度	25℃下是±5%RH
互换性	可完全互换
响应时间	1/e(63%)25℃下是 6～15s
迟滞	<±0.3%RH
长期稳定性	<±0.5%RH/yr
供电	DC (3.3～5.5)V
供电电流	测量 0.3mA，待机 60μA
采样周期	大于 2s
湿度测量范围	(20%～95%)RH
温度测量范围	0～50℃
温度分辨率	1℃

2.2.5.6　麦克风

由于智能音箱的兴起，麦克风成为当今重要的拾音设备，根据物理构成不同可分为动圈式麦克风、电容式麦克风、铝带式麦克风、碳精麦克风。这里重点介绍两种在智能音箱设备中经常使用的电容式麦克风，即微机电（MEMS）麦克风和驻极体电容（ECM）麦克风。其中，MEMS 麦克风也称麦克风芯片或硅麦，硅麦一般都集成了前置放大器，有的甚至集成了模数转换器，可以直接输出数字信号，从而成为数字麦克风，其体积小、可 SMT、产品稳定性好，但价格较高；ECM 麦克风使用了可保有永久电荷的驻极物质，不需要对电容供电，技术成熟、价格便宜，但灵敏度不稳定，一致性较差。在空间受限的场景下，MEMS 麦克风更具优势，常应用于中阵列麦克风中。下面介绍的咪头属于 ECM 麦克风。

1. 硬件介绍

咪头是模拟麦克风，广泛用于人脸识别一体机、广告机、收银机、收音机、微信支付、语音播报、摄像机、报警器、手机、笔记本电脑、可视电话机、便携式 DVD、智能钟表、数码相机、数码相框、液晶显示屏、医疗器械、楼宇对讲门铃、语音学习机、点钞机、MP3、MP4、GPS、导航仪、行车记录仪、倒车雷达、耳机、玩具及带语音功能的新型智能电子产品等。由于它接入方便，所以在产品验证阶段经常使用。麦克风硬件图如图 2-26 所示。

图 2-26　麦克风硬件图

2. 硬件参数

麦克风硬件参数图如表 2-14 所示。

表 2-14　麦克风硬件参数

灵敏度	−60 ~ −28dB
输出阻抗	2200Ω
基准电压	4.5V
工作温度	20 ~ 55℃
储存温度	30 ~ 75℃

2.2.5.7　土壤湿度传感器

1. 硬件介绍

优质土壤湿度传感器表面采用镀镍处理，有加大的感应面积，可以提高导电性能，以解决接触土壤容易生锈的问题，延长使用寿命。

土壤湿度传感器可以宽范围控制土壤的湿度，通过电位器调节控制响应阈值，当湿度低于设定值时，DO 输出高电平；当高于设定值时，DO 输出低电平。土壤湿度传感器硬件图如图 2-27 所示。

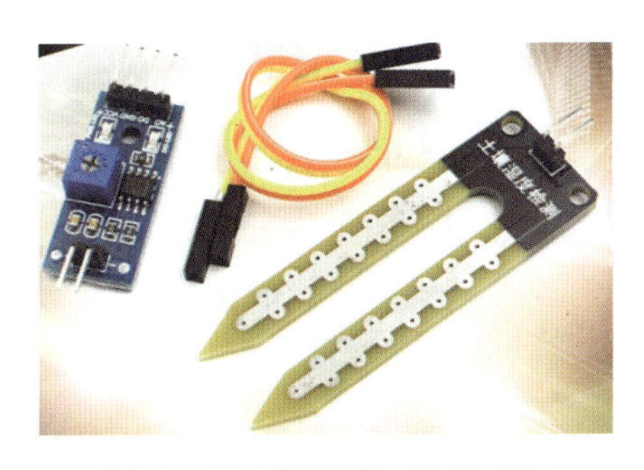

图 2-27　土壤湿度传感器硬件图

2. 硬件参数

土壤湿度传感器的硬件接口如图 2-28 所示。

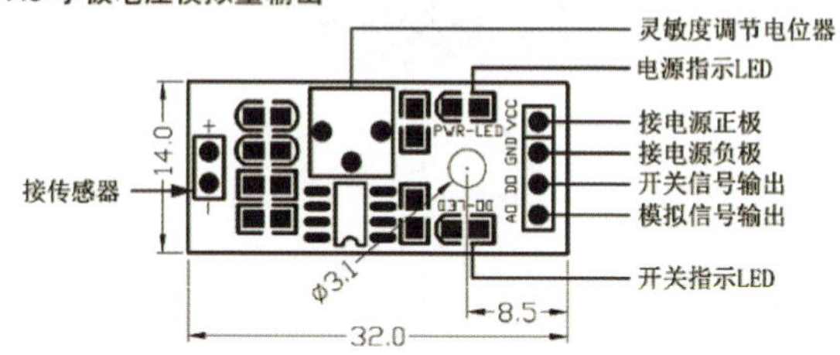

图 2-28　土壤湿度传感器的硬件接口

2.2.5.8　震动马达

震动马达常用在手机中，如来电震动、闹铃震动应用；也可以应用在一些遥感设备中。

1. 硬件介绍

通过高低电平或 PWM 控制来控制马达的震动及强度，通过此模块可以方便地完成电信号到机械震动感的转换。震动硬件图如图 2-29 所示。

图 2-29　震动硬件图

2. 硬件参数

震动马达硬件参数如表 2-15 所示。

表 2-15　震动马达硬件参数

型号	738 震动马达
控制	采用 MOS 管驱动控制、高低电平触发、低电平截止
电压	5V
端口控制	数字量、PWM

2.2.5.9　智能小车

HaaS 开发板除了在物联网场景中应用，还可以在一些智能控制设备中使用，如接下来介绍的智能小车。

1. 硬件介绍

微雪智能小车（见图 2-30）使用其底盘结合 HaaS100 实现云端钉控制。各种 DIY 智能车的玩法可以自由组合（循迹、避障、视频监控、Wi-Fi/蓝牙/ZigBee/红外无线遥控等）。

图 2-30　微雪智能小车

2. 硬件参数

- 板载 LM298P 电机驱动芯片，给智能车提供动力；外加二极管保护电路，更安全。
- 板载 LM2596 稳压芯片，可给 HaaS100 提供稳定的 5V 电压。
- 板载 TLC1543 AD 采集芯片。

2.3　AliOS Things 介绍

AliOS Things 是阿里巴巴面向 IoT 领域的高可伸缩的物联网操作系统，从诞生之初便致力于搭建云端一体化 IoT 基础设施，具备极致性能、极简开发、云端一体、丰富组件、安全防护等关键能力，并通过接入阿里云物联网平台而聚合了阿里巴巴的各类服务，可广泛应用在智能家居、智慧城市、新工业、新出行等领域。

2.3.1 AliOS Things 版本与获取

AliOS Things 采用友好的 Apache Licence 2.0 协议，在 2017 年通过 GitHub 开源，并于 2020 年捐献给开放原子开源基金会。目前，AliOS Things 官方代码可以通过在 Gitee/GitHub/CodeChina 官网搜索 AliOS-Things 来获取。

AliOS Things 的版本发布历史如下。

- 2017 年 11 月 29 日，AliOS Things V1.1.0 发布，包含 Rhino 内核、VFS 虚拟文件系统、LwIP 轻量级 TCP/IP 协议栈等功能。
- 2018 年 8 月 7 日，AliOS Things V1.3.3 发布，增加了 STM32、ESP8266 等芯片支持，增加了 Yaffs2 文件系统、BLE 协议栈、LoRaWAN 协议栈、AT 驱动框架等功能，可以生成 Keil、IAR 工程。
- 2019 年 2 月 11 日，AliOS Things V2.0.0 发布，组件之间的功能解耦，实现了代码模块化，增加了 uData、uLocation 等组件。
- 2019 年 9 月 26 日，AliOS Things V3.0.0 发布，具备在线裁剪功能，可在线进行图形化操作。
- 2020 年 4 月 10 日，AliOS Things V3.1.0 发布，支持 App 开发框架，以及组件的安装、卸载、升级等。
- 2021 年 1 月 28 日，AliOS Things 微内核版发布，采用微内核架构，支持应用独立编译、推送和加载。

截至本书编写时，AliOS Things 的最新版本为 V3.3.0，与之前的版本比较，它主要增加了如下功能。

- 统一的 VFS 接入方式，更标准的应用开发模式。
- 更小的系统，YAML 构建方式更直观。
- 更全面的 JavaScript 和 MicroPython 轻应用开发框架的支持。
- 全面完善的组件、解决方案和系统文档；格式更规范。
- 升级了 LinkSDK，新增设备引导服务、设备诊断、日志上报功能。
- 新增蓝牙配网、Wi-Fi Camera、OLED、图形、AI 等组件，解决方案能直接调用。

2.3.2 AliOS Things 的特征

1）自主开发弹性轻内核

AliOS Things 针对物联网碎片化的需求，研发了全自主、高度可伸缩、高效实时的嵌入式操作系统轻内核，内核精简，组件高度可配置，弹性支持从低端到高端各种应用场景，实现了资源消耗、实时性、安全性、启动速度、应用扩展、生态兼容性等多方面的最佳平衡。

2）即插即用的丰富组件

AliOS Things 秉承一切皆组件的设计思想，支持数百种组件，可以满足物联网领域各种不同的需求，包括集成主流局域网和广域网（如 Wi-Fi、BLE、LoRaWAN）等网络连接协议栈、支持细粒度的 OTA 升级服务、支持各式文件系统、支持音/视频框架流媒体传输等能力。采用 AliOS Things 开发，只需按需要安装不同组件即可，开发成本低、开发周期短。

3）云端一体服务

AliOS Things 作为优秀的物联网操作系统，原生连接阿里云，一方面支持设备运维管理、文件存储等云端一体的应用；另一方面集成阿里巴巴内部小程序、支付、定位等功能，生态能力丰富。

4）彻底全面的安全保护

AliOS Things 提供系统和芯片级别的安全防护，支持可信运行环境（支持 ARMV8-M Trust Zone），同时支持预置 ID^2 根身份证和非对称密钥，以及基于 ID^2 的可信连接和服务。

5）高度优化的性能

AliOS Things 轻内核支持 Idle Task，最小系统资源占用为 RAM<1KB、ROM<2KB，提供硬实时能力。AliOS Things 轻内核包含了 Yloop 事件框架及基于此整合的核心组件，避免栈空间消耗，核心架构良好，支持极小内存设备。

6）便捷实用的开发工具

AliOS Things 提供了集编辑、编译、调试为一体的开发工具支持，支持强大的问题定位、性能调优、软件调试等能力；提供 Shell 交互，支持内存踩踏、泄露、最大栈深度等各类侦测，为用户提供完善的开发链路工具，让物联网开发变得简单和高效。

7）社区活跃度高

AliOS Things 作为一款面向开发者的开源物联网操作系统，自推出就在国内外开源平台上开源，并捐赠给开放原子开源基金会共建；经常举办线下高校巡回演讲和线上直播等活动，持续更新微信公众号和 CSDN 企业号文章，生态环境好，社区活跃度高。

8）自主知识产权

AliOS Things 拥有完全自主知识产权，国产安全可控；采用 Apache Licence 协议，开发者无须考虑开源问题。

2.3.3 典型应用场景

1）智能生活家电

智能生活场景如图 2-31 所示。

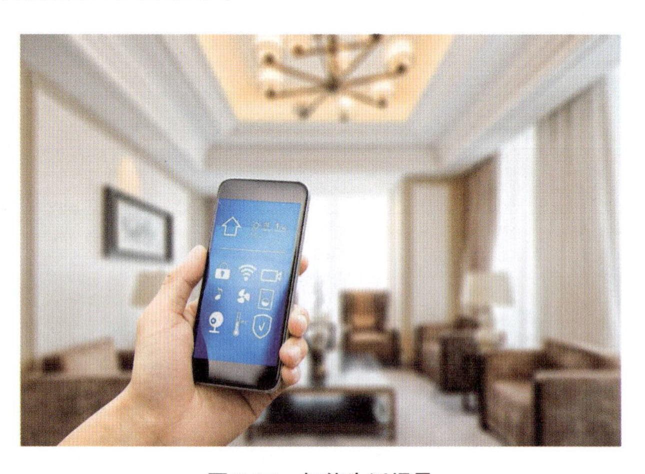

图 2-31 智能生活场景

AliOS Things 广泛适配各种 Wi-Fi、蓝牙、SOC 芯片，并提供丰富的连接协议及传感器采集驱动、低功耗框架、音频录放、AI 框架等能力；帮助模组厂商、生活家电厂商快速完成设备的开发上市。依托 AliOS Things，智能生活家电领域厂商可以快速实现以下能力。

- 设备配网，为 Wi-Fi 设备提供多种配网方式。
- 安全连接，为设备和云端之间的连线安全提供保障。
- 设备多媒体播放，为设备提供多媒体播放能力，使设备更加智能。

2）智能穿戴设备

智能穿戴场景如图 2-32 所示。

图 2-32　智能穿戴场景

AliOS Things 与主流广域芯片集成，并为儿童手表、智能穿戴等场景提供广域通信、定位能力，以及图形界面 GUI、低功耗框架、音频录放等多种功能，助力智能穿戴设备开发。依托 AliOS Things，智能穿戴设备厂商可以方便地实现以下功能。

- 低功耗：加入低功耗框架，让使用电池设备拥有更长的工作时间。
- 支付能力集成：集成支付能力，让集成“抬腕支付”变得更简单。

3）金融机具

金融机具场景如图 2-33 所示。

图 2-33　金融机具场景

AliOS Things 为金融相关器具的设计开发提供包括 GUI、摄像头、二维码等本地驱动，以及完整的阿里云语音播报与打印服务对接，可以提高器具开发效率、缩短上市时间、降低人力成本。AliOS Things 可以协助金融机具厂商解决以下问题。

- 高集成度：在单个 4G Cat.1 模组上通过脚本语言快速完成应用开发。
- UI 界面设计：利用 HaaS UI 组件，帮助设备完成在低资源小显示屏上的优雅 UI 界面设计。
- 多媒体：通过集成云端一体服务，帮助金融机具解决从语音生成到本地播放的全链路需求。

2.4 HaaS 软件积木

在经典的软件开发模式中，开发者大都会经历需求评估、软件顶层设计、模块详细设计、编码调试、测试及发布上线等过程，整个开发周期非常长。而 HaaS 物联网开发框架秉承低代码的开发模式，通过提供丰富的、多维度的软件积木帮助开发者快速完成原型的构建工作。在 HaaS 物联网开发框架的帮助下，开发者不再需要做大量、烦琐的模块设计工作和编码工作，而是更加专注于将需求评估清楚，将功能模块进行拆分，然后从积木仓库中挑选功能匹配的软件积木进行组合，即可完成原型的构建工作。

HaaS 物联网开发框架提供的软件积木与底层实际的操作系统并不会强绑定，不同的软件积木可以根据实际应用场景应用到不同的操作系统上，如 Linux、AliOS Things、RTOS 等，但 HaaS 物联网开发框架推荐开发使用 AliOS Things 操作系统，因为其文档丰富、开发方式简单，对于开发者更加友好。HaaS 物联网开发框架中定义的软件积木坚持易上手的原则，设计都是从开发者的视角出发的，对外暴露的接口清晰，没有晦涩难懂的术语，容易被集成，开发者可以使用软件积木轻松地进行组合创新。同时，软件积木还支持二次开发，开发者可以灵活定制，从而满足不同的业务需求。

HaaS 物联网开发框架软件积木主要分为 AliOS Things 内核积木、文件系统积木、连接积木、网络积木、多媒体积木、Haas AI 积木和云服务积木，覆盖嵌入式开发从底层到云端各个层面，通过这些丰富的软件积木，开发者能够在物联网场景下快速搭建云端一体甚至带 UI 界面的软件原型。

2.4.1 AliOS Things 内核积木

如前所述，AliOS Things 是阿里巴巴旗下面向 IoT 领域的高可伸缩的物联网操作系统，其操作系统内核只包含用来控制系统资源和处理器对资源的使用的基础功能，以支持系统服务和上层应用的构建与开发。AliOS Things 支持多种 CPU 架构，包括 ARM、C-SKY、MIPS、RISCV、RL78、RX600、Xtensa 等。

使用 AliOS Things 内核积木作为 IoT 设备的系统底座，能够快速实现可抢占式任务调度、多任务管理、软件定时器、任务间通信机制（包括信号量、互斥量、队列、事件）等强大的操作系统功能。

2.4.2 文件系统积木

随着智能设备和物联网场景的发展，在 IoT 场景下的智能硬件中，也越来越多的使用到了文件系统，可以满足不同场景下的文件存储需求。IoT 智能硬件中的文件主要分为以下类型。

- 简单信息存储，如 MAC 地址、三元组等。
- 基础数据存储，如配置信息、设备状态、应用程序等。
- 大文件存储，如系统提示音、图片、视频等。

对于不同的类别，HaaS 物联网开发框架提供了丰富的文件系统积木，针对简单信息存储，可使用 KV 键值对存储的方式，通过 Key 和 Value 的一一映射关系来存储数据信息。针对基础数据存储，可使用 littlefs 或 ramfs 文件系统，其中，littlefs 主要用于裸 Flash 存储介质，ramfs 主要用于内存文件系统。针对大文件存储，可使用 fatfs 文件系统，主要用于 SD 卡、eMMC、USB 等存储介质。

2.4.3 连接积木

在万物互联的时代，设备和设备之间需要通过连接实现互联互通，目前，HaaS 物联网开发框架提供了多种连接积木，可以帮助用户快速实现设备本地或云端连接。

2.4.3.1 蓝牙连接积木

蓝牙是一种短距离的通信技术，能实现设备间短距离、低成本、低功耗的连接，常用于智能手机、无线耳机、穿戴设备、音箱、笔记本电脑等众多设备间的数据交换。蓝牙工作在 2.4GHz 频段，并使用 IEEE 802.15 标准协议。蓝牙技术经历了五大版本的迭代，最新的蓝牙版本是 2021 年 7 月发布的蓝牙 5.3 版本，该版本对低功耗蓝牙的周期性广播、连接更新及频道升级进行了完善。

HaaS 物联网开发框架也提供了蓝牙连接积木，目前支持蓝牙 4.0/4.2/5.0 核心协议规范的 BLE Host 软件协议栈组件，为用户提供蓝牙 BLE 功能。蓝牙连接积木功能框图如图 2-34 所示。

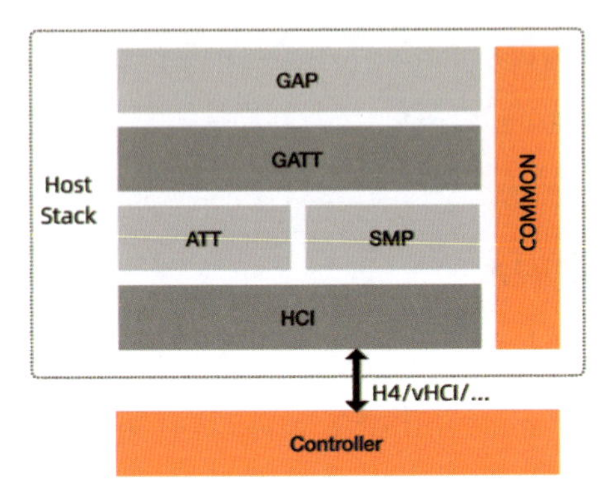

图 2-34　蓝牙连接积木功能框图

蓝牙目前主要支持如下功能。

- Generic Access Profile（GAP）角色支持。
- Peripheral&Central。
- Observer&Broadcaster。
- Generic Attribute Profile（GATT）连接支持。
- GATT client。
- GATT server。
- Security Manager（SM）支持。
- Legacy Pairing。
- 多安全等级设定，Security Level 1/2/3/4。
- 安全连接。
- LE Privacy（RPA 地址生成）。
- HCI 接口支持。
- 标准 HCI 接口，支持 Host-Only，Host 通过 HCI 硬件接口（以 UART 为主）和 Controller 对接。

- 虚拟 HCI 接口，支持 Host+Controller，适合 SoC 的硬件平台。

2.4.3.2　Modbus 连接积木

Modbus 是一种标准的串行通信协议，最初是由 Modicon 公司在 1979 年发布的，是电子设备之间常用的连接方式。绝大多数 Modbus 设备的通信通过串口 EIA-485 物理层进行。

Modbus 协议是一种主从式协议，即主站发起通信，从站响应；主设备可以与一台或多台从设备通信。

当 Modbus 主设备想要从一台从设备请求数据的时候，这台主设备会发送一条包含该从设备地址、请求数据及一个用于检测错误的校验码的数据帧，网络上的所有其他设备都可以看到这条信息，但是只有指定地址的设备才会做出反应。Modbus 协议数据帧结构如图 2-35 所示。

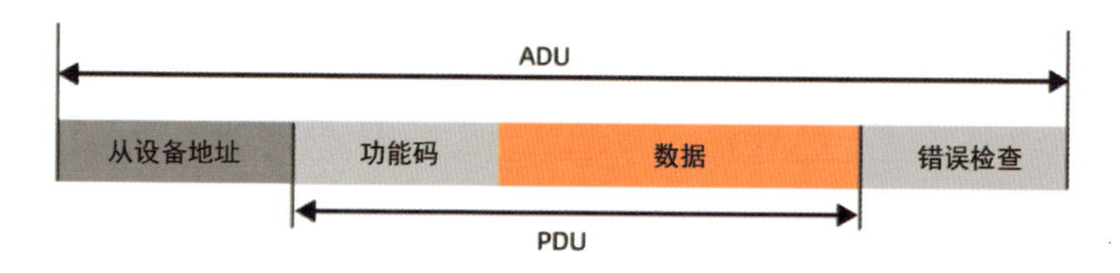

图 2-35　Modbus 协议数据帧结构

HaaS 物联网开发框架中的 Modbus 主协议是针对物联网操作系统特点专门设计的，它在实现时分为 4 层，整体架构如图 2-36 所示。

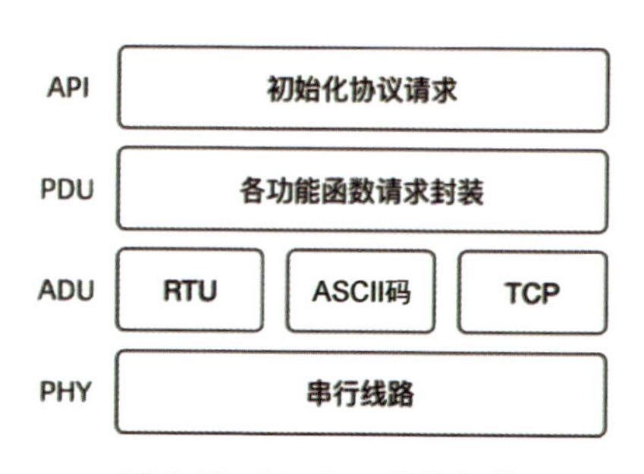

图 2-36　Modbus 整体架构

Modbus 目前支持以下功能。

- 支持基于 RS232/485 串口的 RTU Modbus。
- 提供完整的读/写寄存器接口。

2.4.3.3 物联网平台连接积木

HaaS 物联网开发框架中还提供物联网平台设备端 SDK-LinkSDK，设备商可以使用该 SDK 将产品接入阿里云 IoT 平台，从而通过阿里云 IoT 平台对设备进行远程管理，提供蜂窝（2G、3G、4G、5G）、NB-IoT、LoRaWAN、Wi-Fi 等不同网络设备接入方案，满足开发对不同网络设备接入的需求。

物联网平台连接积木目前支持以下功能。

- 设备可使用 MQTT/CoAP/HTTP/HTTPS/HTTP2 连接阿里云 IoT 平台。
- 支持设备属性/事件/服务的物模型。
- 支持子设备的添加/删除/禁用/解禁。
- 提供 Wi-Fi 配网、设备 OTA 等服务模块。

2.4.4 网络积木

越来越多的 IoT 智能硬件希望通过云来瘦终端、降低硬件成本、提高设备管理能力，而智能化改造升级的第一步就是上云，HaaS 物联网开发框架提供了丰富的网络积木，为 IoT 智能硬件提供了多种上云模式，目前支持 MQTT、HTTP、LwIP 等。

2.4.4.1 MQTT 网络积木

MQTT（消息队列遥测传输）是在 ISO 标准（ISO/IEC PRF 20922）下，基于发布和订阅的一种轻量级消息传输协议，其底层传输层协议是基于 TCP 协议构建的。它最初诞生于 1999 年，由 IBM 公司和 Cirrus Link 公司一起起草了第一个版本。整个协议中最核心的 3 个角色为发布者、代理和订阅者，如图 2-37 所示，其中“云”扮演的是代理的角色。MQTT 最大的优势是可以使用非常少的带宽为 IoT 设备提供实时可靠的消息服务，被广泛应用于 IoT 设备和云端连接，以及数据的双向交互。

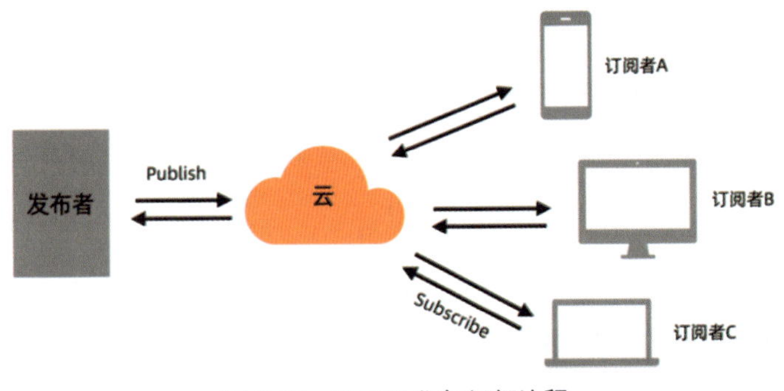

图 2-37 MQTT 发布/订阅流程

2.4.4.2　HTTP 网络积木

HTTP（Hyper Text Transfer Protocol，超文本传输协议）是一款用于传输超文本的应用层协议。HaaS 物联网开发框架中提供了 HTTP 网络积木，提供 HTTP 客户端标准能力。开发者可以通过 API，在设备端快速实现通过 HTTP GET、POST 等方法与服务端进行数据交互。

HTTP 架构如图 2-38 所示。

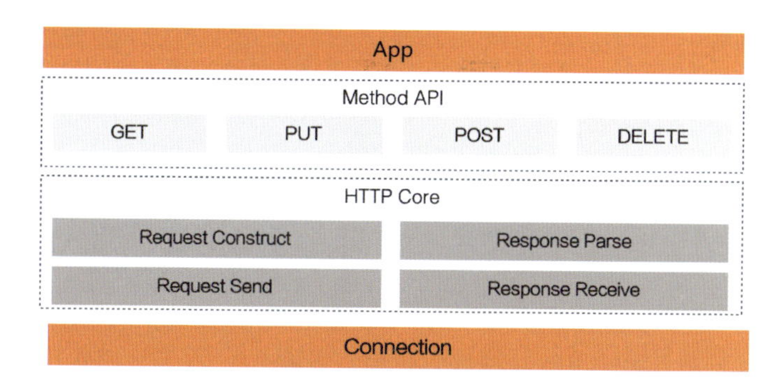

图 2-38　HTTP 架构

目前，HTTP 网络积木支持以下功能。

- HTTP GET。
- HTTP DELETE。
- HTTP POST。
- HTTP PUT。

2.4.4.3　LwIP 网络积木

LwIP（Light weight Internet Protoco1）是瑞士计算机科学院开发的一套用于嵌入式系统的开放源代码 TCP/IP 协议栈，是一个轻量小型的协议栈，非常适合在资源有限的 IoT 硬件中使用。

目前，LwIP 网络积木支持以下功能。

- 创建套接字。
- 绑定地址端口。
- 监听套接字端口。

- 连接的队列中接受一个连接。
- 服务器建立一个 TCP 连接。
- 发送数据。
- 接收数据。
- 获取本地主机信息。
- 获取远程主机信息。
- 关闭连接。

2.4.5 多媒体积木

2.4.5.1 HaaS UI

HaaS UI 框架是一套用在 HaaS 物联网开发平台上的轻量级的应用开发框架，是一套支持 AliOS Things、RTOS、Linux 等系统的跨平台应用显示框架，推荐使用 AliOS Things 系统，为嵌入式带屏终端提供低成本、轻量级的 UI 解决方案。

HaaS UI 的应用开发以 JavaScript 为主、C/C++为辅，主要特性如下。

- 框架采用的 JavaScript 的前端框架为 Vue（v2.6.12）。
- 框架实现了 W3C 标准的标签和样式子集。
- 支持 HaaS100、HaaS600、HaaS700 等系列开发板。

2.4.5.2 HaaS RTC

HaaS RTC 多媒体积木是以搭载 AliOS Things 系统硬件平台为底座，再加上自主研发的多媒体框架，通过提供媒体面 SDK 和信令面 SDK 的方式，方便用户快速集成 RTC 所需的媒体传输与信令呼叫能力，实现设备端到设备端的实时多媒体传输能力。它的主要形态是以云上的 RTC 服务为媒体面和信令面转发中心，以设备（IOT 设备、手机）等为接入端点。

HaaS RTC 多媒体积木是云端一体的整体多媒体实时传输解决方案，具备寻呼和媒体面实时传输能力，同时具备音频 3A 软处理能力和网络带宽动态监控适配能力，能帮助用户快速地在设备上搭建实时音/视频通信业务。同时会在 HaaS700 中提供完整的解决方案实例，提供给 ISV、生态开发者，以及在校学生开发、研究使用。

HaaS RTC 技术架构如图 2-39 所示。

楼宇对讲
视频通话
智能门卫
智能儿童手表
…
1对1语音通话
多方语音通话
1对1视频通话
多方视频通话
HaaS 轻应用/三方UI引擎
HaaS RTC音/视频框架
会话管理
网络管理
存储管理
系统监控
协议管理
RTSP
SIP
专有协议
RTMP
…
UDP/TCP
LwIP
RTP/RTCP
SRTP
3A
P2P/ICE
NetEQ
RFC2833
JitterBuffer
…
HAL
HaaS RTC音/视频驱动框架
Encoder
Decoder
Demux/mux
ISP
GPU
Camera
Screen
Mic
Speak
…
操作系统（AliOS Things/Linux）

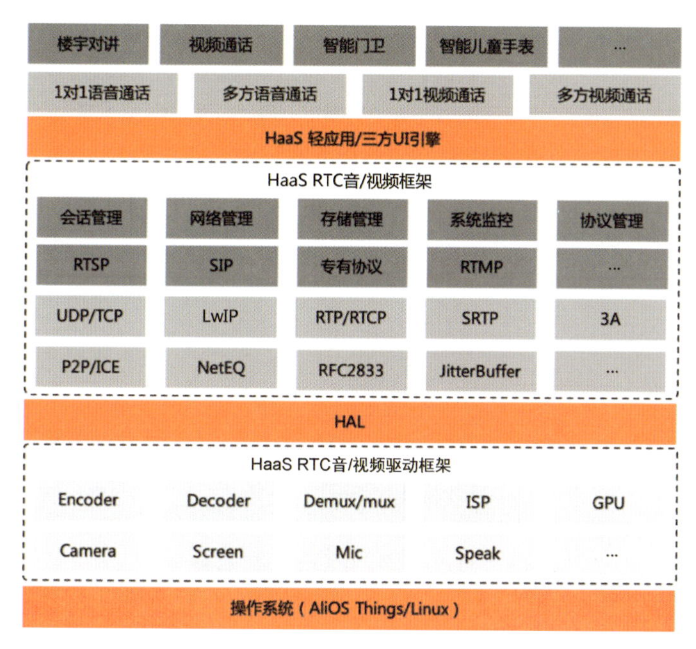

图 2-39　HaaS RTC 技术架构

2.4.6　HaaS AI 积木

HaaS AI 积木是 AliOS Things 中提供的软件积木，支持阿里云云端视觉及语音 AI，以及 TensorFlow Lite Micro 本地推理引擎。HaaS AI 技术架构如图 2-40 所示。

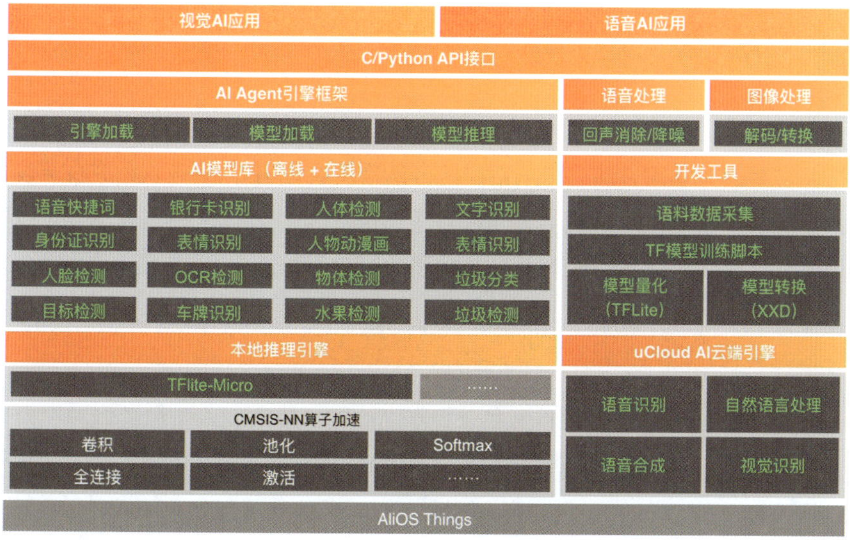

视觉AI应用
语音AI应用
C/Python API接口
AI Agent引擎框架
语音处理
图像处理
引擎加载
模型加载
模型推理
回声消除/降噪
解码/转换
AI模型库（离线 + 在线）
开发工具
语音快捷词
银行卡识别
人体检测
文字识别
身份证识别
表情识别
人物动漫画
表情识别
人脸检测
OCR检测
物体检测
垃圾分类
目标检测
车牌识别
水果检测
垃圾检测
语料数据采集
TF模型训练脚本
模型量化
(TFLite)
模型转换
(XXD)
本地推理引擎
uCloud AI云端引擎
TFlite-Micro
……
CMSIS-NN算子加速
卷积
池化
Softmax
全连接
激活
……
语音识别
自然语言处理
语音合成
视觉识别
AliOS Things

图 2-40　HaaS AI 技术架构

2.4.6.1 视觉 AI

视觉 AI 整合达摩院视觉智能开放平台中的 15+云端 AI 能力，开发者可以很方便地在 HaaS 开发板上使用这些能力，包括人脸检测、车牌识别、OCR 检测等。本地 AI 支持人体检测，开发者也可以训练自己的 TensorFlow Lite 模型并部署在 HaaS 开发板上。

2.4.6.2 语音 AI

语音 AI 支持阿里云智能语音交互平台中的语音识别、语音合成等能力，以及阿里云智能对话机器人，开发者可根据需要进行问答、对话流、闲聊等对话策略管理。本地支持“HaaS HaaS 语音唤醒”，同时，开发者可以训练自己的 TensorFlow Lite 语音快捷词模型并部署在 HaaS 开发板上。基于上述能力，可以帮助开发者快速打造定制化极高的智能语音助手。

2.4.7 云服务积木

2.4.7.1 千里传音

千里传音服务是阿里云 IoT 针对带有语音播报能力的 AIoT 设备提供的一个云端一体的解决方案。HaaS 物联网开发框架将这个云端能力整合进来，为播报提醒类设备提供播报语料合成、语料管理、语料推送到设备、播报设备管理等完善功能，配合集成了端侧播报能力的 HaaS 设备，帮助用户高效完成播报类设备应用的开发和长期运行。

千里传音服务以项目为单位帮助客户组织应用和管理设备，以便客户面向不同的用户来管理设备语料更新，以及批量或单个设备语料推送。同时，千里传音服务为客户应用提供云端 API，通过传入语料组合逻辑及设备 ID，就可以完成对端设备播报的调用，简单省事。借助阿里云 IoT 平台提供的高并发设备通信能力，可以帮助客户无忧完成大规模设备部署和长期高可用运行的工作。

千里传音服务交互图如图 2-41 所示。

千里传音提供的能力如下。

- 项目管理：客户通过项目形式管理不同应用场景中的设备和语料。
- 智能语料生成：通过人工智能算法帮助客户快速完成从文字到固定播报语料的生成工作，支持 WAV 和 MP3 格式输出。

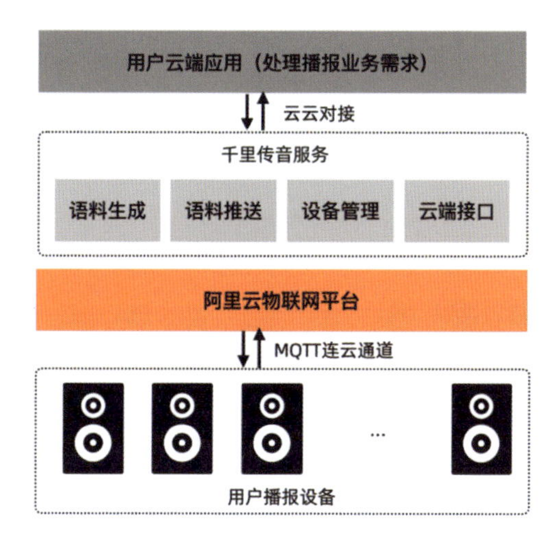

图 2-41　千里传音服务交互图

- 语料组合播报：通过远程命令，告知特定设备将本地语料以特定顺序组合后播报，并支持加入动态数字内容。
- 动态语料合成：支持用户通过 API 生成动态播报语料并推送到端侧播报。此类语料设备端采用在线播放形式，不固化到设备中。
- 语料空中推送：为客户提供语料空中推送到单个和项目中全部设备的能力，实现设备端固化语料的更新，使设备播报语音内容变得可以运营。

2.4.7.2　OTA

OTA 是 Over The Air 的缩写，是 HaaS 物联网开发框架提供的完备的云端一体升级服务，对各种升级场景都有很好的支持。

- 整包升级。
- 压缩升级。
- 差分升级。
- 安全升级。

OTA 服务目前支持的升级通道包括 HTTP、HTTPS、BLE、3G/4G 等。另外，它还能对 IoT 领域内一些复杂场景提供友好的支持，包括网关及子设备升级、连接型模组升级、非连接主设备的间接升级等。 HaaS 物联网开发框架通过提供完备的配套工具（如差分工具、本地签名工具、Ymodem 辅助升级工具、多固件打包工具等），以及 JavaScript 轻应用和 Python 轻应用的方式帮助用户简化升级与打包等操作。

OTA 的主要功能如下。

- 支持乒乓升级。固件可在两个分区运行，支持固件版本回退，保证设备安全不变砖。
- 支持断点续传。在弱网环境下，支持固件从断点处继续下载。
- 支持固件验签。固件可在云端或用本地签名工具进行数字签名（防止固件被篡改，对固件 hash 值进行非对称加密），设备端可对固件验签（用端侧的公钥对已签名的固件验签）。
- 支持 HTTPS 安全下载方式。除支持 HTTP 下载外，还支持 HTTPS 下载方式。
- 支持 MD5/SHA256 固件完整性检验。为保证固件完成性，固件下载完成后，都有完整性校验操作。
- 支持网关子设备升级。

OTA 升级流程如图 2-42 所示。

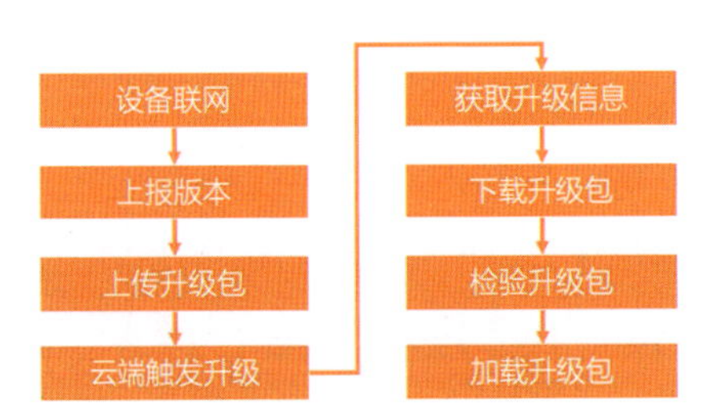

图 2-42　OTA 升级流程

2.5　HaaS 轻应用

AliOS Things 自正式发布并在 GitHub 开源以来，持续地迭代和不断地输出到各行各业的应用场景，转眼已走过两年多的历程，在整个过程中收到了许多有价值的客户建议，也沉淀了非常多对 IoT 领域有用的组件和能力。

其中，用户提及最多、最关心的问题之一就是嵌入式开发的复杂度太高、从技术到产品的开发路径耗时太长。当然，这是互联网软件与半导体硬件高速发展过程中发生碰撞融合而产生的直观现象，是一个快速发展阵痛期必然要面对的问题。

AliOS Things 通过打造和不断优化面向 IoT 智能设备的开发工具，以降低开发门槛，提升用户体验和开发效率，得到了一些阶段性的结果，如让一些纯软件技术栈的合作伙伴也能够进军 IoT 智能硬件相关的业务。

但是，人类生产效率的提升从来都是永无止境的，不断追求更高、更快、更强。

因此，AliOS Things 开始做更多、更高级的抽象，以使越接近最终应用和业务的客户越不需要花费资源和时间在基础设施上。类比通用计算机、手机、IoT 智能硬件，开发 App 的工程师一定需要储备过硬的硬件知识和系统内核级基础吗?

在传统的基于 RTOS 系统的物联网设备中，应用通常是用 C/C++语言开发的，这种传统的应用开发方式具有以下一些缺点。

- C/C++语言复杂，学习门槛高，不少新的开发者不懂 C/C++开发。
- C/C++语言缺少内存自动回收、内存保护等功能，应用容易出现内存破坏、内存泄漏等问题，导致系统无法正常运行。
- 应用独立加载方案复杂，需要将应用与 BSP、OS 等一起打包成一个镜像文件，开发、升级占用资源多，流程复杂。

基于以上原因，为了降低 HaaS 开发者的应用开发难度，实现 AIoT 碎片化需求，HaaS 推出了轻应用开发框架。

2.5.1 HaaS 轻应用概述

HaaS 轻应用是一套开发框架，使用 JavaScript 及 Python 作为应用编程语言，基于 AliOS Things 内核及通用组件集成了开源的 JavaScript 及 Python 引擎，对应用开发提供了外设、基础组件及云端服务等标准 API 接口，提供了体验一致的运行环境、快捷方便的开发工具，让开发者能够基于 HaaS 轻应用开发框架简单、快速、方便地开发各种云端一体应用。

HaaS 轻应用框架如图 2-43 所示。

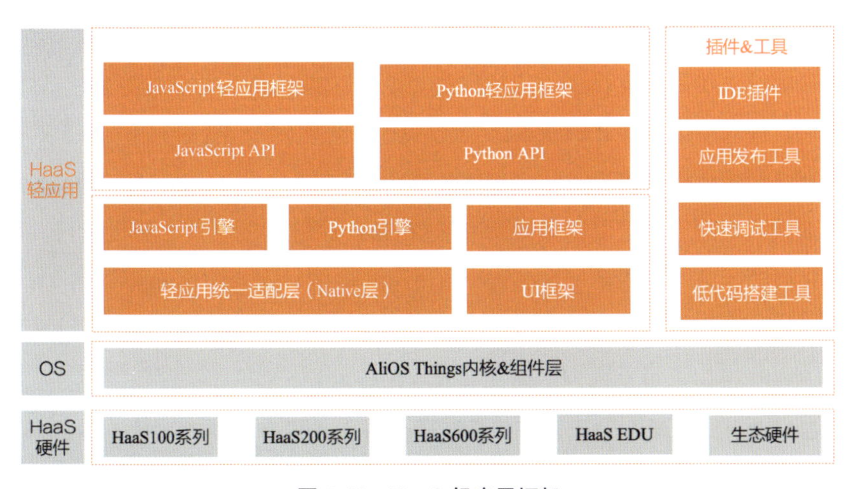

图 2-43 HaaS 轻应用框架

从图 2-43 可以看出，HaaS 轻应用可以在所有的 HaaS 硬件上运行，基于 HaaS 轻应用开发的应用可以方便快速地直接运行在不同的 HaaS 硬件上（仅需少量硬件配置）。目前的 HaaS100、HaaS200、HaaS600 及 HaaS EDU 硬件上均已经可以正常运行 HaaS 轻应用。

HaaS 轻应用在所有的 HaaS 硬件平台上封装了统一的硬件外设 API 接口，包括 UART、I2C、SPI、GPIO、ADC、DAC、Flash 等，用户可以通过简单的 JavaScript API 或 Python API 接口访问这些外设，同时，代码在不同的硬件平台上不需要修改，可以直接运行。

HaaS 轻应用基于 AliOS Things 内核，也继承了 AliOS Things 的各种 OS 能力，可以基于 AliOS Things 做各种扩展。另外，HaaS 轻应用也适配了其他 OS 内核，更换内核，上层的应用代码无须修改。

HaaS 轻应用底层默认对接了 AliOS Things 的各种基础组件，以及云端一体高级功能组件。基础组件包括文件系统、网络协议栈、KV 存储、日志、OTA 等，云端一体高级功能组件包括支付、音频、视频、AI、OSS 存储等。上层应用通过 HaaS 轻应用的标准 API 可以非常简单地使用这些能力，快速搭建出云端一体的应用。

HaaS 轻应用与传统的 C/C++应用相比，具备以下特点。

- 使用 JavaScript 及 Python 等目前非常流行的脚本开发语言，降低了开发难度、缩短了开发周期，也降低了开发者的语言学习成本。
- 无须考虑内存回收、内存破坏、内存重复释放等各种内存问题，降低了开发难度，提高了系统稳定性与可靠性。
- 提供统一工具，支持脚本应用串口更新及在线热更新，不需要编译及烧录固件，极大地提高了开发效率。
- 对标准硬件外设提供统一硬件抽象描述，具有统一的 JavaScript 及 Python API 接口，用户应用可以直接在所有支持 HaaS 轻应用的硬件平台上运行。
- 集成阿里巴巴的云端设备管理、达摩院智能语音/视频、支付、云端 AI、远程维护、位置定位、千里传音语音播报等复杂的云端一体应用服务，提供统一的 API 接口，方便用户迅速开发较复杂的云端一体应用。

图 2-44 展示了 HaaS 轻应用开发相对于传统嵌入式开发对开发效率的提升。

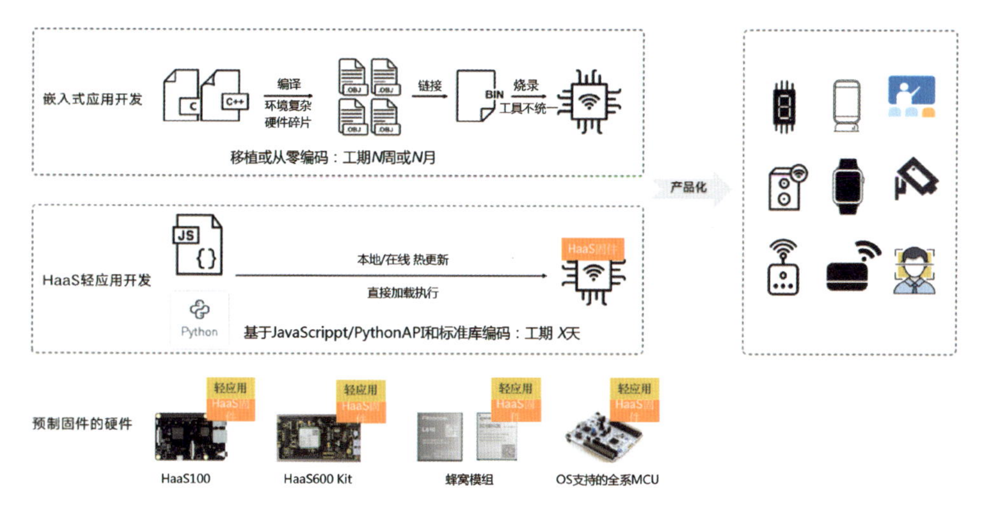

图 2-44　HaaS 轻应用开发效率

2.5.2　JavaScript 轻应用及 Python 轻应用

HaaS 轻应用分别提供了 JavaScript 轻应用和 Python 轻应用这两种开发框架。

JavaScript 轻应用使用前端场景常用的 JavaScript 语言作为应用开发语言，框架集成了开源的 JavaScript 引擎，默认封装提供了硬件外设、基础组件、云端一体高级组件的标准 API，提供了本地热更新、在线热更新等应用更新方式，以 VS Code 插件作为 IDE 开发工具。JavaScript 轻应用根据语言应用特点增加了语音、UI 等功能。

Python 轻应用使用 Python 语言作为应用开发语言，框架集成了标准的 MicroPython 引擎及标准库，默认封装提供了硬件外设、基础组件、云端一体高级组件的标准 API，提供了本地热更新、在线热更新等应用更新方式，以 VS Code 插件作为 IDE 开发工具。Python 轻应用根据语言应用特点增加了视频处理、AI 应用等功能。

JavaScript 轻应用侧重于设备信息采集与控制、语音播报、UI 等场景，Python 轻应用侧重于视频、AI 等场景。两种轻应用集成相同的基础组件及部分云端一体高级组件，使用几乎相同的应用更新方式和更新工具，使用同一个 VS Code IDE 插件，因此，开发者在使用这两种轻应用开发框架时的使用体验非常接近。

2.6 云端工具

2.6.1 物联网平台

2.6.1.1 概述

由于物联网设备数量众多、分布地域广、计算能力弱，所以在物联网相关的解决方案中，通常都需要通过云平台来实现数据的采集、分析、存储，以及设备管理、消息通信等功能。因此，一个统一的公有云物联网平台将会为物联网开发带来极大的便利。

目前，物联网平台提供商包括但不限于以下几个。

- 云服务提供商：阿里云 IoT、AWS IoT、Azure IoT。
- 网络设备厂商：Cisco Jasper、华为云 IoT。
- ERP/CRM 软件开发商：IBM Waston IoT、SAP HANA IoT。
- 电信运营商：中国移动、中国联通、中国电信。
- 其他：百度物联网平台。

其中，比较领先的是以下几个。

- IBM 的 Waston IoT 平台将物联网技术与 AI 技术（包括图像分析、自然语言分析、文本分析、风险管理等）融合在一起，提供强大的物联数据智能分析与处理能力。
- GE 的 Predix 平台偏重于工业物联网领域，具备资产建模、设备故障预测等功能，给企业提供资产管理能力。
- Microsoft Azure IoT 平台提供 PaaS 解决方案和 SaaS 解决方案，有利于企业快速接入物联网服务，在 Azure 云上创建自己的物联网应用。
- 国内的阿里云物联网平台依托于阿里云强大的网络、计算、存储能力，在国内处于技术较领先地位，为各类物联网场景和行业开发者赋能。

2.6.1.2 阿里云物联网平台简介

阿里云物联网平台提供包括设备接入、消息通信、设备管理、运维监控、数据分析及安全认证等能力，其主要特点如下。

- 支持海量设备的接入及数据上云，适配多种协议，全球站点就近接入。
- 支持多种设备安全认证方式。

- 提供强大的数据流转能力，将数据流转至阿里云众多的云产品。
- 提供云云对接能力，通过 API 就能将指令下发至设备端，实现远程控制。
- 提供丰富的设备管理能力，包括物模型管理、子设备管理、网关设备管理、设备影子。
- 提供强大的监控运维能力，包括 OTA 升级、在线调试、日志、告警等。
- 提供一站式的数据处理能力，包括数据备份、时序分析、数据转储等。

1. 设备接入

阿里云物联网平台支持海量设备连接上云，设备与云端依靠阿里云的强大网络能力进行稳定可靠的双向通信。阿里云物联网平台提供丰富的 SDK、组件、方案等，对设备端开发与接入云端提供强大的支持。

- 对设备开发的支持：提供不同语言、平台版本的 SDK，如 C、Java、Android、NodeJS、Python、iOS 等，帮助不同设备、网关轻松接入阿里云。
- 对网络的支持：提供对不同网络制式的设备接入的支持，如蜂窝（2G、3G、4G、5G）、NB-IoT、LoRaWAN、Wi-Fi 等，解决企业异构网络设备上云的痛点。
- 对协议的支持：云端协议支持 MQTT、CoAP、HTTP、HTTPS 等多种协议，既能满足长连接的实时性要求，又能满足短连接的低功耗要求。

除了有丰富的设备端组件，阿里云物联网平台还有强大的云端能力。

- 强大的扩展性：具有独立的物联网平台实例，其连接能力随资源的增加而线性动态扩展，可以支撑 10 亿台设备同时连接。
- 全链路加密：整个通信链路以 RSA、AES 加密，保证数据传输的安全。
- 消息实时到达：当成功建立数据通道后，收发双方将保持长连接，以缩短握手时间，保证消息实时到达。
- 支持数据透传：支持将数据以二进制透传的方式传到自己的服务器上，不保存设备数据，从而保证数据的安全可控性。
- 支持多种通信模式：支持 RRPC 和 PUB/SUB 两种通信模式，满足在不同场景下的需求。其中，PUB/SUB 是基于 MQTT 的 Topic 进行的消息路由。

2. 消息通信

设备消息上云后，阿里云物联网平台支持多种场景的消息通信方式。

- 通过服务端订阅支持云云对接。服务端订阅功能基于 AMQP 服务，可以将设备的各种消息转发至三方服务器，可以转发的消息包括设备上报消息、设备状态变化通知、设备生命周期变更、网关发现子设备上报、设备拓扑关系变更等。
- 通过云产品流转，将设备消息流转至阿里云其他产品进行存储或处理。例如，流转至 RDS、表格等进行存储，流转至函数计算进行事件处理，流转至消息队列进行数据转发。
- 通过场景联动以可视化的方式定义设备间的联动规则。
- 通过广播通信向同一产品下的所有设备推送消息。
- 通过 RRPC 通信实现基于 MQTT 的同步调用方式。

3. 设备管理

阿里云物联网平台可以提供功能丰富的设备管理服务。

- 生命周期管理：产品及设备的创建、禁用、删除，以及设备的上、下线等。
- 物模型：对产品功能的描述是物理空间实体在云端的数字化表示。
- 设备分组：支持跨产品的设备管理。
- 设备分发：支持设备跨地域、跨实例或跨账号分发，方便实现业务迁移。
- 设备影子：用于缓存设备状态。设备在线时，可以直接获取云端指令；设备离线后，再次上线可以主动拉取云端指令。
- 设备拓扑：管理网关及子设备之间的关系。
- 数据解析：根据脚本自动将数据在自定义格式和 JSON 格式间转换。

4. 监控运维

阿里云物联网平台为使用者赋能强大的监控运维能力。

- OTA 升级：支持设备端软件和资源的在线升级。
- 在线调试：既支持从控制台下发指令到设备端进行功能测试；又可使用远程登录功能，通过 SSH 协议的网络服务远程访问设备。另外，还可以在设备远程控制台输入设备的指令，解决调试和定位问题。
- 日志服务：既支持查看消息在云端的全链路日志、消息流转日志，又支持设备日志的上报、存储和查看。
- 远程配置：在不用重启设备或中断设备运行的情况下，在线远程更新设备的系统参数、网络参数等配置信息。

- 实时监控：对设备在线数量、上下行消息数量、运行状态、网络状态等进行实时监控，并支持设置报警规则。

5. 数据分析

数据分析是阿里云为物联网开发者提供的数据智能分析服务，针对物联网数据的特点，提供海量数据的存储备份、资产管理、报表分析和数据服务等能力，帮助企业用户更容易地挖掘物联网数据的价值。

6. 安全认证

阿里云物联网平台提供多重防护，可以有效地保障设备和云端数据的安全。

在安全通信方面，通过多环节的安全设计，可以保证消息通信和数据处理的安全与隔离性。

- 支持 TLS（MQTT、HTTPS）、DTLS（CoAP）数据传输通道，保证数据的机密性和完整性，适用于硬件资源充足、对功耗不是很敏感的设备，安全级别高。
- 支持设备权限管理机制，保障设备与云端安全通信。
- 支持设备级别的通信资源（Topic 等）隔离，避免设备越权等问题。

在设备身份认证方面，阿里云物联网平台提供了 4 种认证方式，如表 2-16 所示。

表 2-16　设备身份认证方式

认证方式	简述	安全级别
ID^2	芯片级安全存储方案及设备密钥安全管理机制，防止设备密钥被破解	很高
X.509 证书	支持基于 MQTT 协议直连的设备使用 X.509 证书进行认证	很高
一机一密	适合有能力批量预分配设备证书（ProductKey、DeviceName 和 DeviceSecret），将设备证书信息烧录到每台设备的芯片中	高
一型一密	设备预烧录产品证书（ProductKey 和 ProductSecret），认证时动态获取设备证书（包括 ProductKey、DeviceName 和 DeviceSecret）	普通

2.6.2　IoT Studio

通过物联网平台（Link Platform，LP），可以快速地实现设备上线，数据上云；数据上云之后通常有一些云端需求，如业务逻辑处理、开发服务 API、可视化界面需求等，如果没有专业的服务端或前端团队，则可能会是件困难的事。因此，阿里云提供了一整套解决方案，即针对物联网的云端应用开发平台 IoT Studio（物联网应用开发）。

IoT Studio 是阿里云面向物联网领域的一站式应用开发平台，通过可视化开发、在线应用托管服务，帮助企业便捷、快速地构建应用，轻松管理设备和数据。IoT Studio 提供 Web 可视化开发、移动可视化开发、业务逻辑开发与物联网数据分析等一系列便捷的物联网开发工具，解决物联网开发领域开发链路长、定制化程度高、投入产出比低、技术栈复杂、协同成本高、方案移植困难等问题。IoT Studio 将数据分析、业务逻辑开发、可视化开发 3 个工具融合为一，帮助物联网企业完成设备上云的最后一千米。

2.6.2.1 功能概述

IoT Studio 的核心功能可以概括为 Web 可视化开发、移动可视化开发、业务逻辑开发与物联网数据分析，围绕这几个功能还有很多其他的辅助功能，下面简单地对这些功能进行介绍。

- 项目管理：在 IoT Studio 中，是以项目为纬度去管理应用、服务的，项目是应用、服务和物联网平台资源（产品、设备、数据资产、数据任务等）的集合；同一个项目内的不同应用或服务共享资源，不同项目之间的应用、服务和资源都相互隔离，互不影响。
- 产品/设备管理：可以为每个项目创建不同的产品/设备（也可以关联物联网平台的产品/设备），供该项目中的应用、服务等使用；不同项目间的产品和设备是相互隔离的。
- Web 可视化开发：IoT Studio 提供的开发 Web 应用的工具，无须写代码，只需在编辑器中拖曳组件到画布上，再配置组件的显示样式、数据源和动作，以可视化方式进行 Web 应用开发。Web 可视化开发适用于开发状态监控面板、设备管理后台、设备数据分析报表等。在 Web 应用中，IoT Studio 提供了丰富的前端页面组件，可以满足大部分业务场景的需求。
- 移动可视化开发：IoT Studio 提供的开发移动 Web 应用的工具，无须写代码，只需在编辑器中拖曳组件到画布上，再配置组件显示样式、数据源和动作，以可视化的方式进行移动应用开发，目前支持生成 HTML5 应用，并绑定域名发布，适用于开发设备控制 App、工业监测 App 等。
- 业务服务：IoT Studio 提供的开发服务端逻辑的工具，通过编排服务节点的方式快速完成简单的物联网业务逻辑的设计；业务服务里提供了丰富的功能节点，包括输入节点（触发类节点）、功能节点（功能、设备、数据、人工智能、消息、API 调用等）、输出节点等，在功能节点里，用户可以通过编写函数脚本来实现复杂的业务逻辑，目前，函数脚本可以支持 JavaScript 和 Python 两种方式。

- 数据分析：物联网数据分析 LA（Link Analytics）是阿里云为物联网开发者提供的数据智能分析产品，针对物联网平台产生的数据，提供海量数据的存储备份、资产管理、报表分析和数据服务能力。
- 组件开发：用于开发者开发、发布和管理自己研发的组件，并将其发布到可视化工作台中，用于可视化页面的搭建，可满足开发者的需求，提升组件的丰富性，为可视化搭建提供无限可能。
- 账号管理：针对创建的应用，IoT Studio 也同样提供了一套账号鉴权的功能，可以创建不同的角色、账号，为应用中的页面、服务设置不同的权限，满足业务的鉴权需求。
- 解决方案：IoT Studio 针对不同领域场景提供了一些完整的解决方案，解决方案中已经包含了所需的 Web 应用、服务、组件等，也有详细的说明文档，方便需要的使用者快速使用。

总的来说，IoT Studio 为物联网企业提供了从应用开发到自动托管等一整套的流程解决方案，功能不可谓不强大。

2.6.2.2　产品特点

- 可视化搭建：IoT Studio 提供可视化搭建能力，用户可以通过拖曳、配置操作，快速完成设备数据监控相关的 Web 应用、API 服务的开发，从而可以专注于核心业务，从传统开发的烦琐细节中脱身，有效提升开发效率。
- 与设备管理无缝集成：设备相关的属性、服务、事件等数据均可从物联网平台设备接入和管理模块中直接获取，IoT Studio 与物联网平台无缝打通，大大降低了物联网开发的工作量。
- 丰富的开发资源：IoT Studio 拥有数量众多的解决方案模板和组件。随着产品的迭代升级，解决方案和组件会更加丰富，可以提升开发效率。
- 组件开发：IoT Studio 提供了组件开发能力，开发者可以开发、发布和管理自己研发的组件，并将其发布到 Web 可视化工作台中用于可视化页面的搭建。

大大满足开发者的需求，提升组件的丰富性，为可视化搭建提供无限可能。

- 无须部署：使用 IoT Studio，应用服务开发完毕后，会直接托管在云端，支持直接预览、使用。无须部署即可交付使用，免除开发者额外购买服务器等产品的烦恼。

目前，IoT Studio 覆盖了工业（配电、污水、环境、设备运维）、农业（节水灌溉、智能大棚、畜牧）、城市（城市设施、路灯）、建筑（停车、消防、灯控）等领域，可以面向各个行业提供场景化解决方案模板，企业可以直接利用现有的解决方案模板开发自己的业务，将原有需要几周的开发过程缩短到几天。

IoT Studio 作为阿里云切入物联网领域的低代码应用开发平台，提供无代码的应用搭建能力和低代码的服务编码能力，完成物联网应用的研发工作，主要切入设备运维、故障预警、生产优化等场景，帮助传统企业借助物联网技术营利。资料显示，低代码开发方式通常可将软件开发效率提升数倍甚至 10 倍以上。

2.7 HaaS 解决方案

HaaS 团队基于 HaaS 低代码开发框架提供的丰富的软件积木和硬件积木，搭建了丰富的解决方案，开发者可以直接使用这些解决方案，也可以作为参考搭建新的解决方案。本节首先会详细介绍“一分钟上云”方案及其打造过程，然后会介绍 HaaS 目前已经支持的解决方案，最后会总结打造 HaaS 解决方案的步骤及市场推广内容。

2.7.1 “一分钟上云”方案

上云是物联网设备智能化的第一步。上云的流程通常包含设置设备三元组、Wi-Fi 配网、设备连接上云和智能设备控制等步骤。HaaS 开发框架提供了快速又简单的上云方案——“一分钟上云”，作为物联网应用交互的底座，帮助开发者快速上云。

同时，HaaS 开发框架沉淀了大量优秀的物联网应用案例。由于物联网应用的特殊性，这些案例往往需要联合物联网平台进行大量的配置才能使用。为了加快开发者的体验，“一分钟上云”方案将所有的操作都进行了封装和集成，让开发者一键体验 HaaS 开发框架丰富的物联网案例。图 2-45 完整地描述了“一分钟上云”的组成、使用流程和实现。

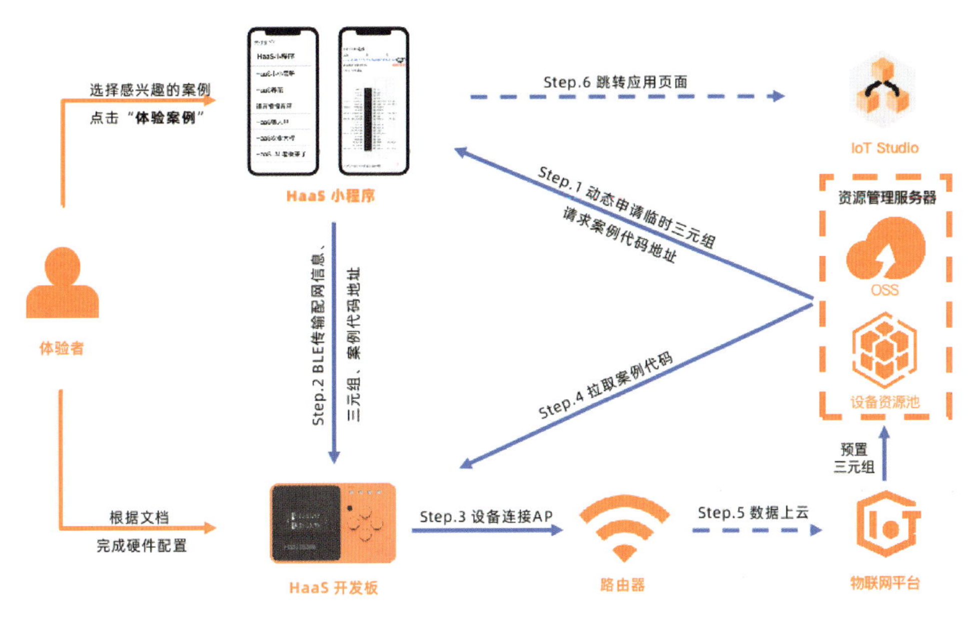

图 2-45　“一分钟上云”架构

2.7.1.1　“一分钟上云”方案组成

如图 2-45 所示，“一分钟上云”方案中涉及设备端（HaaS 开发板）、小程序端、云端（物联网平台、资源管理服务器），3 端联动。

1. 设备端（HaaS 开发板）

设备端主要包含设备固件。设备固件为开发板内保存的特定程序。用户可以通过购买特定固件开发板或烧录特定固件的形式在相应开发板上实现相应的功能。搭载“一分钟上云”方案的开发板的固件包含以下功能或组件：蓝牙功能、Wi-Fi 功能、Python 轻应用组件、JavaScript 轻应用组件等。其中，蓝牙功能用于实现和小程序端的交互，获取 Wi-Fi 配置信息、设备三元组信息、轻应用脚本文件地址；Wi-Fi 功能可以连接互联网、使用设备三元组连接物联网平台、从指定地址拉取轻应用脚本文件；Python 轻应用组件和 JavaScript 轻应用组件会运行指定的脚本文件，最终执行用户代码。

2. 小程序端

“一分钟上云”方案使用支付宝小程序作为用户的交互入口。用户通过小程序与设备端和云端进行交互，可以一键体验 HaaS 案例。用户可以打开支付宝，搜索“HaaS 小程序”，进而使用该小程序，如图 2-46 所示。

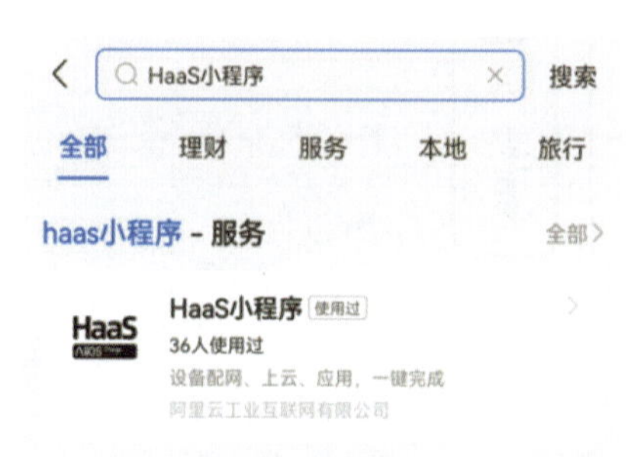

图 2-46　在支付宝中搜索“HaaS 小程序”

小程序端提供了多种功能选项，包括“案例中心”“工具箱”“内容中心”“设置”。

- 案例中心。用户可以在案例中心浏览 HaaS 的可用案例信息，并且可以在案例页面入口处点击“体验案例”，将案例加载到自己的开发板上，如图 2-47 所示。
- 工具箱。工具箱提供了一系列开发必备工具，如蓝牙配网工具、蓝牙上云工具、二维码配网工具、IoT Studio 预览工具，如图 2-48 所示。

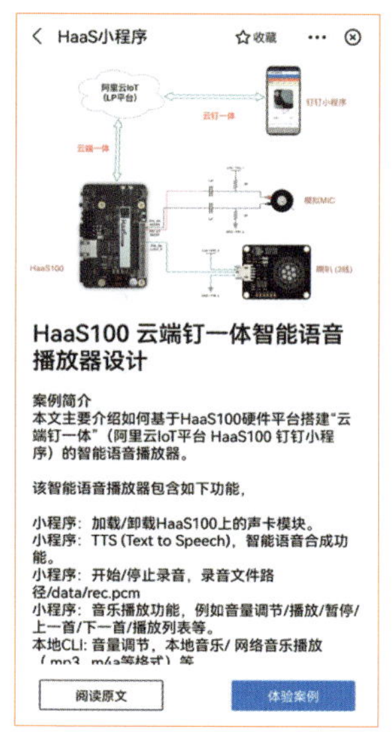

图 2-47　案例中心和案例详情

图 2-48　工具箱

- 内容中心。内容中心是 HaaS 官方运营内容的入口，如图 2-49 所示，用户可以通过这里快速访问 HaaS 技术社区、HaaS 官网，还可以和 HaaS 百事通问答机器人进行交互，解决开发中遇到的问题。用户可以在这里第一时间看到

HaaS 推出的新案例、新活动、新研发动态。

图 2-49　HaaS 官网、HaaS 百事通问答机器人和 HaaS 技术社区

- 设置。设置提供了小程序的授权管理功能，可以用于管理用户使用的 Wi-Fi 连接信息、设备三元组信息，为用户提供快捷选项，如图 2-50 所示。

图 2-50　设置

3. 云端

云端承载了“一分钟上云”方案中的多项功能。

1）物联网平台——案例运行基础

物联网平台作为所有云端一体案例的基础，管理和支持着所有案例下的所有设备正常与云端进行交互。同时，物联网平台使用三元组（一机一密模式），通过 Product Key、Device Name、Device Secret 来标识全网唯一的一台设备。为了让用户在使用“一分钟上云”体验案例时，设备能够正确连接物联网平台，“一分钟上云”在每次下发案例的过程中，都会给设备下发一次有效的三元组，这就会涉及下一部分——设备资源池。

2）设备资源池——设备三元组生命周期管理

设备资源池负责管理设备三元组的生命周期。每个案例在创建时，都会由案例贡献者创建一个设备资源池，该设备资源池中会存储一批该案例对应产品的设备三元组。

设备三元组的生命周期主要包含以下两个阶段。

- 派发。当设备三元组未被请求时，会以游离状态存储于设备资源池中；当某次请求发生后，资源管理服务器将从设备资源池中选取一个游离的设备三元组，并将其置为挂起状态，之后的请求将不再尝试派发任何状态为挂起的设备三元组。
- 回收。为了避免出现设备资源池中的设备三元组“干涸”的情况，即所有的设备三元组都被请求，均处于挂起状态，无法被再次申请，设备资源池必须对闲置的设备三元组进行回收。资源管理服务器会对所有挂起的设备三元组进行轮询，以验证其在线状态。当发现某挂起的设备在长时间内都处于离线状态时，会将其置为游离状态，以供下一次请求和派发使用。

3）对象存储 OSS——案例信息存储

OSS 中存储着案例信息及案例对应的运行脚本，由案例贡献者在创建案例时上传。在“一分钟上云”方案中，当设备获取运行脚本的资源地址后，会将运行脚本拉取到本地进行验证、解压和执行。

2.7.1.2 “一分钟上云”使用流程

1. 用户及开发者

如图 2-51 所示，用户使用“一分钟上云”只需经过如下几步操作。

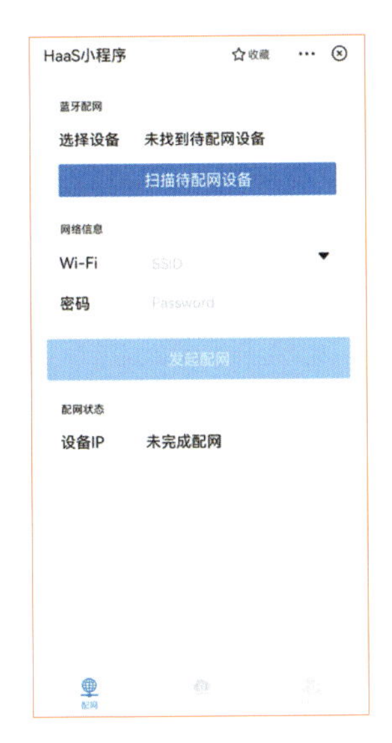

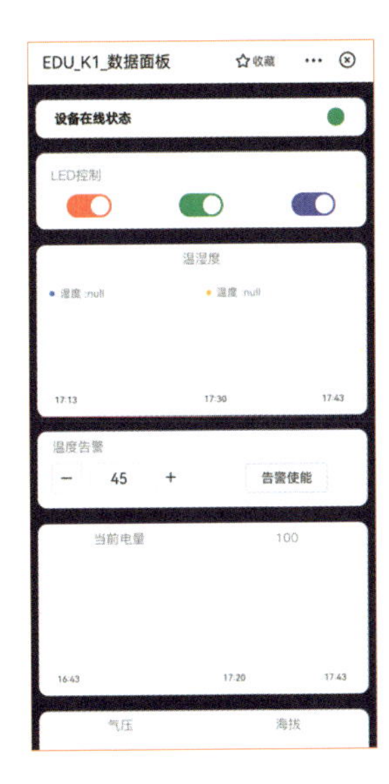

图 2-51　网络配置、上云过程、IoT Stduio 应用

（1）用户打开支付宝搜索并打开“HaaS 小程序”，点击“案例中心”，选择感兴趣的案例。

（2）点击“阅读更多”，参照文档完成硬件接线配置，并将设备上电，此时设备会自动进入可被发现模式。

（3）返回前页，点击“体验案例”，填写可用的 Wi-Fi 信息，选择周围的目标可用设备。

（4）点击“下一步”，等待上云完成，过程时长在 1min 以内，小程序将主动跳转到对应的 IoT Stduio 页面，并完成设备关联。

2. 案例贡献者

开发者如果希望自己的案例能帮助到更多的学习者和开发者，可以通过如下 5 步完成案例的提交。

（1）在物联网平台创建产品、定义物模型并发布。

（2）在物联网平台批量申请设备三元组，并上传至资源管理服务器。

（3）实现设备端代码，并上传至资源管理服务器。

（4）实现 IoT Stduio 体验应用并发布。

（5）撰写案例文档并提交至 HaaS 官网案例中心及 HaaS 技术社区。

2.7.1.3 “一分钟上云”实现细节

在“一分钟上云”过程中，主要包含以下重要步骤。

1. 设备端与小程序端通信

设备端与小程序端使用蓝牙进行交互，交互过程主要分为以下两部分。

- 设备发现。设备上电后会主动进行蓝牙广播，并使用特定的蓝牙广播 UUID，当小程序端搜索到约定的 UUID 后，便会辨别出这是 HaaS 设备，并展示给用户。
- 数据传输。当“一分钟上云”流程开始后，小程序端会通过蓝牙连接用户选定的设备，并开始传输数据。数据包含以下内容：Wi-Fi 连接信息、设备三元组信息（若该案例需要连接物联网平台）、案例脚本地址。数据包格式如下：

```
| FFA0 | SSID len (1B)| password len (1B) | SSID str | password str |
| FFB0 | PK len (1B)| DN len (1B)| DS len (1B)| PK str | DN str | DS str |
| FFC0 | URL len (1B)| URL str |
```

设备通过蓝牙接收数据后，会向小程序端返回应答，以验证数据接收成功，从而触发小程序进入下一步。如果数据传输出错或超时，那么小程序端将尝试重传 3 次（包括第一次），若 3 次均失败，则提示用户失败重试。

设备通过蓝牙接收数据后，会将数据以文件形式存储至文件系统中，供之后的业务逻辑调用。

2. 小程序端与云端通信

小程序端在用户浏览案例的过程中，会向资源管理服务器拉取案例列表、案例详情；当用户发起“一分钟上云”后，小程序端会向资源管理服务器申请三元组，获取案例脚本地址及 IoT Studio 演示地址。

3. 设备端装载案例脚本

设备在拉取到案例脚本文件后，会首先对文件进行解压、验证。解压后的文件主要包含两部分：案例脚本和案例的业务逻辑代码。执行语句，告诉固件如何执行这段脚本。

例如，某个文件解压后包含“example.py”和“run”。其中，“example.py”是案例的业务代码，“run”中的内容是“python example.py”，从而得以运行案例脚本。

4. IoT Studio 关联设备信息

当小程序端从云端获取 IoT Studio 的演示地址时，其内容如下：

```
https://haas_eduk1_panel.aotnk.cn/
```

此时该应用并未指定操作哪台设备，为了实现 IoT Stduio 应用绑定指定的设备，案例贡献者需要在 IoT Stduio 的数据绑定过程中使用动态参数配置。如图 2-52 所示，在数据源配置中选择“动态设备”→“URL 参数”选项，这代表将在打开该网页链接时，通过添加一个 URL 参数的形式来指定数据源设备。可以将“URL 参数”设置为“device_name”。因此，通过如下方式即可在访问 IoT Studio 应用时对目标设备参数进行传递：

```
http://haaseduk1panel.aotnk.cn/?device_name=7TLDNOgZEbNG5kH22peY
```

这样，当用户获取设备三元组的 DeviceName 为 7TLDNOgZEbNG5kH22peY 时，小程序也会自动跳转至 IoT Studio 并绑定至该目标设备。

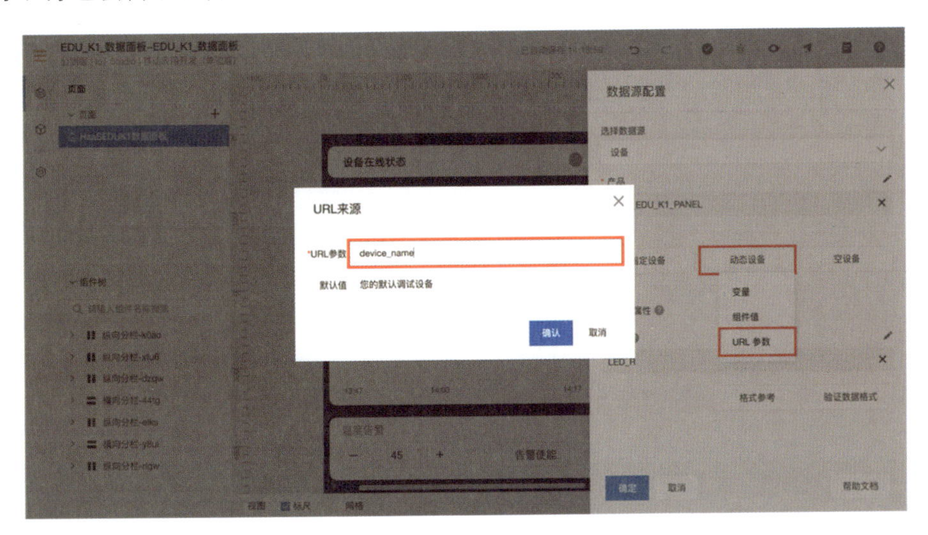

图 2-52　IoT Studio 动态绑定设备

2.7.2　HaaS 解决方案介绍

除了前面详细讲述的“一分钟上云”方案，HaaS 还提供了约 10 个案例，这些案例覆盖了智能设备 OTA 升级、智能语音、教育场景案例、通信和 AI 等多个场景。这些案例都是 HaaS 团队根据长期物联网实践总结出来的常用案例，有非常好的参考和借鉴价值。通过学习和实践这些解决方案，可以快速搭建产品原型。下面对其中一些经典案例逐个进行说明。

1. 物联网设备 OTA 解决方案

OTA 升级是很多物联网智能设备必备的功能。HaaS 开发框架提供了完备的 OTA 升级能力，包括系统整机升级、应用升级，以及为了节省流程并减小升级包的大小而设计的差分升级。物联网平台完成对设备及升级镜像的版本管理、控制和下发。智能设备端和云端建立 MQTT 和 HTTP(S)两条传输通道。MQTT 主要用于传输控制信息，HTTP(s)完成升级镜像的传输。当使用差分升级技术时，智能设备端会通过算法恢复出更新镜像。

2. “云端钉一体”智能语音播放器方案

“云端钉一体”智能语音播放器方案基于 HaaS100 硬件平台搭建，主要功能包括加载/卸载 HaaS100 上的声卡模块、智能语音合成、开始/停止录音、音乐播放功能和音量调节。开发者可以使用该方案快速搭建云喇叭，实现播报内容的动态实时更新，满足各种不同场景的需求，如超市、菜市场、便利店等。

3. HaaS EDU 场景式应用方案

HaaS EDU 场景式应用方案基于 HaaS EDU K1 硬件平台搭建。HaaS EDU K1 是一款针对教育场景推出的集众多传感器于一身的嵌入式教育开发板，是学习物联网相关技术的载体。与传统开发板不同，它除具有功能强大的四核主芯片外，还带有 2.4G/5G 双频 Wi-Fi、双模蓝牙、丰富的传感器和小显示屏，无须外接设备即可进行全面的物联网设备开发与学习。另外，它还精心打造了 10 大场景式应用案例，包括首页系统信息屏、温湿度计、陀螺仪小球、分歧争端机、电子罗盘、光照信息屏、大气压海拔仪、复古八音盒、贪吃蛇和飞机大战。

4. 手机远程管理的 HaaS 花卉养殖方案

手机远程管理的 HaaS 花卉养殖方案用 HaaS100 作为硬件平台，打造花卉养殖盒子方案。HaaS100 接上温湿度传感器，实时采集花卉的环境信息，通过手机远程监测这些信息，更加科学地养殖花卉。开发者可以一步步打造该案例，快速了解如何打造好玩、实用的智能硬件，并在此基础上加上土壤监测传感器、浇花机械臂等更多传感器和外围设备。根据采集的周围环境和土壤信息，调节浇水的频率与量，快速搭建智能养花的智能硬件。

5. HaaS AI 应用实践之“老板来了”

“老板来了”案例是基于阿里云云端 AI 能力实现 AI 识别的案例，支持 Wi-Fi 摄像头采集 JPEG 图像，上传到 OSS，通过视觉智能开放平台进行图片识别，并通过

LCD 显示屏显示识别结果。在该案例中，支持 15 种 AI 能力，可以在方案的配置文件里面选择对应的 AI 模型，包括了人脸识别、车牌识别、人物动漫化、表情识别、物体检测、主体检测、通用分割、面部分割、身份证识别、银行卡识别、OCR 检测、垃圾分类、水果识别、人体擦除和风格迁移。

6. 1 小时打造 HaaS 版小小蛮驴智能车

在阿里云云栖大会上发布了第一款机器人“小蛮驴”、无人车、智能物流、机器人等概念。基于 HaaS100，可以快速打造亲民版的“小小蛮驴”。该方案涉及多款传感器，包括 HaaS100 开发板、超声波测距模块、红外避障模块、测速模块等。通过该案例，开发者可以快速体验“小蛮驴”的智能化。

7. 基于 HaaS100 平台搭建的 RFID 读卡器方案

基于 HaaS100 平台搭建的 RFID 读卡器方案可以读取卡片信息，并上传到物联网平台。RFID 技术具有抗干扰强和无须人工识别的特点，因此应用领域非常广泛，如物流、仓储、防伪、身份识别等领域。该案例打造了一个云端一体的 RFID 方案，HaaS100 读取卡片信息后，会上传到云端平台，供后续数据分析使用。

8. LoRa 点对点通信案例

LoRa 点对点通信案例使用 Semtech SX1268 作为 LoRa 通信芯片，通过 SPI 接口和 HaaS100 连接，实现 HaaS100 智能设备之间通过 LoRa 实现数据的收发。LoRa 是一种低功耗长距离通信技术，最大的特点是传输距离远，最远传输距离可以达到 15km；功耗低，电池使用寿命通常是 10 年。

2.7.3 HaaS 解决方案开发流程

本节将综述如何通过软件积木和硬件积木快速搭建 HaaS 解决方案并推广。硬件积木和软件积木是 HaaS 原子技术能力，结合阿里云云端强大的能力，组合各种软/硬件积木，实现 HaaS 云端一体解决方案，满足物联网碎片化的市场需求。开发者通过 HaaS 解决方案可以快速搭建物联网产品原型并落地。在没有现成的 HaaS 解决方案的情况下，通过已经支持的解决方案能够方便地了解如何使用 HaaS 积木搭建新的解决方案。与此同时，HaaS 团队会不断沉淀各种解决方案，并开设解决方案市场，欢迎广大开发者积极贡献案例，共同丰富解决方案。HaaS 积木和解决方案如图 2-53 所示。

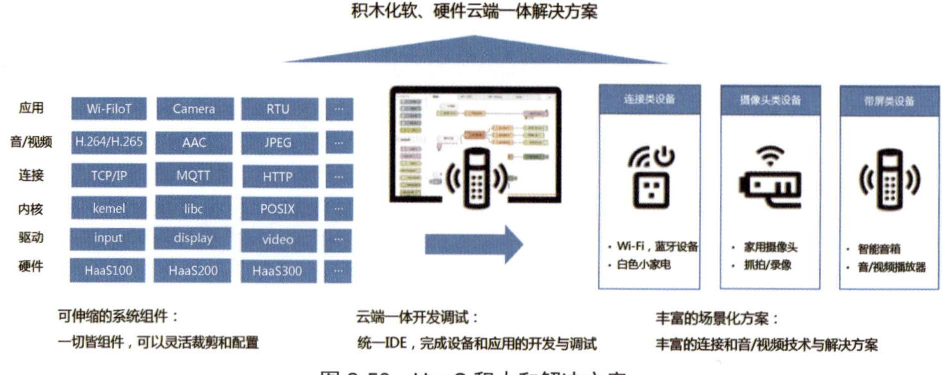

图 2-53　HaaS 积木和解决方案

在使用 HaaS 低代码开发框架进行开发的过程中，开发者会遇到各种情况，如找到需要的 HaaS 解决方案或只能找到部分需要的积木等。针对不同的情况，可以按照如图 2-54 所示的流程开发和测试基于 HaaS 低代码开发框架的解决方案，以满足业务需求。

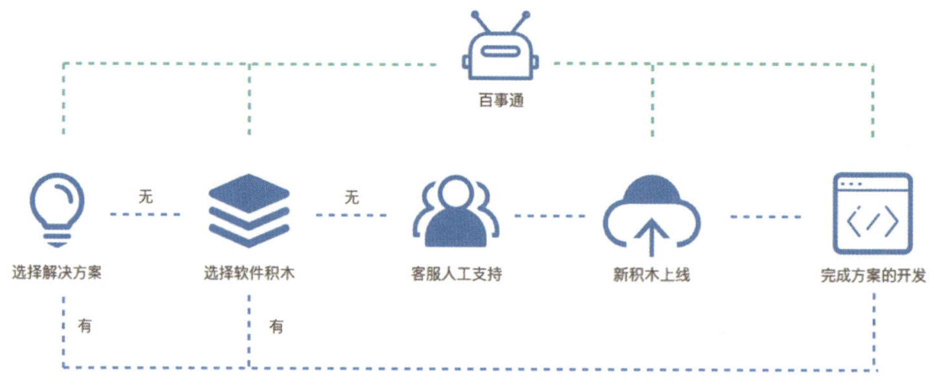

图 2-54　HaaS 解决方案开发和测试流程

首先登录 HaaS 官网，查找现有的解决方案，目前已经支持多种不同的解决方案，覆盖了 Wi-Fi 配网及上云、OTA、音频、AI、教育等各种场景。开发者可以在现有方案的基础上快速搭建自己的方案并落地。当没有可以直接使用的案例时，可以根据需要选择软件和硬件积木，搭建新的技术解决方案；当没有足够的积木支持新的技术方案时，请联系 HaaS 技术支持并提交工单，在工单中描述清楚需求，HaaS 团队会评估需求，并在第一时间反馈评估结果。HaaS 团队在评估时间节点前会将新的积木上线，开发者拿到积木后，可以继续开发技术方案。每个积木都有详细的接口文档和使用案例。积木的接口是黏合剂，将提供原子能力的积木组合成解决方案。开发出来的新解决方案可以在 HaaS 解决方案市场上架。在整个过程中，开发者都可以通过 HaaS AI 百事通获得 AI 机器人和 HaaS 技术团队 7×24 小时的技术支持。

HaaS 开发框架通过上述流程闭环，不断地沉淀各种积木。通过积木接口黏合成各种不同的解决方案，满足物联网碎片化的需求。这样会形成正循环，不断丰富 HaaS 低代码开发框架，帮助开发者解决物联网开发过程中的技术问题，加速物联网云端一体技术方案的创新。

2.7.4 HaaS 解决方案的市场推广

前面对 HaaS 解决方案及开发流程做了详细介绍，并对部分典型 HaaS 云端一体解决方案进行了说明。除此之外，HaaS 解决方案不仅做技术开发，还会对解决方案的全流程进行管理，包括后期的运营和推广，如图 2-55 所示。下面对使用 HaaS 解决方案的流程进行说明。

图 2-55　HaaS 解决方案开发及推广

当开发者准备使用 HaaS 解决方案时，第一步需要登录 HaaS 官网，在官网上，可以找到 HaaS 的总体介绍、支持的解决方案、硬件积木和软件积木；第二步是加入 HaaS VIP 群，获取关于 HaaS 的最新消息，以及最权威的客户支持信息；第三步是根据产品需要购买 HaaS 硬件；第四步是开始解决方案的开发工作，在这个过程中，可以从 HaaS 百事通获取 7×24 小时技术支持；第五步是在开发完成解决方案后上传到 HaaS 解决方案市场，完成方案上线；第六步是技术方案的运营和推广。

在完成解决方案的技术开发后，HaaS 团队会持续运营市场，推广技术解决方案。根据解决方案的浏览次数、评论及星数对解决方案进行排名，向不同的客户推荐方案。同时在 HaaS 客户群、学校和技术社区推广解决方案，具体形式包括技术文章、技术短视频、直播、开发者大赛等。

2.8 HaaS 认证

2.8.1 HaaS 认证简介

HaaS 认证（HaaS Technical Certification，HTC）是 HaaS 物联网设备云端一体低

代码开发框架面向合作伙伴的开发板、模组、传感器、外壳等产品集成后的质量认可服务。旨在通过 HaaS 测试标准及检测技术手段帮助合作伙伴发现产品方案中与 HaaS 技术相关的缺陷或问题。通过认证检测的产品将被推荐到阿里云 IoT 的商业生态渠道，最终为客户提供可靠的物联网产品方案。

2.8.2 认证流程与规范

2.8.2.1 认证流程

认证流程如图 2-56 所示。

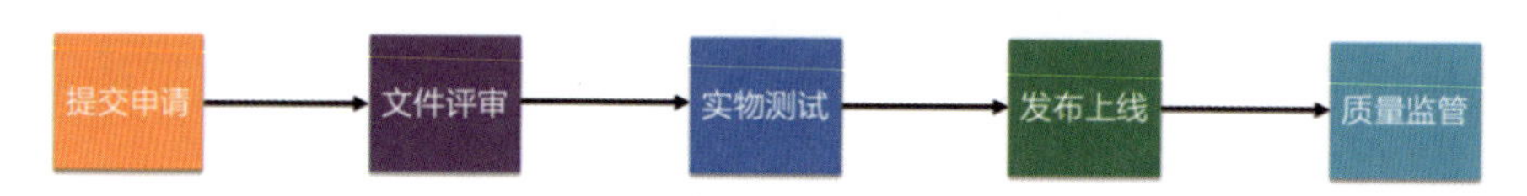

图 2-56 认证流程

合作伙伴首先提交申请，并提供公司和产品的相关资料，HaaS 认证团队将对合作伙伴的资质和产品的可靠性等进行审核，文件评审通过后，要求合作伙伴提供产品实物进行 HaaS 技术检测，认证通过可以发布上线；如果未通过，则需要合作伙伴重新修改检测，直到认证通过。

对于已经上线的产品，HaaS 质量部门会随时抽检，持续监管，若出现不合格情况，则会下架该产品、撤销相关宣传文章，并在日常维护中取消该合作伙伴及其产品名录。

2.8.2.2 提交申请

合作伙伴在提交申请前，需要自行完成软件的移植和硬件的测试，并完成自测报告。文件评审需要提供如下资料。

（1）申请表。

（2）营业执照。

（3）产品完整自测报告。

（4）其他必要认证证书。

（5）产品高清图片。

（6）产品实物及相关配件。样品邮寄内容包括但不限于表 2-17 中列出的项目。

表 2-17　邮寄样品清单

编号	项目	所需数量	说明
1	开发板	3 套	需要同步上传开发板驱动、使用手册等
2	电源	3 套	若需要
3	串口线/数据线	3 套	Micro USB/Type-C 等
4	调试下载器	2 套	若需要
5	通信模块	3 套	若需要
6	天线	3 套	若需要
7	通信卡	3 套	若需要
8	其他配件	3 套	若需要

2.8.3　认证检测

HaaS 认证旨在验证不同形态的 HaaS 产品方案（如开发板、模组、传感器、外壳等）与物联网平台（AliOS Things/HaaS 轻应用）集成后的正确性和可靠性，具体的认证检测项目及标准如表 2-18 所示。

表 2-18　具体的认证检测项目及标准

设备类型	适配方案	认证目的
显示屏、传感器、模具等组件	传感器、组件周边认证	验证传感器、显示屏、模具等对接 HaaS 开发板后工作正常，HaaS 轻应用能正常使用该设备
模组、开发板等系统	系统功能认证（AliOS Things、HaaS 轻应用、物联网平台）	验证产品硬件稳定性、功耗、硬件接口；集成 AliOS Things 后系统工作正常、HaaS 轻应用能正常使用该设备，与阿里云物联网平台通信正确

2.8.4　发布上线

产品审核和检测通过后，可以发布到阿里云 IoT HaaS 官方线上销售渠道和推广渠道。而其中的佼佼者则可以进入阿里云物联网产品及解决方案重点推荐列表以供客户在工程项目中选用。

2.8.4.1　质量表现监控

为了确保合作伙伴的产品质量稳定，阿里云 IoT 质量团队会对产品质量表现进行监控，包括但不限于以下事项。

（1）审核厂商的产品终检数据。

（2）出货前开箱检查。

（3）收集最终用户反馈。

（4）对质量表现进行定期评分。

如果某个产品质量或评分持续低于最低限度，那么阿里云 IoT 质量团队有权利下架该合作伙伴产品及撤销宣传文章等。对于被取消认证的合作伙伴，如果要恢复，则需要按本文件规定的认证流程重新认证。

2.8.4.2 日常维护

合作伙伴应按照国家法定要求开展日常生产运营等活动，当出现如下情况时，已通过认证的产品将被移出阿里云 IoT HaaS 认证产品名单，并下架该产品、撤销相关宣传文章。

（1）合作伙伴主动提出移出申请。

（2）产品出现较为严重的质量问题，并核实为合作伙伴的问题。

（3）产品固有认证的任何一个证书被吊销。

（4）合作伙伴有任何违法行为而被行政机关处罚并造成一定的社会影响。

（5）合作伙伴有任何违法、违约行为而被法院判决应当承担责任并造成一定的社会影响。

（6）合作伙伴出现其他违法、违约、不诚信、损害阿里巴巴及其他第三方合法权益等事项，经过阿里云 IoT 质量团队评估认为需要移除认证的情况。

2.8.5 注意事项

HaaS 认证仅针对合作伙伴产品中集成的 HaaS 相关技术的正确性和稳定性进行认证，如 AliOS Things 操作系统、HaaS 轻应用框架和物联网平台连接等，产品其他固有的功能品质需要合作伙伴自行把关和维护。

2.9 HaaS 技术社区与开发者支持

除了 HaaS 低代码开发框架提供的这些技术方案，HaaS 团队还对使用 HaaS 技术的开发者提供了非常完善的技术支持。这些支持包括：HaaS 技术社区，开发者可以在这里了解 HaaS 的成功案例和最新动态；HaaS 官网，官网囊括了 HaaS 低代码开发框架的各个组成部分，开发者可以通过浏览 HaaS 官网了解技术细节和用户开发文档；HaaS 开发者钉钉群，钉钉群是开发者聚集的大本营，HaaS 开发者可以在钉钉群中将开发遇到的问题及时提出来，HaaS 团队会有专门的技术同学值班，为开发者及时解决问题，提供技术咨询，更好用的是钉钉群有智能机器人，开发者可以通过 HaaS 百事通获得很多问题的答案。另外，HaaS 团队还会定期举办 HaaS 训练营，感兴趣的开发者可以在线上免费报名，考试优秀的学员还可以获得 HaaS 开发板，训练营活动一经推出，就受到开发者的热烈欢迎。

2.9.1 HaaS 技术社区

HaaS 技术社区立足于物联网技术，开发者在此不仅能了解 HaaS 的解决案例和软/硬件积木，还能学习到物联网的通用知识，如图 2-57 所示。

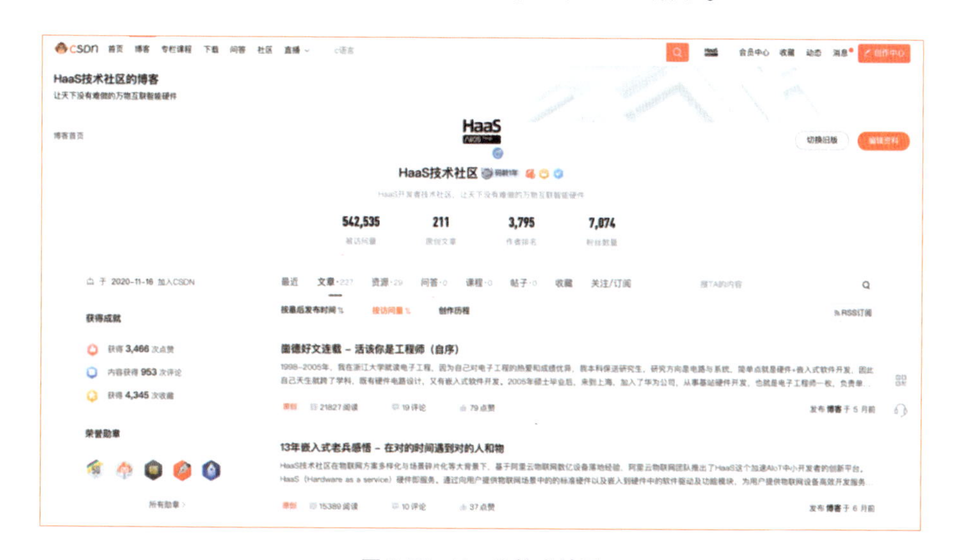

图 2-57 HaaS 技术社区

HaaS 技术社区主要分享如下几方面的优秀文章。

- 物联网行业知识。物联网行业是一个综合性的行业，涉及的知识领域较多，不仅有传统嵌入式技术、传感器技术、连接技术，还有实时操作系统、云平台、人工智能等各个领域。物联网行业知识专栏不仅会分享这些行业知识，还会对行业发展和行业趋势进行独特的分析，帮助开发者扩宽知识边界，可以更全面地学习物联网知识。
- HaaS 解决方案。HaaS 低代码开发框架自推出以来，受到很多开发者的青睐，一些开发者已经使用 HaaS 低代码开发框架开发出了很多实用的产品和方案，并进行了商业落地。HaaS 解决方案专栏将 HaaS 团队自己打造的解决方案分享给开发者，希望开发者能够借鉴这些成功的方案将自己打造的解决方案展示给其他开发者，希望能够帮助开发者推广他们的解决方案。

- HaaS 轻应用。在 HaaS 低代码开发框架中，非常特别的就是 HaaS 轻应用框架，使得很多了解 JavaScript 或 Python 开发的开发者可以快速地进行物联网应用开发。HaaS 轻应用专栏将系统地介绍 HaaS 轻应用的快速上手知识，并分享非常多的轻应用案例，如图像识别、播报音箱等，让开发者能非常快速地入门物联网应用开发。
- HaaS 软件积木。软件积木是 HaaS 低代码开发框架中非常重要的一个层次，开发者在打造各种各样的物联网设备场景时，需要基于丰富的软件积木。HaaS 软件积木本身是无限扩展的，不仅限于连接、工具、诊断调试、多媒体、文件系统及设备驱动这些种类。HaaS 软件积木专栏旨在介绍 HaaS 软件积木的使用方法和应用范例，让开发者可以轻松准确地使用 HaaS 软件积木开发自己的物联网场景。
- HaaS 硬件积木。硬件积木是 HaaS 低代码开发框架的底座。其中，开发板是自研的；而生态积木则可以来自 IHV（硬件积木贡献者）。HaaS 硬件积木专栏会详细地介绍这些硬件积木的参数规格和使用案例。
- AliOS Things。AliOS Things 是阿里云 IoT 团队自研的物联网操作系统，具有弹性内核和丰富的组件。AliOS Things 专栏会系统地介绍 AliOS Things 内核、组件、调试诊断、应用案例等各方面的知识，是学习 RTOS 系统非常重要的参考知识。

2.9.2 HaaS 技术视频

HaaS 技术视频目前是依托于 B 站，定位于 HaaS 易上手战略的 HaaS 视频集合，旨在帮助开发者从了解到感兴趣，再到动手，针对整个开发流程的闭环学习提供帮助。目前，针对几个环节推出和即将推出 HaaS 微发布、HaaS 微课堂、HaaS 课程和 HaaS 生态之家等系列视频，如图 2-58 所示。

其中，HaaS 微发布会定期发布 HaaS 低代码开发框架中的新功能和新特性，旨在让开发者了解 HaaS 的整体进展与趋势。

HaaS 微课堂旨在帮助开发者在实际的动手环节中系统地学习 HaaS 知识及零散性地解决问题。

HaaS 课程频道收录了很多 HaaS 团队精心打磨的 HaaS 相关课程，让开发者能够系统地学习 HaaS 低代码开发框架知识及物联网通用知识。

HaaS 生态之家旨在介绍一些 HaaS 生态的合作伙伴的多个最佳实践案例，帮助开发者更广地了解 HaaS 的广泛应用。

图 2-58　HaaS 技术视频

2.9.3　HaaS 官网

除了在国内各大技术平台有 HaaS 技术社区，HaaS 还有一个官网，如图 2-59 所示，它是 HaaS 开发文档和用户手册的大本营，开发者可以在此了解到 HaaS 低代码开发框架中的全部用户手册。另外，官网还清晰地展示了 HaaS 解决方案、HaaS 软件积木和 HaaS 硬件积木。

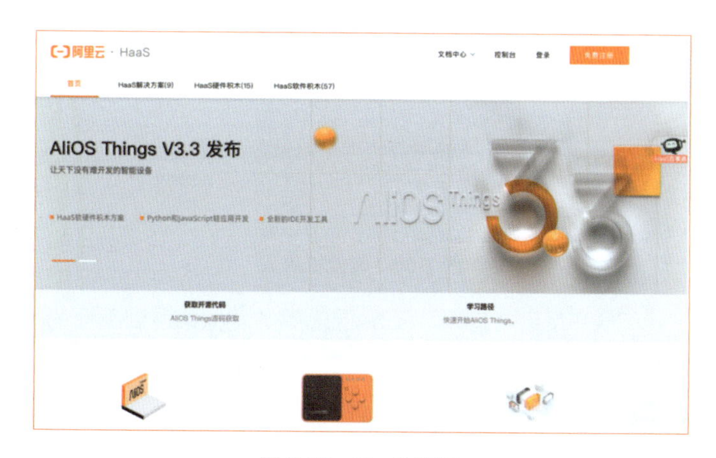

图 2-59　HaaS 官网

2.9.4 HaaS 开发者钉钉群

很多开发者在 HaaS 社区和官网之外，还希望与 HaaS 团队有更加直接地沟通和交流的机会，因而就有了 HaaS 开发者钉钉群。目前，钉钉群内已经积聚了非常多的 HaaS 开发者，他们在这里交流 HaaS 学习心得，并且 HaaS 团队每天都会有专门的技术同学在回答开发者的问题。

当然，这不是一个普通的钉钉群，它具有以下 3 点特色。

- 智能机器人。开发者钉钉群部署了一个钉钉智能机器人，不管开发者有任何问题，都可以向它提出。智能机器人就像一个 HaaS 百科全书，会及时回答开发者的问题，非常好用。如果不想让群里的其他开发者看到自己的提问，则可以直接使用 HaaS 百事通向智能机器人提问。另外，还可以直接在 HaaS 百事通里面搜索 HaaS 方案，如图 2-60 所示。

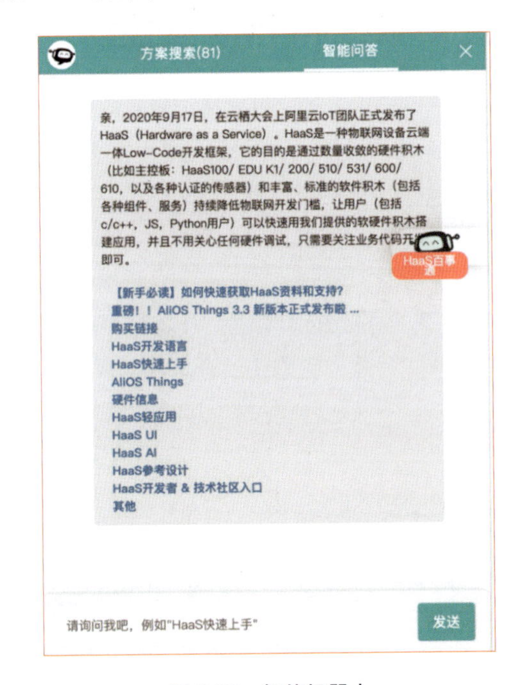

图 2-60　智能机器人

- 贝雷工单。当开发者在使用 HaaS 低代码开发框架遇到不懂的问题或发现错误的时候，也可以在钉钉群内填写贝雷工单，这是一个轻量级的工单系统，每个工单都会得到 HaaS 团队的重视，并有专门的技术同学负责后续处理工作。
- HaaS 直播。HaaS 团队会定期在开发者钉钉群内进行直播，直播主题包括

HaaS 解决方案、HaaS 轻应用案例、HaaS 软件积木、HaaS 硬件积木及物联网通用知识等。HaaS 直播从开发者角度出发，开发者想了解什么知识，HaaS 就直播什么知识，帮助开发者了解 HaaS 低代码开发框架的优势，同时丰富的解决方案和案例对开发者有很大的参考价值。

2.9.5　HaaS 训练营

为了帮助开发者系统地学习 HaaS 低代码开发框架及物联网知识，HaaS 团队推出了 HaaS 线上训练营。HaaS 训练营是由阿里云 IoT 一线技术专家团队成员合理搭建的训练营课程体系，包含精心打磨的课程内容，直击当前物联网领域学习者遇到的痛点问题，由浅入深、全方位地介绍物联网基础知识和网络层基础知识，并基于 HaaS EDU K1 开发板着重介绍如何用 HaaS 轻应用开发新模式结合物联网平台及 IoT Studio，对云端一体化的开发模式进行讲解。

通过一个个集中的训练营，让开发者可以快速入门物联网开发，并且 HaaS 训练营非常强调动手实践，在训练营中，导师会手把手地带领学员打造一些实际的案例，从而帮助开发者在动手过程中学习到知识。这些训练营都是免费的，考试优秀的学员将有机会获得 HaaS 开发板等奖品，所有通过训练营的学员也都将获得官方证书。

第3章 AliOS Things物联网操作系统

3.1 系统架构

AliOS Things操作系统包含从底层硬件到上层应用服务框架的完整设计（见图1.7），从结构上看是一个层状架构和组件架构，自下而上包括硬件、内核、组件、应用和云5层。

- 硬件：AliOS Things支持HaaS100、HaaS EDU、HaaS200等系列HaaS硬件，支持主流的ARM Cortex-M系列、Cortex-A系列、RISC-V、MIPS等CPU架构，包括单/多核等芯片平台。
- 内核：支持包括任务管理、任务调度、内存管理、中断管理、时钟管理等传统内核能力；支持全新的双态分离（内核态和用户态相互隔离）内核架构设计，拥有诸多的技术优势，其中包括较先进的IPC跨进程通信能力、更公平的CFS内核调度机制、高效的内存管理机制、内核对象设计、进程动态加载、卸载机制。
- API：为用户态程序访问内核接口提供了标准、统一的接口。目前，AliOS Things已经完整兼容了POSIX接口，扩展的接口部分统一采用AOS的命名方式提供给用户态程序，简单易懂。

- 组件：从 AliOS Things V1.1 开始，操作系统组件的开发一直都是操作系统开发的重中之重，目的就是缩小与 Linux、Android 上丰富的组件能力之间的差距，为应用开发者提供零移植成本的良好体验。目前，组件涵盖以下部分：文件系统、网络组件、驱动子系统、音/视频服务、安全服务、日志组件、HaaS UI 及 HaaS AI 等。
- 应用：AliOS Things 支持基于 C/C++开发的 Native 应用和基于 Python/JavaScript 开发的轻应用。其中，Native 应用是在过去实际项目和业务迭代中沉淀下来的优秀的应用服务案例。基于这些案例，客户可以快速地定制类似的产品，运行效率高。轻应用是基于 HaaS 轻应用的开发框架，用户可以使用 Python、JavaScript 等高级语言开发嵌入式应用，极大地降低了嵌入式开发的门槛，开发速度快。
- 云：物联网操作系统离不开云服务，AliOS Things 是云端一体的操作系统，原生连接阿里云，支持 OTA 服务、AI 服务、应用分发服务、设备运维服务、微服务工作台等云服务，方便用户开发各类物联网应用。

在 AliOS Things 中，所有的模块都作为组件的形式存在，通过 YAML 方式进行配置，应用程序可以很方便地选择需要的组件。

3.2 系统内核

3.2.1 内核基础

本节主要介绍 AliOS Things 内核的组成、管理和配置方法。

3.2.1.1 内核整体介绍

内核是操作系统最基础、最重要的部分。图 3-1 是 AliOS Things 内核基本结构。

当前，HaaS100 开发板和 HaaS EDU K1 支持 GNU GCC 编译器，使用的是 gcc version 7.3.1 版本，里面自带了标准 Newlib C 库，提供了标准的 memcpy、strcpy 等函数。

AliOS Things 自带一个实时内核 Rhino，内核主要模块包括内存管理、时钟管理、任务管理、任务同步管理、任务间通信管理、中断管理等。Rhino 内核最小的资源占用情况是 2KB ROM+1KB RAM。

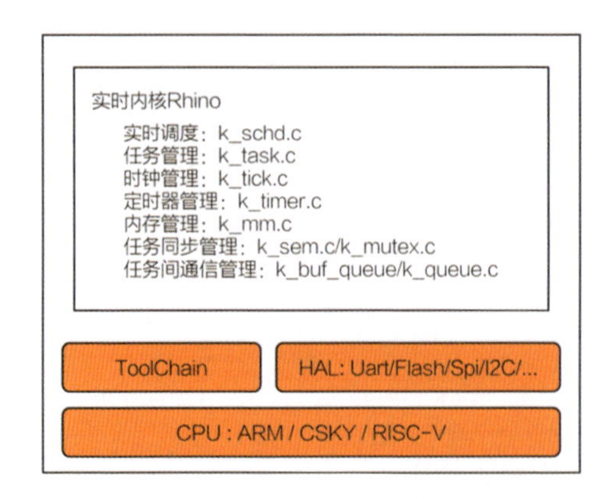

图 3-1　AliOS Things 内核基本结构

3.2.1.2　内核模块介绍

- 内存管理。AliOS Things 支持动态内存堆管理。系统将硬件平台提供的内存资源去除静态内存占用部分，剩余的部分均用作动态内存堆来统一管理。

在系统资源不同的情况下，动态内存堆管理模块分别提供了面向大内存系统的 tlsf 内存管理算法和面向小内存系统的 memblk 管理算法。两种算法对外统一提供 malloc/free 等接口，即该模块会根据 malloc 时传入的内存块长度需求进行判断，大于 RHINO_CONFIG_MM_BLK_SIZE 的申请使用 tlsf 算法，否则使用 memblk 算法。tlsf 算法具备按需分配、维测信息完整、支持自动分裂合并的特点，memblk 算法具备内存碎片少、申请速度快的特点。

AliOS Things 还支持将系统含有的多个地址不连续的内存区组织成一个堆，使用户操作起来不用在意具体内存地址的范围。

- 任务管理。AliOS Things 支持在单核或多核处理器上运行多个任务。AliOS Things 内核提供任务管理功能，允许应用程序创建多个任务，多个任务在调度策略的控制下按照任务的关键程度依次执行，关键程度的载体就是任务的优先级参数。应用程序可以通过调用任务管理函数来创建或删除任务，可以设定任务的优先级，并且可以控制任务的运行状态，如挂起、阻塞或延迟等。

任务是 AliOS Things 操作系统中的基本调度单位，调度一词指的是当有多个任务想要得以运行时，选择其中 N 个任务放在 N 个处理器核上执行的过程，对于单核处理器，N 就是 1。AliOS Things 任务调度算法是基于优先级的全抢占式多任务调度算法，若任务 A 正在运行时被任务 B 打断，则任务 B 执行后回到任务 A，这个过程就是抢占。在整个系统中，异常处理函数与中断处理函数的优先级最高，当它们被触发时，可以抢占任意任务。多任务之间是基于优先级实现抢占的，即高优先级任务可以抢占低优先级任务。内核默认支持 62 个线程优先级（数量可以通过 RHINO_CONFIG_PRI_MAX 配置），其中，0 代表最高优先级，空闲任务使用的是最低优先级 61。AliOS Things 内核支持创建多个具备相同优先级的任务，相同优先级的任务间采用时间片的轮转调度算法进行调度，使得每个任务的运行时间相同。系统中任务的数量不受限制，任务数量只与具体硬件平台能提供的内存有关。

在实时调度基础上，AliOS Things 还提供了 CFS 公平调度方式，该方式与 Linux 的 CFS 类似，都是将优先级看作权重来进行任务调度的。当实际业务很复杂、任务众多时，为每个任务配置优先级是一项复杂且容易出错的工作。有了 CFS 后，开发者可以默认将所有任务设定成 CFS 模式，并从中挑选实时性要求高的个别任务，设定为优先级抢占模式。所有优先级抢占模式任务的优先级均高于 CFS 任务的优先级。

- 时钟管理。AliOS Things 内核的软件时钟管理是以系统时钟节拍为基础的，系统时钟节拍是系统的最小时钟单位，可以看成是操作系统的“心跳”，系统的其他组件都会用到这个节拍，如将任务睡眠设定时长为 100，就表示睡眠 100 个节拍。 AliOS Things 定时器模块提供两类定时器触发机制：第一类是单次触发定时器，这类定时器在启动后只会触发一次定时器事件，然后自动停止运行；第二类是周期触发定时器，这类定时器会周期性地触发定时事件，直到用户手动停止，否则将永远执行下去。
- 任务间同步。AliOS Things 采用信号量、互斥量与事件集实现任务间同步。同步主要指这样两种场景：一是在任务 A 与任务 B 都访问同一个资源（如内存变量、结构体、外设驱动）时，需要做好互斥，实现 A 与 B 的轮流访问，防止它们同时访问该资源而触发并发问题；二是当任务 A 执行到一个阶段时，需要通知任务 B 接着执行，如 A 与 B 以流水线方式依次处理同一组数据时就需要这样的通知机制。在 AliOS Things 中，任务通过对信号量、互斥量的获取和释放可以实现前述的互斥操作，类似的任务通过对信号量、事件集的获取和释放可以实现前述的通知操作。可以看到，信号量在两种场景中都可以使用，区别在于对于互斥场景，任务 A 与任务 B 各自都需要进行信号量的获取和释放，而对于通知场景则变成了任务 A 进行释放操作、任务 B 进行操作。

如果使用互斥量保护任务间共享资源，则可以打开其优先级继承功能以解决实时操作系统常见的优先级反转问题。任务也可通过对事件的发送与接收进行同步，事件集支持多事件的“与触发”和“或触发”，适合任务等待多个事件的情况。

- 任务间通信。在多任务系统中，任务间通信如果互相收发消息，则可以使用消息队列。消息队列使用类似信号量的机制进行任务间同步操作，并使用环形缓冲池进行消息的队列缓冲管理，以达到任务间收发消息的阻塞和通知管理。

消息队列的实现目的在于任务间互相收发消息。一般情况下，如果有信号量机制，那么用户可以自己实现一套任务间的阻塞和通知收发功能，其本质在于接收方通过信号量的获取接收消息，发送方通过信号量的释放通知接收方。接收任务在无消息时被阻塞，在消息到来时被唤醒。消息队列就是基于这样一种类信号量机制来进行消息的收发的。再加上环形缓冲池的缓冲机制来缓存任务间的消息队列，就组合成了本节的消息队列，既包含消息的缓冲队列，又包含消息的通知机制。

3.2.1.3 内核配置说明

AliOS Things 是一个高度可裁剪的系统，支持对内核和组件进行精细的调整操作。内核有一个默认的配置，代码位于 k_default_config.h 中，用户可以通过自定义的 k_config.h 进行不同的配置，具体做法是通过打开和关闭 k_config.h 中的宏定义来对包括内核功能、内核调度配置、任务配置、定时器及调试功能在内的代码进行条件编译，最终达到系统配置和裁剪的目的。以 HaaS EDU K1 开发板为例，配置头文件位于 hardware/board/haaseduk1/config/k_config.h，其详细配置项描述请参考 Gitee 官网上的源代码，本节不再赘述。

3.2.2 中断管理

本节主要介绍 AliOS Things 中与中断相关的概念。中断处理与 CPU 架构密切相关，因此，本节会基于 HaaS100 和 HaaS EDU K1 开发板使用的 ARM Cortex-M 的 CPU 架构来介绍 AliOS Things 的中断管理机制。学习完本节，读者将深入了解 AliOS Things 的中断处理过程、如何添加中断服务程序（ISR）及相关的注意事项。

3.2.2.1 硬件中断行为介绍

在嵌入式系统中，当中央处理器 CPU 正在处理某事件的时候，外部发生了某一事件，请求 CPU 迅速处理，CPU 暂时中断当前的工作，转入处理所发生的事件，处理完后回到原来被中断的地方，继续原来的工作，这样的过程称为中断。

图 3-2 是一个简单的中断切换流程示意图。

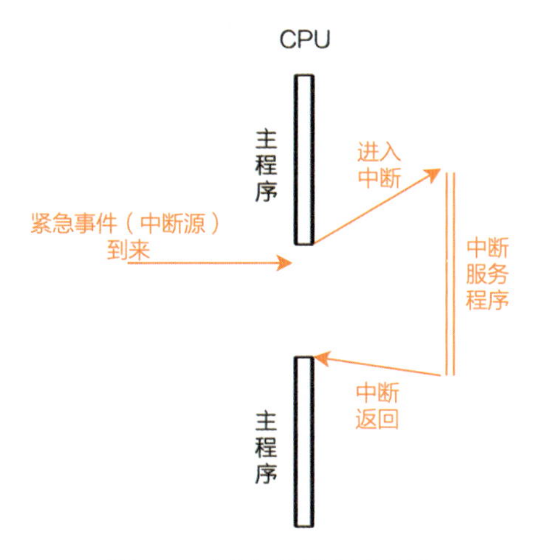

图 3-2　中断切换流程示意图

在嵌入式系统中，中断常常被称为异步异常。

从图 3-2 中可以看出，中断或异常都是指任何打断 CPU 正常执行并迫使其进入另外一个指令流执行的事件。异常通常可以分成两类：同步异常和异步异常。由内部事件（如 CPU 指令运行产生的事件）引起的异常称为同步异常，如指令读/写访问了一个非法地址、代码中出现了除 0 等错误，都会导致同步异常。异步异常与当前的指令流执行情况无关，它来源于外部，如按下一个按键而产生一个异步事件，这个异步事件通常也被称为异步异常。

中断是一种异步异常，是导致 CPU 脱离正常运行流程，转向执行特殊代码的异步事件。在嵌入式系统中，中断处理与系统实时性紧密相关。正确的中断处理是避免系统错误、提高系统稳定性和实时性的重要手段。

3.2.2.2　中断工作机制

1. 中断向量表

首先明确中断向量和中断向量表的概念。

中断向量：所有中断处理程序（ISR）的入口。

中断向量表：存储中断向量的存储区，中断向量与中断向量号对应，中断向量在中断向量表中按照中断向量号顺序存储。

以 ARM Cortex-M 系列 CPU 为例，所有中断都采用中断向量表的方式进行处理。中断的处理过程就是外界硬件发生了中断后，CPU 到中断控制器读取中断向量，并查找中断向量表，找到对应的中断服务程序的首地址，然后跳转到对应的中断处理程序去做相应的处理，如图 3-3 所示。

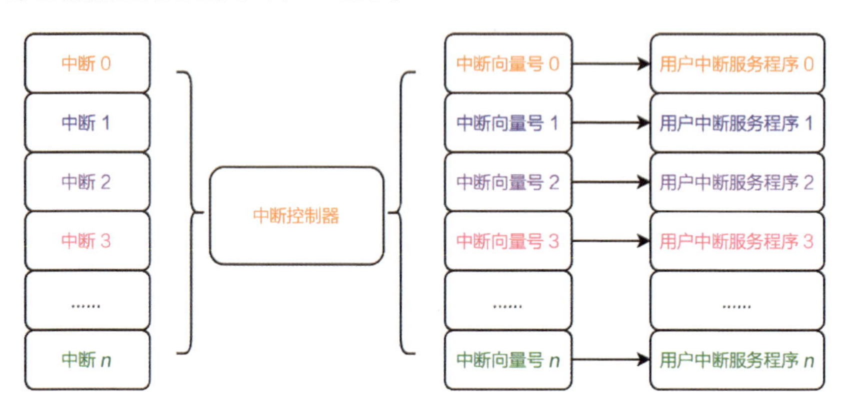

图 3-3　中断处理过程

Cortex-M 中断控制器名为 NVIC（Nested Vectored Interrupt Controller，嵌套向量中断控制器）。NVIC 共支持 1～240 个外部中断输入（通常外部中断写作 IRQs），具体的数值由芯片厂商在设计芯片时决定。此外，NVIC 还支持不可屏蔽中断（NMI）输入，NMI 的实际功能也是由芯片厂商决定的。在某些情况下，NMI 无法由外部中断源控制。NVIC 与 CPU 内核息息相关，CPU 的所有中断机制都由 NVIC 实现，如图 3-4 所示。

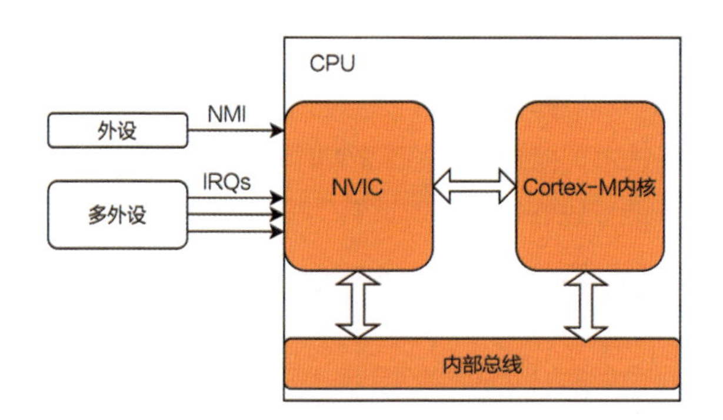

图 3-4　Cortex-M 内核和 NVIC 关系示意图

在 Cortex-M 内核中，所有中断都采用中断向量表的方式来处理，即当一个中断触发的时候，CPU 将直接判定是哪个中断源，然后直接跳转到相应的固定位置进行处理，每个中断服务程序必须放在统一的地址上（在 NVIC 的中断向量偏移寄存器中设置）。

NVIC 除了可以响应外部中断，还具有以下几项功能。

- 可嵌套中断支持。可嵌套中断指的是当一个中断发生时，硬件会自动比较该中断的优先级是否比当前中断的优先级更高。如果发现来了更高优先级的中断，那么 CPU 会中断当前的中断服务例程（或普通程序），而服务新来的中断，即发生了中断抢占。此时，操作系统将先保存当前中断服务函数的上下文环境，并转向处理高优先级中断，只有在高优先级中断处理完后，才能继续执行被抢占的低优先级中断。
- 动态优先级调整支持。软件可以在运行时期更改中断的优先级。如果在某中断服务程序中修改了自己所对应中断的优先级，而且这个中断又有新的实例处于挂起中，那么也不会自己打断自己。
- 中断可屏蔽。NVIC 既可以屏蔽优先级低于某个阈值的中断/异常，又可以全局开关中断。

2. 中断处理过程

AliOS Things 将中断处理程序分为中断前、用户中断服务程序、中断后 3 部分，如图 3-5 所示。

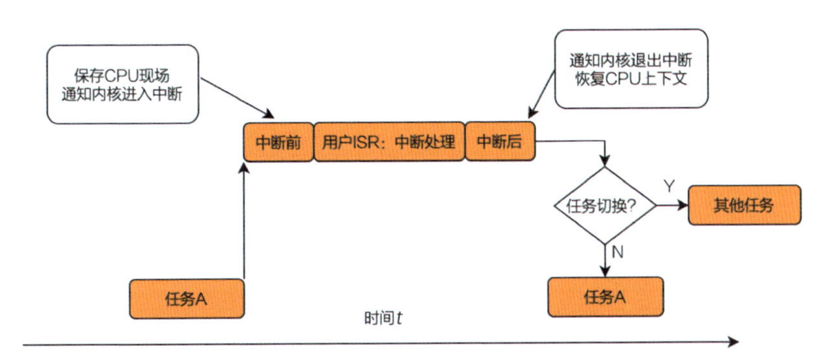

图 3-5 AliOS Things 中断处理流程

- 中断前。中断进入的主要工作是保存 CPU 中断现场，这部分与 CPU 架构相关，不同 CPU 架构的实现方式有差异。对于 Cortex-M 来说，该工作由硬件自动完成。当一个中断触发且系统进行响应时，CPU 会将当前运行任务的上下文自动保存在中断栈中。中断压栈顺序如图 3-6 所示。

同时，通知内核进入中断状态，调用 krhino_intrpt_enter()函数，作用是把全局变量 g_intrpt_nested_level 加 1，用来记录中断嵌套的次数。硬件随即执行用户中断服务程序。

地址	寄存器	被保存的顺序
旧SP (N-0)	之前已压栈的内容	—
(N-4)	xPSR	2
(N-8)	PC	1
(N-12)	LR	8
(N-16)	R12	7
(N-20)	R3	6
(N-24)	R2	5
(N-28)	R1	4
新SP (N-32)	R0	3

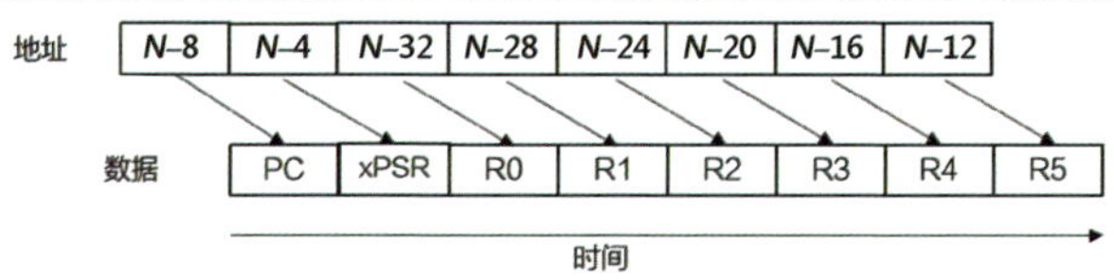

图 3-6　中断压栈顺序

- 中断后。执行完用户中断服务程序后，系统首先通知内核离开中断状态，通过调用 krhino_intrpt_exit()函数，把全局变量 g_intrpt_nested_level 减 1，然后判断是否需要发生任务切换，判断的理由是当前的任务调度队列中是否有高优先级的任务处于就绪状态，如果有，则会发生任务切换，CPU 会选择优先级高的任务开始运行。

中断中进行的任务切换和恢复上下文的工作与具体的 CPU 架构相关，具体可以参考代码 cpu_intrpt_switch()的具体实现。

3. 中断嵌套

在 Cortex-M 内核及 NVIC 的芯片设计中，已经内建了对中断嵌套的全力支持，用户只需为每个中断适当地建立优先级即可，在执行中断服务程序的过程中，如果出现高优先级中断，则当前服务程序的执行将被打断，以执行高优先级的中断服务程序，当高优先级中断服务程序执行完毕后，继续执行被打断的中断服务程序，如图 3-7 所示。

Cortex-M 内核会自动入栈和出栈，用户无须担心在中断发生嵌套时，会使寄存器的数据损毁，从而可以放心地执行服务例程。

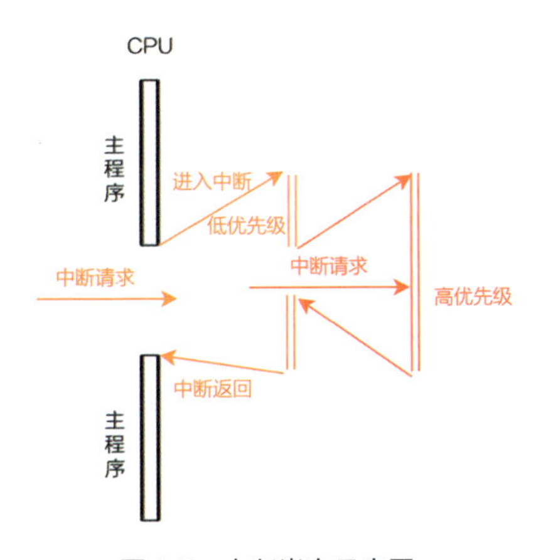

图 3-7　中断嵌套示意图

3.2.2.3　中断管理与配置

为了把操作系统和底层硬件平台隔离，AliOS Things 提供了一组与中断管理相关的接口，如图 3-8 所示。

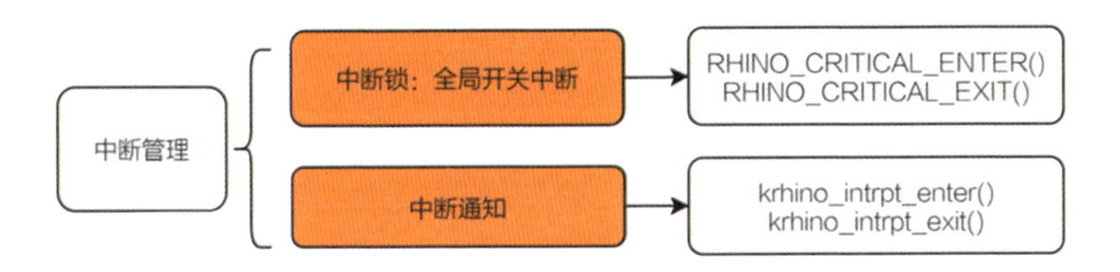

图 3-8　与中断管理相关的接口

1. 中断锁

中断锁即全局开关中断。在关闭中断期间，通常 CPU 会把新产生的中断挂起，当中断打开时再进行响应。在嵌入式系统中，当前任务独占 CPU 访问临界区资源的最简单的一种方式就是通过中断锁来实现的。关闭中断后，整个系统已经不再响应那些可以触发任务重新调度的外部事件了，这样就可以保证当前任务不会被其他事件打断，除非这个任务主动放弃了 CPU 的控制权。当需要进入临界区时，暂时关闭整个系统的中断，在执行临界区代码后恢复中断，可成对调用下面的函数接口：

```
RHINO_CRITICAL_ENTER()
RHINO_CRITICAL_EXIT()
```

在调用关闭中断函数 RHINO_CRITICAL_ENTER()时，系统的中断状态会保存在一个临时变量里；在调用恢复中断函数 RHINO_CRITICAL_EXIT()时，会恢复之前的中断状态，以保证使用这两个接口后，系统中断状态前后一致。

使用中断锁操作临界区的方法可以应用于任何场合，可以说，中断锁是最强大和最高效的同步方法。但需要注意的是，在使用中断锁期间，系统不再响应任何中断，也就不能响应外部事件。因此，中断锁对系统的实时性是有影响的，一般用于短暂的临界区代码。

2. 中断通知

中断进出交互，即前面在介绍中断处理过程时提到的在执行中断处理程序之前和之后与内核进行交互的行为，通过如下两个接口实现（其代码实现的行为可以参考前面的描述）:

```
krhino_intrpt_enter()
krhino_intrpt_exit()
```

这两个接口也需要成对调用。下面以 SysTick 中断为例，在系统启动代码中，需要实现 SysTick_Handler 中断服务程序:

```
void SysTick_Handler ( void )
{
    /* 进入中断 */
    krhino_intrpt_enter();
    /* tick 中断服务程序*/
    krhino_tick_proc();
    /* 离开中断 */
    krhino_intrpt_exit();
}
```

下面是一个中断的应用示例：在多任务访问同一个变量时，使用中断锁对该变量进行保护。代码清单如下:

```
static int count = 0;
static void interupt_routine(void *para)
{
    int no = (int)para;

    /* 用户保存中断状态的变量声明 */
    CPSR_ALLOC();
    /* 关闭全局中断 */
    RHINO_CRITICAL_ENTER();
```

```
        count += no;
        /* 恢复全局中断 */
        RHINO_CRITICAL_EXIT();
        printf("protect task[% d] 's counter is % d\r\n", no, count);
        /* 睡眠 1s，让出调度 */
        aos_msleep(1000);
    }
    static aos_task_t t1_routine, t2_routine;
    void intrupt_sample_cmd(char *buf, int32_t len, int32_t argc, 
char **argv)
    {
        int ret;
        /*创建 t1 任务，自动运行*/
        ret = os_task_new_ext(&t1_routine,
                              "t1", interupt_routine,
                              (void *)10, 256, 32);
        if (ret != 0)
        {
            printf("task t1 create failed\r\n");
            return;
        }
        /*创建 t2 任务，自动运行*/
        ret = os_task_new_ext(&t2_routine,
                              "t2", interupt_routine,
                              (void *)20, 256, 32);
        if (ret != 0)
        {
            printf("task t2 create failed\r\n");
            return;
        }
    }
    /*注册到 cli 命令中*/
    const struct cli_command cmd = {"int_sample", "intrupt_sample", 
intrupt_sample_cmd};
    ret = aos_cli_register_command(&cmd);
    if (ret)
```

```
{
    /* 错误处理 */
    aos_cli_printf("test cmd register fail\r\n");
}
```

系统启动后，执行 int_sample，运行结果如下（每 1s 打印一次）：

```
protect task[10] 's counter is 10
protect task[20] 's counter is 30
protect task[10] 's counter is 40
protect task[20] 's counter is 60
protect task[10] 's counter is 70
protect task[20] 's counter is 90
...
```

3.2.3 定时器管理

定时器，顾名思义，就是指从指定的时刻开始，经过一个指定的时间，然后触发一个超时事件，用户可以自定义定时器的周期与频率。这与生活中的闹钟类似，我们可以设置闹钟每天什么时候响，还可以设置响的次数。

在嵌入式系统中，往往需要进行与时间相关的操作，如任务的时延调度、任务的周期性运行等。基于对时钟精确性的要求，每个运行的芯片平台都会提供相应的硬件定时机制。

操作系统中最小的时间单位是系统时钟节拍（OS Tick）。本节主要介绍基于硬件定时机制的系统时钟节拍和基于系统时钟节拍的软件定时器。软件定时器是 AliOS Things 中的一个重要模块，使用它可以方便地实现一些与超时或周期性相关的功能。本节也将从 AliOS Things 软件定时器的接口入手，并给出代码示例，以此来分析 AliOS Things 软件定时器的运行机理。学习完本节，读者将了解系统时钟节拍是如何产生的，并学会如何使用 AliOS Things 软件定时器。

定时器有硬件定时器和软件定时器之分，下面首先介绍硬件定时器。

3.2.3.1 硬件定时器介绍

硬件定时器是芯片平台本身提供的定时功能，一般是由外部晶振作为输入时钟提供给芯片的，芯片向软件模块提供可配置能力，接受控制输入，在到达设定的时间后，芯片产生时钟中断，用户在中断服务函数中处理信息。芯片的外部晶振一般选用

MHz 级别，因此，硬件定时器的精度很高，可以达到纳秒级别。

目前，芯片平台一般会提供两种定时模式。

- 倒计数模式。在倒计数模式下，硬件定时器提供一个 count 寄存器配置，设定其初始值后，它会随着定时时钟的频率计数递减，递减频率即定时器频率。当计数值为 0 时，定时结束，触发对应的定时处理。如果是周期模式，则可以设置其每次计数为 0 后自动复位的 count 起始计数值（一般也通过寄存器设置），以此来设置触发周期。
- 正计数模式。在正计数模式下，硬件定时器提供两个基本的寄存器配置：count 寄存器配置和 compare 寄存器配置。count 寄存器的值会随着时钟频率计数递增，当其达到 compare 寄存器设定的值后，会触发对应的定时处理。如果是周期模式，则需要按照时钟频率和时延周期设置后续的 compare 值，即在上一次的定时处理内设置下一次的 compare 寄存器。

上述两种模式具体参考所使用的芯片平台手册。

3.2.3.2　系统时钟节拍的工作机制

在嵌入式系统中，通常软件定时器以系统时钟节拍为计时单位。系统时钟节拍是嵌入式操作系统运行的“心跳”，任何操作系统都需要提供一个系统时钟节拍，用于处理所有与时间相关的事件，如任务的时延、任务的时间片轮转调度、软件定时器的超时事件等。

系统时钟节拍是特定的周期性中断，其本质就是基于芯片的硬件定时机制设置的一个基础硬件定时器，定时周期一般是 1 ~ 100ms。在 AliOS Things 中，系统时钟节拍的长度可以根据以下的宏定义来调整（该宏在 k_config.h 中有定义）：

```
#ifndef RHINO_CONFIG_TICKS_PER_SECOND
#define RHINO_CONFIG_TICKS_PER_SECOND  1000
#endif
```

时钟节拍的值等于 1/RHINO_CONFIG_TICKS_PER_SECOND（单位为 s）。例如，在 HaaS100 和 HaaS EDU 平台上，如果将 RHINO_CONFIG_TICKS_PER_SECOND 的值定义为 1000，那么系统时钟节拍就是 1/1000s（1ms），即每 1ms 系统会“心跳”一次，产生一个时钟节拍中断。

由于系统时钟节拍定义了系统中定时器的精度，所以系统可以根据实际系统 CPU 的处理能力和实时性需求设置合适的数值，系统时钟节拍的值越小，精度越高，但是系统开销也将越大，因为 1s 内系统进入时钟节拍中断的次数也就越多。

1. 系统时钟节拍的实现方式

系统时钟节拍由芯片的硬件定时器产生，硬件定时器配置为中断触发模式。如果操作系统希望每 10ms 产生一次定时触发，则必须将 10ms 转换为定时器的 cycle 计数值，并将此 cycle 值按照实际倒计数或正计数的模式来配置定时器的相关寄存器。

定时器的 cycle 间隔值 = 时钟节拍周期 × 硬件定时器频率。

配置定时器的 cycle 间隔功能一般由相关芯片平台的驱动提供，不同芯片平台的配置方式略有差别。读者可参考平台适配的代码，HaaS100 的系统时钟节拍适配代码路径为 hardware/board/haas100/config/board.c。

时钟节拍的处理函数指的是每次时钟节拍周期触发时，操作系统需要进行的处理。AliOS Things 提供了统一的时钟节拍函数入口，即 krhino_tick_proc()，将此函数加入时钟节拍定时器中断处理函数中，以此来达到屏蔽硬件差异的目的。

以 HaaS100 开发板为例，在 SysTick_Handler 中断处理函数中调用 AliOS Things 的时钟节拍调度函数 krhino_tick_proc()：

```
void SysTick_Handler(void)
{
  /* 进入中断 */
  krhino_intrpt_enter();
  /* tick isr */
  krhino_tick_proc();
  /* 退出中断 */
  krhino_intrpt_exit();
}
void krhino_tick_proc(void)
{
#if (RHINO_CONFIG_USER_HOOK > 0)
   krhino_tick_hook();
#endif

   tick_list_update(1);

#if (RHINO_CONFIG_SCHED_RR > 0)
   time_slice_update();
```

```
#endif
}
```

可以看到，每经过一个系统时钟节拍，由操作系统维护的时钟节拍数值（系统时间）就会加 1，同时会检查当前任务的时间片是否用完，以及是否有定时器超时情况发生。具体代码请参考 k_time.c 文件。

2. 系统时钟节拍的常用接口

系统时钟节拍模块提供了几个维测接口，用来获取基本的时钟节拍信息，如表 3-1 所示。

表 3-1　系统时钟节拍模块的相关接口

函数名	描　　述
sys_time_t krhino_sys_tick_get(void)	返回当前的系统时钟节拍值，表示时钟节拍计数
sys_time_t krhino_sys_time_get(void)	返回当前的系统时间，单位为 ms
tick_t　　krhino_ms_to_ticks(sys_time_t ms)	将当前 ms 数转换为时钟节拍计数
sys_time_t krhino_ticks_to_ms(tick_t ticks)	将当前时钟节拍计数转换为 ms 数

3.2.3.3　软件定时器的工作机制

1. 软件定时器介绍

AliOS Things 操作系统提供软件实现的定时器。

- 指定时间到达后，要调用回调函数（也称超时函数），用户在回调函数中处理信息。
- 软件定时器要以时钟节拍的时间长度为单位，定时周期必须是时钟节拍的整数倍。例如，AliOS Things 的时钟节拍是 10ms，那么上层软件定时器的定时周期只能是 10ms、20ms、100ms 等，而不能定时为 15ms。

AliOS Things 提供的软件定时器支持单次模式和周期模式。

- 单次模式：当用户创建并启动了定时器后，定时时间到了，只执行一次回调函数，系统就将该定时器删除，不再重新执行。
- 周期模式：定时器会按照设置的定时时间循环执行回调函数，直到用户将定时器停止或删除；否则将永远执行下去。

2. 具体的工作机制

AliOS Things 的软件定时器模块维护着 3 个重要的全局变量。

- 当前系统经过的时钟节拍计数值 g_tick_count。当硬件定时器中断来临时，它将加 1。
- 定时器链表 g_timer_head。系统新创建并激活开始运行的定时器都会以超过时间排序的方式插入 g_timer_head 链表中。
- 定时器事件队列 g_timer_queue。它是一个消息队列 buf_queue，系统中所有软件定时器的开始、停止、改变参数、删除等事件都会被发送到这个定时器事件队列中依次得到处理。

如图 3-9 所示，假设系统当前的时钟节拍计数值为 30，在当前系统中已经创建并启动了 3 个定时器，定时时间分别是 50 个时钟节拍的 timer1、100 个时钟节拍的 time2 和 500 个时钟节拍的 timer3，这 3 个定时器分别加上系统当前时间 g_tick_count=30，按照从小到大的顺序链接在 g_timer_head 链表中，便形成了这个定时器链表结构。

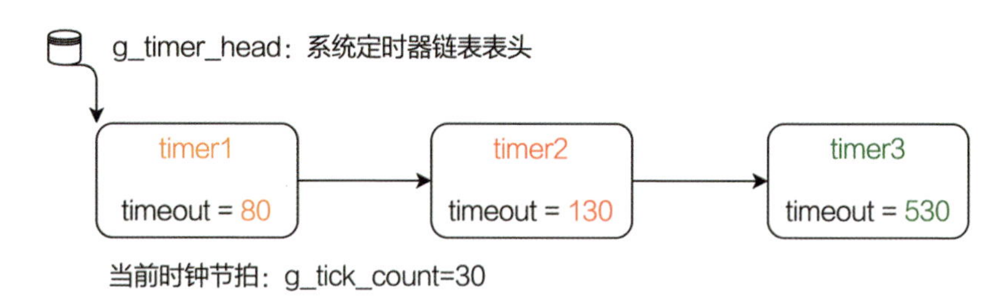

图 3-9　定时器超时链表 1

同时，g_tick_count 随着硬件定时器的触发一直在增长（每次硬件定时器中断来临时，g_tick_count 加 1），50 个时钟节拍以后，g_tick_count 从 30 增长到 80，与 timer1 的 timeout 值相等，这时会触发与 timer1 定时器相关联的超时处理函数，同时将 timer1 从 g_timer_head 链表中删除。同理，100 个时钟节拍和 500 个时钟节拍过去后，与 timer2 和 timer3 定时器相关联的超时处理函数会被触发，接着将 timer2 和 timer 3 定时器从 g_timer_head 链表中删除。

如果系统当前定时器状态在 10 个时钟节拍后（g_tick_count=40）有一个任务新创建了一个时钟节拍值为 300 的 timer4 定时器，定时器事件队列 g_timer_queue 会收到并处理这个定时器新创建的事件，由于 timer4 定时器的 timerout=40+300=340，因此，它将被按序插入 timer2 和 timer3 定时器中间，形成如图 3-10 所示的链表结构。

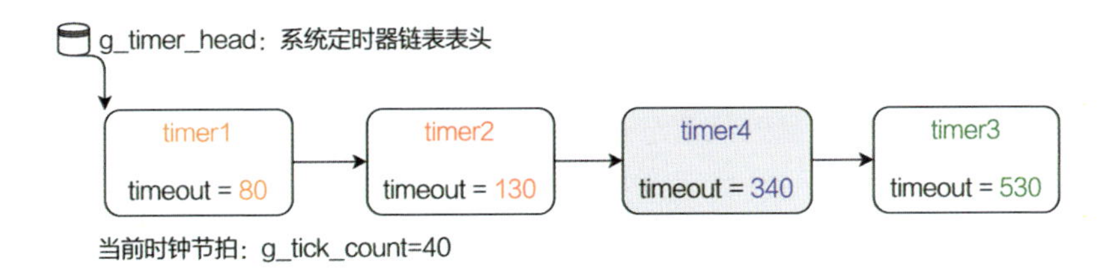

图 3-10　定时器超时链表 2

3.2.3.4　软件定时器的使用方法

前面介绍了 AliOS Things 软件定时器的概念并对其工作机制进行了介绍，本节将深入介绍定时器的各个接口，帮助用户在代码层次上理解 AliOS Things 软件定时器。软件定时器的相关 API 接口汇总如表 3-2 所示。

表 3-2　软件定时器的相关 API 接口汇总

操　作	接　口
定时器初始化	ktimer_init(void)
创建一个定时器	aos_timer_new
	aos_timer_new_ext
删除一个定时器	aos_timer_free
启动一个定时器	aos_timer_start
停止一个定时器	aos_timer_stop
改变定时器的参数	aos_timer_change

下面具体介绍这些接口的使用方法。

1. 软件定时器模块初始化

若需要使用软件定时器模块，则在系统启动时，需要初始化定时器管理系统，可以通过下面的接口完成：

```
void ktimer_init(void)
```

此接口主要完成以下 3 项工作。

- 初始化 g_timer_head。
- 初始化 g_timer_queue。
- 创建定时器基本处理任务 g_timer_task。

2. 软件定时器的创建和删除

可以通过下面的接口完成软件定时器的创建和删除：

```
int aos_timer_new(aos_timer_t *timer, void (*fn)(void *, void *), void *arg, int ms, int repeat)
```

调用该接口后，内核首先从动态内存堆中分配一个定时器控制块，然后对该控制块进行基本的初始化操作，其中的各参数和返回值说明如表 3-3 所示。

表 3-3　定时器创建参数 1

参　数	描　述
timer	软件定时器管理句柄
fn	定时器超时函数（当定时器超时时，系统会调用这个函数）
arg	定时器超时函数的入口参数（当定时器超时时，调用超时函数会把这个参数作为入口，将参数传递给超时函数）
ms	定时器超时时间（单位为 ms），即间隔多少时间执行 fn
repeat	周期定时或单次定时（1 代表周期定时，0 代表单次定时）
返回 0 值	定时器创建成功，并自动开始运行
返回非 0 值	定时器创建失败

除 aos_timer_new 之外，还可以调用 aos_timer_new_ext 来创建定时器：

```
int aos_timer_new_ext(aos_timer_t *timer, void (*fn)(void *, void *), void *arg, int ms, int repeat, unsigned char auto_run)
```

其中各参数和返回值说明如表 3-4 所示。

表 3-4　定时器创建参数 2

参　数	描　述
timer	软件定时器管理句柄
fn	定时器超时函数（当定时器超时时，系统会调用这个函数）
arg	定时器超时函数的入口参数（当定时器超时时，调用超时函数会把这个参数作为入口，将参数传递给超时函数）
ms	定时器超时时间（单位为 ms），即间隔多少时间执行 fn
repeat	周期定时或单次定时（1 表示周期定时，0 表示单次定时）
autorun	自动运行的标志，1 表示自动运行；0 表示不自动运行，需要手动调用 aos_timer_start 才能启动
返回 0 值	定时器创建成功
返回非 0 值	定时器创建失败

当系统不再使用软件定时器时，可使用下面的函数接口将其删除：

```
void aos_timer_free(aos_timer_t *timer)
```

调用该接口后，系统会把定时器从 g_timer_head 链表中删除，然后释放相应的定时器控制块，其中的参数说明如表 3-5 所示。

表 3-5　定时器释放参数

参　　数	描　　述
timer	软件定时器管理句柄，指向要删除的定时器

3. 软件定时器的启动和停止

如果使用 aos_timer_new_ext 创建了定时器，则没有启动定时器，需要在主动调用启动定时器函数接口后才能开始工作，启动定时器接口如下：

```
Int aos_timer_start(aos_timer_t*timer)
```

其中的参数及返回值说明如表 3-6 所示。

表 3-6　定时器启动参数

参　　数	描　　述
timer	软件定时器管理句柄，指向要启动的定时器
返回 0 值	定时器启动成功
返回非 0 值	定时器启动失败

启动定时器后，如果要停止它，则可以使用下面的函数接口：

```
Int aos_timer_stop(aos_timer_t *timer)
```

其中的参数及返回值描述如表 3-7 所示。

表 3-7　定时器停止参数

参　　数	描　　述
timer	软件定时器管理句柄，指向要停止的定时器
返回 0 值	定时器停止成功
返回非 0 值	定时器停止失败

4. 软件定时器的控制

另外，AliOS Things 还提供了修改定时器参数的接口：

```
int aos_timer_change(aos_timer_t *timer, int ms)
```

其中的参数及返回值描述如表 3-8 所示。

表 3-8　定时器修改参数

参　　数	描　　述
timer	软件定时器管理句柄，指向要修改的定时器
ms	新的定时器超时时间（单位为 ms），即间隔多少时间执行定时器超时处理函数

续表

参　数	描　述
返回 0 值	定时器修改成功
返回非 0 值	定时器修改失败

注意：只有在定时器处于未启动状态时才能修改。

3.2.3.5　软件定时器使用示例

下面是一个创建定时器的例子，该示例会创建两个定时器，一个是单次定时；一个是周期定时，并让周期定时器运行一段时间后停止，代码如下：

```
aos_timer_t g_timer_1;
aos_timer_t g_timer_2;
int cnt = 0;
int ret = -1;
/*  timer1 超时函数 */
static void timer1_handler(void *arg1, void *arg2)
{
    printf("periodic timer is timeout %d\r\n", cnt);
    /* 运行第 5 次，停止该周期定时器 */
    If(cnt++ >= 4)
    {
        aos_timer_stop(&g_timer_1);
        printf("periodic timer is stopped \r\n");
    }
    ...
}
/*  timer2 超时函数 */
static void timer2_handler(void *arg1, void *arg2)
{
    printf("one shot timer is timeout %d\r\n");
}
void timer_sample_cmd(char *buf, int32_t len, int32_t argc, char
**argv)
{
    /*创建定时周期为 1s 的周期执行的定时器，自动运行*/
    ret = aos_timer_new(&g_timer_1, timer1_handler, NULL, 1000, 1);
```

```
        if (ret != 0)
        {
            printf("timer1 create failed\r\n");
            return;
        }
        /*创建定时周期为2s的周期执行的定时器，自动运行*/
        ret = aos_timer_new(&g_timer_2, timer2_handler, NULL, 2000,
1);
        if (ret != 0)
        {
            printf("timer2 create failed\r\n");
            return;
        }
    }
    /*注册到cli命令中*/
    const    struct    cli_command    cmd    =    {"ts",    "timer    sample",
timer_sample_cmd};
    ret = aos_cli_register_command(&cmd);
    if (ret)
    {
        /* 错误处理 */
        aos_cli_printf("test cmd register fail\r\n");
    }
```

系统启动后，运行结果如下：

```
periodic timer is timeout 0
periodic timer is timeout 1
one shot timer is timeout
periodic timer is timeout 2
periodic timer is timeout 3
periodic timer is timeout 4
periodic timer is stopped
```

从示例结果可以看出，周期性定时器的超时函数每 1s 运行一次，共运行 5 次（5 次后调用 aos_tiemr_stop，使得该定时器停止）；单次定时器的超时函数在 2s 时运行一次。

3.2.4 内存管理

在计算机系统里，存储空间通常分为两种：内部存储空间和外部存储空间。内部存储空间的访问速度比较快，能够按照变量地址随机访问，即我们说的 RAM 或内存；外部存储空间的访问速度较慢，掉电数据不丢失，这就是通常说的 ROM 或硬盘。

在计算机系统中，变量、中间数据一般存在 RAM 中，只有实际使用时才将它们从 RAM 调入 CPU 中进行运算。一些数据需要的内存大小要在程序运行过程中根据实际情况确定，这就要求系统具有对内存空间进行动态管理的能力，在用户需要内存时向系统提出申请，系统会选择一段合适的内存空间分配给用户，用户使用完毕后释放回系统，以方便系统将这块内存空间回收再利用。

本节主要介绍 AliOS Things 中内存管理的算法、内存堆的配置方式及使用方法与内存应用示例。

3.2.4.1 内存管理的基本概念

1. 内存需求

在嵌入式实时系统中，应用对系统实时性的要求非常严格，对内存管理提出了更高的要求，体现在以下几方面。

- 分配内存的时间必须是确定的。一般内存管理算法根据需要存储的数据长度在内存中寻找一个与这段数据相适应的空闲内存块，然后将数据储存在里面。而寻找这样的一个空闲内存块耗费的时间是不确定的。因此，对于实时系统来说，这是不可接受的，实时系统必须要保证内存块的分配在可预测的确定时间内完成，否则实时任务对外部事件的响应也将不可确定。
- 良好的内存回收机制。随着内存不断被分配和释放，整个内存区域会产生越来越多的碎片（内存碎片是内存空间中存留的一些小的内存块，它们的地址不连续，无法合并成一个大的内存块）。如果内存回收机制不够好，就会出现系统中还有足够的空闲内存，但因为地址不连续而不能组成一块连续的完整内存块，导致用户不能申请到需要的大内存。

不同的嵌入式操作系统采用不同的内存管理方式，根据应用场景的不同，AliOS Things 操作系统在内存管理上有针对性地提供了不同的内存管理算法，总体上可以分为两类。

- 内存堆管理。内存堆管理采用了类似 Buddy 伙伴的管理算法，兼顾内存块的快速分配和回收。
- 内存池管理。内存池管理针对大量小内存块的申请和释放场景，与内存堆管理算法结合，进一步解决内存碎片问题。

2. 内存分布

AliOS Things 的内存分布如图 3-11 所示。

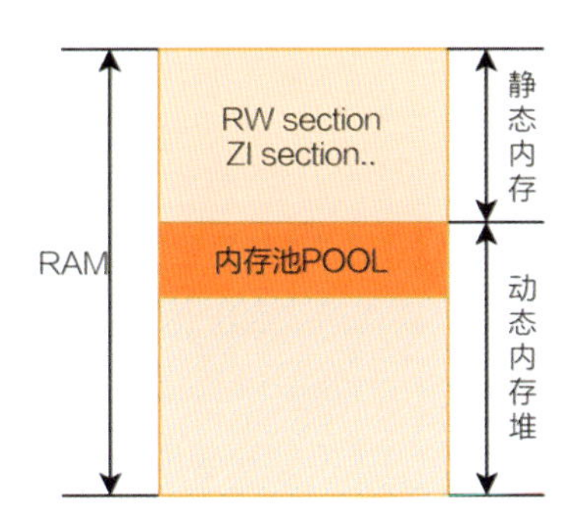

图 3-11　Alios Things 的内存分布

其中，RAM 的大小由嵌入式系统的硬件决定。静态内存指的是系统使用的静态资源占用的内存，AliOS Things 在应用编译完成后会生成各个组件的 RO/RW 资源占用情况，其中的 RW 即静态内存的大小。

整个系统的 RAM 资源，去掉静态内存占用的，剩余的 RAM 一般都将用于动态内存提供给用户作为动态内存资源使用。由前面的介绍可知，AliOS Things 采用了内存堆管理和内存池管理相结合的方式，内存池所在空间的大小是固定的，是动态内存堆的一部分，是在内存模块初始化的时候从内存堆里分配出来的。

3.2.4.2　内存算法介绍

1. 内存堆管理算法

AliOS Things 使用的内存堆管理算法类似 Buddy 伙伴算法：初始是一块大的内存，当需要分配内存块时，从这个大的内存块上分割出相匹配的内存块，然后把分割出来的空闲内存还给内存堆管理系统。每个内存块都包含一个管理数据头，通过这个管理数据头把使用块和空闲块通过双向链表的方式连接起来，如图 3-12 所示。

每个内存块（不管是已分配的内存块还是空闲的内存块）都包含如图 3-12 所示的管理数据头（除内存数据外的部分），其中的元素解释如下。

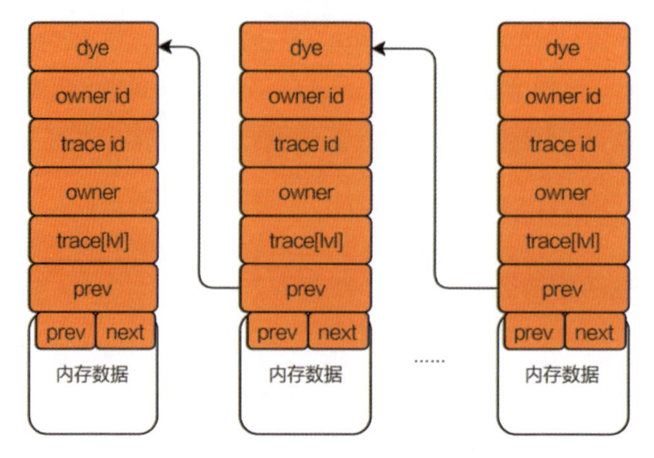

图 3-12　内存堆管理算法

- dye：内存块的使用状态，只有两个值，used 状态或 free 状态。一旦内存块被分配成功，这个值就为 used；若被释放成功，则这个值为 free。这个值存在于每个内存块的开头 2 字节。同时，dye 也是一个内存保护字：在内存 free 流程中会检查这个值是否被改写（如前一个内存块发生了内存越界而改写了本内存块的 dye 值），如果被改写，则意味着系统发生了“踩内存”异常，系统会输出相应的日志，方便用户查看。
- owner id：该内存块的申请者 task 所在的 task id。
- trace id：用于内存维测一个记录，这里不展开介绍。
- owner：该内存块的申请者，是一个地址，这里填入的是 LR 寄存器的值。
- trace[lvl]：用于内存维测一个记录，这里不展开介绍。
- prev：指向前一个已经分配的内存块。
- freelist：当内存块空闲时，被链接到一个双向空闲链表中。

内存堆管理算法的表现主要体现在内存的分配和释放上，下面举例说明。

内存分配链表结构如图 3-13 所示，空闲链表指针 lfree 初始指向 32 字节的内存块。当用户任务要再分配一个 64 字节的内存块时，此指针指向的内存块只有 32 字节，不能满足要求，内存堆管理算法会继续寻找下一个内存块，当找到下一个内存块 128 字节时，满足分配的要求，但是由于这个内存块比较大，所以算法会把这个内存块进行拆分，余下的内存块（64 字节）继续加入空闲链表中。

内存释放是相反的过程。在释放过程中，算法会查看前后相邻的内存块是否也是空闲的，如果空闲，则会合并成一个大的空闲块，放入空闲链表中。

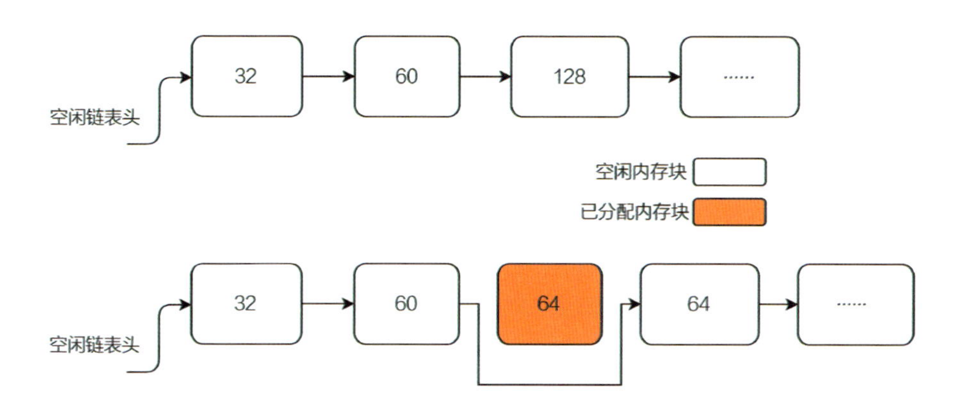

图 3-13　内存分配链表结构

2. 内存池管理算法

内存堆管理算法可以分配任意大小的内存块（为了方便管理，一般限制了内存块分配最小为 32 字节，且分配的大小需要为 8 的整数倍），非常方便和灵活。但是它也存在着明显的缺点：容易产生内存碎片，尤其在大量频繁的小内存分配场景中，内存碎片问题很明显。为了解决这个问题，AliOS Things 提供了另外一种内存管理算法，即内存池管理算法。

内存池在创建时先向内存堆申请一大块内存，然后将这块内存分成多个小内存（称为内存池），不同的内存池又按照不同的尺寸分成大小相同的内存块（如分别按照 32, 64, 128, …分割，单位为字节），同一内存池中的空闲内存块按照空闲链表的方式连接。在每次分配的时候，选择满足申请要求的最接近的内存池。例如，申请 60 字节的内存，就直接从单个内存块大小为 64 字节的内存池的空闲链表上分配，如图 3-14 所示。

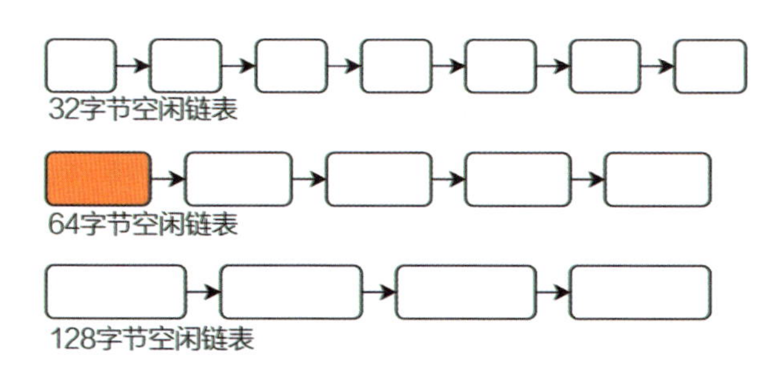

图 3-14　内存池的工作机制

内存池管理算法的好处是缩短了空闲链表的长度，能够缩短每次内存分配所需的线性搜索时间，特别适合对实时性要求比较高的系统。但要想取得好的效果，需要结合系统实际的内存分配需求，对内存池的大小进行合理的划分。例如，一个系统常用的是 256 字节以下的内存申请，此时如果设置过多的 256 字节以上的内存池，就会造成内存资源的闲置和浪费。

3.2.4.3　内存配置方式

AliOS Things 对于内存管理提供了方便的配置方式，用户可以在各个单板的 k_config.h 中修改配置，如果不需要修改，则会使用 k_default_config.h 里面的默认配置。当然，由于其本身是宏定义，所以也可在 board 对应的 YAML 中定义：

```
    /* 内存堆管理控制开关，默认打开 */
    RHINO_CONFIG_MM_TLF: 1
    /* 打开内存堆管理的维测调试功能，默认关闭 */
    RHINO_CONFIG_MM_DEBUG: 0
    /* 当上面的内存维测调试功能打开时，记录内存申请时的多少级调用栈 */
    RHINO_CONFIG_MM_TRACE_LVL: 8
    /* 内存堆最大支持申请的内存大小 bit 位，实际大小换算为 1ul << RHINO_CONFIG_
MM_MAXMSIZEBIT */
    RHINO_CONFIG_MM_MAXMSIZEBIT: 28
    /* 内存池管理控制开关，默认关闭 */
    RHINO_CONFIG_MM_BLK: 0
    /* 内存池可供分配的总内存大小（字节）*/
    RHINO_CONFIG_MM_TLF_BLK_SIZE: 8192
    /* 内存池单次申请的阈值（字节），若将该值设置为 256，则表示从内存池上固定分配
出 4/8/16/32/64/128/256 字节的内存 */
    RHINO_CONFIG_MM_BLK_SIZE: 256
```

也就是说，如果打开了内存池管理控制开关 RHINO_CONFIG_MM_BLK，则在内存池大小 RHINO_CONFIG_MM_TLF_BLK_SIZE 有剩余的情况下，用户申请的动态内存大小若不大于 RHINO_CONFIG_MM_BLK_SIZE，则系统会优先在内存池上分配内存给用户；反之，如果内存池管理控制开关没有打开，或者内存池已经没有空闲内存了，则系统会继续在内存堆上分配内存给用户。

3.2.4.4　内存应用示例

下面是一个内存堆的应用示例，该程序会创建一个任务，这个任务会动态申请内存并释放，每次申请更大的内存，当申请不到的时候，就在多任务访问同一个变量

时使用中断锁对该变量进行保护。代码清单如下：

```
static void mem_routine(void *para)
{
    int i;
    char *p;
    for (i = 0;; i++)
    {
        /* 每次分配(1 << i)*/
        P = aos_malloc(1 << i);
        if (p)
        {
            printf("get memory
                   : %d bytes\r\n", (1 << i));
        }
        /*释放内存*/
        aos_free(p);
        printf("free memory
               : % d bytes\r\n", (1 << i));
        aos_msleep(10);
    }
}
static  aos_task_t  mem_routine  void  mem_sample_cmd(char  *buf,
int32_t len, int32_t argc, char **argv)
{
    int ret;
    /*创建 mem 任务，自动运行*/
    ret = os_task_new_ext(&mem_routine,
                          "mem", mem_routine,
                          (void *)10, 256, 32);
    if (ret != 0)
    {
        printf("task mem create failed\r\n");
        return;
    }
}
```

```
    /*注册到 cli 命令中*/
    const struct cli_command cmd = {"mem_sample", "mem sample",
mem_sample_cmd};
    ret = aos_cli_register_command(&cmd);
    if (ret)
    {
        /* 错误处理 */
        aos_cli_printf("test cmd register fail\r\n");
    }
```

系统启动后，执行 mem_sample，运行结果如下（每 1s 打印一次）:

```
get memory :1 byte
free memory :1 byte
get memory :2 byte
free memory :2 byte
get memory :4 byte
free memory :4 byte
….
get memory :32768 byte
free memory : 32768 byte
….
/* 最后系统会有如下的输出，这个是内存堆管理算法中输出的日志 */
"WARNING, malloc failed!!!!”
```

3.2.5　任务管理

任务可以认为是一段独享 CPU 的运行程序，而应用是完成特定功能的多个任务的集合。任务管理就是为多任务环境中的每个任务分配一个上下文（上下文是指任务在执行过程中必不可少的一组状态数据，包括当前任务的 CPU 指令地址（PC 指针）、当前任务的栈空间、当前任务的 CPU 寄存器状态等）。在任务相继执行的过程中，将切出任务的信息保存在任务上下文中，将切入任务的上下文信息恢复，使其得以执行，如图 3-15 所示。

任务调度负责将 CPU 资源分配给那些对实时性要求比较高的关键任务，让其优先运行。因此，系统中的每个任务都需要根据关键程度分配不同的优先级，那些执行关键操作的任务被赋予高优先级，而那些非关键性任务则被赋予低优先级。当系统发生调度时，高优先级任务可以抢占低优先级任务的 CPU 资源得到调度执行，如

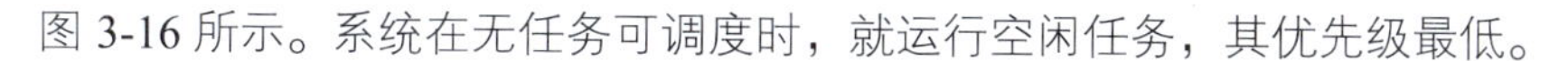

图 3-16 所示。系统在无任务可调度时，就运行空闲任务，其优先级最低。

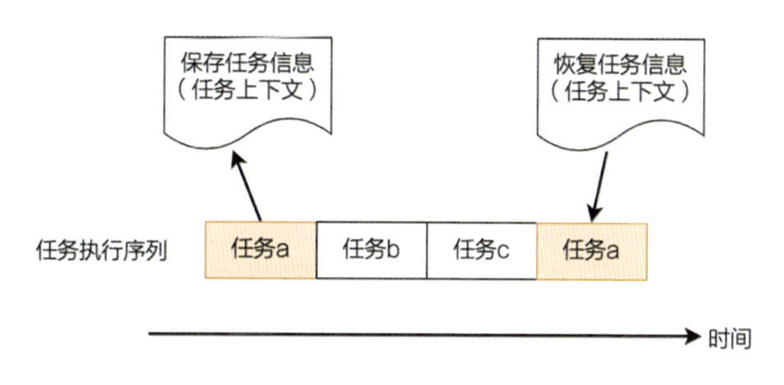

图 3-15　多任务执行环境

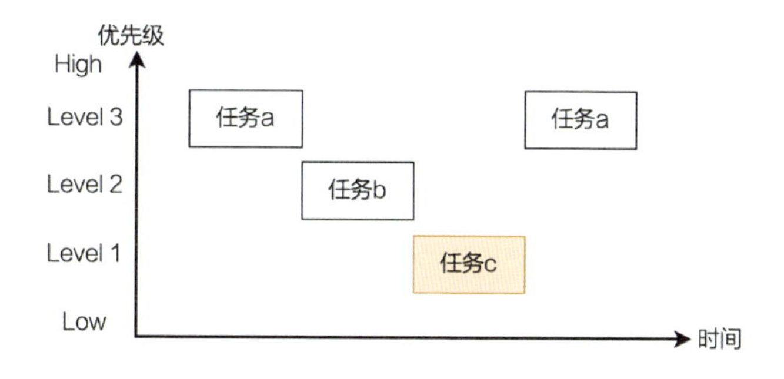

图 3-16　任务优先级

基于优先级的调度策略，单 CPU 的多任务系统在任意时刻只能选择一个优先级最高且已准备就绪的任务执行，此时该任务处于运行状态；而那些优先级较低的就绪任务或因等待特定事件而暂时不被调度的任务均处于非运行状态。

如图 3-17 所示，只有当任务处于就绪状态时，才能被系统调度进入运行状态；而处于运行状态的任务可以通过两种方式退出运行：挂起和被抢占。当任务执行完成或由于某种原因不能继续运行（如等待一定时间段的延迟）时，任务会进入一种暂时停止运行的状态，即挂起状态。当任务进入挂起状态后，会释放 CPU 资源给其他任务。对于工作还未完成却被其他任务抢占而被强行放弃 CPU 资源的任务，不会被挂起，而是处于就绪状态，等待被系统再次调度。

在多任务环境中，每个任务都有自己独立的栈空间，用来存放任务上下文信息、调用函数使用到的局部变量等。栈空间的大小与具体应用场景有关，很多时候很难准确决定任务所需的栈空间的大小，因此，操作系统内核提供栈溢出检测方法，帮助用户避免出现栈溢出问题，用户也可以根据需要配置或关闭该功能。

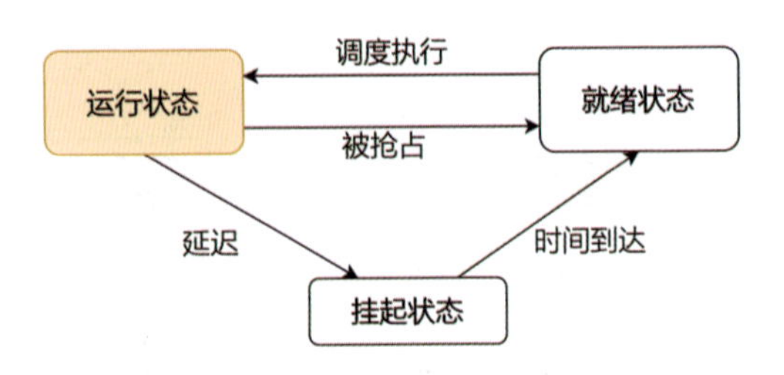

图 3-17 任务状态与转换的基础模型

任务在被创建时，需要为其指定执行任务入口函数、栈空间的大小、优先级等信息；在创建过程中，内核为任务分配任务控制块（Task Control Block，TCB）来存放这些相关信息。任务栈空间可以在任务创建时由用户程序指定，也可以由内核根据用户指定的大小来动态分配。当任务执行完成后，允许被自己或其他任务删除，删除的任务不会再进入运行状态，且内核会将其占用的资源回收。

3.2.5.1 任务调度

任务调度是指为多任务环境中的就绪任务分配 CPU 资源。AliOS Things 操作系统内核支持以下两种调度策略。

1. 基于优先级的抢占式调度

在基于优先级的抢占式调度策略下，每个任务的优先级都维护了一个 FIFO 模式的就绪队列，里面包含了当前所有可运行的任务列表，此列表中的任务都处于就绪状态，当 CPU 可用时，最高优先级的就绪队列的第一个任务得到 CPU 而被执行。当有一个高优先级任务进入就绪队列时，正在运行的低优先级任务会立即被唤出，将 CPU 执行权交给高优先级任务。例如，在图 3-18 中，任务 a 被更高优先级的任务 b 抢占，任务 a 被放置在 Level1 优先级的就绪队列的首位；任务 b 运行一段时间后又被任务 c 抢占，任务 b 会被放置在 Level2 优先级的就绪队列的首位；任务 c 执行完成后，优先级最高的任务 b 被调度执行，任务 b 执行完成后，任务 a 继续执行。若任务因等待某个事件而处于挂起状态，则任务会从对应优先级的就绪队列中移除，当任务解除挂起后，会被放置在对应优先级就绪队列的队尾。

此种调度机制存在一个潜在问题，即如果存在多个优先级相同的任务，其中一个任务强占 CPU，则其他同等优先级的任务将无法被执行。时间片轮转调度可以避免这个问题。

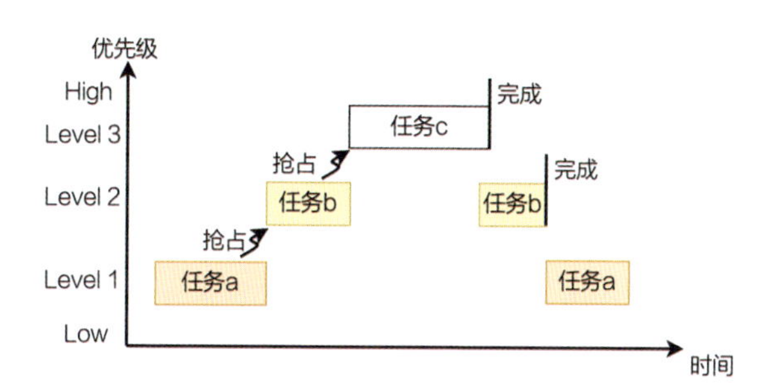

图 3-18　基于优先级的抢占式调度

2. 基于时间片的轮转调度

时间片轮转调度使用时间片控制每个任务的执行时间，同等优先级的任务依次获得 CPU 被调度执行，每个任务可以运行的时间片是固定的，当任务的时间片用完后，该任务会被放在对应优先级就绪队列的队尾，然后调度就绪队列第一个位置上的任务执行。时间片是系统分配给优先级相同的任务的执行时间，是以系统时钟节拍计数为单位的时间间隔。

AliOS Things 时间片轮转调度的实现不会影响基于优先级的抢占式调度策略，任意高优先级任务都会打断低优先级任务而被优先执行，即使低优先级任务的时间片没有用完。

当任务被高优先级任务抢占时，任务剩余可用的执行时间被保存，等到任务被再次调度执行时恢复该时间，当任务将剩余的可执行时间耗尽时，会轮转到下一个同等优先级任务执行。如图 3-19 所示，任务 a 和任务 b 具有相同的优先级，当任务 a 执行时间到达时间片限定后，切换到任务 b，任务 a 和任务 b 基于时间片轮转调度执行，当有更高优先级的任务 c 抢占任务 b 后，任务 b 暂时退出运行状态，待任务 c 执行完成后，任务 b 执行剩余的时间片。

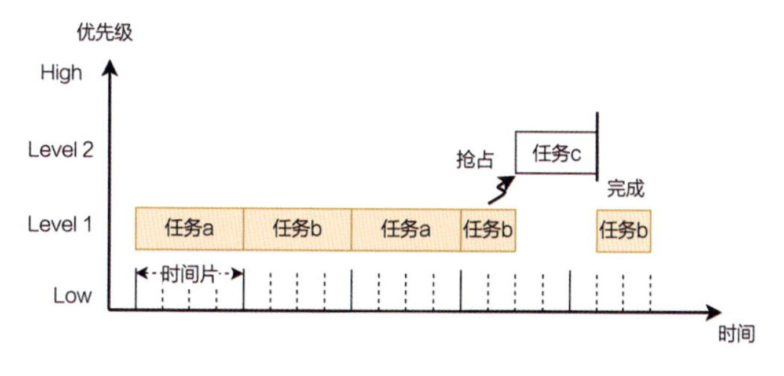

图 3-19　基于时间片的轮转调度

3.2.5.2 任务队列

AliOS Things 内核支持最大 62 个优先级，对于每个优先级，内核都维护了一个就绪队列，对应优先级的所有处于就绪状态的任务都处于就绪队列中。当 CPU 资源可用时，最高优先级的就绪队列排在首位的任务将被调度执行，因此，任务在就绪队列中的位置直接关系任务的执行结果。

除就绪队列外，内核还为其他因阻塞、挂起、延迟而处于非就绪状态的任务设计了等待队列。如图 3-20 所示，当 task3 因无法获取信号量而阻塞时，该任务会从对应优先级的就绪队列中移除，并将其放入该信号量的等待队列中；当 task3 获得信号量后，任务从等待队列中移除，再放入对应优先级的就绪队列中等待调度。

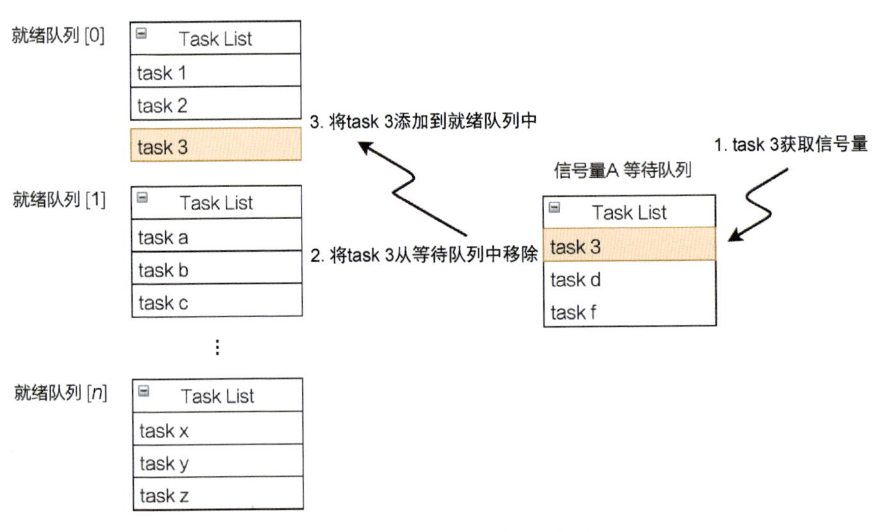

图 3-20 就绪队列与等待队列

3.2.5.3 任务状态

任务状态是反映当前系统中任务所处的状态，引起任务状态变化的原因有很多，如果任务不能立即获得等待的信号量而阻塞，或者任务被挂起或进入休眠状态等，那么操作系统内核需要维护所有任务的当前状态。AliOS Things 为了充分描述任务在系统中所处的状态及引发状态迁移的条件差异，将任务状态分为就绪状态、挂起状态、休眠状态、阻塞状态、运行状态和删除状态。当通过 aos_task_create()创建任务时，任务处于挂起状态；当通过 aos_task_del()删除任务时，任务处于删除状态，具体的转化过程如图 3-21 所示。

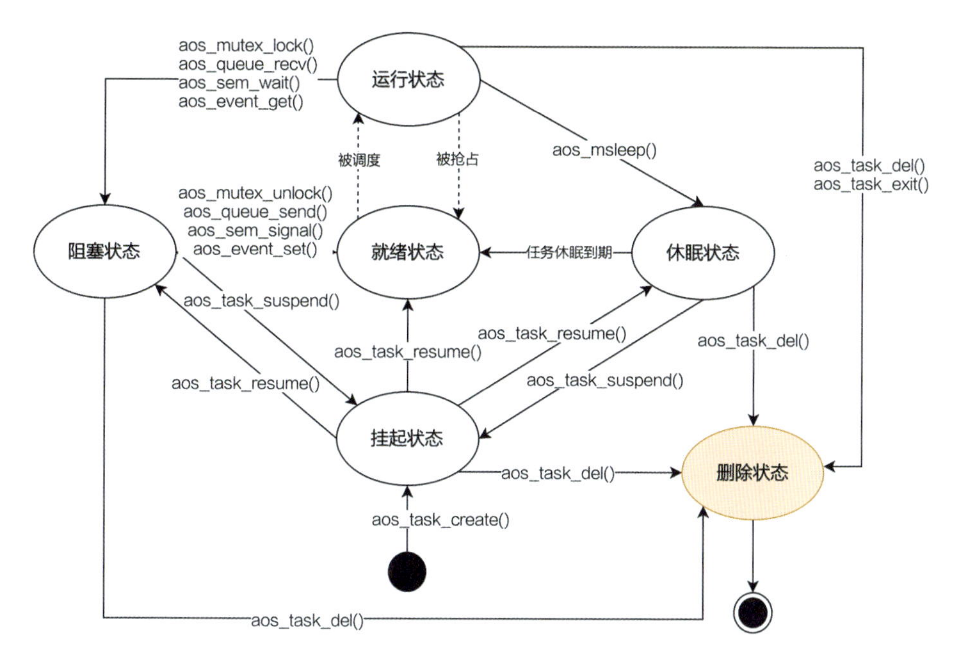

图 3-21　任务状态与转换过程

- 阻塞状态。阻塞状态是指任务因等待资源而处于等待状态，如调用 aos_mutex_lock()获取互斥量时互斥量已经被锁定、调用 aos_queue_recv()获取队列数据时队列为空、调用 aos_sem_wait()等待信号量时信号量计数为 0、调用 aos_evnet_get()获取事件时事件还未发生。
- 挂起状态。挂起状态是指因任务被其他或自身调用挂起函数 aos_task_suspend()后，将无条件地停止运行。被挂起的任务只能通过其他任务调用恢复函数 aos_task_resume()使其恢复就绪状态。
- 休眠状态。休眠状态是指因任务在调用任务休眠函数 aos_msleep()后，进入一种延迟执行的状态，直到休眠时间到达，任务才会被重新调度，恢复运行。
- 删除状态。删除状态是指因任务运行完成而调用任务退出函数 aos_task_exit()或调用任务删除函数 aos_task_del()时被设置的一种状态。
- 就绪状态。在任务被创建或任务解除阻塞或延迟到期时，任务被置为就绪状态。只有当任务处于就绪状态时才能被系统调度进入运行状态。
- 运行状态。运行状态是获取 CPU 执行权的就绪任务所处的状态，对于单 CPU 系统，任意时刻只有一个任务可以运行。

AliOS Things 允许任务处于组合状态，如阻塞挂起状态，即任务在阻塞状态下被其他任务挂起，此时会进入阻塞挂起状态。在该状态下，若任务被恢复，则保持阻塞状态；若任务解除阻塞，则保持挂起状态。

用户可以通过 tasklist 命令查看当前任务的状态。任务状态描述符号和含义如表 3-9 所示。

表 3-9　任务状态描述符号和含义

状态符号	描　述
RDY	任务已在就绪队列中或已被调度运行，处于就绪状态或运行状态
PEND	任务因等待资源或事件的发生而处于阻塞状态
SUS	任务因被其他或自身调用挂起函数 aos_task_suspend()后所处的挂起状态
SLP	任务处于休眠状态
PEND_SUS	任务在阻塞状态下被其他任务挂起，处于阻塞挂起状态
SLP_SUS	任务在休眠状态下被其他任务挂起，处于休眠挂起状态
DELETED	任务处于删除状态

当通过调用 aos_task_create()函数并为参数 options 添加标志 AOS_TASK_AUTORUN 来创建任务时，任务状态为就绪状态，该任务一旦被调度可立即执行。若应用程序不要求任务在创建后立即被调度执行，则可以不设置 AOS_TASK_AUTORUN 标志，这时任务处于挂起状态，当应用程序需要任务执行时，可以通过调用 aos_task_resume()函数将任务切换至就绪状态。对于处于就绪状态的任务，在系统发生调度时，优先级最高的任务将会获得 CPU 的执行权，进入运行状态。若此时有其他具有更高优先级的任务处于就绪状态，则该任务将会被抢占而重新回到就绪状态。

3.2.5.4　任务栈

AliOS Things 中的任务栈是在创建任务时由内核分配或由用户指定的，当调用 aos_task_create()函数传入参数 stack_buf 为 NULL 时，任务栈将由内核分配。任务栈在任务执行过程中因嵌套调用函数或被调度而动态变化，用户可以通过 tasklist 命令查看任务栈的使用情况。

为防止栈溢出导致内存破坏，操作系统内核提供基于软件栈溢出的检测法。用户可以在任务栈的边缘写入一个特定的初始数值 RHINO_TASK_STACK_OVF_MAGIC(0xdeadbeaf)，然后在任务切换时，检测该数值是否有变化，如果数值有变化，则说明发生了栈溢出，因为栈的边缘被修改了。如果有栈溢出的情况发生，那么系统会进行错误处理，将当前的栈信息打印输出，用户可以依据栈回溯内容来分析问题。

3.2.5.5 系统任务

依据不同的配置，AliOS Things 内核将在系统启动阶段创建一些默认的任务，且这些任务将会一直运行不退出。

- idle_task——空闲任务。当 CPU 没有需要执行的指令时，会切入 idle-task 任务执行，此任务执行一个 while 循环，直到有任何一个其他任务需要被调度。
- timer_task——定时器任务。当有需要推迟一些时间再处理的工作时，可以启动一个定时器，用来指定延迟时间和工作内容，并将此工作加入 timer_task 的内部队列中，当时间到的时候，timer_task 将会执行此工作内容。从另一个方面看，AliOS Things 内核的定时器的执行上下文是任务上下文，而不是中断上下文，也有某些操作系统将定时器的执行放在中断上下文处来处理。配置定时器任务的系统选项是 RHINO_CONFIG_TIMER，此任务的默认优先级是 5，可用系统选项 RHINO_CONFIG_TIMER_TASK_PRI 来控制。
- DEFAULT-WORKQUEUE——工作队列。当当前代码执行上下文无法完成某些工作的时候，可以把此工作排入工作队列，由工作队列在任务上下文中执行。配置此任务的系统选项是 RHINO_CONFIG_ WORKQUEUE。
- cli——人机交互任务。人机交互任务提供一个 shell 界面，用户可通过此 shell 界面来运行命令与操作系统交互，如查看当前系统任务列表、空余内存、任务栈信息，调试、重启系统等。
- dyn_mem_proc_task——动态释放内存任务。配置动态释放内存任务的系统选项是 RHINO_CONFIG_KOBJ_DYN_ALLOC。

3.2.5.6 任务管理函数

AliOS Things 操作系统内核提供了任务创建、任务删除、任务延迟、获取任务名称等与任务相关的服务函数，以供应用程序调用，如表 3-10 所示。

表 3-10 AliOS Things 任务管理函数

函数名	描述
aos_task_create()	任务创建函数（推荐）

续表

函 数 名	描　　述
aos_task_new()	任务创建函数（兼容 3.1）
aos_task_new_ext()	任务创建函数（兼容 3.1）
aos_task_exit()	任务退出函数
aos_task_delete()	任务删除函数
aos_task_resume()	任务恢复函数
aos_task_suspend()	任务挂起函数
aos_task_yield()	任务让出 CPU 函数
aos_task_self()	获取当前任务的句柄函数

3.2.5.7　应用示例

可以使用任务管理函数控制任务的执行状态，该示例的具体场景为 task2 因等待某个信号量进入阻塞状态而被 task1 挂起，此时 task2 仍然处于阻塞状态，如果在此过程中等到信号量，则 task2 会解除阻塞而进入挂起状态；如果未等到信号量，则 task2 恢复状态后仍然处于阻塞状态。示例说明如下。

- 在 *t*0 时刻，task1、task2 分别通过调用 aos_task_new()和 aos_task_new_ext()函数被创建，之后 task1 进入就绪状态，而 task2 则处于挂起状态。
- task1 得以运行后，在 *t*1 时刻调用 aos_task_resume()将 task2 恢复，task2 进入就绪状态，之后 task1 通过调用 aos_msleep()进入休眠状态，task2 因为 task1 休眠而获得 CPU 执行权，task2 运行后因等待信号量而进入阻塞状态。
- task1 在 *t*2 时刻因延迟到期而得以运行，并调用 aos_task_suspend()将 task2 挂起，task2 此时为阻塞挂起状态；之后 task1 通过调用 aos_msleep()进入休眠状态。
- task1 在 *t*3 时刻因延迟到期而得以运行，并调用 aos_task_resume()将 task2 恢复，此时 task2 为阻塞状态；之后 task1 通过调用 aos_msleep()进入休眠状态。
- task1 在 *t*4 时刻因延迟到期而得以运行，并调用 aos_sem_signal()释放信号量，这时 task2 因等到信号量而进入就绪状态；待 task1 再次进入休眠状态后，task2 得以运行，进入运行状态，如图 3-22 所示。

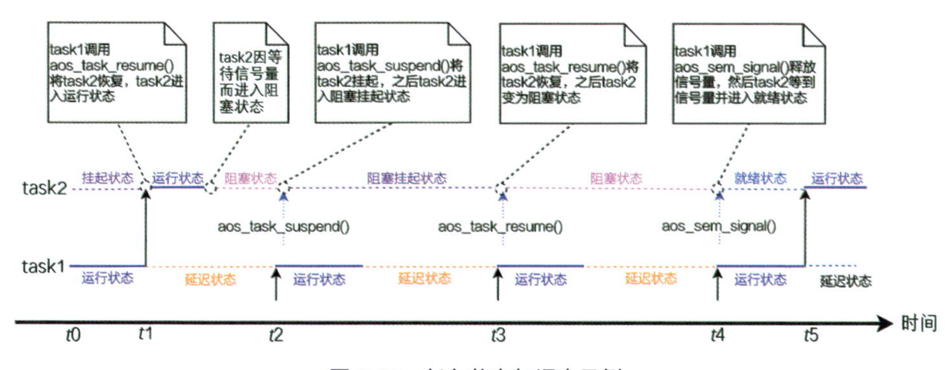

图 3-22　任务状态与调度示例

3.2.6　任务间的同步与互斥

在多任务系统中，不同的任务可能会同时访问同一系统资源、硬件资源或共享存储区。如果对这些共享资源不做访问控制，则会引发任务间的竞争与数据破坏。如图 3-23（a）所示，在无访问控制条件下，任务 A 对数据缓冲区进行写入操作，在数据还未完全填入缓冲区时，任务 A 被更高优先级的任务 B 抢占，任务 B 获得 CPU 的执行权后，开始读取数据缓冲区中的数据，此时任务 B 读到的数据有一部分并非任务 A 期待写入的最新数据，如果任务 B 直接对读到的数据进行处理，则必然会引起错误。为解决该问题，对数据缓冲区的访问添加“门禁”，任务只有获得“门禁”，才能对数据缓冲区进行读/写操作。任务 A 获得“门禁”后，任务 B 只有等到任务 A 对数据缓冲区操作完成并释放“门禁”后才能访问该数据缓冲区，这样就能够保证任务 B 读到的全部数据均为任务 A 写入的数据，如图 3-23（b）所示。

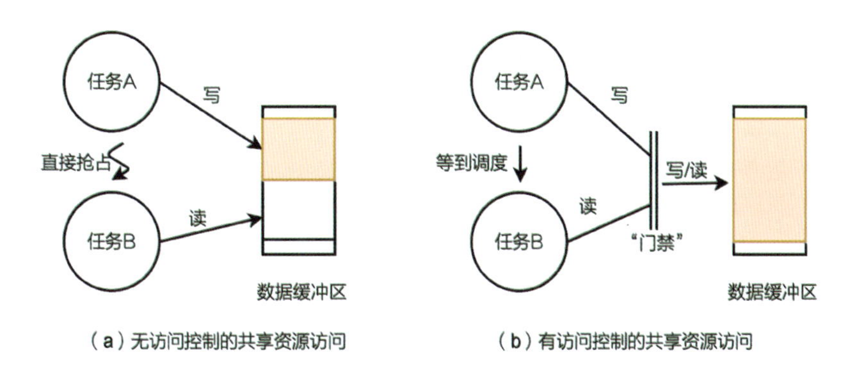

图 3-23　共享资源的访问控制举例

前面提到的“门禁”其实是一种互斥机制，用来对系统资源、硬件资源和共享资源进行访问控制，而实现访问控制的方法有开关中断、信号量、互斥量，如图 3-24 所示。

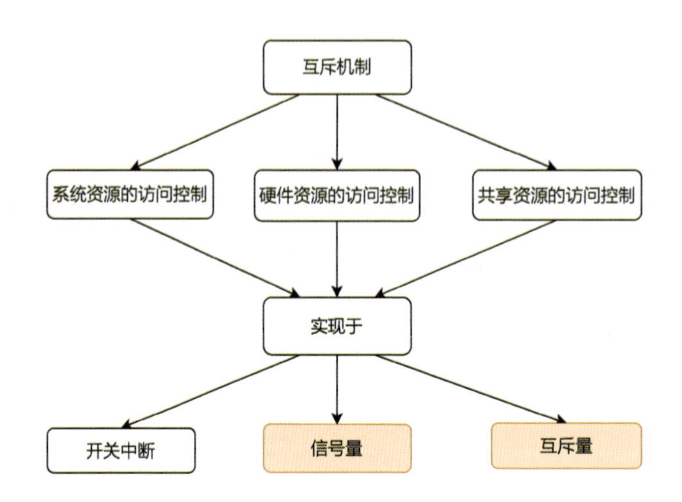

图 3-24　实现访问控制的方法

- 开关中断。开关中断一般用于单核内多任务之间的互斥，其途径在于关闭任务的调度切换功能，从而达到单任务访问共享资源的目的；其缺点是会影响实际的中断调度效率。
- 信号量。多任务可以通过获取信号量来获取访问共享资源的“门禁”，可以配置信号量数目，让多个任务同时获取“门禁”，当信号量无法获取时，相关任务会按照优先级排序等待信号量释放，并让出 CPU 资源。使用信号量的缺点是存在优先级反转的问题。因此，信号量适用于任务间的同步，即通过给任务发送信号量来告诉任务期待的事件已发生并做出相应的处理。
- 互斥量。多任务也可以通过获取互斥量来获取访问共享资源的“门禁”，但是只允许有一个任务能获取该互斥量。互斥量通过动态调整任务的优先级来解决优先级反转的问题，是实现多任务对共享资源互斥访问的首选方法。

3.2.6.1　信号量的工作机制

信号量是多任务系统中实现任务间同步并协调多任务对共享资源进行访问的一种互斥机制。信号量允许有多个使用者，因此采用计数值来表示可用的资源数，当请求一个信号量时，该计数值减 1，若此时计数值大于或等于 0，则表示当前有可用的信号量，任务获得信号量，可以访问资源；若此时计数值为负数，则任务进入阻塞状态，释放 CPU 资源。当获取信号量的任务执行完操作并释放信号量时，将当前计数值加 1，如果当前存在等待该资源的任务，则任务会被唤醒而获得该信号量。

值得注意的是，当将信号量的计数初值设置为 1 时，可以达到互斥效果，但会引起优先级反转问题。

优先级反转是一种不希望发生的任务调度状态，在该状态下，一个高优先级任务会间接地被一个低优先级任务抢占，使得两个任务的相对优先级反转。当高、中、低 3 个优先级任务同时访问信号量互斥的资源时，可能会引起优先级反转问题。当高优先级任务需要的信号量被低优先级任务占用时，CPU 资源会调度给低优先级任务。此时如果低优先级任务需要获取的另一个信号量被中优先级任务占用，那么低优先级任务需要等待中优先级任务事件到来并释放信号量，从而出现高、中优先级任务并不是等待一个信号量，但是中优先级任务先运行的现象，如图 3-25 所示。其中，taskH 代表高优先级任务；taskM 代表中优先级任务；taskL 代表低优先级任务。

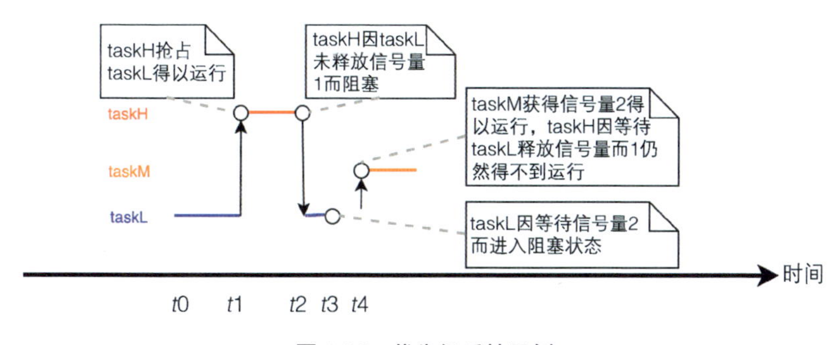

图 3-25　优先级反转示例

在图 3-25 中，在 $t0$ 时刻，taskH 还未运行，taskM 因等待信号量 2 而阻塞，taskL 得到调度，占用信号量 1；在 $t1$ 时刻，taskH 运行并抢占 taskL，taskL 占用信号量还未释放；在 $t2$ 时刻，taskH 阻塞于信号量 1，taskL 得以继续运行；在 $t3$ 时刻，taskL 因等待信号量 2 而进行阻塞状态；在 $t4$ 时刻，信号量 2 被释放，taskM 得以运行，此时 taskH 虽然具有高优先级，但需要先等待 taskM 释放信号量 2 让 taskL 运行，并在 taskL 释放信号量 1 后才能运行，这种情况即优先级反转。

3.2.6.2　信号量的使用方法

应用程序可以通过调用信号量相关接口实现任务间的同步或任务与中断的同步，具体接口描述如表 3-11 所示。

表 3-11 信号量相关的应用编程接口

函 数 名	描 述
aos_sem_create()	信号量创建函数，需要指定计数值
aos_sem_new()	信号量创建函数，兼容 3.1，需要指定计数值
aos_sem_free()	信号量删除函数
aos_sem_wait()	信号量获取函数，可以指定超时时间
aos_sem_signal()	信号量释放函数，只唤醒阻塞在此信号量上的最高优先级任务
aos_sem_signal_all()	信号量释放函数，唤醒阻塞在此信号量上的所有任务
aos_sem_is_valid()	判断信号量句柄是否合法函数

在操作系统中，不允许在中断处理程序中调用阻塞性接口，因此，信号量的创建、删除和等待操作只能在任务中进行；而信号量的释放操作既可以在任务中调用，又可以在中断处理程序中调用。如图 3-26 所示，任务 B 通过 aos_sem_wait()等待信号量，任务 A 或中断处理程序 a 在接收到某个特定事件后，调用 aos_sem_signal()释放信号量以通知任务 B 可以进行后续事务的处理了；任务 B 可以根据场景的需要设置获取信号量的超时时间，如果任务在超时时间到期后仍未等到信号量，则任务解除阻塞进入就绪状态。另外，还可以设置任务无限期地等待信号量，即直到获取信号量才进入就绪状态。

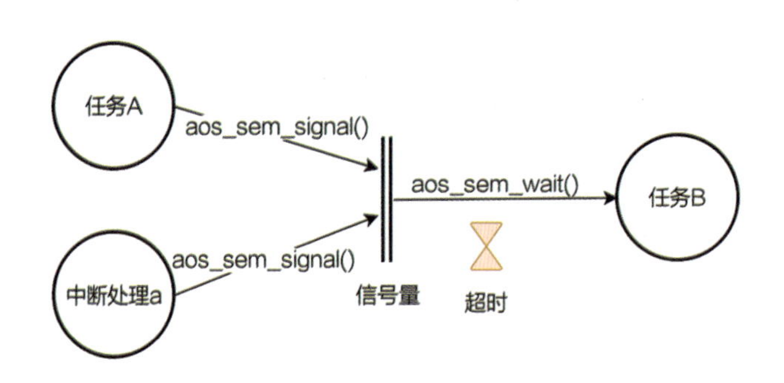

图 3-26 信号量的使用方法

多个任务可以通过调用 aos_sem_wait()来等待同一个信号量，若信号量可用或信号量被释放，则通常情况下，系统会将阻塞在该信号量上优先级最高的任务置于就绪状态。任务通过调用 aos_sem_signal()释放信号量来解除阻塞在该信号量上的最高优先级任务；若应用需要，那么也可以通过调用 aos_sem_signal_all()函数来解除所有等待该信号量任务的阻塞。

3.2.6.3　信号量应用示例

采用信号量实现多任务的同步的具体场景如图 3-27 所示，先创建一个高优先级任务 A 和一个低优先级任务 B，任务 A 和任务 B 同时等待同一信号量，此时测试任务 T 调用 aos_sem_signal()释放信号量，任务 A 首先获得信号量，任务 A 操作完成后释放一次信号量，此时任务 B 获取信号量得以运行。示例说明如下。

- *t*0 时刻，任务 T 调用 aos_sem_new()创建一信号量，初始计数值为 0；然后任务 T 调用 aos_task_create()创建任务 A 和任务 B，任务 A 的优先级为 30，任务 B 的优先级为 31。任务 A 和任务 B 运行后因等待信号量而阻塞。
- *t*1 时刻，任务 T 调用 aos_sem_signal()释放信号量，任务 A 获得信号量得以运行。
- *t*2 时刻，任务 A 调用 aos_sem_signal()释放信号量，任务 B 获得信号量得以运行。

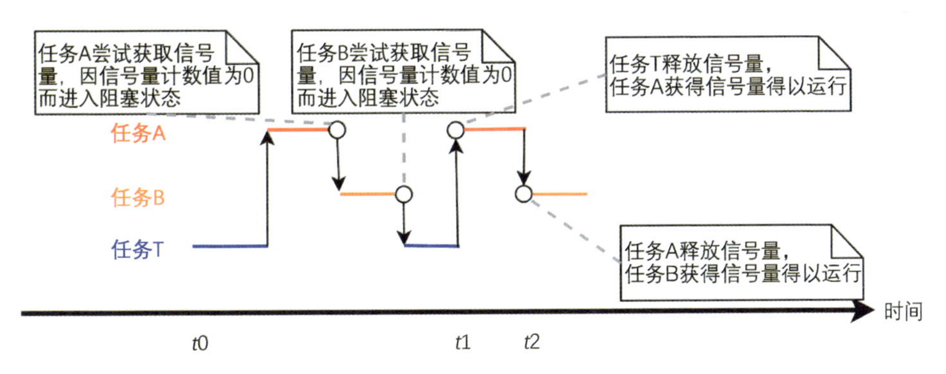

图 3-27　采用信号量实现了任务的同步的具体场景

3.2.6.4　互斥量的工作机制

互斥量与信号量类似，但互斥量获取是完全互斥的，即在同一时刻，互斥量只能被一个任务获取，并且释放锁的任务必须是第一个获取互斥量的任务。而信号量按照起始计数值的配置，可以存在多个任务获取同一信号量的情况，直到计数值减为 0，此时后续任务无法再获取信号量。当将信号量的计数初值设置为 1 时，同样有互斥的效果，但信号量无法避免优先级反转问题。

互斥量通过优先级继承机制来避免信号量的优先级反转问题。当高优先级的任务获取互斥量时，如果该互斥量被某低优先级任务占用，则会动态提升该低优先级任务的优先级，使之等于高优先级，并将该优先级值依次传递给该低优先级任务依赖的互斥量关联的任务，依次递归下去。当某任务释放互斥量时，会查找该任务的基础优先级，以及获取的互斥量所阻塞的最高优先级的任务的优先级，并取两者中的高优先级来重新设定此任务的优先级。总的原则就是当高优先级任务被互斥量阻塞时，会将占用该互斥量的低优先级任务临时提高；当互斥量被释放时，相应任务的优先级需要恢复，如图 3-28 所示。

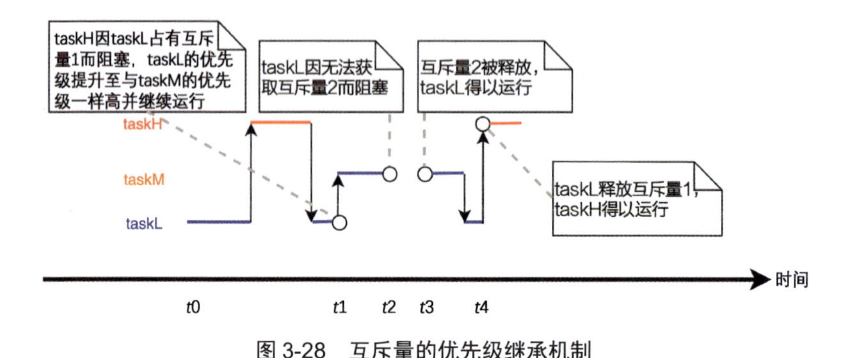

图 3-28　互斥量的优先级继承机制

在图 3-28 中，taskH 具有高优先级，taskM 具有中等优先级，taskL 具有低优先级。在 *t*0 时刻，taskH 还未运行，taskM 获取互斥量 2 而阻塞，taskL 得到调度，获得互斥量 1；在 *t*1 时刻，taskH 抢占 taskL，但因无法获得互斥量 1 而阻塞，此时 taskL 的优先级提升至与 taskH 的优先级一样高，并继续运行；在 *t*2 时刻，taskL 因无法获得互斥量 2 而阻塞；在 *t*3 时刻，互斥量 2 被释放，taskL 因比 taskM 的优先级高而获得互斥量 2 得以运行；在 t4 时刻，taskL 释放互斥量 1，并将优先级恢复到之前状态，taskH 因获得互斥量 1 而得以运行，该机制解决了优先级反转问题。

3.2.6.5　互斥量的使用方法

应用程序可以通过调用互斥量的相关接口实现多任务对共享资源的互斥访问，具体接口描述如表 3-12 所示。

表 3-12　互斥量相关的应用编程接口

函 数 名	描　　述
aos_mutex_create()	互斥量创建函数（推荐）
aos_mutex_new()	互斥量创建函数（兼容 3.1）
aos_mutex_free()	互斥量删除函数
aos_mutex_lock()	互斥量获取函数
aos_mutex_unlock()	互斥量释放函数
aos_mutex_is_valid()	判断互斥量句柄是否合法函数

互斥量的使用方法与信号量的使用方法相同，互斥量的创建、删除和获取锁的操作也是不允许在中断处理程序中进行的，只能在任务中执行。互斥量一般应用在多任务对资源的互斥访问上。

任务可以调用 aos_mutex_lock()获取互斥量，进而得到共享资源的访问权，在此期间，若存在其他任务来获取该互斥量，则任务会被放入互斥量的等待队列，待拥有该互斥量的任务对共享资源操作完成后，通过调用 aos_mutex_unlock()释放该互斥量，系统会将阻塞在该互斥量上优先级最高的任务置于就绪状态。如图 3-29 所示，任务 C 是互斥量的拥有者，任务 A 和任务 B 因无法获得互斥量而进入阻塞状态，当任务 C 释放互斥量后，因为任务 B 的优先级高于任务 A 的优先级，所以优先获得共享资源的访问权。

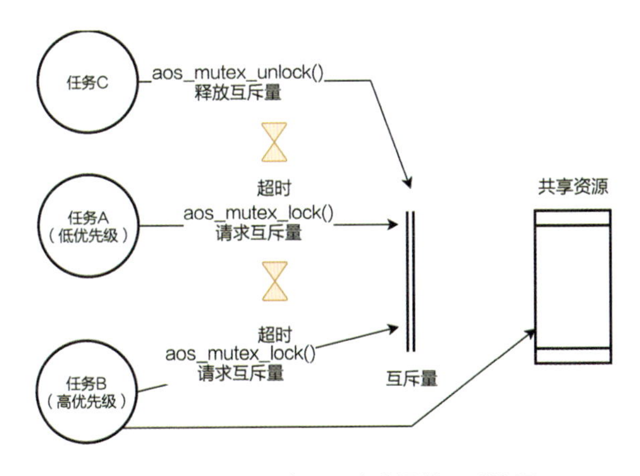

图 3-29　互斥量实现共享资源的互斥访问

任务可以根据场景的需要设置获取互斥量的超时时间，如果任务在超时时间到期后仍未等到互斥量，则会解除阻塞进入就绪状态；也可以设置任务无限期地等待互斥量，直到获取互斥量才进入就绪状态。

3.2.6.6　互斥量应用示例

互斥量实现共享资源的互斥访问的具体场景如图 3-30 所示，先创建任务 A 和任务 B，以及一互斥量。任务 A 和任务 B 使用互斥量同时访问共享数据区，在访问共享数据区时，使用互斥量做保护。示例说明如下。

- *t*0 时刻，任务 T 调用 aos_mutex_create()创建一互斥量，然后任务 T 调用 aos_task_create()创建任务 A 和任务 B。其中，任务 A 得以运行，并获取互斥量，对数据区 record_status 进行读/写操作。

- $t1$ 时刻，任务 A 因时间片耗尽而让出 CPU，任务 B 得以运行。
- $t2$ 时刻，任务 B 因无法获得互斥量而进入阻塞状态，任务 A 得以运行。
- $t3$ 时刻，任务 A 对数据区 record_status 的操作完成，释放互斥量，任务 B 获得互斥量，开始对数据区 record_status 进行读/写操作。

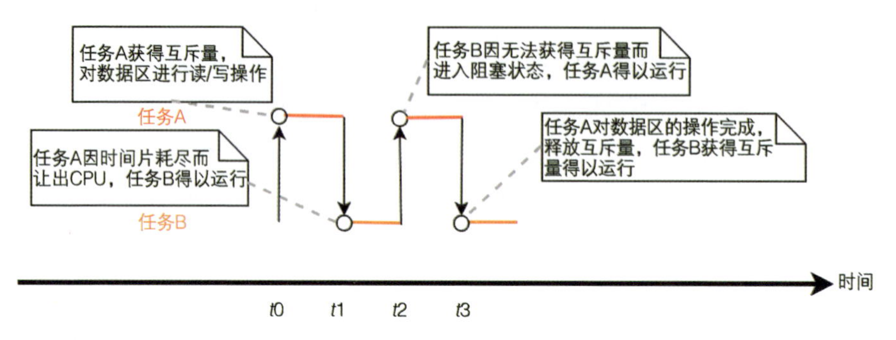

图 3-30　互斥量实现共享资源的互斥访问的具体场景

3.2.7　任务间通信

在多任务环境中，任务彼此独立但又相互作用。任务间通信一般是为了任务的同步或数据交换，从而达到多任务相互协作的目的。应用程序可以使用信号量实现任务同步；而任务间的数据交换可以使用消息队列。如图 3-31（a）所示，消息队列采用顺序存储方式；将任务 A 发送的消息暂存到消息队列，任务 B 以 FIFO 模式从消息队列中读取消息，如图 3-31（b）所示。

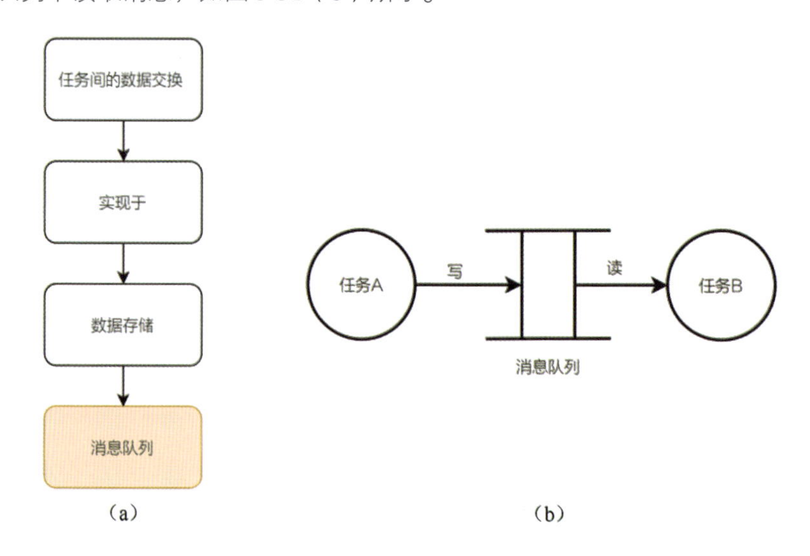

图 3-31　消息队列实现任务间的数据交换

3.2.7.1　消息队列的工作机制

消息队列是一种任务间传递数据的有效方式。AliOS Things 内核提供的消息队列机制是使用环形缓冲区来管理消息的队列缓冲区，并使用类似信号量的机制进行任务间的同步的。任务可以通过消息队列发送消息，也可以通过它接收消息，从而实现数据的同步及通信。任务发送的消息会暂存在消息队列中，当接收任务来读时，将暂存的数据传递给接收任务；若接收任务在接收数据时，消息队列中无可读数据，则任务会阻塞，直到有消息到来解除阻塞才会进入就绪状态。

环形缓冲区是根据应用需要分配的一块固定大小的内存区域，并在消息队列创建时指定环形缓冲区可容纳的消息数，以及消息的最大长度，消息数乘以消息的最大长度即环形缓冲区的大小。在向环形缓冲区读/写消息时，利用头指针 Head 指向最先写入的消息，利用尾指针 Tail 指向最新写入的消息，如图 3-32 所示。当写任务写入消息后，Tail 指针加 1；当读任务读取消息后，Head 指针减 1。若 Tail 指针和 Head 指针指向同一位置，则说明队列为空；若 Tail 指针与 Head 指针相差最大可容纳的消息数，则说明队列满。

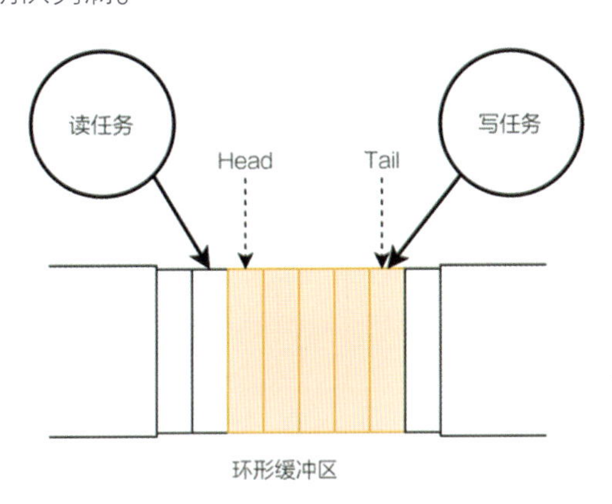

图 3-32　环形缓冲区

3.2.7.2　消息队列的使用方法

应用程序可以通过调用消息队列相关接口实现任务间的通信，消息队列相关接口描述如表 3-13 所示。

表 3-13　消息队列相关接口描述

函 数 名	描　　述
aos_queue_new()	消息队列创建函数

续表

函数名	描述
aos_queue_free()	消息队列删除函数
aos_queue_send()	向消息队列发送消息函数
aos_queue_recv()	从消息队列读取消息函数
aos_queue_is_valid()	判断消息队列句柄是否合法函数
aos_queue_buf_ptr()	获取消息队列消息数据区地址函数
aos_queue_get_count()	获取消息队列当前消息数函数

在操作系统中，不允许在中断处理程序中调用阻塞性接口，因此，消息队列的创建、删除和接收消息操作只能在任务中进行；而向消息队列发送消息的操作既可以在任务中进行，又可以在中断处理程序中进行。

如图 3-33 所示，任务 A 或中断处理 a 可以通过调用 aos_queue_send()向消息队列发送消息，可以有多个任务（如任务 B 和任务 C）通过调用 aos_queue_recv()从消息队列读取消息。可以根据场景的需要设置任务 B 和任务 C 读取消息的超时时间，如果任务在超时时间到期后仍未等到消息，则任务解除阻塞进入就绪状态。另外，还可以设置任务无限期地等待消息，即直到读取到消息才进入就绪状态。

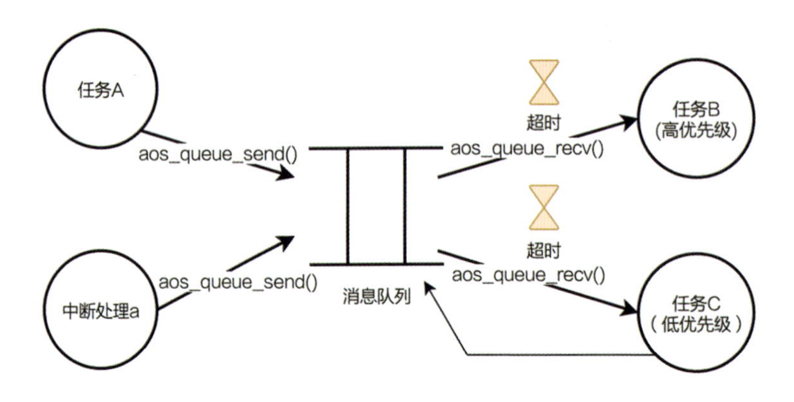

图 3-33 消息队列的使用方法

若最开始消息队列为空，则多个任务因为读不到消息而阻塞，若此时有任务向消息队列发送消息，则优先级较高的任务首先被解除阻塞而读取到该消息。应用程序可以通过调用 aos_queue_buf_ptr()和 aos_queue_get_count()来分别获取消息队列的环形缓冲区地址和消息队列中当前的消息数。

3.2.7.3 消息队列应用示例

采用消息队列实现任务间通信的具体场景如图 3-34 所示。先创建任务 A 和任务 B，以及一消息队列。其中，任务 A 作为生产者循环向消息队列发送消息，任务 B 作为消费者循环从消息队列接收消息，一般情况下，由于消费者处理数据要花费很长时间，所以会导致消息产生的速度大于消息处理的速度，使得消息队列溢出。因此，可以调整任务 B 的优先级，使之高于任务 A 的优先级以避免这种情况，或者使用信号量来控制数据收发同步。示例说明如下。

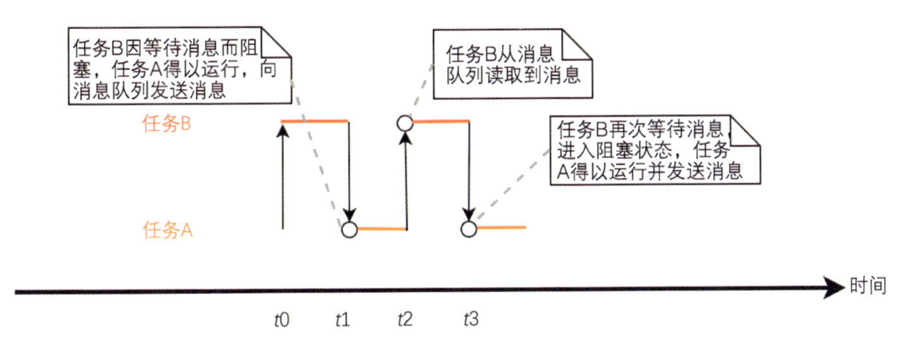

图 3-34 采用消息队列实现任务间通信的具体场景

- *t*0 时刻，任务 T 调用 aos_queue_new()创建一互斥量，然后调用 aos_task_create()创建任务 A 和任务 B，将任务 A 的优先级设置为 31，将任务 B 的优先级设置为 30。此时，任务 B 的优先级高而得以执行。
- *t*1 时刻，任务 B 从消息队列读取消息，此时消息队列为空，因此任务 B 阻塞，任务 A 得以运行。
- *t*2 时刻，任务 A 向消息队列发送消息，此行为会唤醒正在等待消息的任务 B，并把该消息直接交给任务 B 处理。
- *t*3 时刻，重复 *t*1 时刻的操作，任务 B 处理完消息后等待读取新的消息，进入阻塞状态。

3.3 系统组件

3.3.1 系统驱动框架

在开源操作系统中，系统驱动框架做得最好的无疑是 Linux 系统，Linux 系统中设计精良的驱动框架、设备树等功能会将硬件厂商对接驱动系统的成本降到很低，并且通过接入 VFS 系统统一了 Linux 系统驱动对应用程序提供的接口，为操作系统中使用驱动相关的应用程序在不同的 Linux 系统间的移植扫平了障碍。反观传统的 RTOS 系统，大多数比较注重内核功能的开发，欠缺对驱动架构方面的设计。前面提到，物联网操作系统大多是从传统 RTOS 系统发展而来的，因此，大多数的物联网操作系统在驱动框架上面没有经过太多的设计，总结下来可以分为以下几类。

（1）完全没有对设备驱动进行任何定义。

（2）简单定义了硬件接口层后完全由芯片厂实现。

（3）实现了简单的设备驱动，提供统一的应用程序访问接口。

第（1）类和第（2）类系统对应用程序不太友好，即使是在相同的操作系统上面写的应用程序，在被移植到不同平台后，也会由于接口不一致或虽然接口形式一致但接口底层实现的差别而使应用程序大概率没办法跨平台移植或跨平台运行。第（3）类系统对应用程序的移植性比较友好，但有一个问题，即很多系统实现的通用驱动都“过于简单”，这就导致有些硬件总线的特性没办法发挥出来，随着物联网应用场景越来越复杂，其缺点也越来越明显。

在总结了物联网领域设备框架的问题之后，AliOS Things 从易用性的角度出发进行设计，设计了如图 3-35 所示的驱动框架。

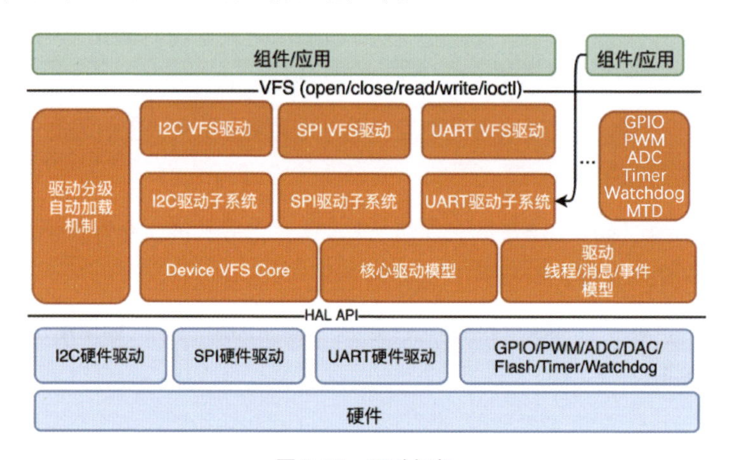

图 3-35　驱动框架

驱动框架对应用程序统一提供以下两种类型的接口。

- AOS API，如 aos_gpioc_get/ aos_gpioc_set 等。
- VFS API，即 open/close/read/write/ioctl/poll 等。

AOS API 对传统 RTOS 应用开发者比较友好。对于 RAM/ROM 要求非常严格的应用场景，可以直接调用 AOS 形式的 API，以减少对 VFS 驱动子系统的依赖，从而减小固件大小。

VFS API 对 Linux 开发者比较友好，遵循 POSIX 接口定义，这样，基于 POSIX 标准实现的应用程序在 AliOS Things 和其他遵循 POSIX 接口的操作系统之间相互移植就会简便很多。

驱动框架定义了 HAL API 的标准，一般是由芯片厂商实现的。在 HAL API 的定义过程中，主要考虑了以下两点。

- 硬件强相关：只有和硬件强相关的功能才会被定义到 HAL API 中。
- 原子功能：所有 HAL API 功能都很独立，很多 API 只需操作硬件的几个寄存器就可以实现了。

HAL API 和 AOS API 之间是设备驱动子系统的实现层。设计设备驱动子系统的主要目的有以下两个。

- 隔离性：将应用程序和 HAL API 隔离开，彻底将应用代码和芯片厂驱动代码解耦合。
- 统一性：驱动程序只依赖设备驱动子系统提供的 API，设备驱动子系统要保证对应用层提供的 API 行为在不同平台之间是一致的。

除了提供 AOS API、VFS API 和 HAL API，驱动框架还提供了以下功能。

3.3.1.1　驱动分级自动加载机制

随着现代物联网系统的应用场景越来越复杂，同一个物联网硬件设备对外设的需求也越来越多。不同驱动程序之间可能存在依赖关系。为了能让驱动开发者比较方便地将自己的驱动以模块的方式添加到系统中，尽量减少添加/删除设备驱动过程中所需修改的代码，设计了驱动分级自动加载机制。AliOS Things 将设备驱动一共分为 9 个级别，每个级别的驱动初始化声明宏定义及其在系统启动过程中的启动顺序如表 3-14 所示。

表 3-14　每个级别的驱动初始化声明宏定义及其在系统启动过程中的启动顺序

启动顺序	宏定义	段名称定义
1	CORE_DRIVER_ENTRY(driver_entry_api_name)	core_driver_entry
2	BUS_ DRIVER_ENTRY(driver_entry_api_name)	bus_driver_entry
3	EARLY_DRIVER_ENTRY(driver_entry_api_name)	early_driver_entry

续表

启动顺序	宏定义	段名称定义
4	VFS_DRIVER_ENTRY(driver_entry_api_name)	vfs_driver_entry
5	LEVEL0_DRIVER_ENTRY(driver_entry_api_name)	level0_driver_entry
6	LEVEL1_DRIVER_ENTRY(driver_entry_api_name)	level1_driver_entry
7	LEVEL2_DRIVER_ENTRY(driver_entry_api_name)	level2_driver_entry
8	LEVEL3_DRIVER_ENTRY(driver_entry_api_name)	level3_driver_entry
9	POST_DRIVER_ENTRY(driver_entry_api_name)	post_driver_entry

采用上面的宏定义进行初始化函数声明之后，用同样的宏定义声明的函数指针会被分到同一组中，相同组会在链接阶段被放到固件特定的代码段中。系统启动的时候，驱动框架会依次从这些特定的代码段中读取函数指针并调用这些函数指针指向的函数，每个代码段被编译进的段名称如表 3-14 所示。这套机制可以保证用不同宏定义声明的多个驱动初始化函数严格按照表 3-14 中从 1 到 9 的启动顺序被调用，而用相同宏定义声明的多个驱动初始化函数则是随机的。

除此之外，驱动框架还提供了设备后台初始化方式的宏定义（VFS_DRIVER_BG_ENTRY(driver_entry_api_name)），可以用于低优先级驱动初始化函数的声明。被声明做低优先级驱动的初始化函数会被低优先级的线程在后台运行，通过这样的方式，可以加快整个系统启动的速度。假设将蓝牙驱动初始化过程声明成后台初始化（VFS_DRIVER_BG_ENTRY(bluetooth_drv_init, NULL, 4096)），则常规驱动加载过程和驱动分级加载过程的软件流程的差异如图 3-36 所示。

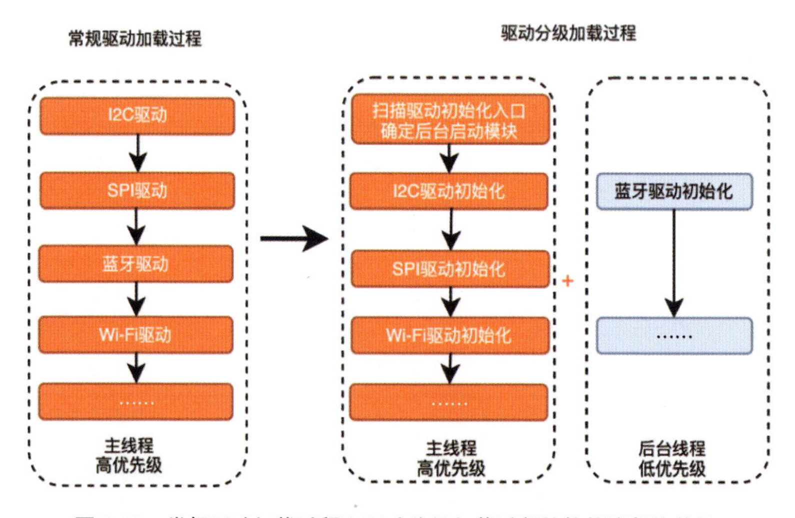

图 3-36　常规驱动加载过程和驱动分级加载过程的软件流程的差异

3.3.1.2　驱动线程/消息/事件模型

AliOS Things 在 3.3 版本中支持的弹性内核对驱动框架提出了比较高的要求，驱动框架既要能运行在宏内核（内核、组件和驱动均运行的特权模式）架构下，又要能运行在微内核（只有内核运行在特权模式下，组件和驱动运行在非特权模式下）架构下，甚至还需要能够运行在内核态和用户态。针对这种需求，AliOS Things 设计了适用于弹性内核架构下的线程/消息/事件模型。

当设备驱动运行在内核态的时候，内核功能可以通过直接函数调用的方式调用驱动提供的服务；用户态应用程序可以通过 VFS 接口或系统调用的方式访问 AOS 接口。

但当驱动运行在用户态的时候，其他应用程序访问驱动提供的服务需要通过 RPC（Remote Procure Call，远程过程调用）的方式。在这种情况下，AliOS Things 只提供 VFS 的服务访问方式，如图 3-37 所示。这样，同一套硬件的驱动程序无须修改就可以运行在用户态或内核态，与 RPC 和 VFS 相关的逻辑全部由驱动框架完成，从而简化硬件驱动程序设计。在微内核架构下，驱动线程/消息事件模型的流程图如图 3-38 所示，详细代码可以查看 aos_device_register 函数的实现，本节就不进行详细介绍了。

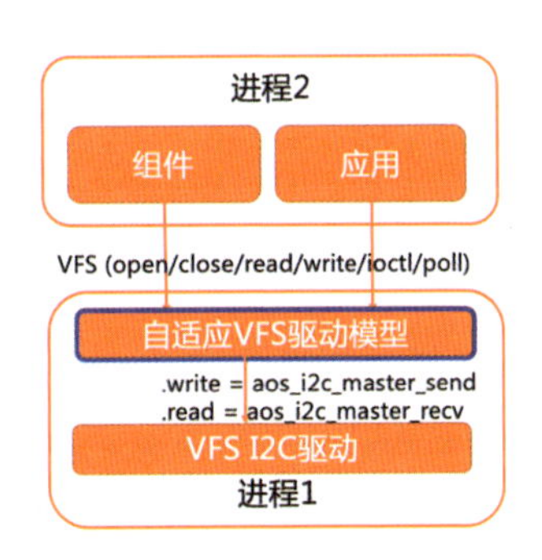

图 3-37　RPC 驱动服务 API 调用逻辑关系图

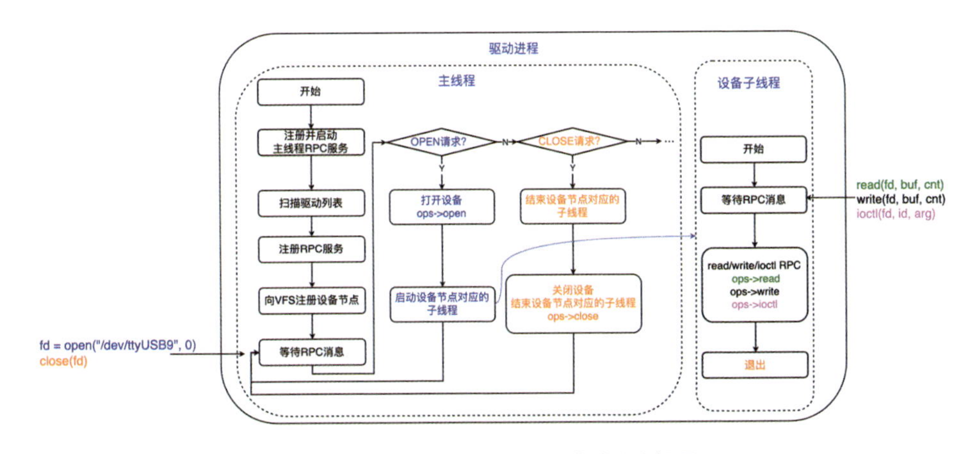

图 3-38　驱动线程/消息事件模型的流程图

3.3.1.3 设备驱动子系统

图 3-35 中的设备驱动子系统包含了常见的字符设备（UART/I2C/SPI/GPIO/PWM/ADC/DAC/Flash/Timer/Watchdog/MTD）驱动子系统，各个接口类型的功能及特点请参考第 1 章的内容。

表 3-15 列出了各设备驱动子系统的源代码位置、接口头文件说明、使用案例说明及芯片厂对接接口头文件所在位置。读者可以根据自己的需求进行详细解读。

其中每个设备驱动子系统都有对应的 AOS API 模块和 VFS API 模块，并且 VFS API 模块依赖于 AOS API 模块。用户可以根据需求选择使用哪种类型的 API。

表 3-15 设备驱动子系统源码信息

项 目	说 明
源代码位置	components/drivers/peripheral
接口头文件说明	components/drivers/peripheral/<subsystem>/include/aos/driver
使用案例说明	components/drivers/peripheral/<subsystem>/example
芯片厂对接接口头文件所在位置	components/csi/csi2/include/drv/<subsystem>.h

设备驱动子系统适用的场景如表 3-16 所示。

表 3-16 设备驱动子系统适用的场景

设备驱动子系统类型	适用的场景
I2C	同时和多个 I2C 从设备使用不同的时钟频率进行数据通信
SPI	同时和多个 SPI 从设备使用不同的参数设定（时钟频率、有无 CS 及 CS 极性有效性）进行数据通信
MTD	支持多分区，Nand Flash 和 Nor Flash
UART	兼容 POSIX 的 UART 操作

3.3.2 网络框架

AliOS Things 提供了一套支持连接网络及数据传输的网络框架。如图 3-39 所示，网络框架主要由负责网络管理的 Netmgr 模块和负责网络数据传输的 LwIP 模块两部分组成。

3.3.2.1 Netmgr 模块

Netmgr 是 AliOS Things 为支持不同的网络连接芯片类型和多元的应用场景提供的一套完善的网络管理框架。目前，Netmgr 支持对 Wi-Fi、以太网、蜂窝网等连接能力的管理，本节会重点介绍对最为普遍的 Wi-Fi 连接能力的管理。

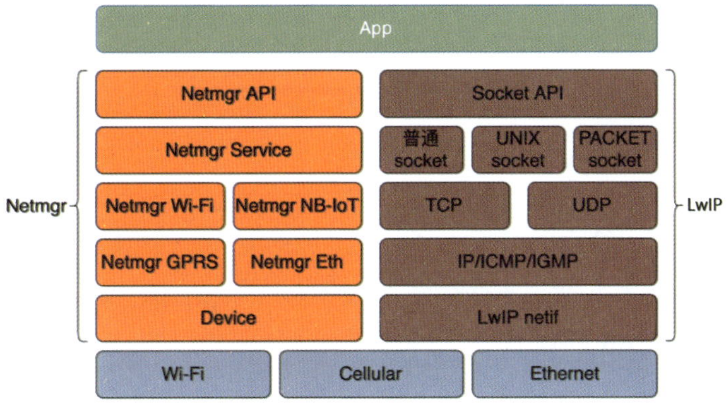

图 3-39　网络框架图

接入 Wi-Fi 网络是大部分 IoT 设备联网的第一步，而接入 Wi-Fi 一般需要经历配网和连网两个阶段。

1. Wi-Fi 配网

支持 Wi-Fi 连接能力的设备需要连接到 Wi-Fi 热点（AP，Acess Point）之后才能与其他设备进行基于 IP 的通信，将设备获取 AP 的 SSID/密码的过程称为 Wi-Fi 配网。Wi-Fi 配网的方式有很多种，这里介绍两种常见的配网方式。

（1）零配：不需要用户输入 AP 信息的配网方案，让一个已连接到 AP 的设备将 AP 的 SSID/密码发送给待配网的设备。

（2）一键配网：手机 App 把相应信息打包到 IEEE 802.11 数据包的特定区域，并发送到周围环境中；智能设备的 Wi-Fi 模块处于混杂模式，监听网络中的所有报文，直到解析出需要的信息（之前双方约定好的数据格式）。

2. Wi-Fi 连网

经过配网或其他方式拿到 SSID/密码后就可以去连 AP 了。AliOS Things 提供了 netmgr_connect 函数用于连网。其中的 params 参数包含了 SSID、密码、BSSID（站点的物理地址）及超时时间。

```
int netmgr_connect(netmgr_hdl_t hdl, netmgr_connect_params_t* params);
```

如图 3-40 所示，设备连上 AP 大概会经历 3 个阶段。

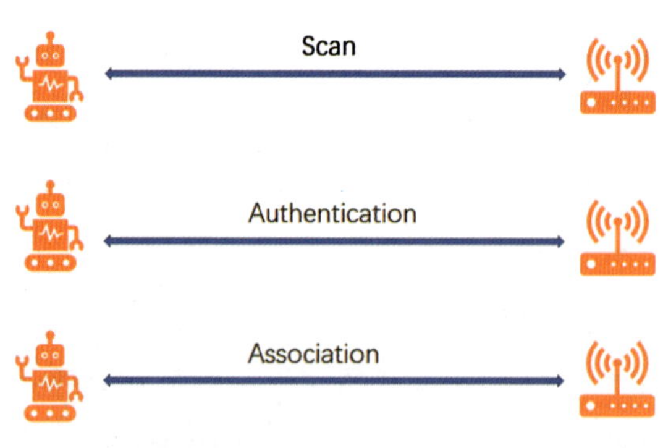

图 3-40 设备连 AP 过程

（1）扫描阶段（Scan）。

（2）认证阶段（Authentication）。

（3）关联阶段（Association）。

这 3 个阶段所需的时间可能会比较长，因此，netmgr_connect 函数会阻塞至成功连上 AP 或连接 AP 失败。

3. 连网配置信息

连网成功后，使用 netmgr_save_config 函数可保存连网配置信息：

```
int netmgr_save_config(netmgr_hdl_t hdl);
```

使用 netmgr_set_auto_reconnect 函数，可以在断网的情况下触发自动重连功能：

```
void netmgr_set_auto_reconnect(netmgr_hdl_t hdl, bool enable);
```

连网配置信息保存在/data/wifi.conf 文件中，保存的信息如下：

```
network={
ssid="aos"
password="12345678"
bssid= “00:11:22:33:44:55"
ap_power="-10"
format="utf8"
channel="11"}
```

其中包含了 SSID、密码、AP 信号强度、SSID 格式及信道。

此外，Netmgr 模块还提供了相应的接口以获取/删除网络配置信息。

4. IP 地址获取

当 Wi-Fi 关联 AP 成功后，终端设备需要获取 IP 地址。有两种方式可以获取 IP 地址，一种是使用 netmgr_set_ifconfig 函数给终端设备设置静态 IP 地址：

```
    int netmgr_set_ifconfig(netmgr_hdl_t hdl, netmgr_ifconfig_info_t*
info);
```

另一种是使用路由器的 DHCP 功能分配动态 IP 地址给终端设备，绝大多数终端设备获取 IP 地址都是使用这种方式。

使用 DHCP（动态主机配置协议）方式获取 IP 地址的流程如图 3-41 所示，整个 DHCP 的交互流程如下。

（1）设备先发起广播的 DHCP Discover 数据包，用于查找局域网内能提供 DHCP 功能的服务器。

（2）DHCP 服务器收到了 DHCP Discover 数据包后，会回复 DHCP Offer 给设备。

（3）设备收到 DHCP Offer 后，会发起 DHCP Request 请求，正式请求 IP 地址。

（4）DHCP 服务器回复 DHCP ACK，正式确认设备申请的 IP 地址。设备收到 DHCP ACK 后就可以正式使用 DHCP 服务器分配的 IP 地址了。

（5）当 DHCP 服务器分配的 IP 地址的租期到达一定时间后，设备会主动发起 DHCP Request 去续租。

（6）若 DHCP 服务器同意续租，则回复 DHCP ACK 数据包确认。

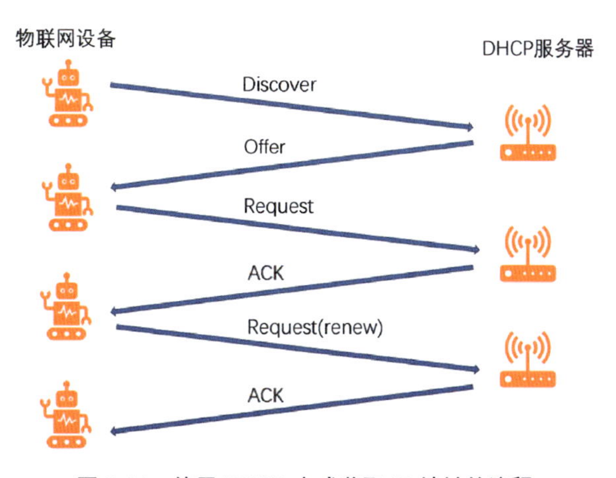

图 3-41　使用 DHCP 方式获取 IP 地址的流程

5. 网络时间获取

当设备获取 IP 地址后，系统会自动使用 SNTP（Simple Network Time Protocal，简单网络时间协议）同步网络时间。

1）事件上报

从触发连 AP 动作到关联上 Wi-Fi，再到获取 IP 地址及同步网络时间的整个过程中，有很多细节上层无法感知到。为了应用监听整个联网过程中的这些细节，Netmgr 提供了事件上报机制。目前，Netmgr 支持的事件如下：

```
#define EVENT_NETMGR_BASE                            0x01000
#define EVENT_NETMGR_WIFI_DISCONNECTED                   (EVENT_NETMGR_BASE
+ 1)  // Connection disconnected
#define EVENT_NETMGR_WIFI_SCAN_STARTED                   (EVENT_NETMGR_BASE
+ 2)  // Scan start
#define EVENT_NETMGR_WIFI_SCAN_FAILED                    (EVENT_NETMGR_BASE
+ 3)  // Scan failed
#define EVENT_NETMGR_WIFI_SCAN_DONE                      (EVENT_NETMGR_BASE
+ 4)
…
#define EVENT_NETMGR_DHCP_START_FAILED                        (EVENT_NETMGR_
DHCP_BASE + 1)  // DHCP start fails
#define EVENT_NETMGR_DHCP_TIMEOUT                             (EVENT_NETMGR_
DHCP_BASE + 2)  // DHCP timeout
#define EVENT_NETMGR_DHCP_SUCCESS                             (EVENT_NETMGR_
DHCP_BASE + 3)  // DHCP success
…
#define EVENT_NETMGR_DHCP_MAX                                 (EVENT_NETMGR_
DHCP_SUCCESS)

#define EVENT_NETMGR_GOT_IP                                   (EVENT_NETMGR_
DHCP_SUCCESS)
```

需要监听的模块可以使用如下函数去注册监听函数，以监听事件（Netmgr 也支持删除已经注册的监听函数）：

```
/** @brief  this struct defines netmgr message callback function
*/
typedef void (*netmgr_msg_cb_t)(netmgr_msg_t* msg);
int netmgr_set_msg_cb(netmgr_hdl_t hdl, netmgr_msg_cb_t cb);
int netmgr_del_msg_cb(netmgr_hdl_t hdl, netmgr_msg_cb_t cb);
```

2）Netmgr 命令行

Netmgr 提供了丰富的命令行，支持快速配置各种参数连接 Wi-Fi，常用命令如表 3-17 所示。

表 3-17 常用命令

命令行	说明
netmgr -t wifi -i	初始化
netmgr -t wifi -a [0/1]	设置是否自动重连：0 表示不自动重连，1 表示自动重连
netmgr -t wifi -b [0/1]	是否保存历史连接记录：0 表示不保存历史连接记录，1 表示保存历史连接记录
netmgr -t wifi -c [ssid] [password]	使用 SSID 密码连接路由器
netmgr -t wifi -e	断开 Wi-Fi 连接
netmgr -t wifi -m	设置 MAC 地址
netmgr -t wifi -s	打印当前网络上的 AP 信息
netmgr -t wifi -p	打印当前网络状态
netmgr -t wifi -r	读 Wi-Fi 配置文件
netmgr -t wifi -w [wifi_config]	写 Wi-Fi 配置文件
netmgr -t wifi -d	删除 Wi-Fi 配置文件
netmgr -t wifi -n	1 表示使能 sntp，2 表示关闭 sntp。目前没有查询 sntp 状态的参数，默认 sntp 功能是打开的

其中，wifi_config 格式如下：

```
network={\\nssid=\"aos\"\\npassword=\"12345678\"\\nchannel=\"1\"\\n}\\n
```

3.3.2.2 LwIP 模块

LwIP 是瑞士计算机科学院的 AdamDunkels 等人开发的一套用于嵌入式系统的开放源代码 TCP/IP 协议栈。LwIP 的含义是轻型 IP 协议。LwIP 可以移植到操作系统上，也可以在无操作系统的情况下独立运行。LwIP TCP/IP 协议栈实现的重点是在保持 TCP 协议主要功能的基础上减少对 RAM 的占用。一般它只需几十 KB 的 RAM 和 40KB 左右的 ROM 就可以运行，这使得 LwIP 协议栈适合在小型嵌入式系统中使用。

如图 3-42 所示，LwIP 采用了 TCP/IP 的 5 层分层模型思想，将网络框架分成 5 层：应用层、传输层、网络层、数据链路层、物理层。

- 应用层包括 DNS、HTTP、TLS/SSL、SIP、RTP 等协议。
- 传输层包括 TCP、UDP 等协议。
- 网络层包括 IP、ICMP、IGMP、ARP 等协议。

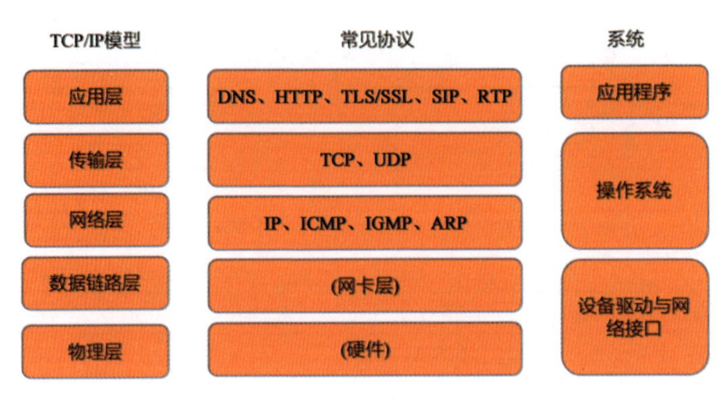

图 3-42　TCP/IP 的 5 层模型

1. 应用程序

LwIP 提供了大量的应用程序组件，并提供了对应的命令行。本节介绍几个常用的应用程序组件。

1）ping

ping 应用程序可以用来检测网络地址是否有响应，并统计响应事件。ping 也经常用来检测设备是否已经连接上网络。ping 命令的使用方法如下：

```
(ash)# ping -h
Usage: ping  [-c count] [-i interval] [-s packetsize] [-w timeout]
destination
        ping  [-h]
        ping  [-e]
  -c,       Stop after sending count ECHO_REQUEST packets
  -i,       Wait milliseconds between sending each packet
  -s,       Specifies the number of data bytes to be sent
  -w,       Time to wait for a response, in millisecond
  -h,       Show help
  -e,       Exit ping
Example:
ping www.aliyun.com
ping -c 3 -i 100 -s 1300 -w 1000 www.aliyun.com
```

2）ifconfig

ifconfig 应用程序主要显示当前设备的网卡信息，方便检查设备的网络状态，目前只支持查询网卡状态，不支持 up/down 等其他操作。

```
(ash)# ifconfig
```

```
en2 down
en1    up,    address:192.168.0.100    gateway:192.168.0.1
netmask:255.255.255.0
lo0 up, address:127.0.0.1 gateway:127.0.0.1 netmask:255.0.0.0
```

3）iperf

iperf 应用程序是一个带宽检测工具，方便检测当前网络的 TCP/UDP 带宽质量，其使用方法如下：

```
(ash)# iperf -h
Usage: iperf [-s|-c] [options]
       iperf [-h]
Client/Server:
  -u,       use UDP rather than TCP
  -p,       #server port to listen on/connect to (default 5001)
  -n,       #[kmKM]    number of bytes to transmit
 …
Client specific:
  -c,       <ip>run in client mode, connecting to <ip>
  -w,       #[kmKM]    TCP window size
 …
Example:
Iperf TCP Server: iperf -s
Iperf UDP Server: iperf -s -u
Iperf TCP Client: iperf -c <ip> -w <window size> -t <duration> -
p <port>
Iperf  UDP  Client:  iperf  -c  <ip>  -u  -l  <datagram  size>  -t
<duration> -p <port>
```

2. Socket

Socket 又称套接字，主要用于网络中不同主机上的应用进程进行双向通信。Socket 把复杂的 TCP/IP 协议族隐藏在 Socket 接口后面，对用户来说，只需有一组简单的接口 Socket，就可以使用 TCP/IP 进行网络通信。

AliOS Things 支持 3 种 Socket 类型：普通网络通信的 Socket、本地通信 UNIX Socket，以及可以发送任意数据帧的 AF_PACKET Socket。其中，普通网络通信的 Socket 又可以分为以下 3 种。

SOCK_STREAM：即 TCP，工作在传输层；需要先建立连接；保证数据的完整性和有序性；有分包机制和流量控制机制。

SOCK_DGRAM：即 UDP，工作在传输层；无连接；不保证数据的完整性和有序性；有分包机制，无流量控制机制。

SOCK_RAW：即 IP，工作在网络层；无连接；不保证数据的完整性和有序性；无分包机制和流量控制机制。

3. LwIP 核心协议栈

LwIP 核心协议栈框架如图 3-43 所示。

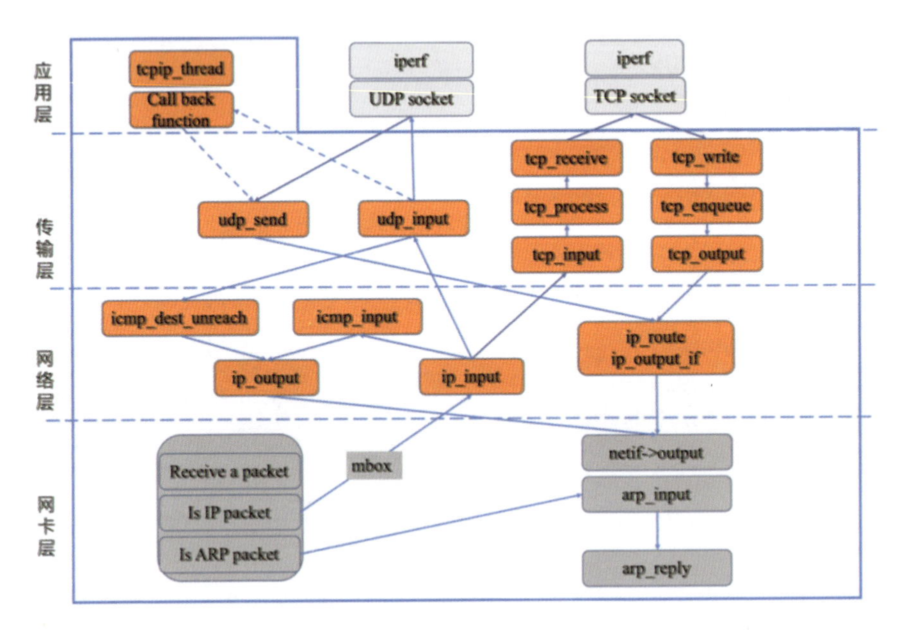

图 3-43　LwIP 核心协议栈框架

下面以 TCP socket 为例介绍数据的收发过程。

1）TCP socket 发送

应用层的 iperf 使用 TCP socket 发送数据，首先在 LwIP 协议栈里依次调用 tcp_write/tcp_enqueue/tcp_output；然后交由 LwIP 的 ip_route/ip_output_if 进行路由，最后调用网卡的 output()方法，将数据交给底层驱动。

2）TCP socket 接收

底层驱动收到数据，确认是数据包，将数据包交给协议栈的 ip_input 函数，IP 协议栈解析数据，确认是 TCP 数据包，继续调用 tcp_input/tcp_process/tcp_receive 函数，最终交给上层 socket。

同样，DGRAM socket 也有一样的流程。

另外，LwIP 还支持将数据收发交给 tcpip_thread task 来进行。

4. 网卡

如图 3-44 所示，LwIP 使用单向链表管理网卡。在 LwIP 的 netif.c 文件里，分别用全局变量 struct netif *netif_list 和 struct netif *netif_default 来表示网卡链表的头指针及默认网卡。

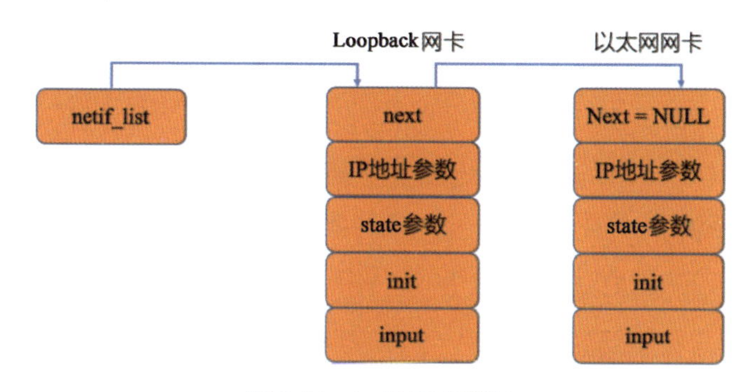

图 3-44　LwIP 网卡链表

如图 3-44 所示，一般网卡链表添加的第一个网卡是在 LwIP 初始化的时候添加的环回（Loopback）网卡。添加网卡一般使用 netif_add 函数：

```
struct netif *
netif_add(struct netif *netif,
#if LWIP_IPV4
        const ip4_addr_t *ipaddr, const ip4_addr_t *netmask,
const ip4_addr_t *gw,
#endif /* LWIP_IPV4 */
void *state, netif_init_fn init, netif_input_fn input)
```

netif_add 函数可能在多个线程中被调用，因此，推荐使用更为安全的 netifapi_netif_add 函数添加网卡：

```
err_t
netifapi_netif_add(struct netif *netif,
#if LWIP_IPV4
const ip4_addr_t *ipaddr, const ip4_addr_t *netmask, const
ip4_addr_t *gw,
```

```
#endif /* LWIP_IPV4 */
void *state, netif_init_fn init, netif_input_fn input)
```

介绍完网卡的初始化流程，下面介绍网卡的收发流程。

（1）网卡的接收流程：硬件驱动获取数据→网卡的 input 回调函数→LwIP 的 tcpip_input 函数。

（2）网卡的发送流程：LwIP 的 etharp_output 函数→网卡的 output 回调函数→LwIP 的 ethernet_output 函数→网卡的 linkoutput 回调函数→硬件驱动。

5. 数据包存储

LwIP 使用 pbuf 存储数据包，支持 4 类存储方式：PBUF_POOL、PBUF_RAM、PBUF_ROM 和 PBUF_REF。

PBUF_POOL 类型的 pbuf 是从预留的一组内存池里分配的。如果协议头（offset）和数据所需的空间大于内存池的大小，则需要分配多个此种类型的内存池，并将这些内存池通过 pbuf->next 指针连接起来，如图 3-45 所示。

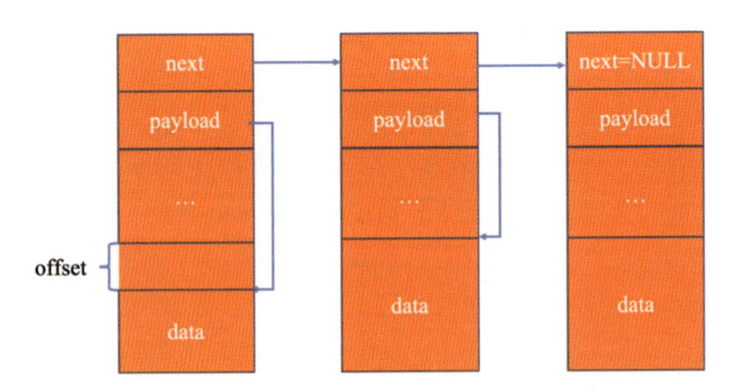

图 3-45　PBUF_POOL 类型的 pbuf 内存分配方式

PBUF_RAM 类型的 pbuf 是从内存堆中分配内存的，如果申请的内存空间有剩余的连续空闲空间满足要求，则一次分配成功。PBUF_RAM 类型的 pbuf 内存分配方式如图 3-46 所示。

PBUF_ROM 和 PBUF_REF 类型的 pbuf 与 PBUF_RAM、PBUF_POOL 类型的 pbuf 不一样，只在内存堆中分配一个 pbuf 结构头，不申请数据区的空间。PBUF_ROM 和 PBUF_REF 类型的 pbuf 的区别在于 PBUF_ROM 类型的 pbuf 指向 ROM 空间内的某段数据，而 PBUF_REF 类型的 pbuf 指向 RAM 空间内的某段数据。PBUF_ROM/PBUF_REF 类型的 pbuf 内存分配方式如图 3-47 所示。

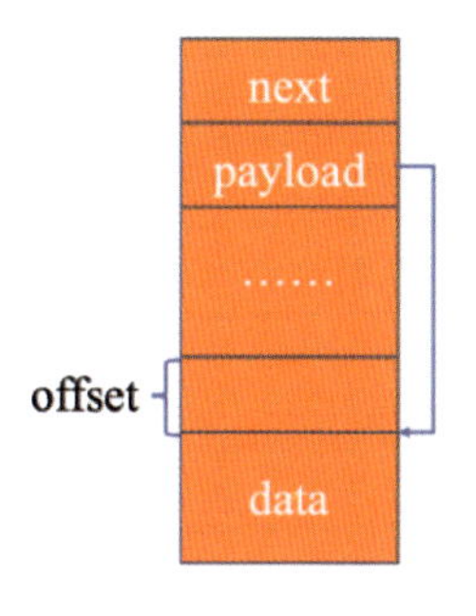

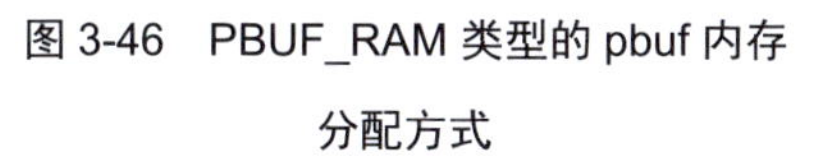

图 3-46　PBUF_RAM 类型的 pbuf 内存分配方式

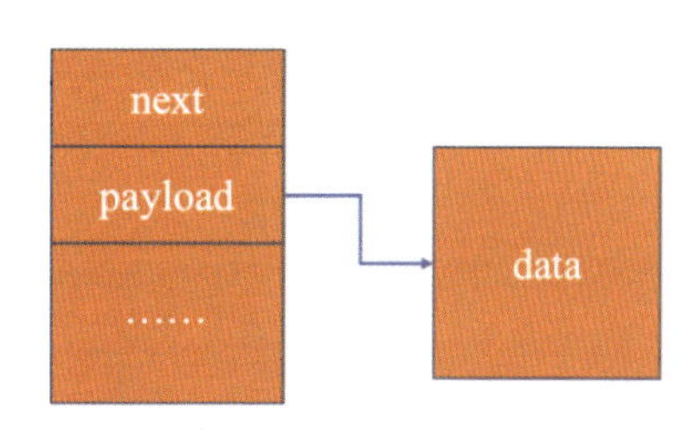

图 3-47　PBUF_ROM/PBUF_REF 类型的 pbuf 内存分配方式

分配不同类型的 pbuf 内存都使用 pbuf_alloc 函数，但对 4 种类型的 pbuf_alloc 有不同的实现逻辑。PBUF_RAM 类型的 pbuf 是调用函数 mem_malloc 从内存堆中分配内存的，其他 3 种是调用函数 memp_malloc 从内存池中分配内存的。相对应地，PBUF_RAM 类型的 pbuf 的释放就需要调用 mem_free 函数将内存释放回内存堆中，其他 3 种需要调用 memp_free 函数将内存释放回对应类型的内存池中。

6. pktprint 命令行

pktprint 是 AliOS Things 提供的一种数据包打印方式，其使用方法如下：

```
(ash)# pktprint -h
Usage: pktprint  [debug_level]
pktprint  [-h]
-h,        Show help
The specified port pkt print is supported in level 1:
-p,        Show packet info that contain the specified port
-g,        Get the specified port that is to show packet info
-c,        Clear the specified port packet print setting
-s,        Show pkt_print debug level
-t,        Set pkt_print debug level
-i,        Show pkt stats information
level value:
0,         No pkt print
1,         Print syn/synack/rst/finack/finpshack/sepcified port  pkt
2,         Print all pkt
```

在使用 pktprint -t 2 的时候，可以从串口日志里看到收发的每个数据包信息：

```
    [ lwIP ] lwIP_send, pkt:0x2005e9bc, netif(0x2003c994), 0.0.0.0
-> 255.255.255.255 IPID(d), 68 -> 67, DHCP_BOOTREQ(336)
    [   lwIP   ]   lwIP_recv,   pkt:0x2005eeb4,    netif(0x2003c994),
192.168.0.1 -> 192.168.0.100 IPID(22), 67 -> 68, DHCP_BOOTREP(576)
    [ lwIP ] lwIP_send, pkt:0x2005e638, netif(0x2003c994), 0.0.0.0
-> 255.255.255.255 IPID(e), 68 -> 67, DHCP_BOOTREQ(336)
    [   lwIP   ]   lwIP_recv,   pkt:0x2005eeb4,    netif(0x2003c994),
192.168.0.1 -> 192.168.0.100 IPID(23), 67 -> 68, DHCP_BOOTREP(576)
    [   lwIP   ]   lwIP_send,   pkt:0x2005d26c,    netif(0x2003c994),
192.168.0.100 -> 192.168.0.1 IPID(11), 50358 -> 53, DNS(61)
    [   lwIP   ]   lwIP_send,   pkt:0x2005d26c,    netif(0x2003c994),
192.168.0.100 -> 192.168.0.1 IPID(12), 50358 -> 53, DNS(61)
```

LwIP 日志字段说明如表 3-18 所示。

表 3-18 LwIP 日志字段说明

日志字段	说　明
lwIP_send	数据包发送
lwIP_recv	数据包接收
pkt	当前数据包 pbuf 指针指向的地址
netif	收发数据包的网卡
192.168.0.100 -> 192.168.0.1	源地址->目的地址
IPID	数据包的 IPID
S	序列号
A	ACK 确认
W	接收窗口的大小
l	数据包 payload 的长度
58258 -> 1883	源端口->目的端口
TCP_PSHACK(677)	协议及 IP 数据包的长度

3.3.3 文件系统

文件系统是操作系统内最重要的模块之一。从桌面计算机时代到移动互联网时代，再到云计算时代，存储技术一直都是计算机技术发展和演进的核心要素之一。在嵌入式领域，随着物联网技术和业务的深入发展，越来越多的场景需要使用灵活可靠的文件存储方案。例如，对于带屏音/视频设备，需要存储大量的图片、音/视频文件、系统运行日志、配置参数等数据。

文件系统的主要功能是通过一些管理数据结构将上面那些文件数据以有序和可索引的组织方式写到存储介质中，并向应用层提供文件和目录的读/写、增加、修改、删除等操作。

本节将介绍 AliOS Things 操作系统中文件系统模块的设计和使用。

3.3.3.1　存储介质

AliOS Things 支持物联网领域大多数常用的存储介质，如 Nor Flash、Nand Flash、SD 卡、eMMC 等。

- Nor Flash。Nor Flash 是嵌入式和物联网场景下最常用的存储介质，具有成本低、支持 XIP 等优势，但是 Nor Flash 一般容量比较小，适用于小型嵌入式系统或存储数据量较小的场景，可以较好地满足低成本的需求。
- Nand Flash。Nand Flash 和 Nor Flash 一样，也属于裸 Flash 的一种。相比于 Nor，Nand 的存储密度更高、容量更大、单位成本更低，在 SD 卡、eMMC 等带控制器的存储介质中被广泛应用。Nand Flash 的劣势是需要软件层处理坏块、掉电保护、磨损平衡等底层操作问题，因此对软件的要求更高。Nand 比较适合于需求较大容量，同时追求低成本的场景使用。
- SD 卡/eMMC。SD 卡也被广泛应用在物联网产品中。它的优势是容量大（一般能支持几十甚至上百 GB）、操作简单、性能好。但 SD 卡一般成本较高，适用于需要大容量高性能存储，同时对成本不是很敏感的场景。

eMMC 本质上和 SD 卡是同一类存储介质，都是自带控制器（具备处理 Nand 存储的磨损平衡、掉电保护、坏块处理等底层操作的功能）的存储介质。它们的不同之处在于引脚封装有差异，SD 卡一般安装于 SD 卡卡槽（支持热插拔）中，而 eMMC 一般直接焊接在 PCB 上。

3.3.3.2　文件系统架构与设计

AliOS Things 系统的文件系统的设计充分考虑了物联网场景下存储介质多样、性能要求不一、容量需求多样、低成本要求等特点，同时在最大限度上兼顾上层应用使用方便、利于移植等需求。

总体来说，AliOS Things 文件系统方案具备以下特点。

（1）丰富的介质支持：支持 Nor、Nand、SD 卡/eMMC、内存等存储。

（2）多样化的容量支持：支持从 KB 级别到百 GB 级别的数据量存储。

（3）低成本优势：对裸 Flash 等低成本场景有针对性的功能和性能优化支持。

（4）满足差异化的性能需求：满足物联网各场景下对数据存储不同级别的性能要求。

（5）良好的可移植性支持：完善的 POSIX 接口支持，易于开发，且具有良好的可移植性。

AliOS Things 文件系统的架构如图 3-48 所示。

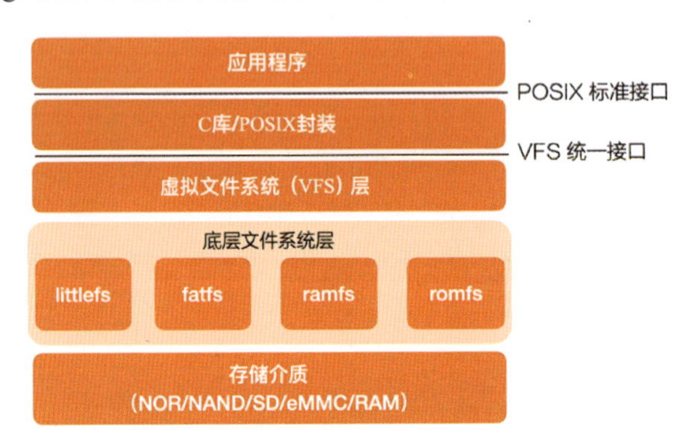

图 3-48　AliOS Things 文件系统的架构

3.3.3.3　虚拟文件系统

虚拟文件系统（Virtual File System，VFS）是 AliOS Things 内核的重要组件之一。虚拟文件系统本质上是一种框架，对下提供服务注册机制，对上提供统一的接口服务。虚拟文件系统的核心功能是屏蔽底层文件系统和存储介质的差异，对上层应用提供统一的文件和目录访问界面，使上层开发不必关注具体文件系统和存储介质的底层细节。虚拟文件系统使上层开发变得更容易，也更具有可移植性。

- inode 管理。每个注册的底层文件或设备都是 VFS 层的一个节点，称为 inode。VFS 层提供 inode 节点的分配、打开、释放、删除等操作。以下是 inode 的管理数据结构：

```
typedef struct {
    union vfs_inode_ops_t ops; /* inode operations */
    void *i_arg; /* per inode private data */
    char *i_name; /* name of inode */
    int32_t i_flags; /* flags for inode */
    uint8_t type; /* type for inode */
    uint8_t refs; /* refs for inode */
```

```
} vfs_inode_t;
```

- 文件系统注册。VFS 层提供了底层文件系统的注册机制，底层文件系统提供具体的文件存储和介质访问功能。底层文件系统在系统启动过程中，通过调用以下接口向 VFS 层注册相关接口和服务：

```
int32_t vfs_register_fs(const char *path, vfs_filesystem_ops_t* ops, void *arg);
```

其中，path 是文件系统挂载路径，ops 是文件系统提供的服务接口。

相应地，通过以下接口，可以注销文件系统节点：

```
int32_t vfs_unregister_fs(const char *path);
```

- 文件访问。VFS 层提供统一的文件访问接口，包括 open、read、write、close 等。常用的 VFS 文件相关的接口定义如下：

```
int32_t vfs_open(const char *path, int32_t flags);
int32_t vfs_close(int32_t fd);
int32_t vfs_read(int32_t fd, void *buf, uint32_t nbytes);
int32_t vfs_write(int32_t fd, const void *buf, uint32_t nbytes);
int32_t vfs_ioctl(int32_t fd, int32_t cmd, uint32_t arg);
uint32_t vfs_lseek(int32_t fd, int64_t offset, int32_t whence);
int32_t vfs_stat(const char *path, vfs_stat_t *st);
int32_t vfs_remove(const char *path);
int32_t vfs_rename(const char *oldpath, const char *newpath);
int32_t vfs_access(const char *path, int32_t amode);
```

- 目录访问。VFS 层也提供了统一的目录操作接口，常用的目录操作接口定义如下：

```
vfs_dir_t *vfs_opendir(const char *path);
int32_t vfs_closedir(vfs_dir_t *dir);
vfs_dirent_t *vfs_readdir(vfs_dir_t *dir);
int32_t vfs_mkdir(const char *path);
int32_t vfs_rmdir(const char *path);
int vfs_chdir(const char *path);
char *vfs_getcwd(char *buf, size_t size);
```

3.3.3.4　底层文件系统

前面提到，AliOS Things 系统中由 VFS 层提供统一的文件接口服务，屏蔽了底层文件系统的细节。底层文件系统虽然对上层软件不可见，但它才是负责具体的文件数据存储和介质访问的模块。

AliOS Things 集成开发了几套文件系统，分别是 LittleFS、FatFS、ramfs、romfs，它们适用于不同的存储介质和存储场景。

- LittleFS。LittleFS 是一种具备高可靠性的嵌入式文件系统，它的 ROM 和 RAM 消耗都非常低，因此特别适合用在嵌入式和 IoT 等中小型设备上。此外，LittleFS 在设计上充分考虑了 Flash 的底层特性，设计了坏块管理、掉电保护、磨损平衡等机制，因此特别适合用在 Nor Flash 和 Nand Flash 存储介质上。
- FatFS。FatFS 是一种为小型系统设计的 FAT 文件系统。FatFS 的通用性好，可以兼容 DOS/Windows 系统。从 DOS 时代开始，FAT 文件系统就受到广泛支持。但由于 FatFS 文件系统的设计和实现并未考虑在裸 Flash 上的操作特性，所以不带掉电保护、磨损平衡功能。因此，FatFS 适合用在 eMMC、SD 卡等自带坏块处理和磨损平衡功能的存储介质上。AliOS Things 系统的 FatFS 支持 FAT16、FAT32、exFAT 格式，可以支持上百 GB 的数据存储，在嵌入式系统上可以达到十几 MB/s 的读/写性能。
- ramfs。ramfs 即 RAM 文件系统，是运行在内存中的文件系统。它所有的文件和目录数据均存储在内存空间中，不依赖 Flash 等存储介质。ramfs 的特点是掉电时数据不保存、系统重启后数据被清除，因此比较适合用在数据需要临时存储但无须永久保存的场景，如系统中间态的运行配置、系统临时日志等。
- romfs。romfs 即 ROM 文件系统，是一种简单的只读文件系统。romfs 作为只读文件系统，可以用在对数据有一定安全性要求的场景，romfs 的只读特性可以保证数据不被篡改。另外，由于 romfs 不支持数据写入功能，所以 romfs 中存储的文件可以以顺序、连续的方式存储，这种存储方式非常适合数据的读取，具有非常好的读性能。因此，romfs 可以用在对读速率要求高的场景，如快速启动/加载场景。

3.3.3.5 NFTL

前面提到，Nand Flash 是一种成本极低的大容量存储介质，在很多数据量大但成本敏感场景下，Nand Flash 是一个非常理想的选择。

但 Nand Flash 的缺点也很明显，主要体现在可靠性差方面，出厂和运行时均可能出现坏块，且存在 bit 位反转等问题。此外，一般 Nand Flash 的存储块（Flash 的擦除单位）都比较大，因此，在一些以块（block）为单位存储文件的文件系统中，存储空间的利用率较低。

AliOS Things 操作系统为了更好地支持低成本场景，针对 Nand Flash 打造了一套 NFTL 解决方案。NFTL 即 Nand Flash 转换层（Nand Flash Translation Layer）。NFTL 在设计上充分考虑了 Nand Flash 的可靠性差、擦除单位大等特点，提供了一种逻辑块到物理块/页的映射存储机制。在 NFTL 映射机制下，对上层使用者可见的存储空间是单元块（sector），而非实际的 Flash 物理块/页。当逻辑 sector 的数据真正存储到物理介质上时，由 NFTL 层进行处理，选择实际可用的数据块/页进行存储，提供记录 sector 到物理块/页的映射关系，以便 sector 上的数据读取。图 3-49 展示了 NFTL 映射机制的基本原理。

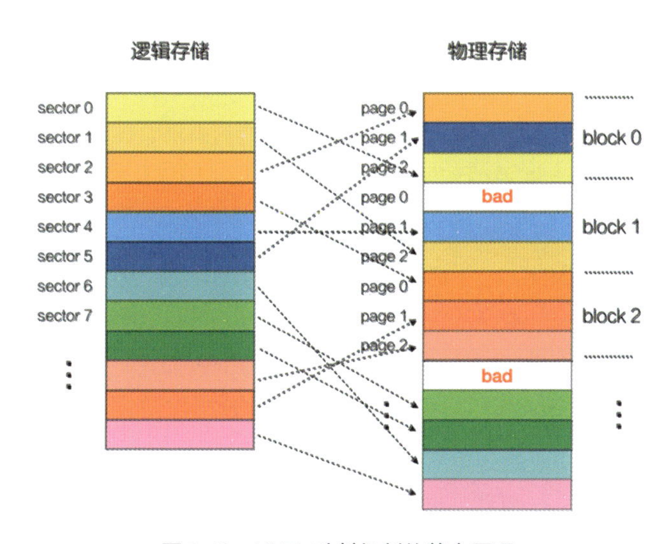

图 3-49 NFTL 映射机制的基本原理

通过 NFTL 映射机制，可以完美地解决 Nand Flash 上的两个突出问题：①NFTL 屏蔽了 Nand Flash 的坏块，使用户不再需要关心坏块的问题，特别是出厂坏块这种很多软件难以处理的问题；②解决以块为单位存储文件的文件系统方案在 Nand Flash 上的空间利用率低的问题。因为对用户可见的数据块对应的是逻辑 sector，而不是实际的物理块。实际的物理块可能很大（如 256KB），而逻辑 sector 可以划分得很小（如 4KB）。

NFTL 有以下几个重要的设计。

- 坏块管理。NFTL 中逻辑 sector 的数据都需要实际存储到物理介质上，即存储到 NAND Flash 的物理块中。因此，NFTL 在运行中需要一种正确处理坏块的逻辑。

对于出厂坏块或运行中出现的坏块，NFTL 提供了一套标记机制，在需要选择物理块进行数据存储时，NFTL 通过标记判断数据块是否可用。对于已标记为坏块的数据块，确保其不会被真正用于有效数据的存储。

同时，对于已存储部分数据的数据块，如果在运行中出现坏块情况，则 NFTL 会先将已存储的数据转移到新的好的数据块上，再继续写入操作，从而保证数据永远存储在好的数据块上。与此同时，该数据块会被标记为坏块，避免后续被使用。

- 掉电保护。NFTL 充分考虑了数据的掉电安全问题。在每个数据页被写入时，均在 Nand Flash 的 spare 区域附带了 CRC 校验码。在数据页被读取时，首先校验 CRC 值，只有通过 CRC 校验的数据页才会被采用，否则被视为无效数据页。如果在写入数据页的过程中掉电，则 spare 区域的 CRC 校验码不会被正确写入。当系统重新上电后，在读取该数据页时，由于 CRC 校验失败，所以该页数据不会被采纳和使用。
- 磨损平衡。一般，Flash 数据块都有擦写次数的限制，超过限制后，数据块可能会不可用。因此，为了避免出现 Flash 中部分数据块擦写次数过多（明显多于其他数据块），进而影响整个 Flash 的使用寿命的情况，NFTL 设计了一套动态磨损平衡机制。磨损平衡的目的是使 Flash 上的每个数据块都得到几乎相同的擦写次数，延长整个 Flash 的使用寿命。

NFTL 在选取数据块进行擦写时，采用了一种顺序选取的方式，即每次需要对空闲数据块进行擦写时，都要按顺序从当前空闲块表中选择下一个空闲块。这种线性、按序的空闲块分配机制可以基本上保证所有的数据块都有相同的概率被使用到。

但是，上面这种磨损平衡机制还存在一个问题，就是空闲块起始位置的问题。由于系统很大，可能出现断电或重启的情况，如果系统每次启动都选择从某个固定位置（大多数情况下为 Flash 的第一块）开始，就可能出现离该固定位置近的后续数据块被使用的概率非常大，而远离该固定位置的数据块被使用的概率很小。

因此，需要确保空闲块起始位置的随机性。NFTL 在初始化过程中会计算文件系统存储区域的哈希值，并使用该哈希值选择空闲块的起始位置。由于在绝大多数情况下，文件系统在每次系统启动运行中均会有一定量的数据写入（哪怕是一个字节），所以文件系统存储区域的哈希值都会随机变化，从而保证了 NFTL 空闲块起始位置的随机性。

通过上面提到的线性按序、起始位置随机结合的方式，NFTL 可以达到一种动态磨损平衡效果。

- 垃圾回收。NFTL 在运行过程中，通过更高的版本号机制来建立更新的映射管理。对于同一个逻辑 sector，对应的版本号更高的物理页数据为有效数据，版本号低的物理页数据为过时数据，等待回收。因此，需要一种垃圾回收机制，对版本号低的过时数据进行回收，从而达到释放空间的效果。

NFTL 会初始化一个后台任务，用于监测存储区域的垃圾数据状况，在垃圾数据积累到一定程度后，对数据块进行盘整，将有效物理页数据集中搬移到其他数据块中，腾出来的数据块（存储了大量的过时数据）会被擦除，重新投入使用。

同时，考虑到在文件系统满载率较高的情况下，如果数据写入频繁，则可能出现后台任务回收不及时的问题。为此，NFTL 还提供了一套保底机制，以在空闲块数量低于极限值时，当次写入会立即触发回收流程，从而确保数据块可用。但是在这种情况下，NFTL 和文件系统的运行性能可能会比较差。

3.3.3.6　文件和目录操作

AliOS Things 系统为了方便上层应用的开发，在 VFS 层的基础上又封装了一层 POSIX 标准接口和服务。使用符合 POSIX 标准的接口进行开发，不但开发效率高，而且应用的可移植性也更高，同时，在其他平台上开发的 POSIX 应用也可以很方便地迁移到 AliOS Things 系统上。

AliOS Things 文件系统支持大多数 POSIX 标准中规范的文件和目录相关的系统操作接口，如 open、read、write、close、opendir、readdir、closedir 等；也支持标准 C 库规范的带缓冲的文件和目录操作接口，如 fopen、fread、fwrite、fclose 等。用户使用这些 POSIX 标准接口可以进行文件和目录的访问。

- 文件访问。以下代码展示了如何使用不带缓冲的接口进行文件访问：

```
#include <sys/types.h>
#include <sys/stat.h>
#include <fcntl.h>
#include <unistd.h>
#include <string.h>
#include <stdio.h>

void rw_file()
```

```
{
    int fd, ret=0;
    char *test_str = "hello world", buff[128] = {0};

    fd = open("/data/test.txt", O_CREAT | O_RDWR);
    if(fd < 0) {
        printf("Failed to open file\r\n", fd);
        return;
    }

    ret = write(fd, test_str, strlen(test_str));
if(ret < 0) {
        printf("Failed to write into file\r\n");
        close(fd);
        return;
    } else {
        printf("%d bytes written to file.\r\n", ret);
    }

    ret = lseek(fd, 0, SEEK_SET);
    if (ret < 0) {
        printf("Failed to seek file\n")
        close(fd);
        return;
    }

    ret = read(fd, buff, sizeof(buff));
    if (ret > 0) {
        printf("String read from file: %s\r\n", buff);
    }

    close(fd);
}
```

- 目录访问。可以使用 opendir/readdir/closedir 实现对目录的遍历，详细代码请参考 AliOS Thigns 官方案例代码。

3.3.3.7　小结

AliOS Things 系统提供了完整的文件系统解决方案，用于满足物联网场景下的文件数据存储需求。

在物理介质方面，AliOS Things 支持 Nor Flash、Nand Flash、SD 卡、eMMC 等物联网领域常用的存储介质。特别是针对 Nand Flash，AliOS Things 通过 Nand Flash 转换层功能提供了完善的支持。

在底层文件系统上，采用多种底层文件系统方案，用于满足不同场景的不同需求下的数据存储要求。并且，在底层文件系统之上封装了 VFS 层，用于屏蔽底层文件系统和存储介质的细节，对上提供统一的文件接口服务。

同时，为了方便应用开发、提高应用软件的可移植性，AliOS Things 提供了符合 POSIX 标准的文件和目录操作接口，大大降低了文件系统的使用难度。

最后，提供了在 AliOS Things 系统上进行文件和目录操作的相关示例。

3.4　CLI 命令行调试诊断

在日常嵌入式开发中，我们经常会用串口命令来使设备进入某种特定的状态或执行某项特定的操作，如系统自检、模拟运行或进入手动模式进行设备调试。Linux 系统下有强大的 Shell 工具，可以让用户和系统进行交互；而在传统的单片机系统中，用户往往需要自行实现一套类似的交互工具。

AliOS Things 原生带有一套名为 CLI（Command Line Interface）的命令行交互工具，在提供基本的系统交互命令的基础上，也支持用户自定义命令。下面详细说明 CLI 组件的原理、常用 CLI 命令，以及如何添加自定义的 CLI 命令。

3.4.1　CLI 原理简介

操作系统提供的命令行交互功能一般都用 UART 或 USB 作为用户接口，接收用户输入的指令、解析指令并执行。AliOS Things 操作系统的 CLI 组件也支持采用 USB、UART 或其他方式与用户进行交互。

在 HaaS EDU K1 上，CLI 是通过 UART0 作为通道和用户进行交互的，其基本工作原理如图 3-50 所示。

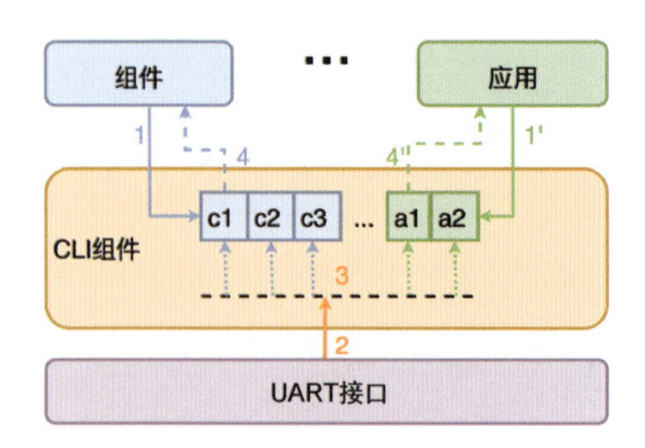

图 3-50　CLI 的基本工作原理

- 注册指令。注册指令是指当组件或应用初始化时，向 CLI 组件注册[command, handler]信息，将自己关注的指令及指令处理函数注册给 CLI 组件。
- 接收指令。接收指令是指 CLI 组件从 UART 接口读取用户输入的指令，接收到指令输入完毕的动作后，按 Enter 键开始执行步骤 3（见图 3-50）。
- 分发指令。CLI 组件将用户输入的指令与组件及应用注册的目标指令名称（command）进行比对，如果找到匹配的指令对信息，则执行步骤 4（见图 3-50）；否则丢弃用户输入的指令。
- 执行指令。提取匹配成功的[command, handler]信息，并将指令内容传递给 handler 指向的函数指针，同时调用 handler 指向的函数。

当使用串口或 USB 转串口连接设备与控制终端时，CLI 命令的执行流程如图 3-51 所示。

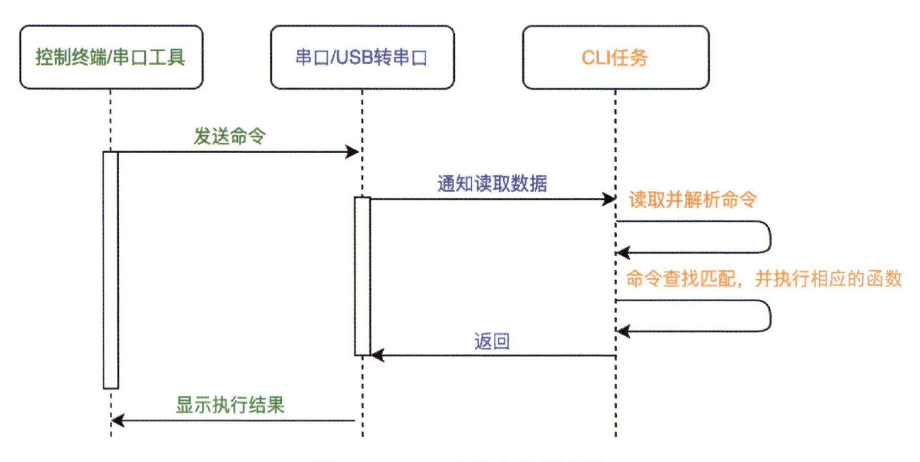

图 3-51　CLI 命令的执行流程

CLI 组件支持命令自动补全、查看历史命令、类 Linux 快捷键操作等功能，通过键盘上的单个按键和组合按键，可以方便地使用这些功能。CLI 支持的按键如表 3-19 所示。

表 3-19　CLI 支持的按键

按　键	功　能　描　述
Tab 键	若不输入命令，则会出现系统中的所有命令 若在一串字符之后按 Tab 键，则表示命令补全或文件补全
方向键↑↓	上下翻阅最近输入的历史命令
BackSpace 键	删除符
左右键← →	向左或向右移动光标
Ctrl+A	移动光标到命令行的开头
Ctrl+B	向左移动一格光标
Ctrl+D	删除当前光标所在处的字符
Ctrl+E	移动光标到命令行的末尾
Ctrl+F	向右移动一格光标
Ctrl+H	向左删除一个字符（相当于 BackSpace 键）
Ctrl+K	删除从当前光标到行末尾的所有字符
Ctrl+H	向左删除一个字符（相当于 BackSpace 键）

3.4.2　常用 CLI 命令介绍

1. 命令整体介绍

AliOS Things 的 CLI 组件代码位于 component/cli 目录下。打开 CLI 组件的方法是在相应应用的 packet.ymal 中添加如下代码：

```
depends:
  - cli: dev_aos
```

添加好之后，重新编译、烧录。系统启动后，在串口工具窗口中按 Enter 键，有#符号打印，输入 help 可查看当前系统中的 CLI 命令及其说明，如果我们自己添加了命令，那么也会显示在其中；按下 Tab 键也可列出系统当前支持的所有命令。默认命令的数量不是固定的。AliOS Things 的各个组件都会向 CLI 注册一些命令。例如，当打开 IOBOX 文件系统命令功能时，就会把 ls、cd、echo、mkdir、touch、pwd 等命令注册到 CLI 组件中，方便开发者调试。CLI 组件常常跟 debug 组件一起使用，debug 组件也会向 CLI 组件注册一些常用的系统调试命令，下面介绍这些系统常见命令。

以下为输入 help 后打印出来的系统当前支持的命令（部分），其中，左边是命令名称，右边是关于这条命令的描述信息：

```
================ AliOS Things Command List ==============
help            : print this
reboot          : reboot system
cat             : read file
cd              : change current working directory
cp              : copy file
df              : show fs usage info
echo            : echo strings
ll              : the same as 'ls -kl'
ls              : list file or directory
lsfs            : list the registered filesystems
mkdir           : make directory
mv              : move file
rm              : remove file
touch           : create empty file
pwd             : print name of current working directory
hd              : the same as 'hexdump -C'
hexdump         : dump binary data in decimal
assert          : Trigger assert
panic           : Console trigger system panic
print_t         : Console Cmd Print Test
debug           : show debug info
sysver          : system version
time            : system time
msleep          : sleep miliseconds
p               : print memory
m               : modify memory
devname         : print device name
tasklist        : list all thread info
dumpsys         : dump system info
cpuusage        : show cpu usage
...
****************** Commands Num : xx ******************
================ AliOS Things Command end ==============
```

2. CLI 常用命令详细介绍

下面针对几个最常见的命令进行介绍，帮助开发者理解。

- 显示系统版本号——sysver：

```
(ash:/data)# sysver
kernel version :12000
```

此版本号即定义在 include/aos/kernel.h 中的 SYSINFO_KERNEL_VERSION。

- 显示动态内存状态统计——dumpsys mm：

```
(ash:/data)# dumpsys mm
------------------------------------------------------------------------
[HEAP]| TotalSz      | FreeSz       | UsedSz       | MinFreeSz   |
MaxFreeBlkSz  |
      | 0x0067FFF8  | 0x00667FF8  | 0x00018000  | 0x00648040  |
0x00648010    |
------------------------------------------------------------------------
[POOL]| PoolSz       | FreeSz       | UsedSz       | MinFreeSz   |
MaxFreeBlkSz  |
      | 0x00000800  | 0x00000000  | 0x00000800  | 0x00000000  |
0x00000040    |
------------------------------------------------------------------------
```

dumpsys mm 输出信息说明如表 3-20 所示。

表 3-20　dumpsys mm 输出信息说明

字　段	描　述（单位为字节）
TotalSz	系统可供 malloc 的动态内存总大小
FreeSz	系统当前空闲内存大小
UsedSz	系统当前已经分配的内存大小，即 UsedSz = TotalSz – FreeSz
MinFreeSz	系统空闲内存的历史最小值，因此，TotalSz – MinFreeSz 便是内存历史使用量峰值
MaxFreeBlkSz	系统最大空闲块大小，表示系统此时可供分配出来的内存的最大值

dumpsys mm_info 命令可以显示系统当前所有动态内存的申请情况，这个功能对于诊断系统内存泄露的问题比较有用，可以打印出此时系统正在使用的动态内存的地址、大小、申请者等有用信息。此功能默认并未开启，如果要开启，则需要在 package.ymal 中将 RHINO_CONFIG_MM_DEBUG 设置为 1：

```
def_config:
```

```
RHINO_CONFIG_MM_DEBUG:1
```

- 显示任务状态——tasklist。使用 tasklist 命令可以看到当前系统默认启动了多少个任务，每个任务的优先级、最小任务栈尺寸、运行时间、当前状态等信息：

```
(ash:/data)# tasklist
----------------------------------------------------------------
Name                ID    State     Prio StackSize MinFreesize Runtime
Candidate
----------------------------------------------------------------
dyn_mem_proc_task  1      PEND      6    1024       860         0       N
idle_task          2     RDY       61   4096       3996        317426  N
…
timer_task          4     PEND      5    8192       8008        1085    N
main               5     SLP       33   20480      18484       363     N
App_thread          6     PEND      31   4096       3900        0       N
…
----------------------------------------------------------------
```

tasklist 输出信息说明如表 3-21 所示。

表 3-21　tasklist 输出信息说明

字　段	描　　述
Name	任务的名称
ID	任务的 ID，从 1 开始递增
State	任务当前的状态
Prio	任务的优先级
StatckSize	任务栈的大小，单位为字节
MinFreesize	任务栈使用极限值，可判断任务栈的空间是否够用
Runtime	任务的累积运行时间，单位是系统时钟节拍
Candidate	当前正在运行的运行标志：Y 表示正在运行，N 表示没有运行

- 显示任务负载——cpuusage。cpuusage 命令默认以 1s 为周期打印系统所有任务的 CPU 占用率：

```
-----------------------
CPU usage :  0.78%
---------------------------
Name                %CPU
```

```
----------------------------
dyn_mem_proc_task    0.00
idle_task           99.22
…
net_tasklet          0.00
…
cpuusage             0.19
----------------------------
```

cpuusage 的详细使用方法如下：

```
cpuusage [-d n] [-t m] 命令启动 CPU 利用率统计，结果输出到串口终端
其中：-d 选项用于指定统计周期，单位为 ms，默认为 1s
      -t 选项用于指定统计时长，单位为 ms，默认为连续运行
举例说明：
cpuusage
-- 启动一个 cpuusage 任务，该任务默认每隔 1s 执行一次统计
cpuusage -d 3000
-- 启动一个 cpuusage 任务，该任务默认每隔 3s（3000ms）执行一次统计
cpuusage -d 2000 -t 10000
-- 启动一个 cpuusage 任务，该任务默认每隔 2s（2000ms）执行一次统计，统计到
10s（10000ms）后停止
cpuusage -e
-- 停止统计
```

- 读取/修改内存数据命令——p/m。p/m 命令可以对当前系统内寄存器进行读/写操作，p 对应读操作，m 对应写操作。

举例说明：需要得到 HaaS100 系统外设中断的优先级，根据数据手册，得知 0xE000E400 为系统外设中断优先级的寄存器地址，可以通过 p 命令访问系统寄存器，再对照手册便可以得知各系统外设的中断优先级了：

```
(ash:/data)# p 0xE000E400
0xe000e400: 00000000 00808000 00000000 00000000
```

当需要修改一个内存值（或一个寄存器的值）时，可以通过 m 命令进行。例如，下面演示了将位于 0x34027770 的地址的值从 0x00000000 修改为 0x12345678 的过程：

```
(ash:/data)# p 0x34027770
0x34027770: 00000000 00000000 00000000 00000000
```

执行 m 0x34027770 0x12345678 命令，再打印 0x34027770 的值，输出如下：

```
(ash:/data)# m 0x34027770 0x12345678
value on 0x34027770 change from 0x0 to 0x12345678.

(ash:/data)# p 0x34027770
0x34027770: 12345678 00000000 00000000 00000000
```

p 命令的详细使用方法及案例输出如下：

```
p addr [数量：默认为 16 个] [字节宽度显示，可选 1/2/4，默认为 4 字节]
举例说明：
p 0x80000000 -- 查看 0x80000000 处的内存值，默认输出 16 个地址，以 4 字节
数据宽度显示
```

- 系统复位——reboot。CLI 接收到 reboot 指令后，便会执行系统重启动作，这个命令通过调用板级 BSP 的接口 hal_reboot()来实现。
- 文件系统命令集。CLI 组件支持文件系统操作命令，如 ls/cat/rm/touch 等，其使用方法类似于 Linux 常见的 shell 命令。
- 显示系统状态命令——debug。这里统一输出系统当前的动态内存、任务、队列、消息队列、信号量、互斥量的使用状态，显示结果如下：

```
(ash:/data)# debug
========== Heap Info ==========
---------------------------------------------------------------------------
[HEAP]| TotalSz      | FreeSz       | UsedSz       | MinFreeSz    |
MaxFreeBlkSz  |
      | 0x0067FFF8   | 0x00667FF8   | 0x00018000   | 0x00648040   |
0x00648010    |
---------------------------------------------------------------------------
[POOL]| PoolSz       | FreeSz       | UsedSz       | MinFreeSz    |
MaxFreeBlkSz  |
      | 0x00000800   | 0x00000000   | 0x00000800   | 0x00000000   |
0x00000040    |
---------------------------------------------------------------------------
========== Task Info ==========
---------------------------------------------------------------------------
TaskName                State    Prio        Stack        StackSize
(MinFree)
---------------------------------------------------------------------------
-----------
```

```
dyn_mem_proc_task          PEND           0x00000006  0x2004FE48
0x00000400(0x0000035C)
idle_task                  RDY            0x0000003D  0x20050314
0x00001000(0x00000F9C)
…
homepage_task              SLP            0x00000020  0x3403A318
0x00000400(0x00000124)
========== Queue Info ==========
-------------------------------------------------------
QueAddr   TotalSize  PeakNum   CurrNum   TaskWaiting
-------------------------------------------------------
0x340064F0 0x00000014 0x00000000 0x00000000 App_thread
…
======== Buf Queue Info ========
-----------------------------------------------------------------
BufQueAddr TotalSize  PeakNum   CurrNum   MinFreeSz  TaskWaiting
-----------------------------------------------------------------
0x200514D0 0x000001E0 0x00000000 0x00000000 0x000001E0 timer_task
…
========== Sem Waiting ==========
--------------------------------------------
SemAddr   Count     PeakCount  TaskWaiting
--------------------------------------------
0x20051468 0x00000000 0x00000000 dyn_mem_proc_task
…
Total: 0x0000001F
========= Mutex Waiting =========
--------------------------------------------
MutexAddr  TaskOwner          NestCnt   TaskWaiting
--------------------------------------------
Total: 0x0000009C
```

3.4.3 自定义 CLI 命令

1. CLI 接口数据结构

向 CLI 组件注册命令依赖于一个名为 cli_command 的结构体，其位置及定义如下：

```
# 头文件所在位置：include "aos/cli.h"
/* CLI 命令格式定义 */
struct cli_command {
    const char *name;   /**< cmd name ——命令名称，字符串 */
    const char *help;  /**< cmd help info ——命令的帮助说明，字符串 */
    void (*function)(char *outbuf, int len, int argc, char **argv); /**< cmd process function ——输入 name 对应的命令之后，系统调用的命令处理函数 */
};
```

cli_command 结构体各变量说明如表 3-22 所示。

表 3-22　cli_command 结构体各变量说明

字　段	描　　述
name	命令名称
help	命令的描述
function	命令处理函数

命令行处理函数 function 的参数描述如表 3-23 所示。

表 3-23　命令行处理函数 function 的参数描述

函 数 名	描　　述
outbuf	当函数执行完成返回时，通过控制台打印出来的字符串指针，可以忽略
len	上述字符串长度，可以忽略
argc	命令调用时传入的参数长度，没有参数传入时为 1
argv	传入参数缓存，字符串。第一个有效参数的下标从 1 开始

2. 自定义 CLI 命令示例

添加新命令主要遵循如下几步。

- 包含头文件：

```
#include "aos/cli.h"
/* 目的：能引用到 struct cli_command 的定义及注册 CLI 指令的函数原型 */
```

- 以命令行处理函数 function 为原型实现自己的指令处理函数：

```
static void led_switch(char *buf, int blen, int argc, char **argv);
struct cli_command led_switch_command[] = {
    {
```

```
        .name = "led_switch",          // 命令名称
        .help = "[on] turn on led2;[off] turn off led2",// 帮助文本
        .function = led_switch       // 命令具体执行的函数指针
    }
};
static void led_switch(char *buf, int blen, int argc, char **argv)
{
    if(argc == 1)                    // 如果参数为空，则报错返回
    {
        printf("arg error\r\n");
        return;
    }
// 如果输入参数为 on，则输出 LED ON 日志
if((strlen(argv[1]) == strlen("on")) && (strcmp(argv[1],"on") ==
0))
    {
        printf("LED ON command received\r\n");
    }
    else
    {
        printf("LED OFF command received\r\n");  //输出 LED OFF 日志
    }
}
```

- 在应用或组件的启动过程中，调用 aos_cli_register_commands，向 CLI 注册自己的指令处理函数 led_switch_command：

```
aos_cli_register_commands(&led_switch_command[0], 1);
```

- 编译烧录，系统启动后，输入 help 指令，便可在命令列表中看到 led_switch 及其说明：

```
# help
====Build-in Commands====
====Support 4 cmds once, seperate by ; ====
help                : print this
sysver              : system version
...
==== kernel cli cmd num : 32 ====
```

```
led_switch          : [on] turn on led2;[off] turn off led2
```

- 在命令行中输入 led_switch on，按 Enter 键，就可以看到 led_switch 被执行时打印的 log：

```
# led_switch on
LED ON command received
# led_switch off
LED OFF command received
# ledz
```

3. 通过宏注册 CLI 命令

通过一个宏来注册 CLI 命令（这是注册 CLI 自定义命令的较简便的方式）：

```
ALIOS_CLI_CMD_REGISTER(name, cmd, desc)
```

CLI 命令的参数描述如表 3-24 所示。

表 3-24　CLI 命令的参数描述

函 数 名	描　述
name	命令处理函数
cmd	命令的名称
desc	命令的描述信息

注册一个名为 test3 命令的示例代码如下：

```
void test_cmd3(int32_t argc, char **argv)
{
    /* test_cmd3 命令实现 */
    aos_cli_printf("this is test cmd3\r\n");
}
ALIOS_CLI_CMD_REGISTER(test_cmd3, test3, show test3 info)
```

第4章 物联网通信协议

在物联网的世界里，如果只有单独的一台设备，那么运行起来肯定是不够的，只有所有的设备通过网络连接起来，才能形成一个万物互联的世界。而设备之间要想通过网络进行通信，就必须有网络通信协议才能够实现，本章就介绍一下物联网世界里经常用到的通信协议。随着通信技术的发展，现在的通信架构都是基于分层的理念设计的，人们通常会使用 TCP/IP 的 5 层模型来设计和理解网络通信协议。网络通信协议通常来说都是不同层次上的一系列的协议，只有将它们组合在一起才能实现整个数据通信的过程。图 4-1 展示了网络模型各层上的一些常见的通信协议。

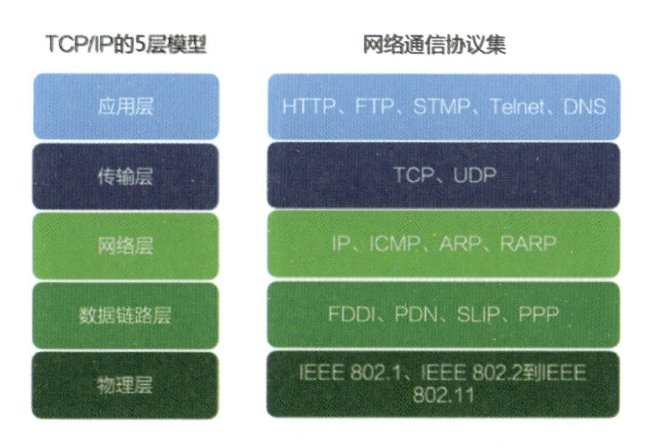

图 4-1　网络模型各层上的一些常见的通信协议

物联网领域对网络传输更多的关注在底层的物理层和顶层的应用层协议上。物理层的协议定义了数据在物理介质中传输时实际使用的规范，决定了整个网络的覆盖范围和通信质量。一般来说，可以根据覆盖范围将通信协议划分为局域网通信和广域网通信。而应用层协议则规范了网络中传输的数据格式。本章会对物理层和应用层的协议分别进行介绍。

4.1 低功耗局域网通信

4.1.1 常见局域网通信方式介绍

在物联网通信领域内，由于场景特性和工程部署实施的需要，无线通信有着扩容方便、安装部署简单等优势，牢牢占据着各种连接方案的主流地位；常见的无线局域网连接技术有蓝牙 mesh、Wi-Fi、ZigBee、RFID 和 Thread 等。本节主要介绍一下应用范围最为广泛的蓝牙 mesh 技术及 Wi-Fi 技术。

4.1.2 蓝牙 mesh 技术

蓝牙是一种短距离（一般为 10m 以内）的无线通信技术，支持蓝牙功能的外围设备可以与移动电话、平板电脑、笔记本电脑等设备进行无线通信。蓝牙工作的频段是全球通用的 2.4GHz ISM，使用标准 IEEE 802.15 协议，由于蓝牙技术具有跳频的功能，因此其安全性和抗干扰能力也非常强。蓝牙协议栈发展到 4.0 之后，分成了经典蓝牙和低功耗蓝牙（BLE）两部分。其中，经典蓝牙的数据传输速率高，主要应用于音频领域业务；相比经典蓝牙，低功耗蓝牙的数据传输速率低，功耗也低，在电池供电的设备中使用非常适合，如手表、手环、耳机等可穿戴设备。低功耗蓝牙比较适合端到端的连接（广播模式可实现一对多的发送），在物联网领域中，多台设备加入一个网络的组网能力非常重要。因此，蓝牙技术联盟设计了蓝牙 mesh 协议，它是基于 BLE 广播技术设计的支持多对多的连接，非常适合物联网领域的应用场景。因此，在协议推出两年多的时间里就得到了众多厂商的广泛推广，目前已经是物联网领域连接技术的主力军之一。

蓝牙 mesh 协议的分层架构如图 4-2 所示，可以看到，蓝牙 mesh 是基于蓝牙 BLE 核心规范实现的一种网络协议。本节将简单介绍一下蓝牙 mesh 技术里的一些基本概念，以及蓝牙 mesh 的配网过程。

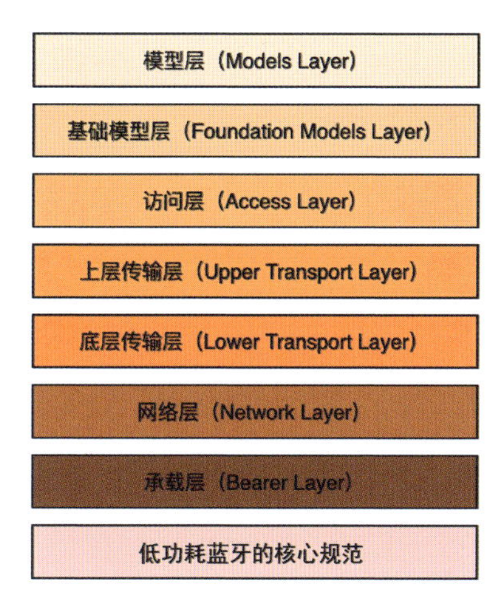

图 4-2　蓝牙 mesh 协议的分层架构

4.1.2.1　蓝牙 mesh 协议各层

- 承载层。承载层（Bearer Layer）定义了网络消息是如何在各个节点之间传输的。目前，蓝牙 mesh 规范定义了两种承载器类型：广播承载器和 GATT 承载器，未来可能会定义更多类型的承载器。一个蓝牙 mesh 节点至少需要支持广播承载器或 GATT 承载器中的一种。
- 网络层。网络层（Network Layer）定义了 PDU 的格式，允许承载层传输底层传输层的报文。它对承载层接收的消息报文进行解密并验证，将其传给底层传输层或转发给其他节点；它也会对底层传输层输出的消息进行加密并验证，并将其传给承载层。

网络层 PDU 字段定义如表 4-1 所示。

表 4-1　网络层 PDU 字段定义

名　称	位	备　注
IVI	1	IV 索引的最低有效位
NID	7	来自 Netkey，用来标识验证此 PDU 的 Encryption Key 和 Privacy Key
CTL	1	网络控制
TTL	7	生存时间
SEQ	24	序列号
SRC	16	源地址
DST	16	目的地址
TransportPDU	8 ~ 128	传输协议数据单元
NetMIC	32 或 64	网络层消息完整性校验

- 传输层。传输层（Transport Layer）由底层传输层（Lower Transport Layer）和上层传输层（Upper Transport Layer）组成。

底层传输层用来将上层 PDU 传输到另外一个节点，可以将这些 PDU 作为单个 PDU 发送出去，也可以将其拆分为多个底层传输层 PDU。同样，一旦接收端收到底层传输层 PDU，也需要进行组包再传给上一层处理。

底层传输层 PDU 的第 1 个字节的最高位是 SEG 字段，该字段用来确认此 PDU 是经过分包的还是未分包的消息，根据网络层 PDU 中 CTL 字段值和底层传输层 PDU 中 SEG 字段值的不同，可分为 4 种不同的消息类型，如表 4-2 所示。

表 4-2　传输层消息类型

CTL	SEG	底层传输层 PDU 的格式
0	0	未分包访问消息
0	1	分包访问消息
1	0	未分包控制消息
1	1	分包控制消息

上层传输层从访问层获取消息或内部生成上层传输层控制消息，并将这些消息传输到对端的上层传输层。对于来自访问层的消息，使用应用密钥执行消息的加密和认证操作；由上层传输层内部生成的传输控制消息仅在网络层加密和验证。

当网络层 PDU 中的 CTL 字段值为 0 时，上层传输层访问 PDU 包含一个访问荷载，使用应用密钥或设备密钥对访问荷载进行加密，并且将加密的访问载荷（Encrypted Access Payload）和关联的消息完整性校验值（Transport MIC）组合成上层传输层访问 PDU，如图 4-3 所示。

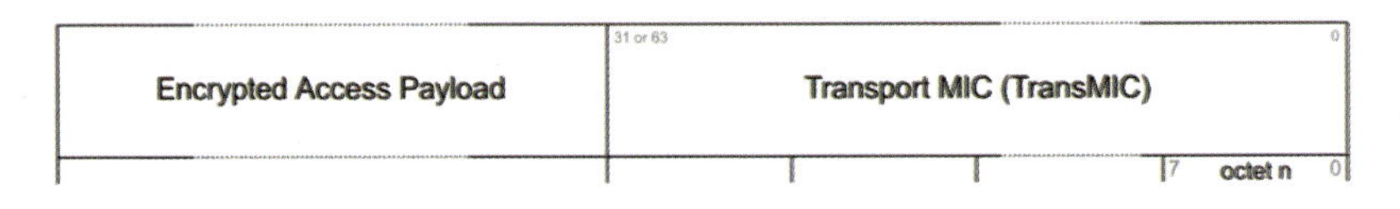

图 4-3　上层传输层访问 PDU 格式

当 CTL 字段值为 1 时，上层传输层 PDU 包含一个传输控制消息。传输控制消息具有 7 位 Opcode，用于确定参数的格式。该 Opcode 字段不包括在参数字段中，但包括在底层传输层 PDU 未分包控制消息中或分包控制消息的每个分包中。

上层传输层控制 PDU 未在上层传输层进行认证，而是依赖由网络层执行的认证。所有上层传输层控制 PDU 都使用 64 位 NetMIC。底层传输层可以将消息分包为较小的 PDU，以便通过网络层传递。因此，建议保留上层传输层控制 PDU 有效荷载的大小，如表 4-3 所示，其中的值表示最大有用参数字段大小，具体取决于数据包的封包数。

表 4-3　上层传输层控制 PDU 有效荷载

封包数	上层传输层控制 PDU 有效荷载长度/B	封包数	上层传输层控制 PDU 有效荷载长度/B
1	11（未分包）	3	24
1	8（分包）	*n*	n×8
2	16	32	256

- 访问层。访问层（Access Layer）负责定义应用如何使用上层传输层、应用数据格式，定义和控制上层传输层的应用数据加密与解密方式。

前面介绍过上层传输层对访问层数据包（Access Payload）增加 TranMIC 数据完整性校验值，底层传输层负责对访问层数据包进行分包，最多可以分为 16 个包，每个包为 12B，即最大字节数为 384。TranMIC 有 4B 和 8B 两种，从而计算出访问层数据包的最大数据长度分别是 380B 和 376B，访问层数据包分为 Opcode 和 Parameters 两部分，如表 4-4 所示。

表 4-4　访问层数据帧格式

字　段	长度/B	备　注
Opcode	1，2，3	操作码
Parameters	0～379	参数

- 基础模型层。基础模型层（Foundation Models Layer）定义了配置和管理 mesh 网络所需的访问层状态、消息和模型。本层所有数据遵循小端字节序的格式。

节点的状态是一个复合状态，由一个或多个状态来描述，包括成分数据、模型发布状态、心跳发布状态、心跳订阅状态、网络传输状态、网络中继重传状态等。

4.1.2.2　广播和洪泛

蓝牙 mesh 技术是基于低功耗蓝牙广播报文来实现的，这是一种基于洪泛的信息传递机制，当蓝牙 mesh 网络中的一个节点需要向另一个节点发送消息时，它会广播一条消息，所有收到这个消息的节点都接收并转发，这样就可以保证目标节点只要在整个网络的覆盖范围内就能收到这条消息。这种机制也有一个问题，就是网络的信息泛滥，一条消息可能会被网络中的所有节点都转发一次，这样大大增加了网络中无用信息的数量，蓝牙 mesh 网络采用了信息缓存（Message Cache）队列和 TTL（Time To Live，信息寿命）字段这两种方案来避免信息被无限制地转发下去，在今后的协议版本中，也会考虑加入路由机制来减少网络中的无用信息数量。

4.1.2.3 节点和设备

在蓝牙 mesh 网络中，通常把还未加入蓝牙 mesh 网络的设备叫作未配网设备（Unprovisioned Device），未配网设备加入一个蓝牙 mesh 网络之后就被称为节点（Node），这个过程叫作配网过程（Provisioning）。在蓝牙 mesh 网络中，通常是由一个配网器（Provisioner）对未配网设备进行配网，从而将其变成蓝牙 mesh 网络中的一个节点的。节点进入蓝牙 mesh 网络后，因为其自身具备配置服务端（Configuration Server）的功能，所以可以被网络中已存在的配置客户端（Configuration Client）管理，如配置节点的转发功能、配置节点的订阅地址或将节点移出蓝牙 mesh 网络等。

4.1.2.4 网络和子网

在一个蓝牙 mesh 网络中，有 4 种资源是被整个网络共享的：有节点的网络地址（Network Address）、网络密钥（Network Key）、应用密钥（Application Key）和 IV Index。在这个基础上，蓝牙 mesh 网络可以划分出多个子网（Subnet），这样就可以针对不同区域进行隔离。例如，在酒店蓝牙 mesh 网络里，可以单独将某个房间的设备划分到该房间的子网中。一个节点可以同时处于一个或多个子网内，在设备入网时，通常被配置在主子网（Primary Subnet）内，配置客户端可以根据需要将节点划分到不同的子网内。

4.1.2.5 元素

一个节点是由元素组成的，节点至少要包含一个主元素（Primary Element），也可以包含多个元素，每个节点包含的元素个数和结构是固定的，每个元素都有自己的地址，主元素的单播地址在配网过程中由配网器下发，其余元素的地址依序增加。

4.1.2.6 网络地址

蓝牙 mesh 网络节点的地址是一个 16bit 的编码。地址共分为 4 类：未分配地址（Unassigned Address）、单播地址（Unicast Address）、组播地址（Group Address）、虚拟地址（Virtual Address）。其中，未分配地址是 0x0000，通常用于屏蔽一台设备；单播地址分配给节点中的某个元素，用于对这个元素进行寻址和定位，在一个蓝牙mesh

网络中，总共有 32767 个单播地址，范围从 0x0001 到 0x7FFF。

虚拟地址的范围是从 0x8000 到 0xBFFF，用于表示在一个或多个节点里的多个元素。每个虚拟地址都和一个标签（Label UUID）的哈希码对应，总共有 16384 个虚拟地址可以使用，而每个虚拟地址都能对应上百万个标签，因此，可以认为虚拟地址的数量是无穷的。

组播地址的范围是从 0xC000 到 0xFFFF，在一个蓝牙mesh 网络里，共有 16384 个组播地址，组播地址和虚拟地址类似，都能用于表示一个或多个节点里的多个元素。组播地址包括 256 个固定组播地址和 16128 个可供动态分配的组播地址。

4.1.2.7　状态

状态用于表示节点中元素处于的某个特定状况。元素的状态是通过客户端–服务端的机制来访问的。例如，某个节点（如插座）中的元素有通用开关模型的开关服务端，用来代表这个元素的开关状态；另一个节点里的元素（如开关按钮）有通用开关模型的开关客户端，这样就可以通过开关按钮上的开关客户端发送开关模型定义好的消息去访问或控制插座上的开关服务端的开关状态。

4.1.2.8　消息

蓝牙 mesh 网络节点之间的通信都是通过消息来实现的。每个状态都关联了一系列的消息，客户端会发送这些消息给服务端以读取或设置服务端的状态，服务端也会在状态改变时发出消息以通知其他节点的客户端。

蓝牙 mesh 的消息定义包含了消息报文格式及消息的交互机制。消息报文格式由操作码和相关参数组成，操作码分为 1B 操作码（最常用的标准命令）、2B 操作码（标准命令）、3B 操作码（厂商自定义命令）。

消息报文的最大长度依赖于传输层，尽管传输层具备拆包组包机制（SAR），但为了高效地利用广播报文，蓝牙 mesh 协议设计的一个指导思想就是尽可能在单个广播报文中传输一个完整的消息报文，因此，在不使用拆包组包机制的情况下，传输层最多能给上层应用提供 11B 的包含操作码的有效荷载。传输层的分包组包机制最多可以将一个消息报文拆成 32 个分组，因此，在使用分包组包机制的情况下，消息报文的最大长度可以达到 384B。

消息分为需要回复的消息和不需要回复的消息，节点在收到需要回复的消息后，需要给发出这个消息的节点一个回复；节点在收到不需要回复的消息后，不需要发送回复。

4.1.2.9 模型

模型定义了节点具备的基本功能，包含实现这个功能所必需的状态和操作状态的消息及其他一些行为。一个节点中可以包含多个模型。在蓝牙 mesh 模型里，采用客户端-服务端的架构进行通信，因此，蓝牙 mesh 网络中的应用也被定义成这 3 种模型：服务端模型、客户端模型和控制模型。

服务端模型包含一个或多个元素上的一种或多种状态，定义了一系列必需的消息，以及元素收到这些消息时的应对方式。

客户端模型定义了一系列的消息，用于客户端去请求、设置服务端的状态。客户端模型不需要有任何状态。

控制模型可以包含一个或多个客户端模型，用来和其他节点的服务端模型通信；也可以包含一个或多个服务端模型，用于响应其他节点的客户端模型发来的消息。

如图 4-4 所示，设备 A 包含一个元素，这个元素具备一个客户端模型，支持 X、Y、Z 这 3 种消息，设备 C 包含一个元素，这个元素实现了一个服务端模型，支持 X、Y、Z、R、S、T、Z 这些消息。

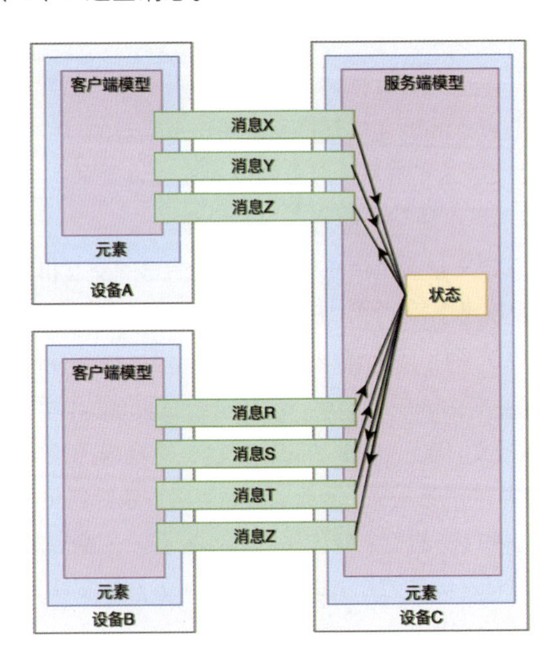

图 4-4　蓝牙 mesh 网络模型

蓝牙 mesh 规范定义模型主要为了模型能在设备端更加灵活地被使用，模型可以被定义为网络相关的功能，如转发、密钥管理等；也可以被定义为实际的物理表现行为，如对电源、灯亮度的控制等，这样做使得某些节点可以只做一些特定行为而不需要实现网络相关的功能，而另一些功能足够齐全的节点则可以充当蓝牙 mesh 网络的主干节点。

蓝牙 mesh 的每个模型都非常小，并且是独立的。

如果模型 A 在一台设备上，模型 B 也被要求在同一台设备上，那么可以这样说，模型 A 是被模型 B 扩展出来的，并且在一个元素上不可以有多个相同的模型实例。

如果一个模型不是被其他任何一个模型扩展出来的，那么这个模型就叫作根模型（Root Model）。

模型的定义是固化的。模型没有版本和功能标志位，即如果一个模型需要增加行为或状态的话，那么要为这些新需求创建一个新的扩展模型而不能修改之前的模型。

模型可以由蓝牙技术联盟定义，也可以由各个生产厂商定义，由蓝牙技术联盟定义的模型称为标准模型（SIG Adopted Model），用 16bit 来标识；由生产厂商定义的模型称为厂商模型（Vendor Model），用 32bit 来标识。

4.1.2.10　设备示例

有了以上的概念，下面来看一个关于蓝牙 mesh 设备的具体实例，以帮助读者更好地理解蓝牙 mesh 的模型和设备。

如图 4-5 所示，这个双孔位插座具备两个元素，每个元素代表一个插座孔位，且每个元素都分配有一个单播地址，每个元素也都有通用功耗级别服务器模型（Generic Power Level Server Model），这个模型定义了在服务端的一系列状态、消息及操作。其他实现通用功耗级别客户机模型的设备可以给这个插座的元素发送通用功耗级别设置（Generic Power Level Set）消息，用于设置插座的输出功率，由于消息的 DST 字段内容是孔位对应元素的单播地址，所以可以单独设置每个孔位的输出功率。

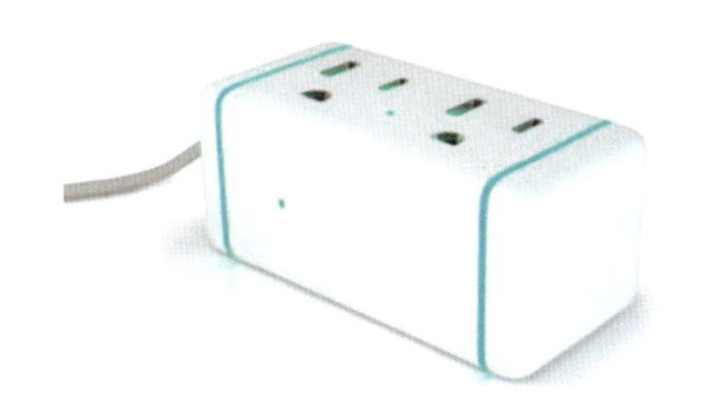

图 4-5　双孔位插座

元素也可以主动上报状态，在这个双孔位插座中，每个孔位都可以上报其输出功率和插在上面的设备的使用功耗，使用功耗统计是由 Sensor Server 模型定义的，消息的 SRC 字段是上报孔位对应元素的单播地址，用于区分是哪个孔位上报的状态。

图 4-6 是从设备-元素-模型的角度来描绘的双孔位插座图，设备的两个元素的基本功能一致，唯一的区别是主元素具有配置服务器模型（Server Model）。

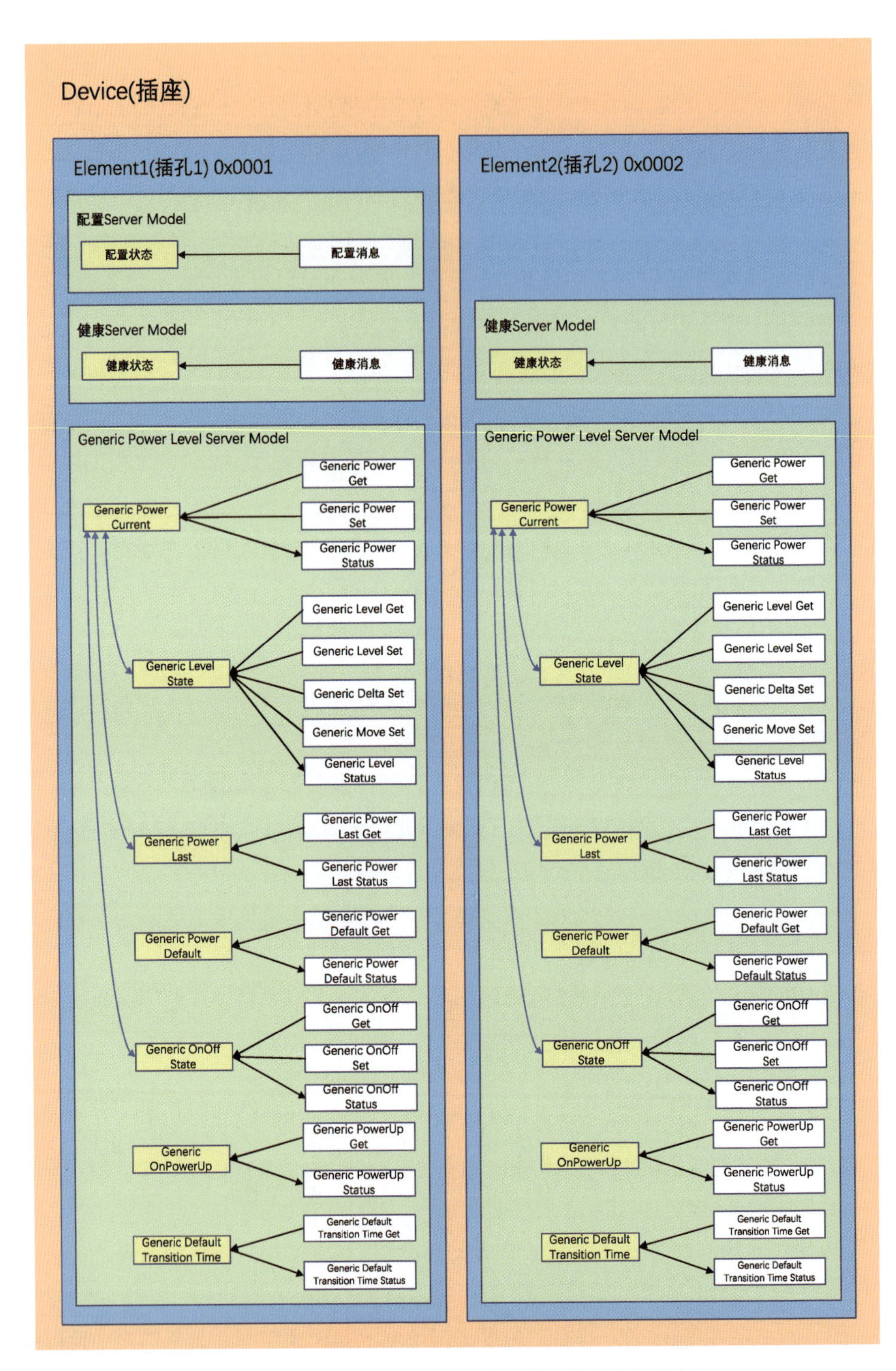

图 4-6　从设备-元素-模型的角度来描绘的双孔位插座图

在蓝牙 mesh 网络中，节点在需要时可以向单播地址、组播地址、虚拟地址发布消息，而其他节点可以订阅这些地址以获得这些消息。

当节点里的模型要发布消息时，发布的目标地址可以是单播地址、组播地址或虚拟地址，如果模型发布的消息是另一条消息的回复，那么发布的目标地址是收到的消息的源地址；如果模型发布的消息是一条自发的消息，那么发布的目标地址是这个模型的发布地址。

节点如果要订阅某些消息的话，那么节点里的每个模型都可以订阅一个或多个组播地址或虚拟地址。如果节点收到的消息的目标地址在这个节点的订阅地址列表中，那么节点会处理这条消息。如果节点具有多个元素，那么每个元素都会处理这条消息。

发布地址和订阅地址列表都是可以由配置服务器模型来设置的。一个节点可以支持任意多个订阅地址（上限取决于设备本身资源），可以灵活使用。例如，蓝牙 mesh 灯可以订阅“灯具”“客厅”或“1 楼”“家庭”组播地址。

4.1.2.11　网络安全

蓝牙 mesh 网络中传输的所有数据对应不同的网络层次和应用，都是经过加密的。蓝牙 mesh 又规定了采用不同的密钥进行加密，所有网络层的数据都要使用网络密钥进行加密，应用密钥用于加密接入层的数据，而配置模型的数据则采用设备密钥进行加密。通过这样分层次的加密，蓝牙 mesh 可以做到根据应用场景的不同而实现不同等级的数据加密，以保证整个网络的数据安全。

4.1.2.12　网络拓扑

节点要实现 mesh 定义的这些规格，需要四大功能：转发、代理、低功耗、朋友。所有的 mesh 设备都可以有选择地支持四大功能中的一种或几种。

- 转发功能：收到一条消息后将其转发出去，这样可以扩大 mesh 网络的覆盖范围。支持转发功能的节点被称为转发节点（Relay node）。
- 代理功能：为了兼容旧的不支持蓝牙 BLE 广播包传播的设备（如手机），具备代理功能的设备可以与旧设备建立低功耗蓝牙 GATT 连接，在 mesh 广播数据包和 mesh GATT 连接数据包之间做转换。支持代理功能的节点被称为代理节点（Proxy node）。
- 低功耗功能：能够有效降低设备工作时间占空比，让 mesh 设备可以使用电池供电，需要与朋友功能配合使用。支持低功耗功能的节点被称为低功耗节点（Low Power node）。

- 朋友功能：帮助其他支持低功耗功能的节点缓存信息，让支持低功耗功能的节点能工作在低功耗状态。支持朋友功能的节点被称为朋友节点（Friend node）。

节点可以支持以上 4 种功能中的一种或多种，每种功能也都能配置成启用或禁用状态。

有了这些基本概念之后，下面来看一个功能较全的蓝牙 mesh 网络的拓扑图，如图 4-7 所示。

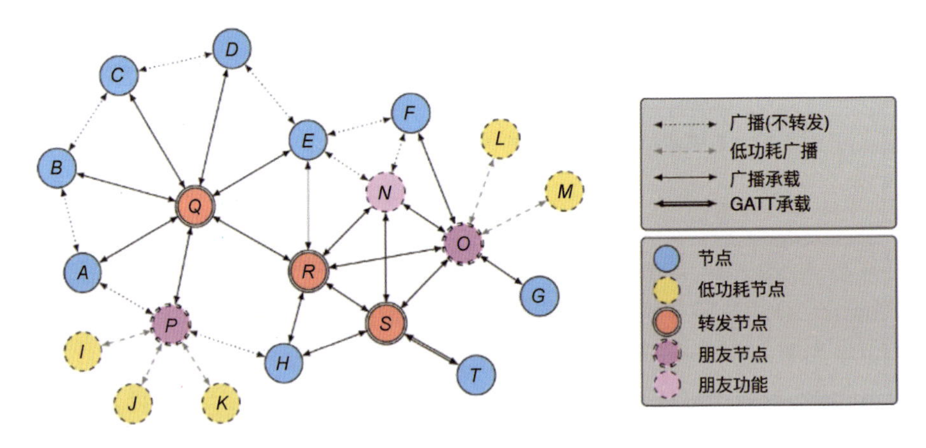

图 4-7　功能较全的蓝牙 mesh 网络的拓扑图

从图 4-7 中可以看到，蓝牙 mesh 网络中有转发节点 *Q*、*R*、*S*，低功耗节点 *I*、*J*、*K*、*L*、*M* 和朋友节点 *N*、*O*、*P*。*N* 节点没有连接低功耗节点；*S* 节点通过 GATT 连接了 *T* 节点，*S* 节点必须将蓝牙 mesh 网络中所有的广播包转换成 GATT 数据包转发给 *T* 节点，因此 *S* 节点也是代理节点。

当节点 *A* 想要发数据给节点 *T* 的时候，数据流是这样的：*A* 广播一条消息 a 出来，目标地址是 *T* 节点的地址，节点 *B*、*P*、*Q* 收到消息 a，检查发现目标地址是 *T* 节点的地址，此时 *B*、*P* 节点会丢弃这条消息，而 *Q* 节点转发这条消息 a′，转发的消息 a′ 被节点 *A*、*B*、*C*、*D*、*E*、*R*、*P* 收到后，除 *R* 之外的其他节点都丢弃消息 a′，节点 *R* 转发消息 a″，节点 *Q*、*E*、*N*、*S*、*H* 收到消息 a″ 后，*Q*、*E*、*N*、*H* 这几个节点都丢弃消息 a″，*S* 节点将消息 a″ 转发给 *T* 节点。

4.1.2.13　蓝牙 mesh 配网

蓝牙 mesh 配网就是指通过配置将设备加入网络中，使其成为蓝牙 mesh 网络的一部分。在讲解整个配网流程之前，需要先说明基础概念。

1. 配网角色

配网是指将某些信息从配网器发送到未配网设备。配网涉及下面 3 个角色。

（1）未配网设备：还未被配网的设备。

（2）配网器：用来给未配网设备配网。

（3）mesh 节点：已经加入蓝牙 mesh 网络中的每个节点。

同一台设备可以是以上任意角色。在设备加入蓝牙 mesh 网络之前，其角色就是未配网设备；当设备加入蓝牙 mesh 网络之后，其角色就是蓝牙 mesh 网络中的一个蓝牙 mesh 节点；当设备加入蓝牙 mesh 网络之后，如果它给其他未配网设备配网，则其角色就是配网器。

因此，这里的角色并不是指某台特殊的设备，而是某台设备在某种状态下的一种指称，代表的是设备处于某种状态下具备的某些属性或功能，即角色可以相互变换。

2. 配网流程

正如前面所讲到的，对于设备加入蓝牙 mesh 网络的过程，从抽象层面来讲，至少包含下面几个阶段。

（1）未配网设备需要让配网器知道它的存在。

（2）在未配网设备和配网器之间建立一个信息桥梁。

（3）在配网器和未配网设备之间建立某种安全的传输方式。

（4）配网器需要验证未配网设备是否可以加入网络。

（5）如果未配网设备可以加入蓝牙 mesh 网络，则配网器会加密传输配网数据给未配网设备。

如此便可以将设备加入网络中，实际上，在蓝牙 mesh 协议里，配网流程也是与此一一对应的，整个流程分为以下 5 个阶段。

（1）信标（Beaconing）阶段。

（2）邀请（Invitation）阶段。

（3）交换公钥（Exchange Public Keys）阶段。

（4）身份认证（Authentication）阶段。

（5）分发配网数据（Distribution Of Provisioning Data）阶段。

下面分别介绍配网流程里的这 5 个阶段。

（1）信标阶段。信标阶段就是让配网器发现并选择周边的未配网设备并建立连接的过程。

支持 PB-ADV 的未配网设备会持续地在一定的时间内以某个频率向外广播未配网设备的信标（Beacon），以让周边的配网器能够发现这台未配网设备，未配网设备的信标中包含了这台设备的 UUID，每台设备的 UUID 均不相同，以做区分。

配网器收到未配网设备广播的未配网信标后，即可与该设备进行配网操作，但在此之前，配网器需要先和该未配网设备建立一条连接，连接成功后，配网的数据包即可基于该连接进行交互。

蓝牙 mesh 规范中规定 PB-ADV 或 PB-GATT 可以承载连接。建立连接的交互过程如图 4-8 所示。

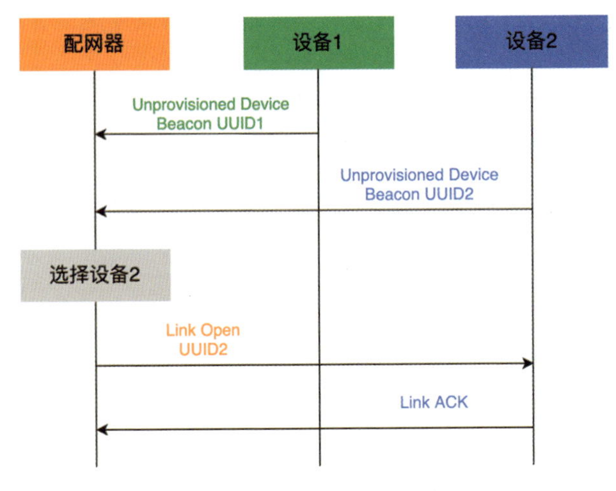

图 4-8　建立连接的交互过程

由未配网设备发送的信标为 Unprovisioned Device Beacon，其数据格式如表 4-5 所示。

表 4-5　Unprovisioned Device Beacon 的数据格式

栏位	长度/B	备　注
Length	1	Beacon 包的长度

续表

栏位	长度/B	备　　注
Type	1	Beacon 包的类型，值为 0x2B
Beacon Type	1	未配网 Beacon 类型，值为 0
UUID	16	设备唯一的 ID
OOB Info	2	OOB 信息类型，如 NFC 等
URL Hash	4	URL 的哈希值

参数包含设备唯一的 UUID 等信息。

Link Open 消息由配网器发送给设备，其数据格式如表 4-6 所示。

表 4-6　Link Open 的数据格式

栏位	长度/B	备　　注
Opcode 和 GPCF	1	Link Open = 0，GPCF = 3
UUID	16	设备的 UUID

参数 UUID 为信标中的 UUID 值，用以区分设备。

Link ACK 消息由设备发送给配网器，其数据格式如表 4-7 所示。

表 4-7　Link ACK 的数据格式

栏位	长度/B	备　　注
Opcode 和 GPCF	1	Link ACK = 1，GPCF = 3

（2）邀请阶段。信标阶段结束以后，配网器与未配网设备成功建立连接，两者即可通过 PB-ADV 或 PB-GATT 承载上建立的连接进行下一步的交互流程，此阶段称为邀请阶段。

邀请阶段主要是交互诸如设备能力等信息，这些信息用于后续的配网流程。邀请阶段的交互流程如图 4-9 所示。

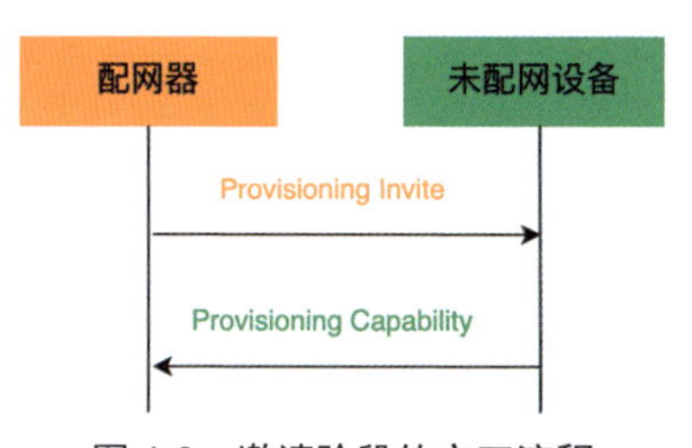

图 4-9　邀请阶段的交互流程

邀请阶段的交互分为以下两条消息。

① Provisioning Invite 消息。Provisioning Invite（配网邀请）消息由配网器发送给未配网设备，其数据格式如表 4-8 所示。

表 4-8 Provisioning Invite 的数据格式

栏位	长度/B	备 注
Attention timeout	1	提示用户配网时间

Provisioning Invite 消息用来邀请一台设备加入蓝牙 mesh 网络，标志着整个配网交互流程的开始。

参数 Attention timeout（提示时间）是一个大小为 1B 的值，0 表示关闭，非 0 表示剩余时间，单位为 s。

② Provisioning Capability 消息。Provisioning Capability（配网能力）消息由未配网设备发送给配网器，其数据格式如表 4-9 所示。

表 4-9 Provisioning Capability 的数据格式

栏位	长度/B	备 注
Number of Elements	1	设备含有的元素数
Algorithm	2	配网算法，目前仅支持 P-256 ECDH
Public Key Type	1	设备的公钥类型，是否支持 OOB
Static OOB Type	1	设备是否支持静态 OOB
Output OOB Size	1	输出式 OOB 的最大信息长度
Output OOB Action	2	输出式 OOB 的输出动作类型
Input OOB Size	1	输入式 OOB 的最大信息长度
Input OOB Action	2	输入式 OOB 的输入动作类型

Provisioning Capability 消息用来表示当前设备支持的配网能力，其参数包括加密算法、公钥类型、静态 OOB 类型、最大输出 OOB 大小、是否支持 OOB 输出行为、最大输入 OOB 大小、是否支持 OOB 输入行为。

（3）交换公钥阶段。当配网器与未配网设备配网时，需要发布网络密钥与地址，这些信息与整个蓝牙 mesh 网络的安全性息息相关，因此，蓝牙 mesh 规范要求配网器与未配网设备在配网时均需要对对方进行身份认证，然后将配网信息加密后发布给未配网设备。目前主流的加密技术有两种：对称加密和非对称加密。

一般情况下，如果使用相同的加密密钥长度对消息进行加密，则对称加密的安全性远高于非对称加密的安全性，因此，要达到相同的安全性，非对称加密使用的密钥长度要大于对称加密使用的密钥长度。而在蓝牙 mesh 的使用场景中，大部分设备都基于计算能力与存储能力均相当受限的嵌入式芯片或模块，如果每次通信都用非对称加密，则代价太大。

如果使用对称加密，则密钥的生成与传输就变得非常困难，特别是在缺乏输入/输出能力的蓝牙产品中，两者协商出一个安全的密钥非常重要。

因此，在蓝牙 mesh 规范中，先采用非对称密钥方式计算出对称的加密密钥，然后用计算出的对称密钥对消息进行加密、解密。

蓝牙 mesh 规范使用的非对称密钥算法为著名的 ECDH 算法，此算法在蓝牙经典协议和低功耗蓝牙协议中均被广泛使用，可以在仅交换公钥的情况下协商出外部无法获知的密钥。

消息加密使用的对称加密算法是常见的 AES-CCM 算法。AES-CCM 算法在标准 AES 算法的基础上增加了消息的完整性校验，防止消息被部分篡改，保证了消息的完整性。

蓝牙 mesh 协议规定，在交换公钥阶段，可以使用两种算法交换设备的 ECDH 公共密钥：通过蓝牙通道进行明文交换；通过 OOB 隧道进行交换。在邀请阶段，设备会告知配网器是否存在 OOB 公钥，而配网器在交换公钥的第 1 条信息中会告知设备是否使用 OOB 公钥。

使用 OOB 公钥交互方式可以较为可靠地预防中间人攻击，安全性得到很大的提升。当邀请阶段结束后，配网器就开始与未配网设备进入交换公钥的交互流程，如图 4-10 所示。

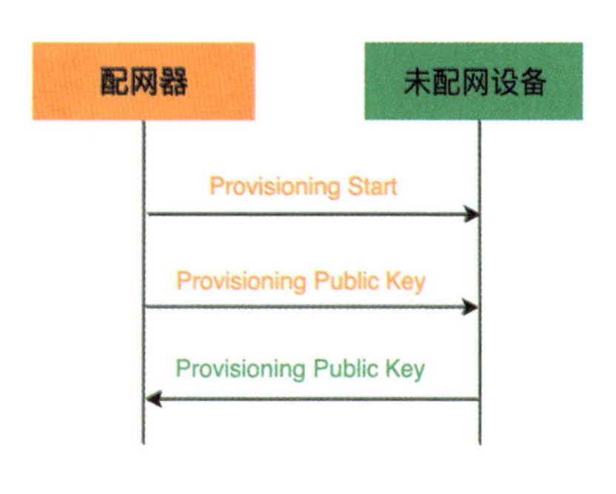

图 4-10　交换公钥的交互流程

Provisioning Start（配网开始）消息由配网器发送给未配网设备，其数据格式如表 4-10 所示。

表 4-10　Provisioning Start 的数据格式

栏位	长度/B	备　注
Algorithm	1	算法选择，目前仅支持 ECDH
Public Key	1	设备端是否使用 OOB 公钥
Authentication Method	1	身份认证模式选择
Authentication Action	1	OOB 模式下的认证行为
Authentication Size	1	OOB 模式下的认证长度

Provisioning Start 消息表示配网器告诉未配网设备公钥交换流程开始，配网器需要从前面的 Provisioning Capability（配网能力）消息中选择公钥交换流程的具体参数。

Provisioning Public Key（配网公钥）消息由配网器发送给未配网设备，是配网器的公钥，包含 X 和 Y 两部分，其数据格式如表 4-11 所示。

表 4-11 Provisioning Public Key 的数据格式

栏位	长度/B	备 注
Public Key X	32	公钥的 X 部分
Public Key Y	32	公钥的 Y 部分

需要注意的是，当 Provision Start 消息中的公钥选择为 OOB 时，此消息不存在，双方通过诸如二维码、NFC 等 OOB 方式交互公钥。

当公钥交换阶段的交互流程结束后，配网器与未配网设备均需要验证收到的公钥的有效性（是否位于 ECC 椭圆曲线上），如果验证为无效的公钥，则需要退出配网流程。

之后，配网器和未配网设备均根据自己对应的私钥与收到的公钥消息中对方的公钥计算 ECDH 密钥。

ECDH 密钥的算法为 P-256，ECC 椭圆曲线公式如下：

$$y^2 = x^3 + ax + b \pmod p$$

当双方的 ECDH 密钥完成计算后，整个交换公钥流程结束，即可进入下一个阶段：身份认证阶段。

（4）身份认证阶段。蓝牙 mesh 规范使用的 ECDH 算法可以较为显著地对抗被动监听及暴力计算攻击，但无法对抗中间人攻击，因此，需要在 ECDH 计算密钥结束后对配网器和未配网设备进行身份认证，认证的方式是通过两者共享的密钥对某个随机值进行加密计算并生成确认值，然后将这两个值都交给对方设备进行身份认证。

在蓝牙 mesh 规范中，身份认证过程包含了对设备端和配网器的认证，两者均会和对方交互一个确认值，并生成此确认值的随机值，其中确认值的计算使用了 ECDH 密钥、配网交互数据包及 OOB 认证信息。当一方收到完整的确认值和随机值后，会根据自己的 ECDH 密钥、配网交互数据包及 OOB 认证信息对收到的随机值重新进行计算，生成一个新的确认值，然后与收到的确认值对比，如果相同，则认证成功；

如果失败，则退出配网流程。当两者均完成认证后，整个身份认证流程结束。

由于 OOB 认证信息会绕开中间人，所以在存在 OOB 交互的情况下，就算中间人分别计算出 ECDH 密钥，仍无法获取 OOB 认证信息，从而无法通过认证。

在蓝牙 mesh 规范中，根据配网器与未配网设备的输入/输出能力定义了 3 种方式：输出式 OOB 认证、输入式 OOB 认证、静态 OOB 或无 OOB 认证。配网器和未配网设备协商选取这 3 种方式中的一种生成 OOB 认证信息。

① 输出式 OOB 认证。如果选择输出式 OOB 认证方式，则未配网设备会产生一个随机值，并通过一个和它的输出能力相符的方式来显示。举个例子：如果未配网设备是一个灯，则它可以通过闪烁给定的次数来表示这个随机值；如果未配网设备有一个 LCD 显示屏，则它可以显示一个多位的随机值。配网器的使用者输入观察到的数字以生成 OOB 认证信息。

输出式 OOB 认证流程如图 4-11 所示。

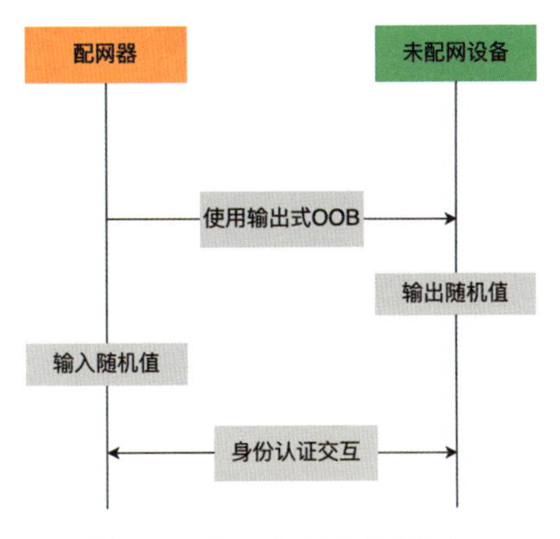

图 4-11　输出式 OOB 认证流程

② 输入式 OOB 认证。输入式 OOB 认证方式与输出式 OOB 认证方式类似，但设备角色是颠倒的。也就是说，配网器生成一个随机值，显示它，然后提示用户使用适当的动作将随机值输入未配网设备。例如，一个电灯开关允许用户在一个特定的时间内按适当的次数用作随机值输入。

与输出式 OOB 认证方式相比，输入式 OOB 认证方式需要发送一个额外的配网协议包，当完成身份验证操作之后，未配网设备向配网器发送一个输入完成的配网协议包，通知配网器随机值已经输入，然后流程将继续检查确认值，如图 4-12 所示。

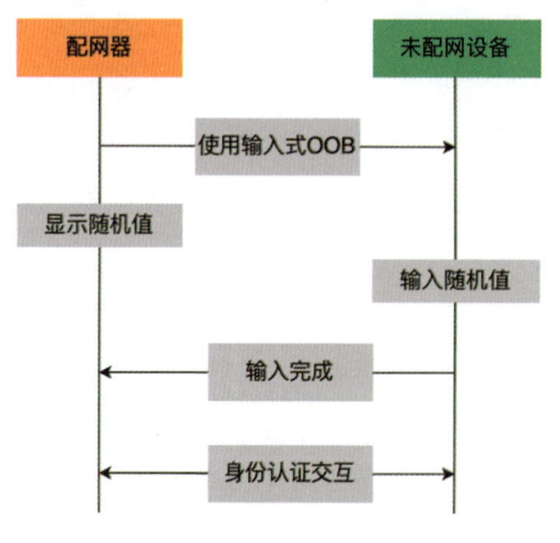

图 4-12　输入式 OOB 认证流程

③ 静态 OOB 或无 OOB 认证。如果未配网设备与配网器的输入/输出能力受限，无法使用输入式 OOB 认证方式和输出式 OOB 认证方式，则配网器和未配网设备还可以使用静态 OOB 或无 OOB 认证方式。在此认证方式下，用户无须观察未配网设备或配网器的输出，直接在另一端进行输入操作即可，如图 4-13 所示。

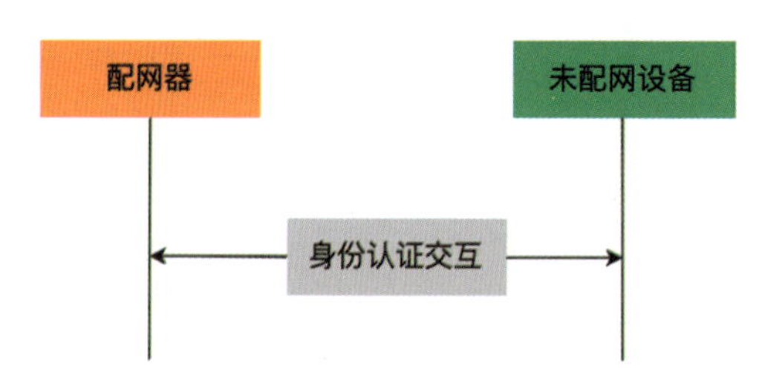

图 4-13　静态 OOB 或无 OOB 认证流程

无 OOB 认证方式是比较危险的，毕竟无法得知是否有中间人存在而使整个蓝牙 mesh 网络遭受攻击。而采用静态 OOB 认证方式，由于双方存在中间人无法得知的预置共享密钥，所以身份认证时会被配网器和未配网设备发现，对于缺乏有效输入/输出界面的设备来说，是比较安全友好的配网方式。

当交换公钥阶段结束后，配网器即开始与未配网设备进行身份认证的交互流程。身份认证的交互流程主要包含 4 条消息，如图 4-14 所示。

- 确认值和随机值。不管用何种方式认证，认证过程中都会生成随机值（Confirmation Value），并计算出对应的确认值（Random Value），然后交由对方检查确认值的有效性。根据蓝牙 mesh 规范，配网器和未配网设备均会生成一个随机值，并以此计算出对应的确认值，两个确认值使用相同的计算流程。

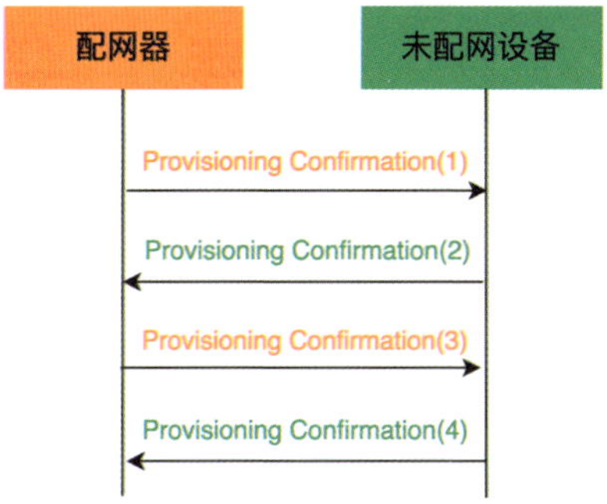

配网器
未配网设备
Provisioning Confirmation(1)
Provisioning Confirmation(2)
Provisioning Confirmation(3)
Provisioning Confirmation(4)

图 4-14　身份认证的交互流程

- 确认值检查。当确认值检查（Confirmation Value Check）准备好后，两台设备会交换它们，然后配网器先将随机值发送给未配网设备，由未配网设备验证确认值是否正确。由于两者共享计算过程中的所有参数，所以理应计算出相同的结果。如果结果不相同，则告知对方退出配网流程；如果结果相同，则由未配网设备发送自己的随机值给配网器，由配网器进行验证对比。

当双方完成验证后，整个身份认证阶段结束，进入分发配网数据阶段。

（5）分发配网数据阶段。在配网过程中，最重要的一个阶段是分发配网数据阶段。在此阶段中，配网器负责生成并分发配网数据到未配网设备，配网数据包括网络密钥及设备地址等重要数据项。

分发的配网数据会通过由 ECDH 密钥派生出的密钥进行加密，以防止内容泄露，未配网设备接收后解密。分发配网数据的交互流程如图 4-15 所示。

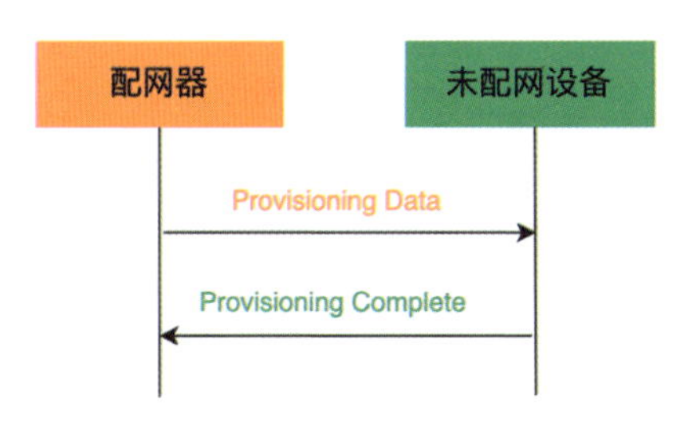

图 4-15　分发配网数据的交互流程

当身份认证阶段结束后，配网器即开始与设备进行分发配网数据的交互。分发配网数据的交互包含两条消息。

Provisioning Data（配网数据）消息由配网器发送给未配网设备，用来传输具体的配网信息，其参数包括加密后的配网数据，如 Network Key 等。更多信息详见蓝牙 mesh 规范。

Provisioning Complete（配网完成）消息由未配网设备发送给配网器，它没有参数。

注意：Provisioning Failed（配网失败）消息由未配网设备发送给配网器，用于表示配网流程中出现的错误。蓝牙 mesh 规范主要定义了 9 种错误码：禁止配网、无效的 PDU、无效的格式、非预期的 PDU、确认失败、资源不足、解密错误、非预期的错误和无法分配地址。具体错误码的定义及说明信息详见蓝牙 mesh 规范。

为了安全地分发配网数据，配网器需要使用 AES-CCM 算法加密配网数据，此加密算法涉及两个加密密钥参数：Session Key 和 Session Nonce，它们均由 ECDH 密钥派生。

当 Session Key 和 Session Nonce 准备好时，配网器会把加密后的配网数据发送给未配网设备，未配网设备解密后存储分发的配网数据信息。

到这里，整个配网过程就完成了。未配网设备在获知了设备地址和设备密钥之后，即可加入此蓝牙 mesh 网络，成为这个网络中的一个节点。

4.1.3 Wi-Fi 技术

4.1.3.1 Wi-Fi 相关概念

提到 Wi-Fi，需要先弄清楚以下几个概念。

- WLAN。WLAN（Wireless Local Access Network，无线局域网）是通过无线电作为介质进行通信完成数据传输的。生活中最常见的就是基于 Wi-Fi 的 WLAN。
- Wi-Fi。Wi-Fi（Wireless Fidelity）也叫无线保真，就是大家平时需要连接路由器上网提及最多的概念。它是一个无线通信协议的协议族集合，基于 IEEE 802.11 协议族，目前应用在手机、计算机、IoT 等多个领域。
- IEEE 802.11 协议族。IEEE 802.11 协议族是 IEEE 802 标准委员会下面的第 11 号组负责的协议族，主要是 WLAN 通信相关的领域研究。之所以叫 802，是因为局域网/城域网标准委员会（LMSC，LAN /MAN Standards Committee）是在 1980 年 2 月成立的，就是用了 802 代表这个委员会。该协议族主要用来制定 MAC 层（媒体介质控制层）和 PHY 层（物理层）标准，以让局域内的终端提供无线连接，并进行频带管理。

IEEE 802.11 协议族是由多个子协议构成的，各协议的物理层规范如图 4-16 所示。

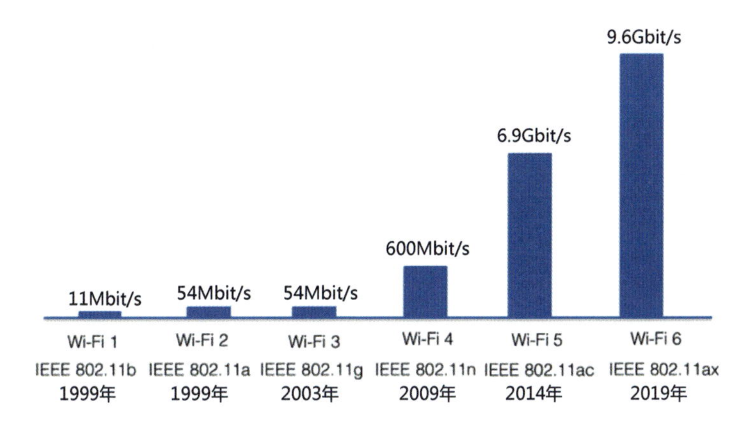

图 4-16 IEEE 802.11 协议族各协议的物理层规范

4.1.3.2 Wi-Fi 帧

Wi-Fi 帧按照功能不同划分为管理帧、控制帧、数据帧。

管理帧主要负责管理 Wi-Fi 的连接，如加入或退出无线网络及处理接入点之间关联的转移等。

控制帧通常与数据帧搭配使用，负责区域清空、信道获得、载波侦听、肯定确认等。

数据帧负责数据传输。

1. Wi-Fi 帧结构

无论是控制帧、数据帧还是管理帧，所有的 Wi-Fi 报文都符合图 4-17 所示的帧结构，其中前 2 个字节的 Frame Control 字段用来区分不同 Wi-Fi 帧的类型。

下面就以 Wi-Fi 扫描过程中会用到的 Probe Request 和 Probe Response 为例进行介绍。

2. Wi-Fi 帧举例

Probe Request 的报文结构遵循 Wi-Fi 帧结构的格式，只是在 Type 和 Sub Type 中指定了对应的数据。Probe Request 属于管理帧，其 Type 是 00，Sub Type 是 0100，如图 4-18 所示。

Probe Response 也属于管理帧，其 Type 为 00，Sub Type 是 0101，如图 4-19 所示。

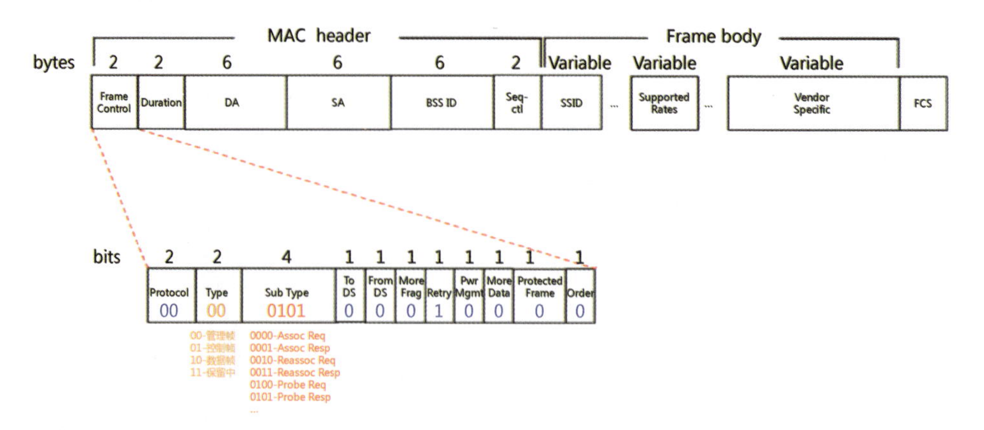

图 4-17　Wi-Fi 帧结构

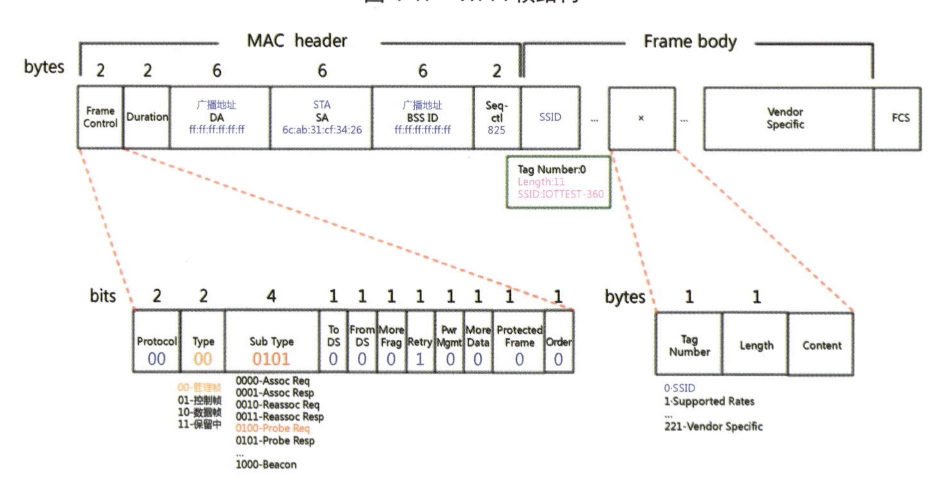

图 4-18　Probe Request 帧结构

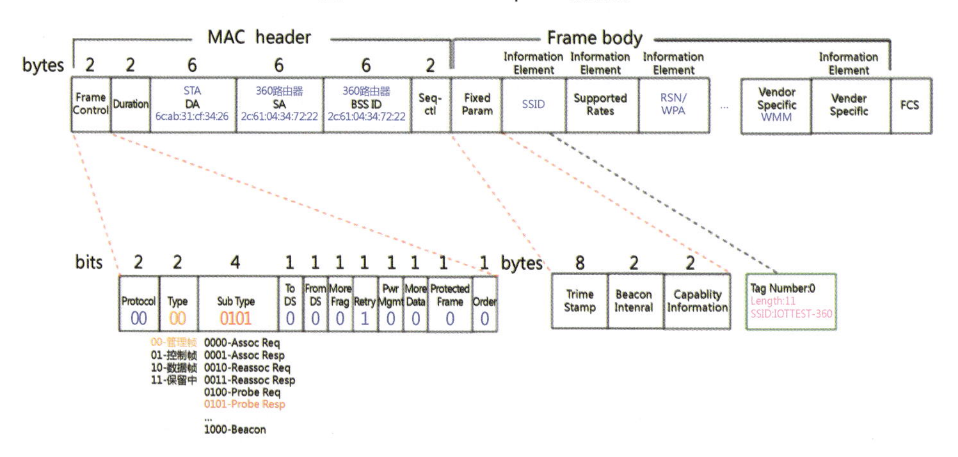

图 4-19　Probe Response 帧结构

4.1.3.3　Wi-Fi 连线过程

接下来通过手机设备连接路由器的过程来简单介绍 Wi-Fi 连线过程，主要分为扫描、认证、4 次握手和 DHCP 4 步。

1. 扫描

扫描过程中会用到以下 3 种类型的报文。

Probe Request：手机设备主动发送，用于探知周围路由器信息。按照 IEEE 802.11 协议的规定，接收此报文的路由器需要回复 Probe Response 给手机设备。

Probe Response：路由器在收到 Probe Request 之后回复 Probe Response，手机设备接收到 Probe Response 之后，会从中提取路由器的 SSID、MAC 地址及加密等配置信息，在手机设备上面看到的路由器名称就是 Probe Response 中的 SSID 内容。

Beacon：路由器会定期（一般为 100ms）发送 Beacon，用于向外广播自身的 SSID、MAC 地址及加密等配置信息。

在常规的扫描过程中，手机设备依次从信道 1 到信道 13 逐个切换，进行主动扫描和被动扫描。扫描过程完成后，除收集到周围路由器列表外，还会收集到路由器的其他配置信息（加密模式、带宽、信道等 IEEE 802.11 规范中定义的可以放在 IE 栏中的信息）。

扫描分主动扫描和被动扫描两种。如图 4-20 所示，主动扫描即手机设备发送 Probe Request、接收路由器回复 Probe Response 的过程；被动扫描是手机设备接收路由器对外广播的 Beacon 帧的过程。

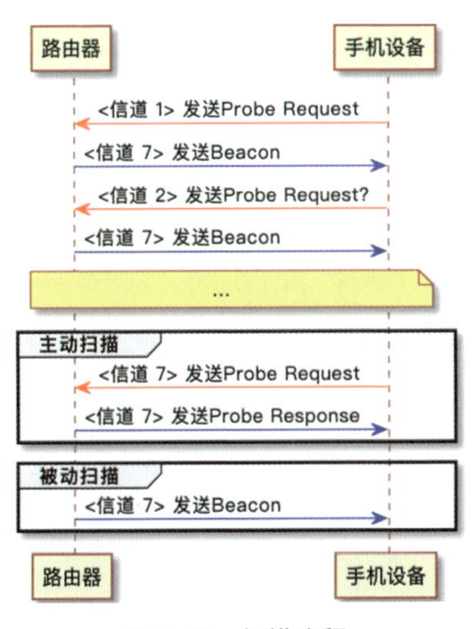

图 4-20　扫描流程

具体扫描流程如下。

（1）手机设备依次到信道 1 ~ 信道 13 上面进行主动扫描或被动监听。

（2）收集到路由器信息之后显示在界面上，此时就完成了扫描过程。

（3）扫描完成后，除搜集到周围路由器列表外，还可以收集到路由器的配置信息（加密模式、带宽、信道等 IEEE 802.11 规范中定义的可以放在 IE 栏中的信息）。

2. 认证

认证也分为两种：开放系统认证和共享密钥认证。开放系统认证过程如图 4-21 所示，共享密钥认证过程如图 4-22 所示，主要用到 Authentication Request、Authentication Response、Association Request 和 Association Response 这 4 种类型的帧。

在与加密类型配置成 OPEN、WPA 及 WPA2 类型的路由器进行认证的时候，会进行开放系统认证；在与加密类型配置成 WEP 类型的路由器进行认证的时候，会进行共享密钥认证。不过，WEP 类型的加密方式已经被 IEEE 802.11 协议废弃了。

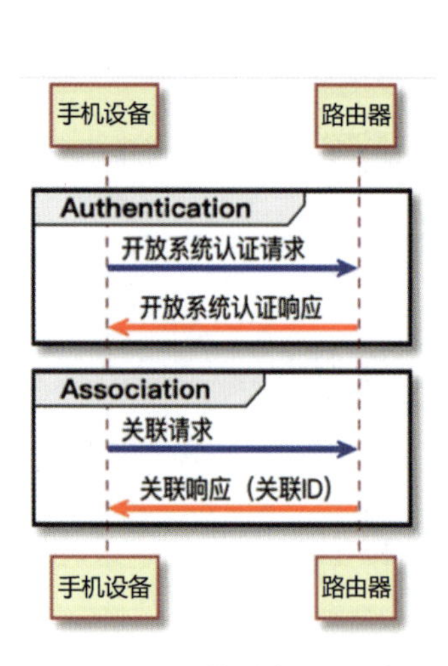

图 4-21　开放系统认证过程

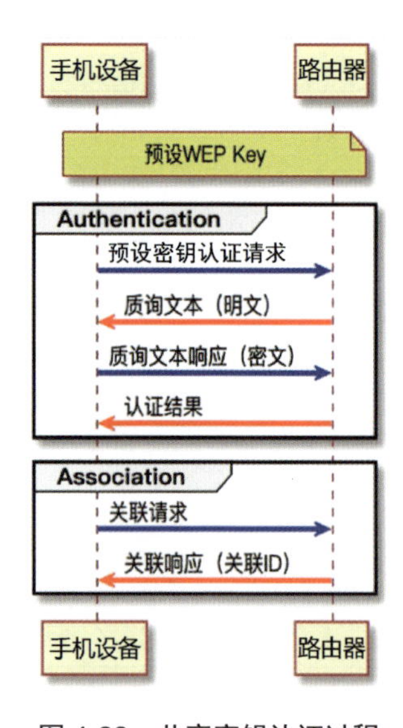

图 4-22　共享密钥认证过程

3. 4 次握手

路由器在配置成 WPA-PSK 和 WPA2-PSK 的时候，在进行完开放系统认证之后，会执行 4 次握手操作，这个过程的结果是协商出手机设备和路由器进行数据传输时使用的密钥。在协商过程中，主要会用到 5 类信息，俗称五元组。

PMK——成对主密钥，是根据路由器密码和 SSID 通过 pdkdf2_SHA1 算法计算而来的。

S-Nounce——手机设备生成的随机值。

S-MAC——手机设备的 MAC 地址。

A-Nounce——路由器生成的随机值。

A-MAC——路由器的 MAC 地址。

在图 4-23 中，PTK（成对传输密钥）是使用五元组信息通过 SHA1_PRF 算法计算而来的，用于密钥信息的加密；MIC 使用 MIC Key（PTK 的一部分）通过 HMAC_MD5 算法对 IEEE 802.1x 数据进行加密，并对加密过程中消息的完整性进行校验。在图 4-23 的 3 组 Key 中，PTK 用来对单播帧进行加密、GTK 用来对组播和广播的数据帧进行加密、IGTK 用来对组播的管理帧进行加密。

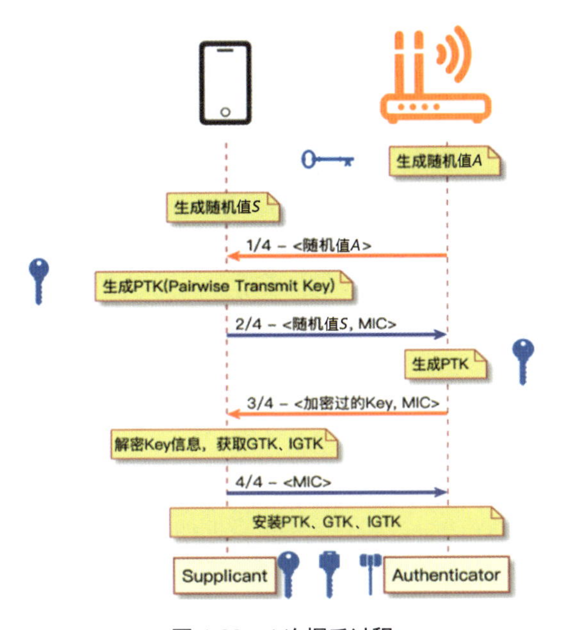

图 4-23　4 次握手过程

4. DHCP

DHCP 过程主要分为 4 步，如图 4-24 所示，路由器设备端启动一个 DHCP 服务端，手机或 IoT 设备端启动一个 DHCP 客户端，DHCP 过程完成之后，手机设备就可以分配到 IP 地址，用于和路由器及公网上的其他设备进行通信。

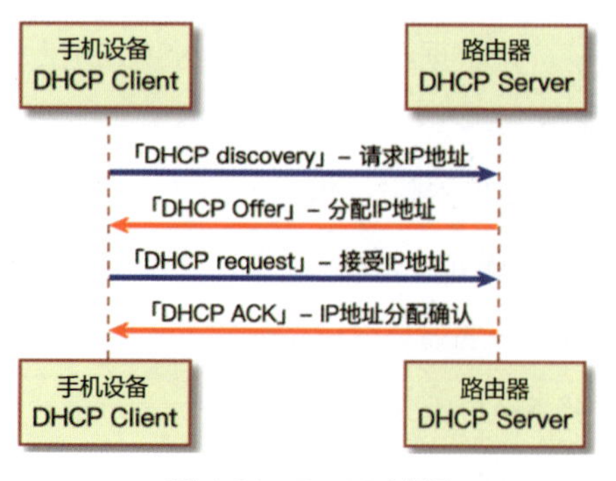

图 4-24　DHCP 过程

4.1.3.4　Wi-Fi 配网

Wi-Fi 协议作为使用最为广泛的无线连接协议之一，其连接认证过程需要通过输入 SSID 和 Password 来完成。对于计算机和智能手机，用户通过显示屏可以选择需要连接的路由器并输入连接密码，使用起来非常方便；但对于 IoT 产品，并没有显示屏与输入接口，如何配置 SSID 和 Password 就成了难题。

例如，在智能插座等物联网终端产品中，Wi-Fi（IEEE 802.11）标准在设计之初是没有考虑这种不通过人机交互方式的配网的，即没有官方标准，配网成了一种类似于黑客找漏洞的技术，这也就导致了市面上配网的方法多种多样，互不相通，整体体验感偏低。

在介绍配网之前，先介绍以下几个基本概念。

狭义配网：Wi-Fi 设备获取路由器信息（SSID、Password 等）并连接路由器的过程。

绑定：用户手机 App 账号与配网设备关联的过程。

广义配网：狭义配网+绑定。

对市面上商用的 IoT 产品进行分类，按原理划分，采用的配网技术主要有以下几种。

（1）一键配网。

（2）广播包长方式。

（3）组播地址方式。

（4）设备热点配网。

（5）蓝牙辅助配网。

（6）手机热点配网。

（7）零配。

（8）SmartConfig（手机 App 给 IoT 设备配网）。

（9）其他（如声波配网/摄像头二维码配网等）。

本节将针对 SmartConfig 进行详细说明。

1. SmartConfig 的基本原理

图 4-25 是 SmartConfig 配网的基本原理与流程。

图 4-25　SmartConfig 配网的基本原理与流程

其中，每台设备都有唯一的三元组，用于设备身份认证与鉴权。

（1）PID：Product ID，产品标识。

（2）MAC：产品的 MAC 地址，唯一。

（3）Secret：产品密钥，与 PID 和 MAC 地址关联，只存于云端和烧录在设备端，不在网络中传输。

2. SmartConfig 配网流程

配网的过程是传输 Wi-Fi 的 SSID/Password 的过程，在整个过程中，需要用加密算法对信息进行加密，避免产生安全风险，这就会涉及加密的方式，常见的加密方式有以下两种。

1）一机一密

每台设备都有唯一的 MAC 地址和 Secret，传输时可用 Secret 作为加/解密密钥，此方式最为安全，即使被破解也只是个体问题。

不过，在 IoT 设备中未采取此方式，因为对于 IoT 设备（如灯泡），需要二维码和设备一一对应，增加了小厂商的生产难度，并且时间久了插座等二维码信息容易丢失，用户解绑后无法再进行配网，所以一型一密的加密方式对生产和使用更为友好一些。

2）一型一密

对于一型一密加密方式，同一类型设备共用同一个二维码，利于生产，其实际鉴权过程还是一机一密方式，如图 4-26 所示。

通过服务端产生的 accesstoken 作为一元信息进行加/解密，该 Token 的有效期为 1min。

3. SmartConfig 数据格式

手机 App 是连接到路由器的，手机操作系统（如 iOS 和 Android 等）未开放直接操作 Wi-Fi 硬件发送管理帧接口，因此无法直接与未配网的 IoT 设备通信。

在本方案中，IoT 设备通过监听 App 和路由器之间的数据包来获取有效信息。而手机 App 和路由器之间的信息是加密的，因此有效信息只有数据包长度，本 Smart Config 方案定义了如何通过监听数据包长度来进行有效信息传输。

4. Wi-Fi 帧格式

简单回顾下标准的 Wi-Fi 帧格式，Wi-Fi L2 帧格式如图 4-27 所示。

5. Wi-Fi 配网数据格式

配网程序采用广播 IEEE 802.3 数据帧的方式，通过 Length 字段传输配网信息。DATA 字段是加密的，无法携带与配网相关的信息，只需填充相应长度的数据以保证数据包完整即可。

Length 字段的长度为 2B，而 Wi-Fi SSID 加上 Password 的长度有几十 B，因此需要传输多个数据包，并且在传输过程中还可能丢包，或者在手机和路由器之间传输非配网的正常数据包，为此，SmartConfig 协议定义了 3 种数据格式，分别代表“起始帧”“数据帧”“分组帧”，如图 4-28 所示。

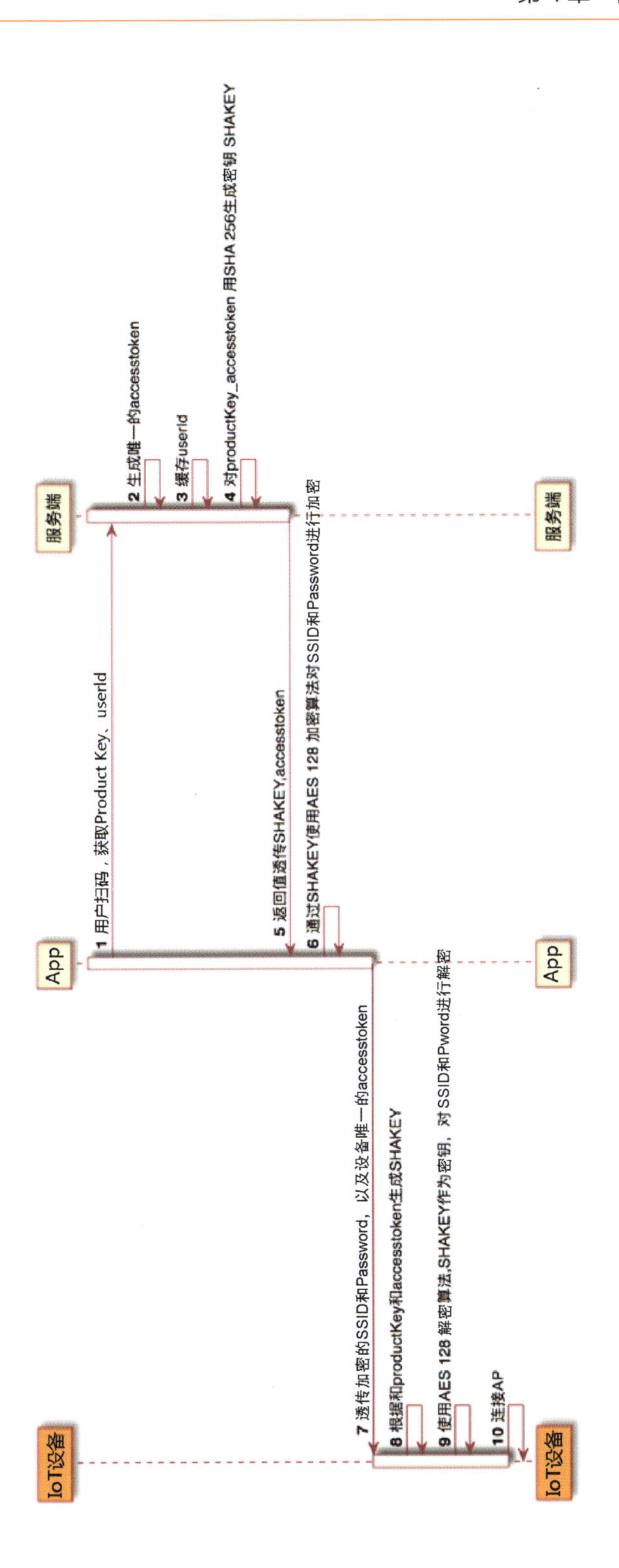
IoT设备
App
服务端
1 用户扫码，获取Product Key、userId
2 生成唯一的accesstoken
3 缓存userId
4 对productKey_accesstoken 用SHA 256生成密钥 SHAKEY
5 返回值透传SHAKEY,accesstoken
6 通过SHAKEY使用AES 128 加密算法对SSID和Password进行加密
7 透传加密的SSID和Password，以及设备唯一的accesstoken
8 根据和productKey和accesstoken生成SHAKEY
9 使用AES 128 解密算法,SHAKEY作为密钥，对 SSID和Pword进行解密
10 连接AP
IoT设备
App
服务端

图 4-26　一型一密

前导字段	帧起始符	DMAC	SMAC	Length	DATA	FCS
7B	1B	6B	6B	2B	46~1500B	4B

图 4-27　Wi-Fi L2 帧格式

帧名称	Length（2B）																说明
	15	14	13	12	11	10	9	8	7	6	5	4	3	2	1	0	
起始帧	0	0	0	0	0	1	0	0	1	1	1	0	0	0	0	0	Length = 0x4E0
数据帧	0	0	0	0	0	Index 1				Value							Length = Index1 | Value
分组帧	0	0	0	0	0	0	1	1	1	1	1	0	Index 2				Length = 0x3E0 | Index2

图 4-28　SmartConfig 帧格式

- 起始帧。对于一个标准的 IEEE 802.3 格式数据帧（下同），其 Length 字段值固定为 0x4E0。起始帧也是分组帧，分组号为 0。
- 数据帧。Length = Index1 | Value。数据帧索引的取值为 Index1 = [0x100, 0x180, 0x200, 0x280, 0x300,0x380, 0x400, 0x480]。有效数据 Payload 的取值为 Value = [0, 127]。数据帧的长度为 7bit，一次传输不到 1B 的内容。
- 分组帧。Length = 0x3E0 | Index2。分组号的取值为 Index2 = [1,15]。

6. 配网 Payload 格式

配网有效数据 Payload 的格式如图 4-29 所示，除 SSID 和 Password 之外，还包含长度校验、Flag、加密 Token 及 CRC 校验等信息，通过数据帧的 Value 字段顺序向外广播发送。

Total Length	Flag	[SSID Len]	Password Len	Token Len	[SSID]	Password	Token	Checksum
1B	1B	1B	1B	1B	Variable	Variable	8B	2B

图 4-29　配网有效数据 Payload 的格式

- Total Length：包含自身的总长度，最大长度不超过 127B。
- Flag：标志位。

① bit0：是否包含 SSID，0 表示不包含，1 表示包含。

② bit1 ~ bit2：Wi-Fi 密码数据的加密方式，3 表示 AES CFB，其他表示保留。

③ bit3 ~ bit4：协议版本，目前为 0x01。

④ bit5：SSID 编码方式，0 表示 ASCII 编码，1 表示其他编码（GBK 编码等）。

⑤ bit6 ~ bit7：保留，其值为 0。

- [SSID Len]：SSID 字段的长度，是可选字段。
- Password Len：Password 字段的长度。
- [SSID]：SSID 经过格式转换后的数据。

  ① 若原始的 SSID 为 ASCII 编码，则值为 ASCII 码数据减去 32，转换后的每个数据的取值为[0,94]。

  ② 若原始的 SSID 非 ASCII 编码，则需要经过 8bit 到 6bit 的格式转换，转换后的每个数据的取值为[0, 63]。
- Password：Wi-Fi 密码经过加密与 8bit 到 6bit 的格式转换后的数据，转换后的每个数据的取值为[0, 63]。
- Token：Token 原始数据为 8bit ASCII 码，值为 ASCII 码数据减去 32，转换后每个数据的取值为[0,94]。
- Checksum：校验值，长度为 2B，每个字节的数据的取值为[0, 63]；发送数据时低字节在前。

注意：加上 accesstoken 长度溢出，限制 Password 的长度到 50B。

7. 8bit 到 6bit 的转换

由于每次传输的有效数据为 7bit，所以，如果 SSID 为中文等非 ASCII 编码字符，则会超出 7bit，需要将 8bit 数据转换放到 7bit 有效数据中。本方案采用了常用的 8bit 到 6bit 的转换方式，即 3B 数据转换后变成 4B 数据，在接收方采取逆转换过程。

例如，3B 的 8bit 数据为 0xab,0xcd,0xef，转换后的数据为 0x2b,0x36,0x3c,0x3b，如图 4-30 所示。

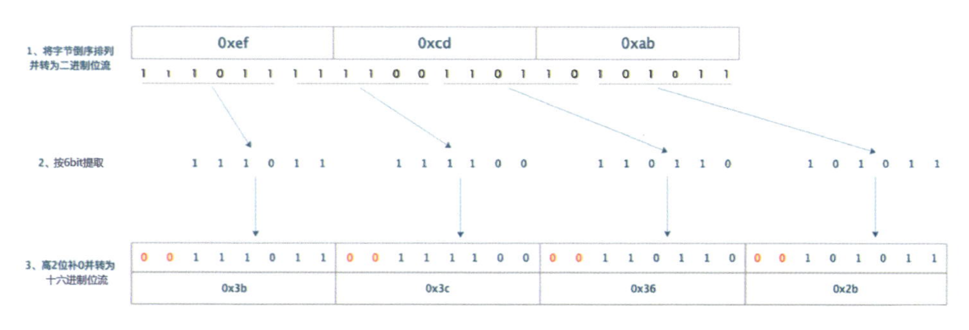

图 4-30　8bit 到 6bit 的转换

8. 配网流程说明

- 检查淘宝绑定信息。
- 获取配网认证码：该认证码标示了该用户的本次配网。
- 准备局域网配网参数。
- accesstoken：获取的配网认证码。
- SSID：Wi-Fi 名称。
- Password：Wi-Fi 密码。
- AES-128-CFB：加密 Wi-Fi 密码。
- 配网数据包发送策略。

使用 255.255.255.255 的 IP 作为发送数据的 IP，端口号选为 50000。配网发送的数据并不是真的字节码数据，而是以发送的数组长度来解析出真实的字节码数据。任务首先发送起始帧，方便接收方寻找信道；接着会发送数据帧及同步帧。

- 起始帧：固定长度为 1248 的帧，如果是首次执行任务，则会重复 1s；如果不是首次执行任务，就发送 3 次。
- 数据帧：长度为 128 * index + (byte[i] & 0xff)。index 的取值为 2 ~ 9。byte[i]是发送数组的元素，index 从 2 到 9 循环变动。
- 同步帧：每当 i%8=7 时，发送两个相同长度的帧。同步帧表明前面已经放了 8 帧数据，2 ~ 9 会重新循环。

任务会定时重复执行，直到检测到配网成功或配网超时。

假设格式转换后的 ssid_len = 4，password_len = 8，token_len=8，则整个配网过程传输的数据如图 4-31 所示。

9. 配网过程的安全策略

- 加/解密。加密只针对 Password 字段，其他字段不加密。加密算法使用 AES-128-CFB。AES-128-CFB 的密钥按照一机一密和一型一密的规则生成。AES-128- CFB 支持对字节流的加密，即加密字节流的长度可以是任意长度，无须 16B 对齐，该方式不会增加传输的数据长度。
- 密钥生成机制。IoT 设备包含以下 3 个要素，即三元组 Product Id、MAC Address 和 Product Secret。其中，Product Id 标识一个产品品类；MAC Address 和 Product Secret 标识一类产品中的某设备。Product Id(Key) 和 MAC

Address 可以基于链路或通道传输，但是 Product Secret 严禁基于链路或通道传输。该三元组信息会在设备生产时烧录到设备中。

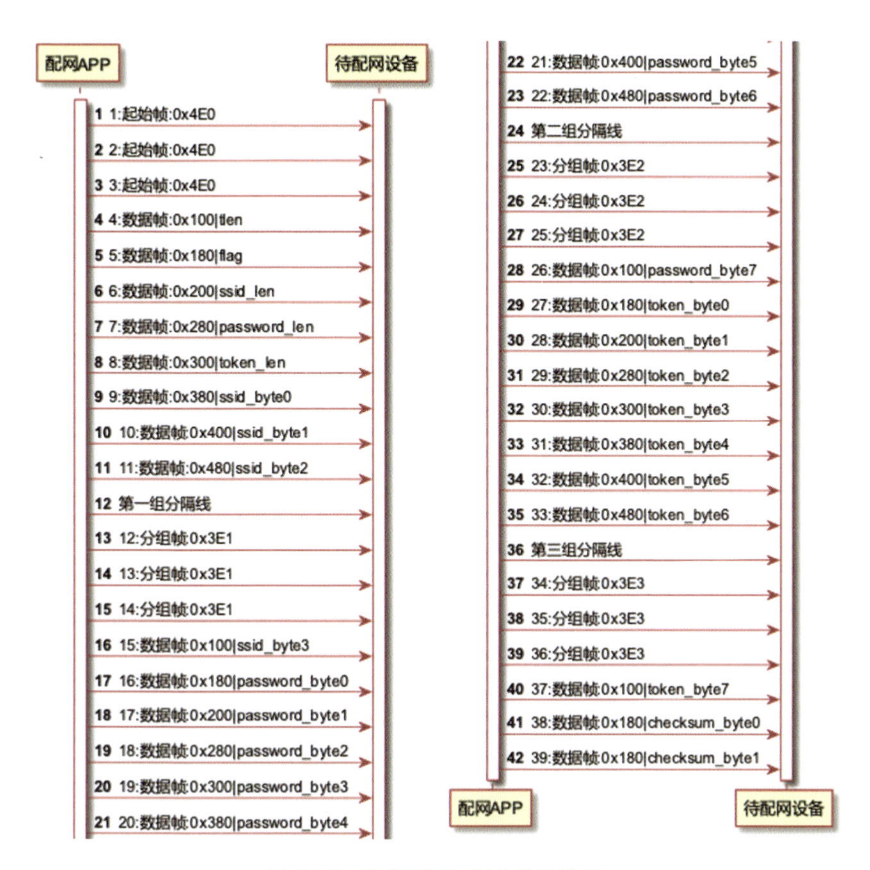

图 4-31　整个配网过程传输的数据

本节主要介绍了 Wi-Fi 的基础知识，以及 Wi-Fi 基本的连线过程与配网，更多关于 Wi-Fi 的详细信息请参考 IEEE 802.11。

4.2　低功率广域网通信

4.2.1　常见广域网通信方式介绍

根据能耗和传输速率，可以将广域网通信方式分为低功率广域网络和无线广域网络。低功率广域网络(Low-Power Wide-Area Network，LPWAN)也称为 LPWA(Low-Power Wide-Area) 或 LPN (Low-Power Network)，是一种用在物联网领域（以电池为电源的设备）且可以用较低的传输速率进行长距离通信的无线网络。无线广域网络用来连接企业或用户，有较高的传输速率，但是能耗也更高。

低功率广域网络可以分为以下两类。

（1）工作于授权频谱下的通信技术，如 2G、3G、4G、5G 蜂窝通信技术，以及 LTE Cat.0、LTE Cat.1、LTE Cat.4、NB-IoT 等。

（2）工作于未授权频谱的通信技术，如 LoRa。

下面针对目前应用较广泛的 4G Cat.1、NB-IoT 和 LoRa 技术及其应用场景进行介绍。

4.2.2 4G Cat.1

4.2.2.1 什么是 4G Cat.1

前面已经介绍了 LTE 的相关背景知识，它是由 3GPP（3rd Generation Partnership Project）制定的一种用于蜂窝设备和数据终端的高速无线通信标准，用来应对不同场景下不同终端的网络服务需求，而这些不同需求就使用用户设备类别来区分，即 Cat。简单来说，Cat 的类别越高（Cat 后面的数字越大），对应的数据带宽就越大。

同时，LTE 一直持续发展和改善，逐渐从最初定位的 3G 增强版演变成了真正的 4G，已经可以满足 4G 网络的带宽标准，常称为 4G LTE，或者就直接归为 4G 来统称，因此，本书中的 4G Cat.1 和 LTE Cat.1 是一个意思。

LTE 于 2008 年发布了 Release 8，在这个版本里正式引入了 Cat.1，它诞生的目标场景针对的就是物联网中的 IoT 设备。

2019 年 10 月 22 日，工业和信息化部信息通信发展司时任司长明确表示：中国移动通信网络 2G、3G 退网的条件已经逐渐成熟。

2020 年 4 月 30 日，工业和信息化部发文，明确推动 2G/3G 物联网业务迁移转网，建立 NB-IoT、4G（含 Cat.1）和 5G 协同发展。

2020 年，工业和信息化部下发 25 号文《关于深入推进移动物联网全面发展的通知》，主要对 NB-IoT/Cat.1 网络覆盖和模组价格、物联网连接数等提出要求，引导 2G/3G 物联网终端向 NB-IoT 和 Cat.1 逐步迁移，建立 NB-IoT/4G/5G 移动物联网综合生态体系。4G Cat.1 在带宽、时延、移动性和语音方面相对于现有的 2G/3G 网络，具备更好的性能。相对于 Wi-Fi 来说，4G Cat.1 省去了配网的步骤，并且基于蜂窝的连接是可以在后台静默连接的，体感更好。

4.2.2.2　4G Cat.1 的优点和缺点

4G Cat.1 的优点主要可以分为 4 部分。

（1）功耗低：终端侧的硬件架构复杂度降低，可以有效管理功耗模块，从而可以降低整体系统功耗。

（2）成本低：相对于 2G、3G，它基于主控模式，整体硬件成本更低，相对于 Cat.4 低约 40%，较现有市面产品有价格优势。

（3）覆盖广：依托 4G 良好的网络覆盖，能有效规避 2G/3G 退网带来的风险，并覆盖更广的区域。

（4）部署易：运营商无须升级网络，只需对网络侧进行配置，即可接入 4G Cat.1 终端。

此外，4G Cat.1 具有 5Mbit/s 和 10Mbit/s 的上/下行带宽，可以满足一定帧率的视频流，支持 LTE 语音（VoLTE）等能力，使其在物联网场景中脱颖而出。

4G Cat.1 的缺点在于它毕竟是广域网连接，功耗相对于近场通信（如 Wi-Fi、蓝牙）要高很多，使用时要根据实际的应用场景来合理选择。

4.2.2.3　4G Cat.1 的技术特性

以下是 4G Cat.1 的主要技术特性描述，会涉及一些专有名词，本节不做详细介绍，若读者感兴趣，则可以查阅相关技术细节文档。

- 传输速率。在 4G Cat.1 网络中，终端最高可达到 10Mbit/s 的下行峰值速率和 5Mbit/s 的上行峰值速率，具体配置及速度描述如表 4-12 所示。

表 4-12　4G Cat.1 的传输速率

模式	配置	速率
FDD	—	终端可达到 9Mbit/s 以上的下行峰值速率和 4.5Mbit/s 以上的上行峰值速率
TD-LTE	网络采用 UL:2/DL:2，特殊子帧采用 10:2:2	终端应达到 5Mbit/s 以上的下行实测峰值速率和 1.7Mbit/s 以上的上行实测峰值速率
	网络采用 UL:1/DL:3，特殊子帧采用 10:2:2	终端应达到 7Mbit/s 以上的下行实测峰值速率和 0.8Mbit/s 以上的上行实测峰值速率

- 移动性。4G Cat.1 拥有与 4G Cat.4 相同的毫秒级传输时延，支持 100km/h 以上的移动速度。

- 空口信道。4G Cat.1 数据在空口信道中的上/下行及公共频段的信道信息如表 4-13 所示。

表 4-13　4G Cat.1 数据在空口信道中的上/下行及公共频段的信道信息

下行	上行	公共
PDSCH、PHICH、PCFICH、PDCCH	PUSCH、PUCCH、PRACH	PBCH、P-SCH、S-SCH

- 系统带宽和物理资源块。物理资源块的英文全称是 Physical Resource Block（PRB），可以认为是用来表达物理层可以使用的资源多少的一种单位。4G Cat.1 在不同的带宽下支持的物理资源块数量请参考表 4-14。

表 4-14　4G Cat.1 系统带宽与物理资源块

系统带宽	物理资源块
20MHz	支持 100 个物理资源块
15MHz	支持 75 个物理资源块
10MHz	支持 50 个物理资源块
5MHz	支持 25 个物理资源块
3MHz	支持 15 个物理资源块
1.4MHz	支持 6 个物理资源块

- 工作频段。4G Cat.1 有 TDD 和 FDD 两种工作模式，它们工作在不同的频段，各自占用的频段信息请参考表 4-15。

表 4-15　4G Cat.1 工作频段信息

网络制式	工作频段	上行	下行
FDD	Band 1	1920～1980MHz	2110～2170MHz
	Band 3	1710～1785MHz	1805～1880MHz
	Band 4	1710～1755MHz	2110～2155MHz
	Band 8	880～915MHz	925～960MHz
	Band 12	699～716MHz	729～746MHz
	Band 17	704～716MHz	734～746MHz
	Band 20	832～862MHz	791～821MHz
TD-LTE	Band 34	2010～2025MHz	2010～2025MHz
	Band 38	2570～2620MHz	2570～2620MHz
	Band 39	1880～1920MHz	1880～1920MHz
	Band 40	2300～2400MHz	2300～2400MHz
	Band 41	2496～2690MHz	2496～2690MHz

- 上/下行多址传输。4G Cat.1 支持下行 OFDMA 和上行 SC-FDMA 传输，支持 15kHz 子载波间隔，有循环前缀（Normal CP）和扩展循环前缀（Extended CP）两种模式。
- 接收天线。4G Cat.1 支持多输入多输出 MIMO 功能。
- 发射功率。4G Cat.1 的最大发射功率可以达到 23dBm。

表 4-16 列出了 4G Cat.1、Cat.4、Cat.M1 及 Cat.NB-1 4 个版本物理层的参数对比。

表 4-16　4G 各版本物理层的参数对比

	Release 8	Release 8	Release 13	Release 13
工作频段	Band 1	1920～1980MHz	—	2110～2170MHz
终端类别	Cat.4	Cat.1	Cat.M1 (eMTC)	Cat.NB-1（NB-IoT）
下行峰值速率	150Mbit/s	10Mbit/s	1Mbit/s	170kbit/s
上行峰值速率	50Mbit/s	5Mbit/s	1Mbit/s	250kbit/s
天线数量	2	2	1	1
双工模式	全双工	全双工	全/半双工	半双工
终端接收带宽	1.08～18MHz	1.08～18MHz	1.08MHz	180kHz
终端传输功率	23dBm	23dBm	20/23dBm	20/23dBm

4.2.2.4　4G Cat.1 的市场规模

据统计，截止到 2018 年年底，国内物联网市场规模超过 2 万亿元；据预测，到 2024 年，全国物联网市场规模将超过 9 万亿元。从图 4-32 中可以看出，每年蜂窝物联网的设备数都在成倍地增加。

图 4-32　4G Cat.1 产品出货预测

在广域网物联网业务中，分高速、中速、低速 3 个业务版块，相关的应用场景呈现“金字塔”结构。

- 高速业务：在视频、智慧医疗、车联网等高速业务场景中，4G Cat.4、5G 占据主导地位，市场份额约占 10%。
- 中速业务：在可穿戴设备、支付设备、共享设备、设备监控、物流跟踪、资产定位等中速应用场景中，4G Cat.1 是主流技术，市场份额约占 30%。
- 低速业务：在抄表、市政设施、智能停车、环境管理等低速场景中，NB-IoT 的优势明显，市场份额约占 60%。

目前，基于 4G Cat.1 的网络已经覆盖了很多的业务场景，如图 4-33 所示。

图 4-33 基于 4G Cat.1 的业务场景

4.2.2.5 4G Cat.1 的主流芯片和模组

当前基于 4G Cat.1 的主流芯片，国外有高通，国内主要有两家头部厂家，即紫光展锐和 ASR。目前，国内的 4G Cat.1 方案基本都基于国内的这两种芯片，更具性价比优势。国内市场规模较大的 4G Cat.1 模组厂家主要是有移远通信、广和通、有方科技和合宙等。

- 紫光展锐：目前主流的 4G Cat.1 芯片有春藤 8910DM。这是全球首颗 4G Cat.1bis 芯片平台，支持 4G Cat.1bis 和 GSM 双模，上行速率达 5Mbit/s，下行速率达 10Mbit/s，并集成了蓝牙通信和 Wi-Fi 室内定位，可实现更稳定的连接。
- ASR：比较主流的芯片是 ASR3601、ASR1601。作为业界首款面向移动物联网的 4G Cat.1/GMS 双模芯片 ASR1601，采用 ARM Cortex R5 处理器，该处理器专为实时操作系统（RTOS）打造。
- 高通：MDM9207-1 是比较主流的芯片，性能不错，但是价格也相对比较贵；2015 年推出，专攻物联网应用，支持 4G Cat.1，最大下载速度为 10Mbit/s。

4.2.2.6　4G Cat.1 方案

目前，阿里云 IoT 部门基于 4G Cat.1 推出了面向共享支付、智慧零售和可穿戴等多个方向的软硬件方案，如播报音箱、充电宝、儿童手表等。

播报音箱是一个基于蜂窝网络面向支付场景的方案，HaaS600 系列 4G Cat.1 模组全系内置设备端播报组件，无须适配，上电即用。其中的千里传音服务是集成了阿里云人工智能语音合成、云存储及物联网平台能力且面向智能播报设备场景的一个云端一体 IoT 服务，对外提供统一的 OPEN API。

可穿戴是一个完整的一站式解决方案，其端侧做到硬件解耦，同时结合核心芯片，可以达到开箱即用或只需少量定制即可完成软件闭环的功能，云端提供相关的可穿戴云服务支持，让客户一站式完成云端开发，软件开发周期大大缩短。

物联网蜂窝广域网行业发展至今，已经远远不是一个简单组装的低价竞争行业。各厂商凭借各自长期的技术积累和沉淀，正在从成本敏感向规模化演进。在 4G Cat.1 发展初期切入这个市场，有着战略性的意义。行业的发展初期，技术壁垒比较低，而且物联网应用端最大的特色为"长尾效应"，分散的小需求形成大市场。如果能够借 4G Cat.1 之势建立自己的技术壁垒，就能切入更大的市场，形成规模化效应，最终建立自己的生态圈。

4.2.3　NB-IoT

4.2.3.1　NB-IoT 的发展史

NB-IoT 这个名词真正诞生于 2016 年，是在 3GPP 的 Rel.13 版本中提出的，全称为 Narrow Band-Internet of Things，即窄带物联网，是一种低数据量传输、低成本、广覆盖率的蜂窝通信技术。

据统计，2020 年 NB-IoT 在全球范围的出货量超过 1 亿元，累计连接数已经高达 11.5 亿个，而且预计在未来的 5 年内，年复合增长率将非常高，人均可能拥有 3～4 个 NB-IoT 设备，未来的想象空间非常大，相信万物互联的时代很快就会到来。

当然，NB-IoT 的出现也不是一蹴而就的。早在 2014 年，沃达丰基于 GSM 网络即将退网的考虑，就开始与华为一起研发新的通信标准 NB-M2M（LTE for Machine to Machine），这是一项低成本、低功耗，且能复用 LTE 原有网络的全新解决方案。

不久后，在 2014 年 7 月，高通提交了 NB-OFDM（Narrow Band Orthogonal Frequency Division Multiplexing，窄带正交频分复用）的技术规范。

2015 年 5 月，NB-M2M 方案和 NB-OFDM 方案进一步融合，形成了 NB-CIoT（Narrow Band CellularIoT）。该新方案的核心在于通信的上行通信采用 FDMA（频分多址）技术，下行通信使用 OFDMA（正交频分多址）技术。

2015 年 7 月，爱立信联合诺基亚、英特尔等公司，又提出了一套 NB-LTE（Narrow Band LTE）的技术规范。NB-LTE 可以和当时的 LTE 设备兼容，上行通信使用 SC-FDMA（单载波频分多址）技术，下行通信使用 OFDMA（正交频分多址）技术。

2015 年 9 月，NB-CIoT 和 NB-LTE 进一步做了技术融合，形成了我们现在认识的 NB-IoT，并在 3GPP 上正式立项。

2016 年 7 月，在 3GPP 的 Rel.13 版本中完成了 NB-IoT 首个标准的制定，至此，第一个专用于物联网的蜂窝通信网络标准诞生。

2017 年，在 3GPP 的 Rel.14 版本中，对 NB-IoT 做了特性增强。

2020 年 7 月，3GPP 技术正式被接受为 ITU（国际电信联盟）IMT-2020 5G 技术标准，同时，NB-IoT 和 NR 也一起正式成为 5G 标准。

4.2.3.2　NB-IoT 的技术特点

NB-IoT 技术主要有四大特点：极低功耗、超低成本、超强覆盖、海量连接。

1. 极低功耗

一般来说，设备终端在深度睡眠的时候功耗最低，因此，降低功耗的首要方式就是尽可能延长设备休眠时间。如果设备通信数据量本身比较小，也不需要一直监听网络数据包，就可以使设备只在发送数据包的瞬时接入网络，完成数据收发，其余时间都处于休眠状态，从而做到极低功耗。

NB-IoT 设备状态转换如图 4-34 所示，在连接状态下，可以发送上行数据到网络；在空闲状态下，可以接收网络下发的下行数据；在休眠状态下，既不能发送数据，又无法接收数据。

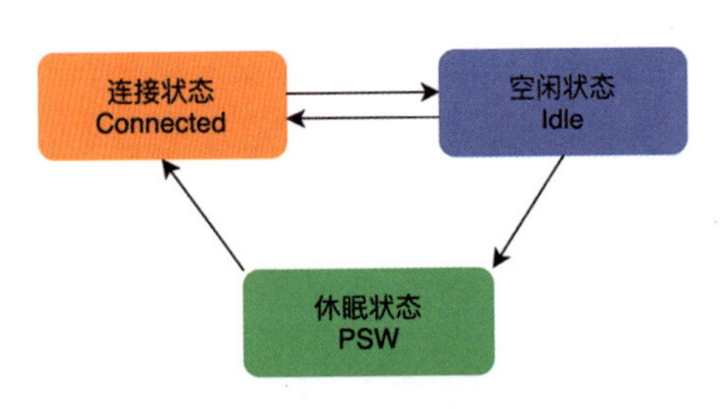

图 4-34　NB-IoT 设备状态转换

NB-IoT 技术提供了 3 种不同的低功耗模式。

- PSM 模式：即 Power Saving Mode。PSM 技术是在 3GPP 规范的 Rel.12 版本中新增加的功能，主要目的就是让设备处于休眠状态而降低功耗，但是它和传统意义上的休眠又有区别，当设备处于 PSM 模式下时，终端设备对于网络来说依然是处于注册在网的状态，但是不能接收下行数据。NB-IoT 在 PSM 模式下的状态切换及功耗如图 4-35 所示。
- DRX 模式：在该模式下，每个 DRX 周期都会接收网络的下行数据。DRX 周期可以设置为 1.28s、2.56s、5.12s 或 10.24s，在这种模式下，设备几乎一直处于在线模式，网络的下行数据不会被阻塞，可以用在对实时性要求较高的场合。当然，对应的功耗也会高一些。

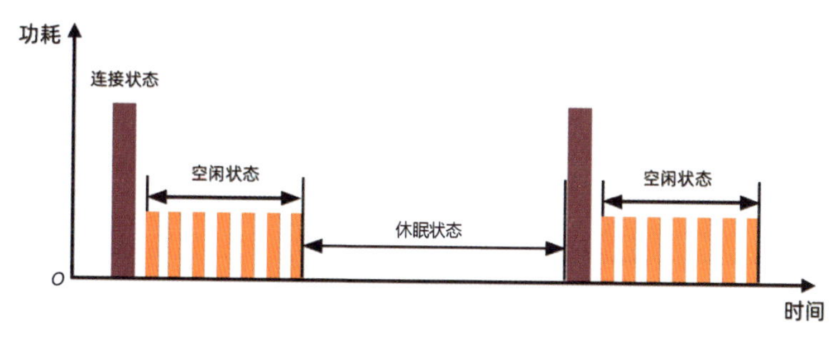

图 4-35　NB-IoT 在 PSM 模式下的状态切换及功耗

- eDRX 模式：eDRX 技术是在 3GPP 规范的 Rel.13 版本中新增加的功能，其功耗处于 PSM 和 DRX 之间，是在 DRX 的基础上将休眠时间进一步加长来降低功耗的。eDRX 在 DRX 周期中增加了寻呼窗口，只有在寻呼窗口内才能像原有的 DRX 模式那样去接收网络的下行数据；而在寻呼窗口之外，会使设备进入休眠状态，eDRX 的最大周期间隔可以设置长达 2.92h。在这两种模式下，NB-IoT 的休眠状态切换及功耗如图 4-36 所示。

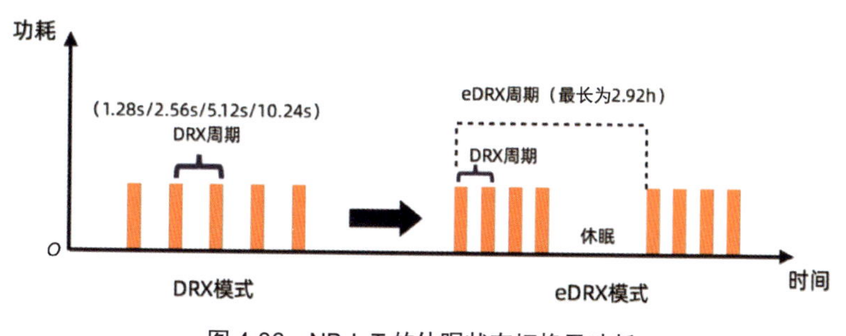

图 4-36　NB-IoT 的休眠状态切换及功耗

总体来说，DRX 能达到几乎实时监听网络数据的目标，其功耗也是 3 种模式中最高的，大约为 1mA；在 eDRX 模式下，兼顾实时性和功耗，大约为 0.2mA；PSM 是最省电的模式，功耗为几百μA。

2. 超低成本

从网络的角度来看，NB-IoT 网络可以直接在现有 LTE 网络的基础上进行改造，降低了网络建设与维护的成本。

从终端设备的角度来看，NB-IoT 广泛用于物联网终端设备上，仅支持窄带宽，基带复杂度低，因此，可以对原协议栈做简化，去掉 LTE 物理层中一些不需要的模块。同时，实际使用场景的数据量也比较低，因此，用于协议栈及通信时数据缓存的 RAM 和 Flash 也可以相应地减少。

另外，如果在 3GPP Rel.13 中定义 NB-IoT 仅支持 FDD 半双工模式，即不能同时处理发送和接收，则比起全双工通信模式来说，其成本更低、功耗也更低。全双工和半双工数据收发对比如图 4-37 所示。

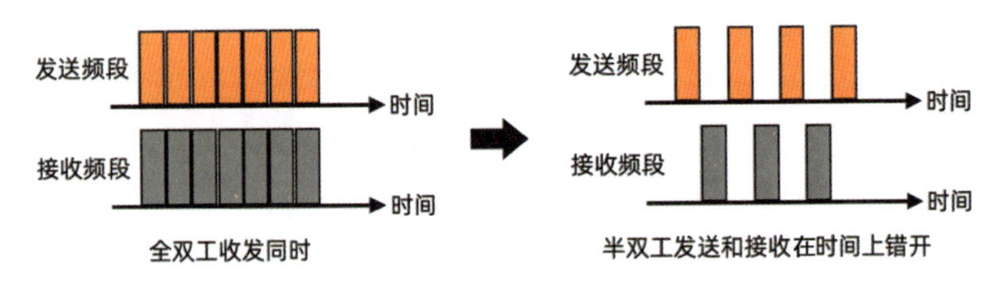

图 4-37　全双工和半双工数据收发对比

3. 超强覆盖

信号强度是随着设备与基站之间的距离的增大而减弱的，一般通信上使用最大耦合损耗（MCL）来衡量通信设备信号覆盖能力，这个损耗就是数据在基站和设备之间传输时信道上所有损耗的总和，也可以理解为满足通信需求的最大的信号衰减值。MCL 越大，说明满足通信需求所需的信号强度越弱，间接说明信号可以传输更远的距离。

MCL 与基站信号功率 PB、接入终端信号功率 PM 有关，定义如下：

$$MCL = 10\log(PB / PM)$$

3GPP 组织对 NB-IoT 的覆盖增强进行了定义，要求相比现有 GSM、宽带 LTE 等网络，覆盖要增强 20dB，即需要达到 164dB。NB-IoT 和 LTE、GSM 信号强度对比如图 4-38 所示。

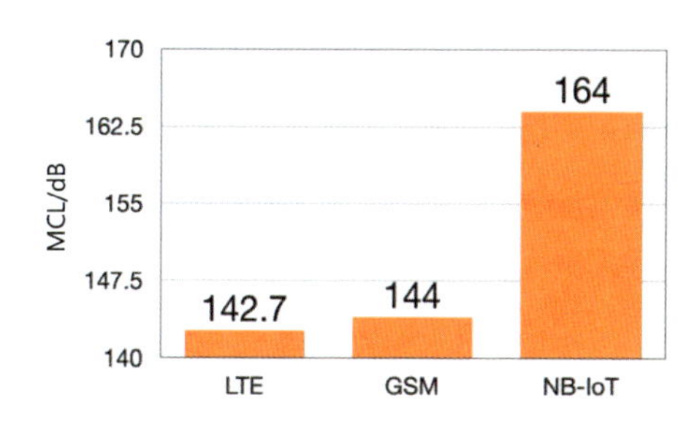

图 4-38　NB-IoT 和 LTE、GSM 信号强度对比

在 NB-IoT 的上下行的数据通信过程中，使用了更窄的频率。这是因为低频窄带信号的传播距离远、穿透能力和绕射能力强，而高频宽带信号的传播距离近、穿透能力弱。同时，在发射功率相同的情况下，使用窄带可以增大功率频谱密度（Power Spectrum Density，PSD），表示每单位频率波携带的功率。

NB-IoT 综合考虑数据传输所需带宽及传播距离，最终使用的频率为 15kHZ，PSD 的增益大约为 10.8dB，两者的关系如下：

$$10.8\text{dB} = 10\log((200\text{mW}/15\text{kHz}) / (200\text{mW}/180\text{kHz}))$$

因此，NB-IoT 单位带宽携带的能量比 LTE 更高，同等情况下可覆盖更远的距离。

另外，NB-IoT 支持更多次的重传。每增加一倍重传数，传输速率就会降低一半，同时带来 3dB 的增益，在 3GPP 的标准中，定义了上行重传次数最大可达 128 次，下行重传次数最大可达 2048 次。当然，增加重传次数还需要综合考虑数据传输速率和需要增加的增益，一般情况下可以使用的重传次数为 16 次。

NB-IoT 的这种超强覆盖能力使之可以用于油田、农村等区域非常广的场景，以及地下车库和深井等深度场景。

4. 海量连接

由于 NB-IoT 的设备终端大部分都是数据量小、对实时性要求不高的场景，所以设备绝大多数时间处于休眠状态，这种状态不仅降低了设备端的功耗，还降低了对基站资源的使用。同时，由于 NB-IoT 采用 15kHz 的窄带进行传输，其资源利用率要比 LTE 宽带技术的资源利用率高，因此，NB-IoT 网络允许更多的设备同时接入，单个小区基站可以接入 50000 个终端。

4.2.3.3　NB-IoT 的常见使用场景

NB-IoT 的这些特点和优势使它成为 5G LWPA 场景的首选技术方案，在各个行业都可以被广泛应用。

- 智慧工业：自动化控制、流水线监控、工控机、工业 PDA，如图 4-39 所示。

图 4-39　NB-IoT 在智慧工业中的应用

- 智慧农业：空气监测、水污染监测、农机管理、土壤监控、温湿度监控，如图 4-40 所示。

图 4-40　NB-IoT 在智慧农业中的应用

- 智慧商业：电子价签、POS 机、自动售货机。

- 共享经济：共享电动车、共享自行车、共享充电宝、共享充电桩。
- 智慧家庭：智能门锁、智能门磁、烟雾传感器、浸水传感器、智能开关、入侵探测器。
- 公共设施：水表、气表、电表、井盖、智能路灯、太阳能发电。
- 智慧交通：运输跟踪、船舶跟踪、车辆跟踪、车队管理，如图 4-41 所示。

图 4-41　NB-IoT 在智慧交通中的应用

4.2.4　LoRa

LoRa 是美国 Semtech 公司采用和推广的一种基于扩频技术的超远距离无线传输方案，它以其超高的灵敏度特性在广域低功耗领域得到了广泛的应用。

4.2.4.1　LoRa 调制技术

LoRa 是 Long Range 的缩写，是一种基于线性调制扩频技术（Chirp Spread Spectrum，CSS）的扩频调制技术，其接收灵敏度达到−142dBm。如果使用低于 1GHz 的 ISM 频段，则在空旷的郊区环境中，其传输距离可以达到十几千米，非常适合表计监测、开关状态监测等低速无线应用。

LoRa 调制技术的特点如下。

（1）以啁啾信号为载波的序列扩频。

（2）具备 DSSS 优秀的抗噪、抗干扰能力。

（3）同时具备啁啾信号低设备要求、强环境适应力、抗信道恶化能力。

LoRa 调制技术的信噪比比较高，整体来看具有以下优势。

（1）信号淹没在噪声中，接收方只需知道正交的扩频序列即可从噪声中恢复出信号。

（2）比 FSK 具有更高的灵敏度（RSSI）。

（3）更强的抗干扰、抗噪声和抗阻塞能力。

（4）当扩频因子不同时，可以使用相同的信道（不同的扩频序列之间是正交的，因此频率可以复用）。

（5）使用宽带扩频技术，抗多径衰落能力强。

LoRa 在城市环境下的传输距离大约是 FSK 传输距离的 3 倍。

4.2.4.2　LoRaWAN 介绍

2015 年 1 月，LoRa 联盟发布了第一版 LoRaWAN 协议规范。LoRaWAN 是一套基于 LoRa 调制技术的应用层通信协议，其规范了对 LoRa 射频硬件的操作方式，同时定义了一套极低功耗、长距离传输、端到端安全且支持单/双工通信的网络连接方式。

LoRaWAN 网络架构中有 4 个核心组成部分：设备、网关、网络服务器和应用服务器，如图 4-42 所示。

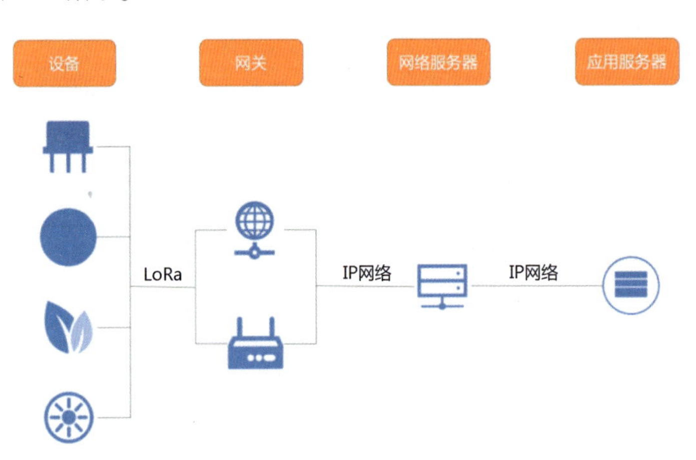

图 4-42　LoRaWAN 网络架构

LoRaWAN 设备通常是一个电池续航的嵌入式终端，如传感器或执行装置，这些终端设备通过使用 LoRa 调制技术的网关无线连接到 LoRaWAN 网络。LoRaWAN 规范定义了 3 种设备类型：A 类、B 类和 C 类。所有 LoRaWAN 设备都必须实现 A 类，而 B 类和 C 类是对 A 类设备规范的扩展，可按需实现。

A 类设备支持设备和网关之间的双向通信。设备可以随时发送上行消息（从设备到服务器），待上行数据传输完成，设备在指定时间（RX1 延迟和 RX2 延迟）打开两个接收窗口，服务器这时才能将下行数据传送给设备。服务器可以在第一个接收窗口或第二个接收窗口中响应，但不应同时使用这两个接收窗口。如果设备在第一个接收窗口接收到上行消息，则不会打开第二个接收窗口。图 4-43 是 A 类设备数据收发时序示意图。

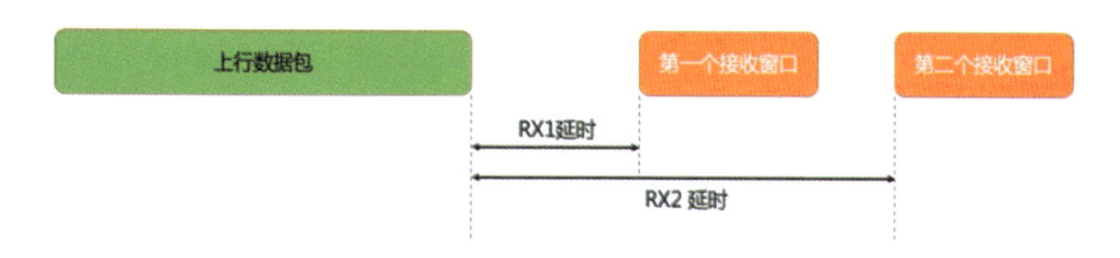

图 4-43　A 类设备数据收发时序示意图

在 A 类设备的基础上，B 类设备增加了一种下行数据的传输方式。网关定期向设备发送 Beacon 数据包，用于与设备同步时间。在每个 Beacon 周期内，设备都会在指定时间点打开接收窗口，即 Ping Slot。网关将数据内容打包在 ping 包里发给设备，紧接着设备回复响应包，从而完成下行数据的传输，如图 4-44 所示。

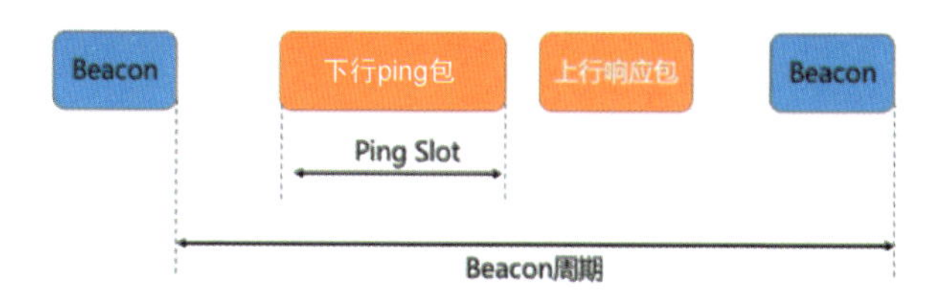

图 4-44　B 类设备数据收发时序示意图

由于 C 类设备的接收窗口只在发送上行数据时关闭，所以大部分时间段都能收到服务器的下行数据。因此，C 类设备能保证良好的数据实时性，但由于常开接收窗口导致设备功耗提升，所以该类型设备比较适合长供电的场景，其收发时序示意图如图 4-45 所示。

图 4-45　C 类设备数据收发时序示意图

LoRaWAN 网关利用 LoRa 无线通信技术与终端设备通信，同时与服务器保持 IP 网络的长连接。网关在终端设备和中央网络服务器之间中继消息，即从终端设备接收 LoRa 消息，通过 IP 网络将它们转发到 LoRaWAN 网络服务器中。网关到网络服务器的 IP 流量可以按需选择传输链路，如蜂窝（3G/4G/5G）、Wi-Fi、以太网、光纤或 2.4 GHz 无线方式等。

LoRaWAN 网络服务器通过 IP 网络与网关通信，主要作用是管理 LoRaWAN 网络，具体功能包括设备入网、消息去重、消息路由、自适应数据率控制及消息响应。

应用服务器用于接收 LoRaWAN 网络的上行数据，同时生产下行数据并分发给 LoRaWAN 网络。与网络服务器不同的是，应用服务器不需要关心 LoRaWAN 网络的具体时间，只负责满足用户的业务需求。

4.2.4.3　LoRaWAN 的应用及生态介绍

1. HaaS 农业一体柜

耘田网关系列产品是专注物联网领域的通信网关产品，是一体化 LoRaWAN 解决方案的重要组成部分，网关可以直接接入阿里云 LinkWAN 平台。该网关是基于 LoRaWAN 协议的低功耗、低成本、远距离、无线传输的物联网网关，专门用于对通信要求高、抗干扰能力强、灵敏度高、功耗低、接入节点数多且分散等特点的终端设备，可广泛用于城市管理、城建交通、智慧社区园区、现代农业、工业、矿业等多个领域，如图 4-46 所示，其主要特点如下。

- 节点容量大：单个网关最高可支持 10 万个节点接入。
- 多网关网络候补：当多网关网络中有网关发生异常时，节点可通过邻近网关入网，保证稳定性。
- 节点漫游：合法节点在网关覆盖范围内可自由移动。
- 支持全双工上下行：最大可支持 16 个上行接入通道和 4 个下行发送通道。
- 广覆盖半径：可实现城市 5km 和郊区 15km 的广域覆盖。
- 供电：支持标准的 DC 12V 供电。

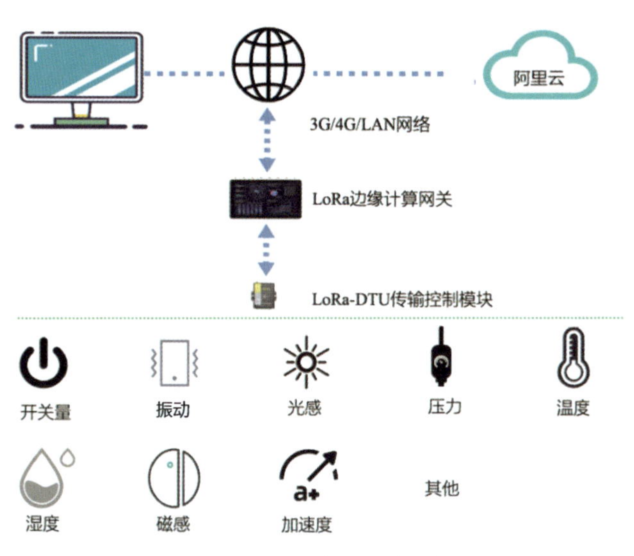

图 4-46　LoRa 应用网络示意图

- 基于 Wi-Fi 的配置管理：为基站系统的管理和维护提供了便捷可靠的低成本操作途径。
- 边缘计算能力：网关集成边缘计算能力，在断网条件下依然能够按照保存的业务逻辑正常运行。

2. 智慧工业

1）无线抄表（水表、电表、气表）

LoRa 以其优异的技术特性进入三表行业，也得到了广泛的应用。但它和 NB-IoT 技术有很强的竞争关系，未来能否在三表市场取得一定的市场占比，更取决于该技术的持续迭代和场景技术优势。

2）智慧电网

LoRaWAN 在智慧电网领域的应用主要在对供电管网设备状态的数据采集上。

3）智慧太阳能

LoRaWAN 近年来成功走进太阳能应用领域，替代以往的 2G 模组，快速形成自组网，实时监测每块太阳能板的充电情况，把信息上传到企业服务器。同时，管理人员还可以通过下行控制机器人及时维修或清洁太阳能板，可以 24 小时不间断地监控和运行，比人工维护更科学、经济。

4）智慧工厂故障监测

LoRa 适用于各类工厂产线，引入物联网智能设备监测系统，通过 LoRa 终端与工厂车间内的离子风机连接，从而检测离子风机的风扇是否转动，风机高压状态是否输出高电平，风扇是否定时自动进行清洁；对设备低电压等故障情况进行报警提示，及时提醒技术人员进行处理，防止设备故障后引起其他设备损坏，提高企业的智能化管理水平及效益。

5）智慧消防

智慧消防是指通过低功耗广域物联网通信技术采集可燃气体浓度传感器数据，通过远程监控设置阈值，及时进行灾情预警。

3. 智慧农业

1）智慧养殖

通过低功耗广域物联网通信技术，使用智能传感器在线采集位置和生长行为数据，以实现计步、定位寻找、防混防丢、实时了解健康状况等，通过实时监控，及时有效管理牛群、羊群等，提升牲畜群体的管理效率，实现科学养殖。

2）智慧种植

LoRa 技术在智慧种植领域的应用最为成熟、普遍，主要体现为广域的农作物种植自动滴灌、温室大棚内的温湿度自动控制及生活领域的自动滴灌。

一般意义上的智慧种植主要是指在种植场景中部署各类电 LoRa 节点模块与前端传感器设备组成的无线传感终端，实时监测场景中的空气温度、湿度、土壤墒情、光照度、CO_2 浓度等环境参数，并通过 LoRa 局域网络上传到云平台进行分析，当感知的环境参数偏离了植物生长的适宜状态（配置参数）时，可以通过远程控制加热器、加湿器、通风机、卷扬机等辅助设备对环境进行调节，保证农作物有一个良好的、适宜的生长环境，达到增产、改善品质、调节生长周期和提高经济效益的目的。

4. 智慧城市

1）智能楼宇、社区

智能楼宇、社区集中体现为楼宇的智能化、楼宇能源管理和人员智慧管理。

2）智慧城市驾驶舱

智慧城市驾驶舱的概念主要体现为市政管理人员对全市各类资源和运营状况的

总体掌握，能够实时监控设备和人员异动，实现有效管理。而通过对全市范围内各类数据的采集和联网，形成城市运行的大数据库，方便管理人员为建设智慧城市提供依据。

3）智慧停车

随着社会车辆的增多，智慧停车也越来越多的应用在各大城市。相比以往的停车方案，通过低功耗广域物联网通信技术，在停车位上安装无线地磁传感设备，动态感知停车位磁场变化，对停车位进行远程监控，及时有效感知停车位和车辆状态，使得停车服务高效、灵活，整体提升停车位的运营效率。

4）智慧路灯

如图 4-47 所示，智慧路灯是智慧城市领域的典型应用，是指通过广域低功耗技术 LoRa、NB-IoT 等，实现对路灯的远程集中控制与管理。智慧路灯管理系统具有根据车流量自动调节亮度、远程照明控制、故障主动报警、灯具线缆防盗、远程抄表等功能，能够大幅节省电力资源，提升公共照明管理水平，节省维护成本。

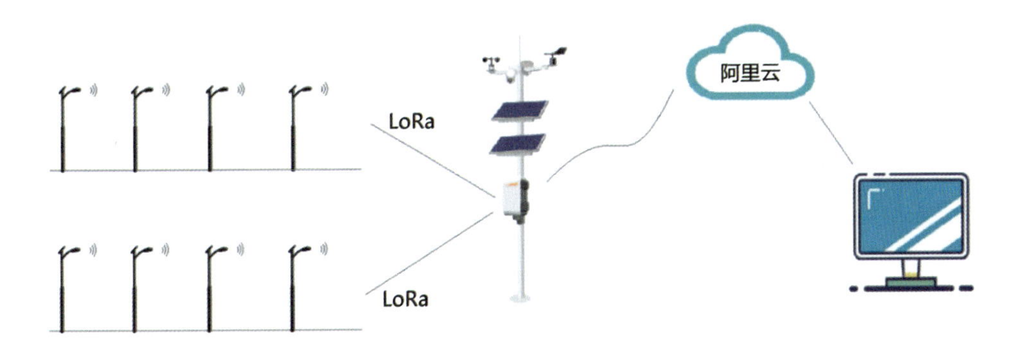

图 4-47　LoRaWAN 智慧路灯示意图

5）智慧管道

随着通信技术的发展，越来越多的智慧管道应用得到发展和完善。特别是 LoRa 技术的出现，基于扩频技术的优势，灵敏度大大提高，同时，470MHz 频段的隧道效应也相比蜂窝网络频段要小，使得 LoRa 在智慧管道应用方面得以发挥技术优势。目前，LoRa 已经成熟应用在智慧油气管道监测、隧道通信、地下安防等领域，如图 4-48 所示。

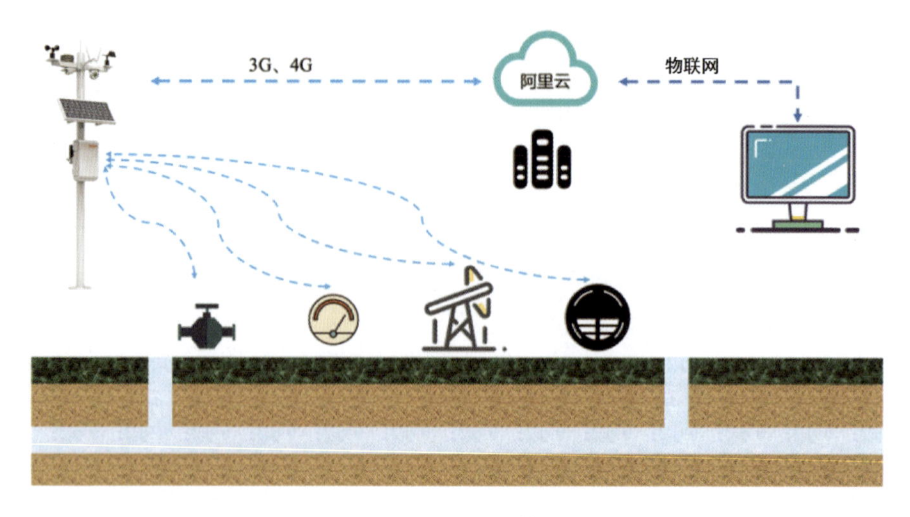

图 4-48　LoRaWAN 智慧管道示意图

5. 智慧商超

1）智慧冷链

智慧冷链物流管理系统通过物联网技术对车辆位置、速度、温度等信息进行实时监测，实现运输过程全透明化管理，提高转换效率、降低生鲜损耗、提升管理水平。

2）智慧标签

在智慧商超领域，越来越多地使用电子价签。电子价签也叫电子货架标签，是一种通过无线快速更新并显示的电子显示装置，主要应用于超市、便利店、药房等显示价格信息的电子类标签，是放置在货架上，可替代传统纸质价格标签的电子显示装置。每个电子货架标签通过无线网络与商场计算机数据库相连，并将最新的商品信息通过电子货架标签上的屏显示出来。电子货架标签事实上成功地将货架纳入了计算机程序，摆脱了手动更换价格标签的状况，实现了收银台与货架之间的价格一致性。这种应用在货柜和仓储管理方面同样适用。

6. 智慧办公

1）智慧桌牌

图 4-49 所示的智慧桌牌是一款内置电源三色墨水屏会议桌牌，该产品摒弃了纸质书写会议人员内容的传统桌牌，实现了一次摆放、重复使用、永久显示、快速修改的愿景，免去了人工书写、制作桌牌的方式，节省了人力物力，同时实现了真正的无

纸化办公，具有节能、环保、便捷的使用特点。

图 4-49　LoRaWAN 智慧桌牌

2）智慧插座

智慧插座是一种按照国家电气插座相关规定和标准设计、制造，同时采用基于 LoRaWAN 通信的智能插座。设计产品具有电压、电流、功率、温度等数据采集及异常监测功能，并能够通过用户设定的周期将采集的数据通过 LoRa 无线通信方式上传到用户服务器和监管平台上。

3）智慧家居

LoRa 以其高灵敏度和良好的穿透性在智慧家居领域也有丰富的应用，如智能门锁、空调、取暖设备的远程控制，电阀、水阀、气阀的远程控制，灯光远程控制，烟雾探测系统，燃气泄漏系统，漏水检测系统，空气温湿度感测系统，门禁管理系统，门窗防盗感应系统，红外人体感应系统等。

4.2.4.4　LoRa 与 NB-IoT 的比较

- LPWAN 网络方面。LoRa 和 NB-IoT 同属于 LPWAN 网络，二者的设计初衷均是瞄准运营级网络。简单来说，LoRaWAN 基于小无线组网技术升级，NB-IoT 基于移动蜂窝网络改造。
- 技术方面——调制方式。LoRa 采用 BPSK（上行）和 QPSK（上下行）调制方式，其调制的单位数据量的传输距离与能量的比值更低，意味着在相同条件下，LoRaWAN 有更低的功耗。

NB-IoT 使用 OFDMA 和 SC-OFDMA 技术，数据量/频宽比值更高，意味着在相同条件下，NB-IoT 有更高的频谱利用率。

因此，相比较而言，在频谱紧张的情况下（几 MB），NB-IoT 更适合高节点密度应用场景；而 LoRaWAN 更适合对功耗敏感、节点分布较稀疏，或者频谱资源丰富（几十 MB）的高密度场景（需要配合多通道网关）。

4.3 应用层通信协议

随着物联网行业的蓬勃发展，各种形态各异的设备相互连接形成物联网络，这个网络带给世界的变化将是无法估量的。但由于物联网设备大多都是资源受限型的，它们只有有限的 CPU、RAM、Flash 和网络宽带等，所以对于这类设备来说，想要直接使用互联网最常用的 HTTP/HTTPS 来实现设备间的信息交换是不现实的。因此，适用于物联网行业的通信协议也都被设计出来，MQTT 和 CoAP 是其中两种使用最为广泛的物联网应用层协议，它们的主要区别如下。

- MQTT 协议使用发布/订阅模型，CoAP 协议使用请求/响应模型。
- MQTT 协议是长连接，CoAP 协议是无连接。
- MQTT 协议是通过中间代理传递消息的多对多协议，CoAP 协议是服务器和客户端之间消息传递的单对单协议。
- MQTT 不支持带有类型或其他帮助服务器理解的标签消息，CoAP 内置内容协商和发现支持，允许设备彼此探测以找到交换数据的方式。

相比之下，一般 IoT 与云端通信用 MQTT 协议要多一些，局域网通信采用 CoAP 协议多一些。

4.3.1 MQTT 协议介绍

MQTT 最早设计用于监控穿越沙漠的油管的状况，其主要特点如下。

- 基于 TCP 长连接。
- 使用发布者/订阅者模式，提供一对多的消息发布。
- 构建并提供底层传输通道，不关心负载内容。
- QoS 支持“至少一次”“至多一次”“只有一次”3 种不同的模式。
- 开销很小（固定字节的头部只有 2B）。

目前，MQTT 有 3 个版本，即 V3.1.0，V3.1.1 和最新的 5.0 版本，5.0 版本也已经被纳入 OASIS 标准，各个版本的发布时间及功能差异请参考图 4-50。

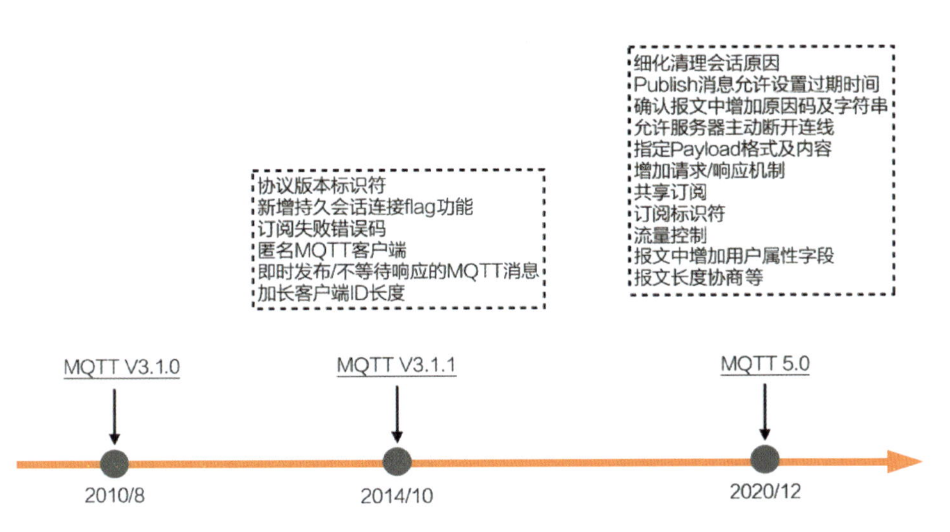

图 4-50　MQTT 各个版本的发布时间及功能差异

4.3.2　MQTT 模式与角色

MQTT 采用发布者/订阅者模式，如图 4-51 所示。

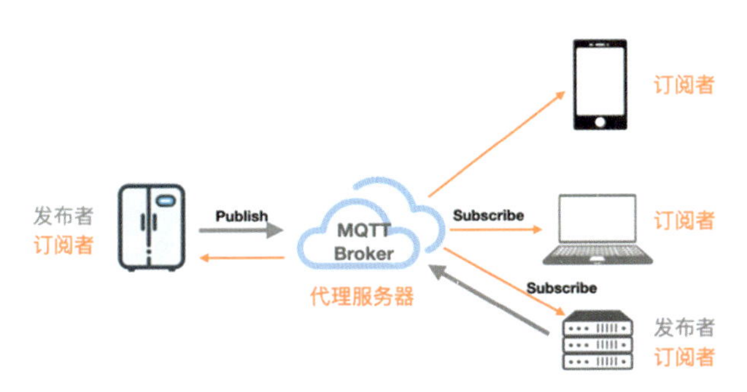

图 4-51　MQTT 消息发布者/订阅者模式

从客户端和服务器的角度来看，可以分为客户端和服务器两种角色。

客户端可以实现以下功能。

- MQTT 连线的发起者。
- 发布消息到其他订阅者订阅的主题。
- 订阅/退订主题（用于接收其他客户端向该主题发布的消息）。

服务器可以实现以下功能。

- 接收来自客户端的连线请求。

- 接收客户端的订阅/退订主题需求。
- 向订阅的客户端转发其订阅主题发布的消息。

从发布和订阅的角度来看，MQTT 可以分为如图 4-51 所示的发布者（Publisher）、代理（Broker）服务器、订阅者（Subscriber）3 种角色。其中，消息的发布者和订阅者都是客户端，消息代理是服务器，消息发布者也可以同时是订阅者。

MQTT 传输的消息分为主题（Topic）和负载（Payload）两部分。主题属于消息的类型，订阅者订阅（Subscribe）一个主题后，就会收到该主题发布的消息；负载是消息的内容，是订阅者具体要使用的内容。

4.3.3 MQTT 消息

MQTT 会构建底层网络传输，建立客户端到服务器的连接，在两者之间提供一个有序、无损、基于字节流的双向传输。

图 4-52 是 MQTT 协议定义的消息格式，主要分为如下几部分。

- 固定报文头（Fixed Header）。MQTT 固定报文头最少有两个字节，第一个字节包含消息类型（Message Type）和 QoS 级别等标志位；第二个字节开始是剩余长度字段，该长度是后面的可变报文头加消息负载的总长度，该字段最多允许有 4 个字节。

剩余长度字段单个字节的最大值为二进制数 0b0111 1111，十六进制数为 0x7F。也就是说，单个字节可以描述的最大长度是 127B。为什么不是 256B 呢？因为 MQTT 协议规定，单个字节的第八位（最高位）若为 1，则表示后续还有字节存在，第八位起“延续位”的作用。

例如，数字 64，编码为一个字节，十进制表示为 64，十六进制表示为 0x40；数字 321（65+2×128）编码为两个字节，重要性最低的放在前面，第一个字节为 65+128（延续位标识）=0xC1，第二个字节是 0x02，表示 2×128。

由于 MQTT 协议最多只允许使用 4 字节表示剩余长度（如表 1），并且最后一字节的最大值只能是 0x7F，不能是 0xFF，所以能发送的最大消息长度是 256MB。

- 可变报文头（Variable Header）。可变报文头主要包含协议名、协议版本、连接标志（Connect Flags）、心跳间隔时间（Keep Alive timer）、连接返回码（Connect Return Code）、主题名（Topic Name）等，后面会针对主要部分进行讲解。

- 有效负载（Payload）。Payload 直译为负载，可能让人摸不着头脑，实际上，可以将其理解为消息主体。

当 MQTT 发送的消息类型是 CONNECT(连接)、PUBLISH(发布)、SUBSCRIBE（订阅）、SUBACK（订阅确认）、UNSUBSCRIBE（取消订阅）时，会带有负荷。

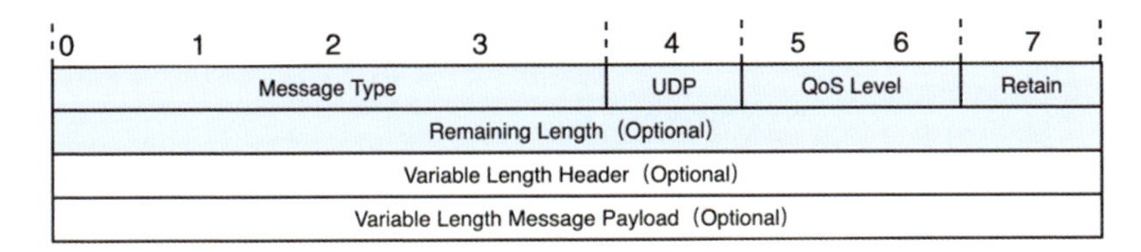

图 4-52　MQTT 协议定义的消息格式

按照消息类型进行分类，MQTT 连线通信过程中使用的消息类型及其特点如表 4-17 所示。

表 4-17　MQTT 连线通信过程中使用的消息类型及其特点

消息类型	消息类型 ID	消息发起方向	用途
—	0	—	保留
CONNECT	1	Client（客户端）	发起连接
CONNACK	2	Server（服务器）	连接确认
PUBLIC	3	Client/Server	发布消息
PUBACK	4	Client/Server	QoS1 确认
PUBREC	5	Client/Server	QoS2 消息回执
PUBREL	6	Client/Server	QoS2 消息释放
PUBCOMP	7	Client/Server	QoS2 消息完成
SUBSCRIBE	8	Client	订阅请求
SUBACK	9	Server	订阅确认
UNSUBSCRIBE	10	Client	取消订阅
UNSUBACK	11	Server	取消订阅确认
PINGREQ	12	Client	心跳请求
PINGRSP	13	Server	心跳响应
DISCONNECT	14	Client	断开连接

4.3.4　MQTT 消息服务质量

MQTT 协议中规定了消息服务质量（Quality of Service，QoS），保证了在不同的网络环境下消息传递的可靠性。MQTT 设计了 QoS0、QoS1 和 QoS2 3 个 QoS 的级别。

4.3.4.1 QoS0 消息介绍

如图 4-53 所示，对于 QoS0 消息，发送方（可能是 Publisher 或 Broker）发送一条消息之后，就不再关心它有没有发送到对方，也不设置任何重发机制，即 Fire and Forget 机制，一般用于局域网信息或无关紧要的互联网信息的传输。

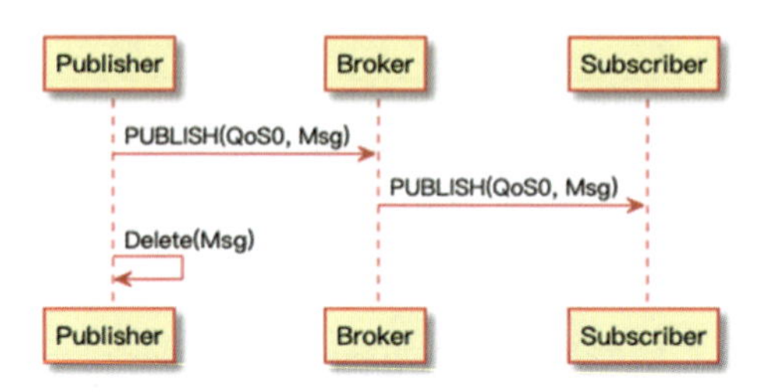

图 4-53　QoS0 消息传输过程

QoS0 消息的特点及使用情况如下。

- 最多传输一次，如果当时客户端不可用，则会丢失该消息。
- 适用于不重要的消息传输。

4.3.4.2 QoS1 消息介绍

如图 4-54 所示，QoS1 消息包含了简单的重发机制，发送方发送消息之后等待接收者的 ACK，如果没有收到 ACK，则重新发送消息。这种模式能保证消息至少能到达一次，但无法保证消息的唯一性。它包含简单的 ACK 机制，适用于一般互联网实时消息的传递。QoS1 消息的特点及使用情况如下。

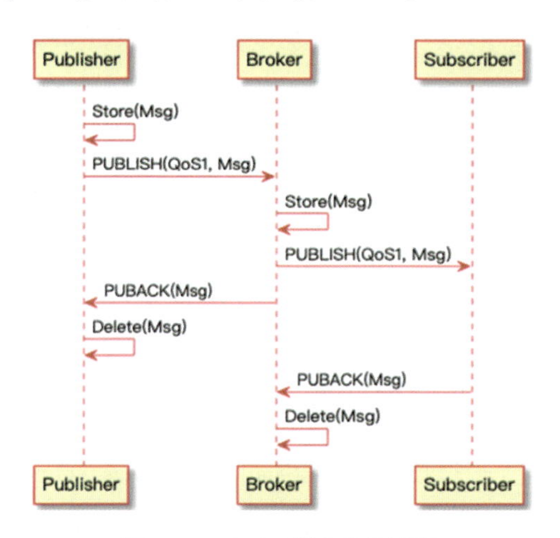

图 4-54　QoS1 消息传输过程

- 最少传输一次。
- 适用于对可靠性有要求，但对重复度没有要求的消息传输。

4.3.4.3　QoS2 消息介绍

如图 4-55 所示，QoS2 消息设计了重发和重复消息发现机制，保证消息到达对方且严格只到达一次。它包含复杂的消息及 ACK 流程，适用于敏感信息（如国防工业及医疗设备等应用场景）的传递。QoS2 消息的特点及使用情况如下。

- 只传输一次。
- 适用于有可靠性要求，且不允许发生重复的消息传输。

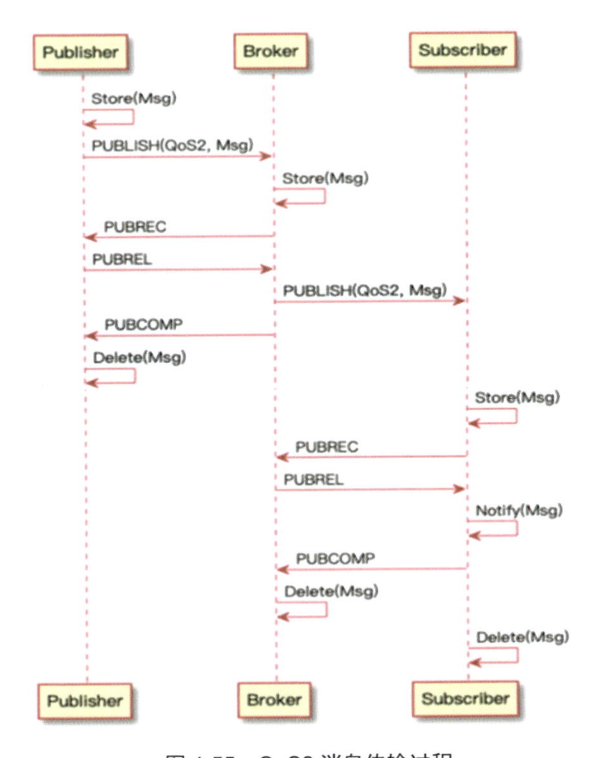

图 4-55　QoS2 消息传输过程

4.3.5　MQTT 业务流程

一个完整的 MQTT 业务流程主要包含如图 4-56 所示的几步。

- 建立 MQTT 连接。MQTT 应用层从 Client（客户端）向 Server（服务器）发起连线请求（CONNECT）开始，连线请求中包含鉴权信息，主要包含 Username

（用户名）和 Password 等信息。Server 验证鉴权信息没问题后会回复连接响应（CONNACK）给 Client。

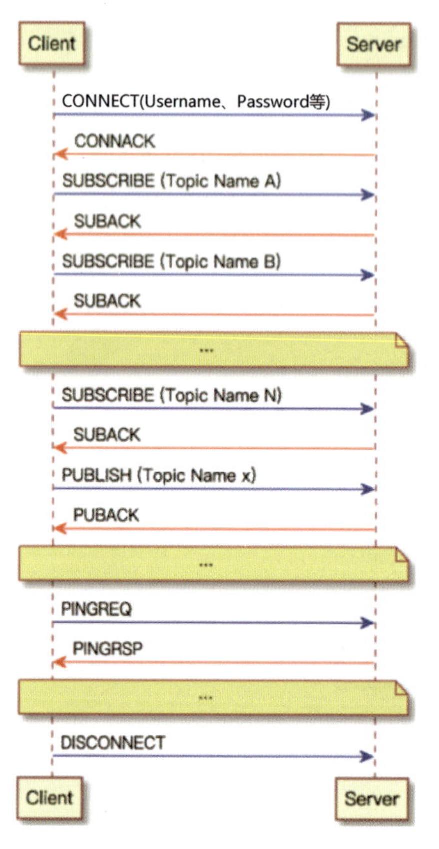

图 4-56　MQTT 连/断线及数据传输过程

- 订阅主题。Client 向 Server 订阅（Subscribe）自己关心的主题（Topic），Server 回复订阅响应。Client 可以订阅多个自己关注的主题，因此，这个过程可以重复多次。
- 发布消息。Client 向 Server 的某个主题发布消息，Server 回复发布消息响应。Client 可以发布多条消息给 Server，因此，这个过程也可以重复多次。
- 连线保持。当 Client 和 Server 在一定时间之内没有消息传输的时候，Client 需要发送心跳请求（PINGREQ）包和 Server 保持连线的有效性，Server 在收到心跳请求包之后，需要回复心跳响应（PINGRSP）包给 Client。
- 断线。在 Client 认为不需要保持 MQTT 连线的时候向 Server 发送断线请求，

Server 在收到 DISCONNECT 消息之后，就不能再发送任何有效数据给 Client 了。

开放社区有不少开源的 MQTT Server 可以用来搭建 MQTT Server。emqx 和 mosquitto 是两个用得比较多的 MQTT Server 中间件。读者可以参考 HaaS 技术社区中关于如何在 Ubuntu 系统上使用 emqx 进行 MQTT Server 的搭建的文章，学习如何在本地进行 MQTT Server 的搭建及测试。

第 5 章 物联网平台

物联网设备具有数量众多、地域分布广等特点。一般情况下，物联网解决方案中的平台层都会使用公有云平台来实现。

常见物联网平台主要功能包括设备接入、设备数据存储、设备信息管理、设备状态监控、设备数据的分析与展示，以及对设备的控制、管理与运维，对设备数据的分析与展示，从而满足应用层不同业务场景的需求。

5.1 物联网平台简介

以下是目前国内外较常用的几种物联网平台的简介。

5.1.1 亚马逊物联网平台

亚马逊物联网平台也叫作 Amazon IoT Core，是一种托管的云平台，让互联设备可以轻松、安全地与云应用程序或其他物联网设备进行交互。亚马逊物联网平台可以支持处理数十亿台设备和数万亿条消息，并将其安全可靠地路由至亚马逊云科技终端节点或其他设备。

亚马逊物联网平台架构如图 5-1 所示，其主要功能如下。

- 连接并管理设备。亚马逊物联网平台将设备连接至云和其他设备，支持 HTTP、WebSocket 和 MQTT 通信协议，同时支持其他行业标准或自定义协议，即使物联网设备间使用不同的协议，也可以相互通信。

- 连接及数据安全。亚马逊物联网平台提供设备身份验证和端到端加密功能，不会在未验证身份的情况下在设备和云服务之间交换数据。此外，它还通过提供具有精细权限的策略来保护对设备和应用程序的访问。
- 数据处理及规则设定。通过亚马逊物联网平台，可以按照用户自定义的业务规则快速筛选、转换设备数据并对其执行操作；也可以随时更新规则，以实现新设备和应用程序的功能。
- 设备状态读取和设置。亚马逊物联网平台会存储设备的最新状态，以便能够随时对设备状态进行读取或设置，从而使设备对应用程序来说似乎始终处于在线状态，这表示应用程序可以读取设备的状态（即使它已断开连接），并且能够设置设备状态，并在设备重新连接后更新其状态。

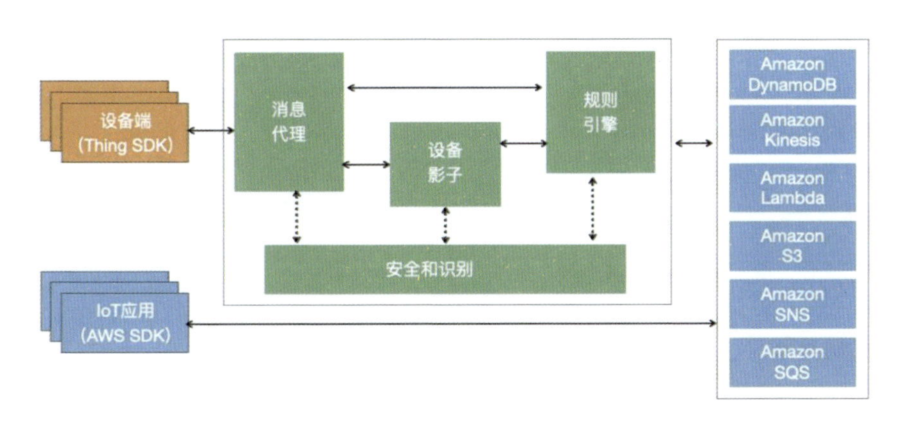

图 5-1　亚马逊物联网平台架构

5.1.2　微软物联网平台

微软的物联网解决方案平台是通过微软的公有云 Azure 实现的，也称为微软物联网套件（Azure IoT Suite）。设备通过微软物联网网关（Azure IoT Hub）注册和接入，然后可以使用微软公有云 Azure 各种强大的数据处理、存储、分析和机器学习能力，构建所需的各类物联网业务。

微软物联网平台架构如图 5-2 所示，其主要提供如下服务。

- 微软物联网网关。微软物联网网关（Azure IoT Hub）提供设备和云平台之间进行双向消息传送的功能，并充当云和其他主要物联网套件服务的网关。该服务从大量设备接收消息，并将命令发送给设备。另外，使用该服务还能够管理设备，如可以配置、重启连接到微软物联网网关的设备，或者对设备执行恢复出厂设置操作。

- 微软物联网数据流分析。微软物联网数据流分析（Azure Stream Analytics）提供运行数据分析功能。该服务对传入的数据进行处理、执行聚合及事件检测操作。该服务处理的不仅有元数据，还包括来自设备端响应的信息。解决方案使用流分析处理设备消息，并将这些消息传送给其他服务。
- 微软物联网存储和微软文档数据库。微软物联网存储（Azure Storage）及微软文档数据库（Azure DocumentDB）提供数据存储功能。该解决方案使用 Blob Storage 存储设备上传的数据并使其可用于分析。
- 微软物联网网页应用（Azure Web App）和商业智能工具（Microsoft Power BI）。物联网网页应用提供数据可视化功能，借助商业智能工具的灵活性，可以快速生成针对具体业务要求的交互式仪表板。

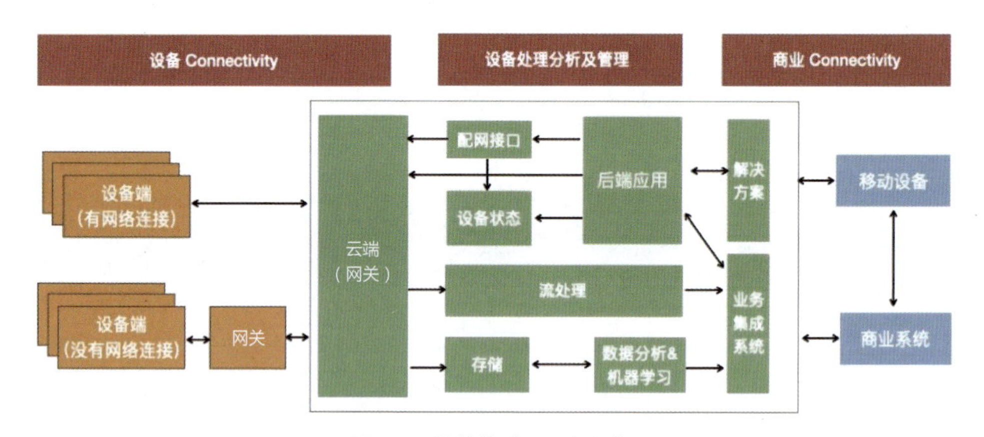

图 5-2 微软物联网平台架构

5.1.3 阿里云物联网平台

阿里云物联网平台提供全托管的实例服务，无须自建物联网的基础设施即可便捷地接入和管理设备，具有低成本、高可靠、高性能、易运维的优势，强大的数据处理能力可以更好地对设备数据进行分析和可视化展示，实时安全威胁检测可以保证每个实例都是安全可靠的。

5.1.3.1 物联网平台架构

阿里云物联网平台的核心就是实现设备消息的完整通信流程，其架构如图 5-3 所示。

物联网平台消息通信链路主要包含上行数据链路和下行指令链路。

- 上行数据链路。设备通过 MQTT 协议与物联网平台建立长连接，上报数据通过 Publish 消息发布数据（指定 Topic 和 Payload）到物联网平台。

另外，用户还可通过配置规则引擎编写 SQL，对上报数据进行处理，并配置转发规则，将处理后的数据转发到云数据库、表格存储、函数计算、TSDB、企业版实例内的时序数据存储、大数据、消息队列等云产品中，或者通过 AMQP 消费组流转到目标 ECS 云服务器上。

图 5-3　阿里云物联网平台架构

- 下行指令链路。ECS 云服务器调用基于 HTTPS 协议的 API 接口 Pub 给目标 Topic 发送指令，将数据发送到物联网平台之后，物联网平台通过 MQTT 协议，使用 Publish 消息发送指令（指定 Topic 和 Payload）到设备端。

阿里云物联网平台除了提供上下行链路能力，还提供了设备管理、规则引擎和监控运维等能力。

5.1.3.2　物联网平台产品规格

阿里云物联网平台的产品主要包含以下 3 种规格。

- 公共实例。公共实例面向物联网个人开发者使用，开通后即可体验，在一定流量范围内免费使用，其特性如下。

① 低门槛体验，针对 1000 台设备以下的非商用场景。

② 设备可免费迁移至企业版实例，方便后续商用。

- 企业版实例。企业版实例提供面向企业客户的物联网平台实例，支持设备接入、管理运维、数据分析等功能，其特性如下。

① 低成本、高性能、易运维，针对设备上云商用场景。

② 更丰富的功能、更好的数据隔离、更高的 SLA 保障。

- Link Rack 一体机。Link Rack 一体机是企业物联网平台部署到企业客户本地机房的软硬一体化解决方案，其特性如下。

① 软硬件一站式交付到客户机房，即开即用，后期统一维保。

② 弹性可扩展，资源按需配置，支持客户业务应用部署集成。

5.1.3.3　物联网平台产品功能

阿里云物联网平台的产品主要包含以下功能。

- 加速设备上云商业化进程，大幅缩短物联网设备上云的研发周期。
- 全球设备就近接入。全球 8 个地域覆盖，可根据设备所在位置自动就近接入。
- 海量设备稳定连接。企业版实例架构支持亿台级设备连接，服务等级协议（Service Level Agreement，SLA）可达 99.95%。
- 设备接入域名可定制。连接型实例可独享接入层资源，并支持自定义域名和证书。
- 无时无刻的安全防护。接入层最大可防御 600Gbit/s 的 DDoS 攻击，安全威胁检测服务实时防护。
- 提供企业级设备管理工具，以及一站式的物联网设备和数据管理。
- 物理设备数字化建模。可对物理世界的设备进行数字化建模，做到协议标准化和数据结构化，加速应用开发流程。
- 低时延远程控制设备。支持远程实时控制设备，结果同步返回，时延在 50ms 内。
- 设备归属可灵活转移。设备分发服务支持设备跨地域、跨账号、跨实例自由分发。
- 设备数据可实时存储。企业版实例自带时序存储功能，可实时写入和查询设备上报的结构化数据。
- 多种低成本远程运维手段。降低已出货物联网设备的人力运维成本。

- 实例级监控报警。提供实例级别的指标监控和报警，可实时感知业务异常变化。
- 全链路日志分析。设备和平台全链路日志记录，可通过关键字、TraceID（日志标识符）或时间等维度对其进行快速检索分析。
- 设备 OTA 升级。支持设备固件、软件等模块 OTA 升级，可指定差分、灰度、全量等多种升级策略。
- 设备智能诊断。根据设备状态、消息、报警等行为数据，可以快速、智能地分析出问题设备。

5.1.3.4　物联网平台应用场景

阿里云物联网平台主要应用于工业、农业、城市、新零售等场景，典型案例包含共享充电宝、智能媒体屏和楼宇数字监测等。

（1）共享充电宝：共享充电宝状态上报，控制指令下发。

海量共享充电宝将电量和借用状态等信息上报给云端，用户扫码后，云端低时延下发指令控制充电宝弹出。

物联网平台支持如下功能。

- 海量连接。提供软硬一体化的方案，解决海量充电宝连接稳定性的问题。
- 低时延。保证控制指令下发的及时性，提升了用户扫码借用的体验感。
- 实时监控。提供实时监控功能，让企业运营者能够实时知晓充电宝的运行状况。

（2）智能媒体屏：实时动态下发媒体内容，智能精细化运营。

媒体屏连云后，云上可实时感知设备状态，内容实时更新下发，实现媒体屏的智能精细化运营，起到降本增效的作用。

物联网平台支持如下功能。

- 智能化。云上可以管理所有媒体屏，实现新媒体时代的智能化内容运营。
- 低成本。远程下发媒体内容，大大降低了传统媒体屏人工维护的成本。
- 可扩展。实例规格支持灵活扩展，能够支撑业务的快速发展。

（3）楼宇数字监测：边缘网关监测数据上报，云端时序数据存储。

商业综合体和写字楼等楼宇中的传感器数据通过边缘网关上报，数据存储在云端的时序数据库中，方便楼宇数据的分析和可视化展示。

物联网平台支持如下功能。

- 边缘计算。即插即用的边缘计算网关，数据在本地汇集计算后上报给云端。
- 高并发。边缘网关数据上报频率非常高，通过分布式架构解决通信高并发问题。
- 时序存储。边缘计算网关上报的时序数据可在实例内存储，方便对业务数据进行分析和可视化展示。

5.2 阿里云物联网平台详解

物联网平台提供安全可靠的设备连接通信能力，支持设备数据采集上云、规则引擎流转数据和云端数据下发设备端。此外，它还提供了方便快捷的设备管理能力，支持物模型定义、数据结构化存储，以及远程调试、监控、运维。

5.2.1 设备接入

随着传感器和通信技术的不断发展，物联网行业方兴未艾，业务链路涉及数据采集、通信连接、数据存储、数据可视化、洞察行动决策等，但在实施过程中，碎片化的设备端通信连接难题往往会阻碍项目落地进程。

5.2.1.1 设备接入类型

为了方便设备进入，阿里云为不同类型设备提供了不同的连接上云方案。

- 资源丰富类的设备接入。随着高性能硬件的发展，很多智能设备带有完整的 Linux、Android 等操作系统，在操作系统层面，解决了不同通信模块的差异，硬件端的应用程序只需集成云平台的 IoT SDK，或者集成开源 MQTT SDK，即可和云端建立长连接通信链路，如图 5-4 所示。

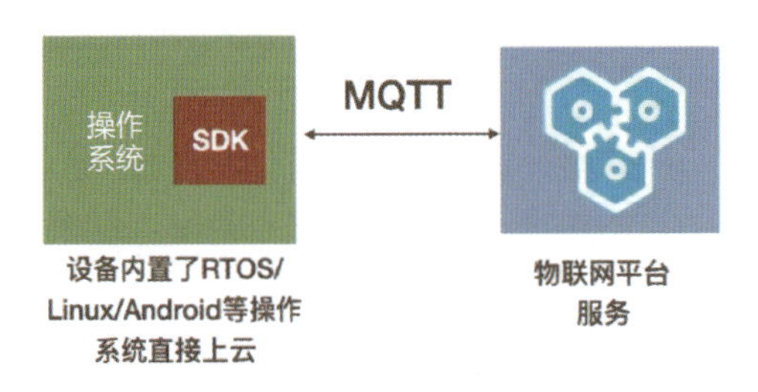

图 5-4 资源丰富类的设备接入

- 资源受限类的设备接入。物联网场景中有很多设备是资源受限的，运行 ROTS 系统，甚至无操作系统，它们采用 MCU 与通信模组的方式实现远程设备数据的采集，如图 5-5 所示。

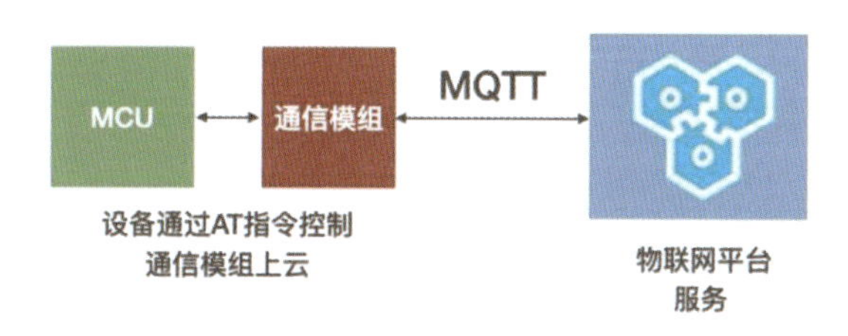

图 5-5　资源受限类的设备接入

市面上的蜂窝模组（NB-IoT/2G/3G/4G）供应商较多，如移远通信、芯讯通、合宙、有方科技、广和通、日海智能、高新兴等，而各家的 AT 指令各不相同，为设备端应用程序开发带来了很大的困难。

根据模组集成度的不同，将接到阿里云物联网平台的解决方案又细分为如表 5-1 所示的几种场景方案。

表 5-1　不同场景方案

模组 AT 指令集成度	MCU 上应用程序的开发
模组集成云平台 IoT AT 指令	开发简单，仅需对接物联网平台的 AT 指令
模组支持 MQTT 协议的 AT 指令	开发难度中等，需要对接物联网平台业务规则
模组支持 TCP 协议的 AT 指令	开发难度大，需要实现 MQTT 协议和物联网平台业务规则

- 本地通信类的设备接入。物联网场景中还有大量设备仅具有本地局域通信能力，如蓝牙设备、ZigBee 设备、LoRa 设备、Modbus 设备，它们不具有互联网接入协议栈支持，此时需要借助 DTU/网关设备、代理子设备把本地协议转换成 MQTT 协议，从而实现数据采集上云，如图 5-6 所示。

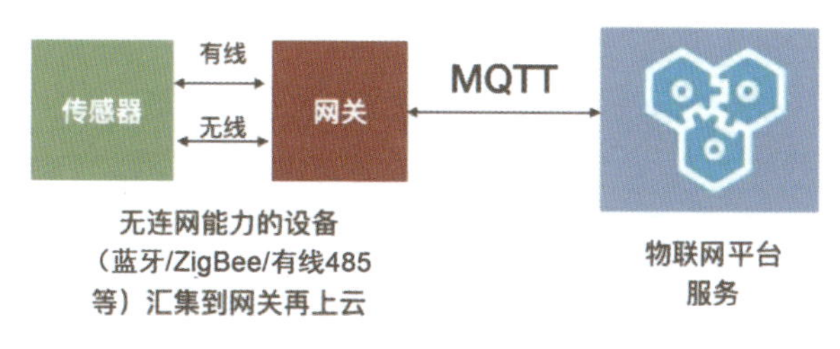

图 5-6　本地通信类的设备接入

5.2.1.2 设备接入方式

阿里云物联网平台提供的设备接入方式主要包含以下两种。

- 通过 MQTT 协议接入物联网平台。
- 通过 HTTPS 协议接入物联网平台。

其中，通过 HTTPS 协议接入物联网平台的步骤如下。

（1）设备身份认证，获取数据传输的 Token。

（2）通过 HTTPS 上报传感器设备采集的数据。

5.2.1.3 设备安全认证

设备在接入物联网平台之前，需要通过身份认证。目前，物联网平台支持使用设备密钥、X.509 和 ID² 证书进行设备身份认证。

1. 设备密钥认证

在创建产品时，将认证方式选择为设备密钥认证，物联网平台会为设备颁发 ProductSecret、DeviceSecret 等密钥。设备在接入物联网平台时，需要使用密钥进行身份认证。针对不同的使用环境，物联网平台提供了使用密钥认证的 4 种认证方案。

- 一机一密。每台设备烧录自己的设备证书（ProductKey、DeviceName 和 DeviceSecret）。
- 一型一密（预注册）。同一产品下的设备烧录相同的产品证书（ProductKey 和 ProductSecret），开通产品的动态注册功能，设备通过动态注册获取 DeviceSecret。
- 一型一密（免预注册）。同一产品下的设备烧录相同的产品证书（ProductKey 和 ProductSecret），开通产品的动态注册功能，通过动态注册，设备不获取 DeviceSecret，而获取 ClientID 与 DeviceToken 的组合。
- 子设备动态注册。网关连接上云后，子设备通过动态注册获取 DeviceSecret。

几种设备密钥认证方案对比如表 5-2 所示。

表 5-2　几种设备密钥认证方案对比

对比项	一机一密	一型一密（预注册）	一型一密（免预注册）	子设备动态注册
设备端烧录信息	ProductKey DeviceName DeviceSecret	ProductKey ProductSecret	ProductKey ProductSecret	ProductKey

续表

对比项	一机一密	一型一密（预注册）	一型一密（免预注册）	子设备动态注册
云端是否需要开启动态注册功能	无须开启，默认支持	需要打开动态注册功能	需要打开动态注册功能	需要打开动态注册功能
是否需要提前在物联网平台创建设备，注册 DeviceName	需要，产品 DeviceName 唯一	需要，产品 DeviceName 唯一	不需要	需要，确保产品 DeviceName 唯一
产线烧录要求	逐一烧录设备证书，需要确保设备证书的安全性	批量烧录相同的产品证书，需要确保产品证书的安全存储	批量烧录相同的产品证书，需要确保产品证书的安全存储	网关可以本地获取子设备的 ProductKey，将子设备 ProductKey 烧录在网关上
安全性	较高	一般	一般	一般
是否有配额限制	单个产品 50 万台上限	单个产品 50 万台上限	单个产品 50 万台上限	单网关最多可注册 1500 台子设备
其他外部依赖	无	无	无	依赖网关的安全性保障

2. X.509 证书认证

X.509 是由国际电信联盟电信标准分局（ITU-T）制定的数字证书标准，具有通信实体鉴别机制。目前，物联网平台华东 2（上海）地域支持使用 X.509 证书进行设备身份认证。使用 X.509 证书进行设备身份认证的操作流程如下。

（1）在创建产品时，将认证方式选择为 X.509 证书认证。

（2）在该产品下创建设备，物联网平台会为设备颁发 X.509 证书和密钥。

（3）开发设备端，将 X.509 数字证书和密钥烧录到设备上。

（4）在设备端进行身份认证配置。

3. ID²认证

阿里云物联网平台为 IoT 设备提供名为 ID²（Internet Device ID）的身份认证机制。ID²是一种物联网设备的可信身份标识，具备不可篡改、不可伪造、全球唯一等安全属性。在创建产品时，将认证方式选择为 ID² 认证，设备在接入物联网平台时就会使用 ID² 认证方式进行身份认证。

5.2.1.4　设备认证实例

阿里云物联网平台提供设备身份认证服务，其服务器接入点如下：

```
iot-as-http.cn-shanghai.aliyuncs.com
```

认证请求示例代码如下：

```
POST /auth HTTP/1.1
Host: iot-as-http.cn-shanghai.aliyuncs.com
Content-Type: Application/json
body: {
"version": "default",
"clientId": "mylight1000002",
  "signmethod": "hmacsha1",
"sign":"4870141D4067227128CBB4377906C3731CAC221C",
"productKey": "ZG1EvTEa7NN",
"deviceName": "NlwaSPXsCpTQuh8FxBGH",
"timestamp": "1501668289957"
}
```

物联网平台返回认证请求结果：

```
{
"code": 0,  //业务状态码
"message": "success",  //业务信息
"info": {
"token": "6944e5bfb92e4d4ea3918d1eda3942f6"
}
}
```

设备身份认证参数说明如表 5-3 所示。

表 5-3　设备身份认证参数说明

参　　数	说　　明
Method	请求方法，支持 POST 方法
URL	/auth，URL 地址，支持 HTTPS
Host	endpoint 地址：iot-as-http.cn-shanghai.aliyuncs.com
Content-Type	设备发送给物联网平台的上行数据的编码格式
body	设备认证信息，JSON 数据格式

设备身份认证 body 参数说明如表 5-4 所示。

表 5-4　设备身份认证 body 参数说明

字段名称	说　　明
productKey	设备所属产品 Key，从物联网平台中获取

续表

字段名称	说　明
deviceName	设备名称，从物联网平台中获取
clientID	客户端 ID，长度在 64 个字符内 建议使用 MAC 地址或 SN 作为 clientID
timestamp	时间戳，校验时间戳 15min 内的有效请求
sign	签名
signmethod	算法类型，支持 hmacmd5 和 hmacsha1。若不传入此参数，则默认为 hmacmd5
version	版本号，若不传入此参数，则默认为 default

5.2.1.5　X.509 证书接入方式

物联网平台支持使用私有数字证书进行设备接入身份认证，但使用私有数字证书需要完成如下操作。

- 在物联网平台上注册 CA 证书。
- 将数字设备证书与设备身份绑定。
- 私有 CA 证书注册。

在 Mac 电脑上使用 OpenSSL 工具制作私有 CA 证书的过程如下。

1. 生成私有 CA 证书和公钥

查看 OpenSSL 版本：

```
openssl version -a
OpenSSL 0.9.8zh 14 Jan 2016
built on: Nov 19 2017
platform: darwin64-x86_64-llvm
options: bn(64,64) md2(int) rc4(ptr,char) des(idx,cisc,16,int) blowfish(idx)
compiler: -arch x86_64 -fmessage-length=0 -pipe -Wno-trigraphs -fpascal-strings -fasm -blocks -O3 -D_REENTRANT -DDSO_DLFCN -DHAVE_DLFCN_H -DL_ENDIAN -DMD3 2_REG_T=int -DOPENSSL_NO_IDEA -DOPENSSL_PIC -DOPENSSL_THREADS -DZLI B -makos-version-min=10.6
OPENSSLDIR: "/System/Library/OpenSSL"
```

生成私有 CA 证书和公钥的命令如下（注意：-subj 后面的 x.iot.cn 需要修改成私有的字串）：

```
# 生成私有 CA 证书和公钥，有效期为 10 年
openssl req -new -x509 -days 3650 -newkey rsa:2048 -keyout myIoTCARoot.key -out myIoTCARoot.crt -subj "/C=CN/ST=Shanghai/L=Shanghai/O=IoT/OU=iot/CN=x.iot.cn"
# 查看 CA 证书
openssl x509 -noout -text -in myIoTCARoot.crt
```

至此，私有 CA 证书内容就可以产生了。

2. 验证证书制作

如图 5-7 所示，查看私有 CA 证书注册码。

第一步：登录物联网平台控制台，在左侧导航栏中选择“设备管理”→“CA 证书”选项。

第二步：在 CA 证书管理界面中，单击“注册 CA 证书”按钮。

第三步：在“注册 CA 证书”对话框中获取注册码。

图 5-7　查看私有 CA 证书注册码

同样，以 OpenSSL 为例制作验证证书，操作步骤如下。

（1）生成验证证书 Key。

```
# 生成验证证书 Key
openssl genrsa -out verificationCert.key 2048
```

（2）生成验证证书 CSR，其中，Common Name 需要填入控制台获取的私有 CA 证书注册码：

```
# 生成验证证书 CSR
```

```
openssl req -new -key verificationCert.key -out verificationCert.csr -subj "/C=CN/ST=Shanghai/L=Shanghai/O=IoT/OU=iot/CN=***这里是注册码***"
```

（3）使用由私有 CA 证书和私钥签名的 CSR 创建验证证书：

```
# 用私有 CA 证书和私钥签名的 CSR 签发验证证书
openssl x509 -req -in verificationCert.csr -CA myIoTCARoot.crt -CAkey myIoTCARoot.key -CAcreateserial -out verificationCert.crt -days 365 -sha512
# 查看验证证书内容
openssl x509 -noout -text -in verificationCert.crt
```

3. 上传并验证私有 CA 证书

当完成私有 CA 证书和对应验证证书后，就可以在物联网平台的控制台上上传证书了。上传证书页面如图 5-8 所示 。

图 5-8　上传证书页面

验证通过后，在私有 CA 证书详情页面可以查看证书信息，如图 5-9 所示。

图 5-9　查看证书信息

5.2.1.6　获取设备证书

物理设备可通过两种方式获取物联网平台颁发的设备证书（ProductKey、DeviceName 和 DeviceSecret）：设备厂商预先将证书烧录到设备上和设备上电联网后自动从云端获取证书。

1. 将证书烧录到设备上

将证书烧录到设备上这种方式是指设备厂商获取物联网平台颁发的设备证书后，在产线上将证书烧录到设备上，设备上电联网之后，使用该证书连接阿里云物联网平台。本方式需要设备厂商对自己的产线进行改造，使产线具有烧录证书的能力。

1）获取设备证书

在创建设备时，系统会自动生成设备证书。可以按以下方式获取设备证书，然后将获得的设备证书写入数据库或文件中。

- 在物联网平台的控制台上单个创建设备后获取设备证书。

创建成功后，将自动弹出添加完成提示框，单击前往，查看或一键复制设备证书以获取设备证书。

在设备列表页签中，单击设备对应的查看按钮，进入设备详情页，在设备信息页签下查看设备证书。

- 在物联网平台的控制台上批量创建设备后，下载该批次设备的证书文件。

创建成功后，在添加完成提示框中单击“下载设备证书”按钮，即可下载该批次设备证书。

在设备详情页的批次管理页签下单击产品对应的“下载 CSV”按钮，下载产品下所有设备的证书。

- 调用云端 API 创建设备后，物联网平台将生成的设备证书返回给用户应用。

2）证书烧录方式

获取设备证书之后，可以在产线上启动一台服务器，用于分发设备证书。编程器、烧录器或设备可向该证书分发服务器申请证书，并将获得的证书烧录到设备的 NVRAM 或 Flash 中。

证书支持两种烧录方式，可以根据实际情况选择。对这两种烧录方式的说明如下。

- 使用编程器或烧录器烧录设备证书。当使用编程器或烧录器烧录设备证书时，需要对现有的编程器或烧录器程序进行改造，让计算机可以向证书分发服务器申请设备证书，然后通过编程器或烧录器将设备证书烧录到芯片或设备上。

此方式需要在产线上部署多台烧录器或编程器。可以根据设备产量的增加或减少烧录器或编程器的数量。

- 设备主动获取证书。当需要开发设备固件时，使设备上电后，设备会自动检测是否有有效的证书。当发现无有效证书时，主动向证书分发服务器申请设备证书，然后将获得的证书写入 NVRAM 或 Flash 中。

此方式无须在产线上部署烧录器或编程器，并且多台设备可以同时向证书分发服务器申请设备证书

2. 从云端获取证书

设备从云端获取证书这种方式是指设备上电联网后，自动获取 IP 地址，并连接设备厂商的云端服务器获取证书。在生产时，设备厂商无须为此类设备烧录设备证书，设备上电联网后，自动从厂商的云端服务器获取物联网平台颁发的设备证书，继而连接阿里云物联网平台。采用这种方案可以不用在产线上设计证书烧录过程，可加快设备的量产速度。

本方式需要部署自己的设备证书分发服务器，开发相应的服务器 API 和设备信息数据表。

当证书分发服务器收到来自设备的获取证书请求时，会调用 API。该 API 的业务逻辑为：根据请求中的设备标识查询设备信息数据表，根据查询结果，进行后续操作。

- 如果没有查到传入的设备标识，则返回设备非法错误。
- 如果有对应的设备标识，且已有设备证书，则返回设备证书。

- 如果有对应的设备标识，但没有设备证书，则调用物联网平台 API RegisterDevice 注册设备身份，获取证书后发送给设备。
- 设备获得证书之后，使用该证书连接阿里云物联网平台。

5.2.1.7 设备数据上报

请求示例代码：

```
POST /topic/a1GFjLP3xxC/device123/pub
Host: iot-as-http.cn-shanghai.aliyuncs.com
password:${token}
Content-Type: Application/octet-stream
body: ${your_data}
```

物联网平台返回结果：

```
{
"code": 0,//业务状态码
"message": "success",//业务信息
"info": {
"messageId": 892687627916247040
  }
}
```

物联网平台数据上报接入点：

```
iot-as-http.cn-shanghai.aliyuncs.com/topic/${topic}
```

设备数据上报参数如表 5-5 所示。

表 5-5　设备数据上报参数

参　数	说　明
Method	请求方法，支持 POST 方法
URL	/topic/${ topic }，其中，变量${ topic }需要替换成当前设备对应的 Topic，只支持 HTTPS
Host	endpoint 地址：iot-as-http.cn-shanghai.aliyuncs.com
password	放在 Header 中的参数，取值为调用设备认证接口 auth 返回的 token 值
body	发往${ topic }的数据内容。格式为二进制 byte[]，UTF-8 编码

5.2.2 消息处理

5.2.2.1 物模型技术

物模型是阿里云物联网平台为产品定义的数据模型，用于描述产品的功能，对

于物联网平台来讲是一项非常重要的技术，因为要实现万物互联，所以必须要有物模型体系沉淀，只有这样，才能够让各种硬件实现智能化连接。

物模型是物理空间中的实体（如传感器、车载装置、楼宇、工厂等）在云端的数字化表示，从属性、服务和事件 3 个维度分别描述了该实体是什么、能做什么、可以对外提供哪些信息。定义了物模型的这 3 个维度，即完成了产品功能的定义。

物模型描述如表 5-6 所示。

表 5-6　物模型描述

功能类型	说　明
属性（Property）	设备可读取和设置的能力。一般用于描述设备运行时的状态，如环境监测设备读取的当前环境温度等。属性支持 GET 和 SET 请求方式。应用系统可发起对属性的读取和设置请求
服务（Service）	设备可被外部调用的能力或方法，可设置输入参数和输出参数，是指产品提供了什么功能供云端调用。相比于属性，服务可通过一条指令实现更复杂的业务逻辑，如执行某项特定的任务
事件（Event）	设备运行时主动上报给云端的事件。事件一般包含需要被外部感知和处理的通知信息，可包含多个输出参数。例如，某项任务完成的信息，或者设备发生故障或告警时的温度等。事件可以被订阅和推送

物联网平台支持为产品定义多组功能（属性、服务和事件）。一组功能定义的集合就是一个物模型模块。多个物模型模块彼此互不影响。

物模型模块解决了工业场景中复杂的设备建模问题，便于在同一产品下开发不同功能的设备。

1. 为什么需要物模型

在没有物模型的情况下，海量的物联网数据、设备、业务、异构的设备和数据描述方式难以理解，互通困难，如图 5-10 所示。首先，产业链内部自成体系，模组、芯片、平台、方案商角色多样，在跨角色协作时，数据标准各异，协作困难；其次，采集数据解析困难，难以结构化，数据利用率低，数据价值难挖掘；最后，随着行业应用和设备量的增长，新增应用需要针对不同的设备协议重复开发，难以规模化。

目前，物联网行业普遍存在着设备孤岛、软硬开发强耦合的问题，需要构建模型统一描述语言、面向物理实体进行统一建模。物模型作为物的抽象层屏蔽了底层终端差异，标准化了设备的能力表达和交互方式，极大降低了物联网应用开发和快速复制的成本，如图 5-11 所示。

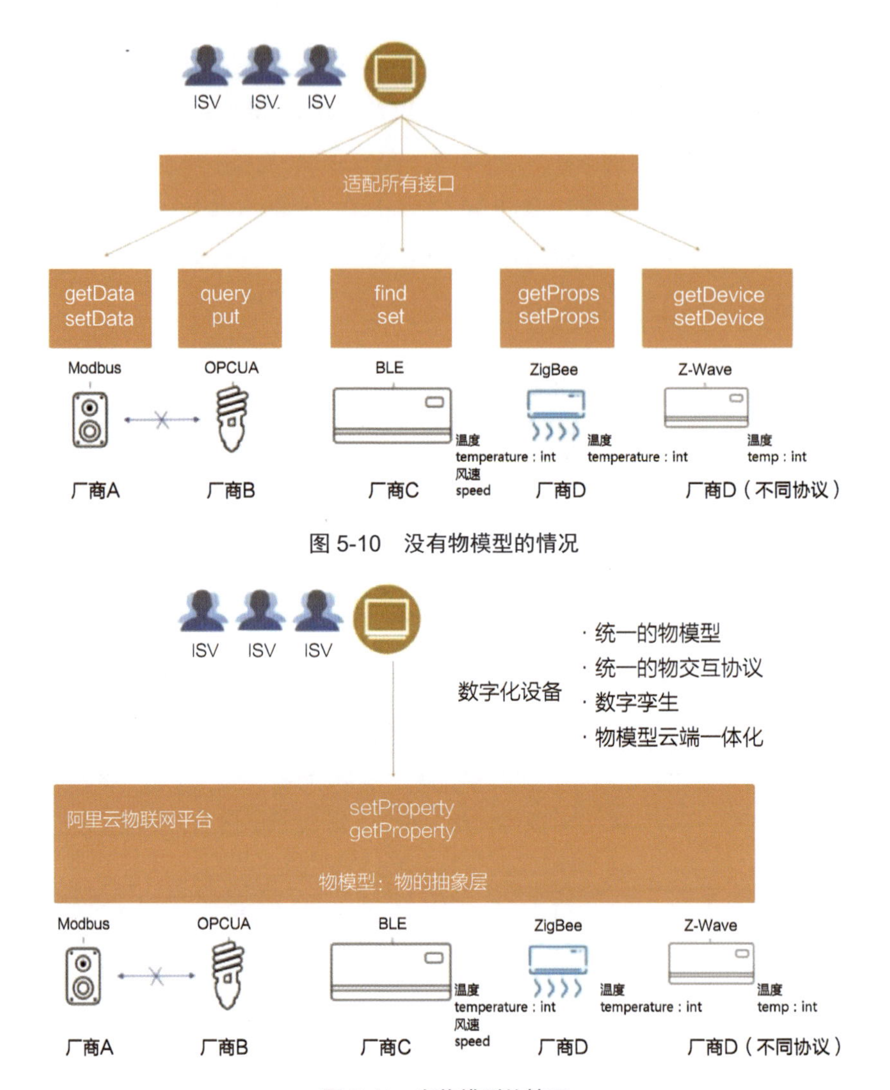

图 5-10　没有物模型的情况

图 5-11　有物模型的情况

2. 物模型的技术

早期，大多数物联网平台，如 Azure、AWS 都只提供连接和基础管理能力，并没有提供围绕数字化设备建模和数字孪生能力，不过，这两年几乎所有物联网平台都开始重视物模型和数字孪生的建设。

在大多数情况下，对设备建模采用的都是面向对象语言的思路，如 WoT、OPC、OMA、OCF、CWMP、AllJoin 等。面向对象语言的抽象能力在计算机编程发展的几十年已经被证明了其适用性，物模型定义也充分借鉴了这个思路，却又因物联网而有所不同。

以面向对象语言 Java 里面的 class 做类比，class 用属性和方法描述对象的状态与行为，物模型也可以用属性和方法描述物的状态与行为。同时结合设备特性，阿里云物联网平台将物模型对象进行了一定的扩展，定义为属性、服务和事件 3 要素。事件是一类特殊的属性，如空调的故障告警，这类属性严重性高，实时性强，一般需要监控并及时响应。为了对设备进行更精确的描述，物模型针对每种数据类型定义了非常严谨的数据规范，如在数据类型之外，还需要定义数据范围、精度、步长等规范。

阿里云物联网物模型除提供通过属性、事件、服务 3 要素描述物理实体的能力之外，还支持千级大点位、多语言、多版本、多模块、多级级联、协议适配、云端一体化等能力，达到可以应对生活、城市、工业等不同场景定义诉求的目的。当然，为了应对前面提到的一系列技术挑战，它还通过构建 Alink 协议、数字孪生搭建了一整套面向物理实体的数字化能力。

物模型具有能够以同一套 Schema（模式）描述设备的能力，但由于物联网的碎片化问题，人们对设备能力的定义的差异性非常高，如同样一款空调，不同厂商定义的能力不一样，相当于面向对象语言里面的接口标准化了，但实现没有标准化。数据标准核心在于降低差异性。

数据标准是一批可用于组装物模型的标准化素材，物模型构建过程可以方便地从数据标准库中选择素材进行积木式搭建。

在传统领域碎片化问题严重的情况下，定义数据标准非常有挑战性，通常只有深耕传统行业才能定义出来，因此，更多的是引入这些行业领先者贡献的数据标准，而不自己制定。阿里云物联网平台数据标准的沉淀主要来自 ICA 联盟，ICA 标准库包括基本资源、功能模块、物模板 3 类素材。

- 基本资源：标准库中最原子的能力，有属性、事件、服务 3 种类型。
- 功能模块：一组资源的集合。集合中的资源可以是标准库中已有资源的组装，也可以是在当前功能模块中新增的资源。
- 物模板：一组功能模块和一组资源的集合。集合中的模块和资源可以是标准库中已有模块和资源的组装，也可以是在当前物模板中新增的资源。

物模型与数据标准库之间的关系如图 5-12 所示。

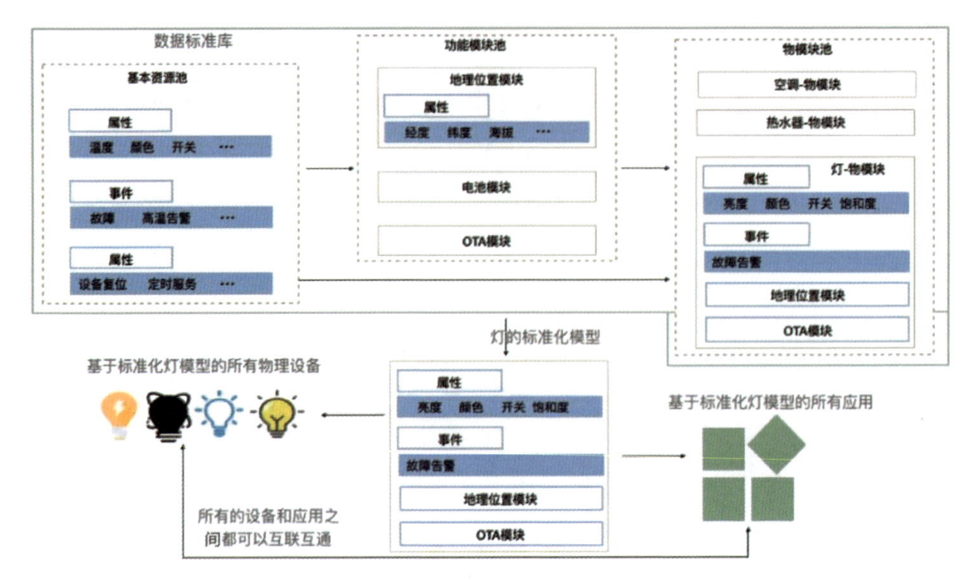

图 5-12　物模型与数据标准库之间的关系

ICA 联盟已经沉淀了海量标准化的数据模型，核心价值是为了建模过程可以快速组装、积木式搭建、提高建模效率。另外，标准物模板还可以促进软/硬件标准化，从而实现软件商、集成商对购买的硬件可以即插即用。

ICA 联盟合作流程如图 5-13 所示。

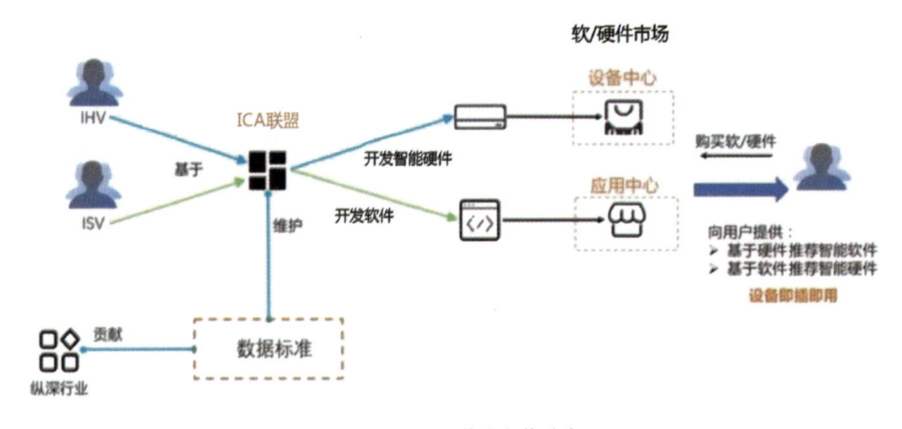

图 5-13　ICA 联盟合作流程

3. 物模型的价值

- 低门槛接入。物模型提供设备建模和交互协议的基础能力，这是最基础的价值，所有设备上云都需要建模和交互协议。物模型和协议设计是否足够专业其实是绝大多数中小企业的门槛，这些企业刚开始意识不到，随意设计，随着规模和业务的变化，弊端就会体现出来。

- 标准化。物模型作为物联网的抽象层，类似于操作系统屏蔽硬件、JVM 屏蔽操作系统的差异性一样，通过标准化设备的能力表达和交互方式解决了物联网严重碎片化情况下的协议差异、软/硬件开发耦合、全链路验证流程长、设备孤岛、数据孤岛等问题。
- 生态化。软/硬件一旦基于物模型标准化开发和交互，围绕物联网的多角色（包括 ISV、SI、IHV 等）就能在设备开发、生产、运维、售卖、集成、运行等环节相互解耦，提升了设备的流通性，促进生态化。

5.2.2.2 广播通信

物联网平台支持广播通信，即向指定产品下的全量在线设备发送消息。设备无须订阅广播 Topic，即可收到服务器发送的广播消息。

假设厂商有多个智能门锁接入物联网平台，现在需要业务服务器向全量在线设备发送一条相同的指令，使某个密码失效。

物联网平台广播通信如图 5-14 所示。

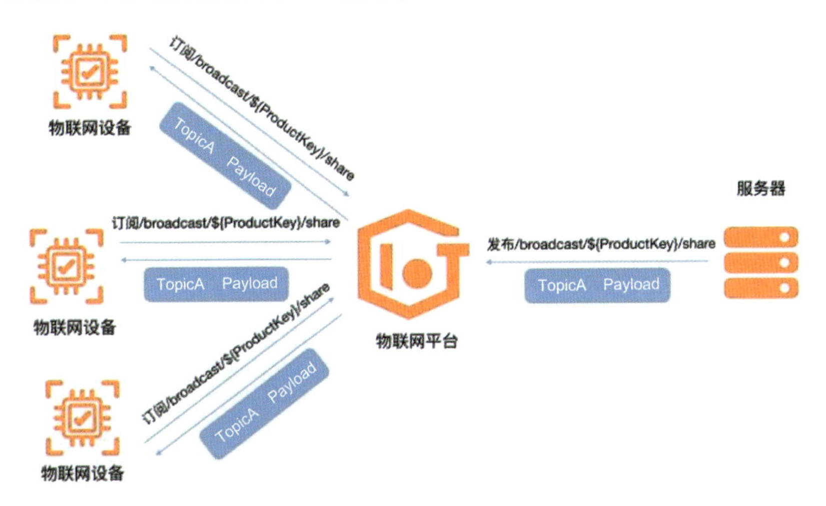

图 5-14 物联网平台广播通信

- 业务广播 Topic 定义。业务广播 Topic 定义遵循/broadcast/${ProductKey}/${user-defined topic name}（用户自定义标识）的格式。

服务器通过 PubBroadcast API 向业务广播 Topic 发送广播消息，广播消息中的请求参数如表 5-7 所示。

表 5-7　广播消息中的请求参数

名称	类型	描述
Action	String	需要执行的操作
ProductKey	String	要发送广播消息的产品 Key
TopicFullName	String	要接收广播消息的 Topic 全称
MessageContent	String	需要发送的消息主体

业务服务器调用 PubBroadcast API，指定产品的 ProductKey 和 MessageContent 消息内容，产品的全量在线设备就会收到广播消息。

业务广播 Topic 中的 MessageId 是云端生成的消息 ID，成功发送消息后，它将作为 PubBroadcast 接口的返回数据返回业务服务器。

各个设备端收到的 Payload 如下：

```
{"broadcast":"this is broadcast data"}
```

- 消息广播 Topic 定义。Broadcast 的 Topic 不需要在物联网平台预先定义，设备端可以直接订阅：

```
/broadcast/a1p36XsaOS7/shareData
```

设备端应用程序代码如下。

业务主程序：

```
/**
* node broadcast-device.js
*/const mqtt = require('aliyun-iot-mqtt');
//设备身份三元组+区域
const options = require("./iot-device-config.json");
//建立连接
const client = mqtt.getAliyunIotMqttClient(options);
//订阅广播
client.subscribe(`/broadcast/${options.productKey}/shareData`)
client.on('message',          function(topic,             message)
{ console.log("topic " + topic)
console.log("message " + message) })
```

iot-device-config.json 设备配置参数：

```
{
```

```
"productKey": "替换 productKey",
"deviceName": "替换 deviceName",
"deviceSecret": "替换 deviceSecret",
"regionId": "cn-shanghai"
}
```

业务服务器发送广播：

```
/**
* package.json 添加依赖:"@alicloud/pop-core": "1.5.2" *
/const co = require('co');
const RPCClient = require('@alicloud/pop-core').RPCClient;
const options = {
accessKey: "自己的 accessKey",
accessKeySecret: "自己的 accessKeySecret"
};
//1.创建 client
const client = new RPCClient({
accessKeyId: options.accessKey,
secretAccessKey: options.accessKeySecret,
endpoint: 'https://iot.cn-shanghai.aliyuncs.com',
apiVersion: '2018-01-20'
});
co(function*() {
// 2.构造 IoT API
// 这里是 POP API 的 Action
const action ='PubBroadcast';
// 这里是 POP API 的入参
params const params = {
ProductKey: "a1p35XsaOS7",
  TopicFullName: "/broadcast/a1p35XsaOS7/shareData",
  MessageContent: new Buffer('{"broadcast":"this is broadcast
data"}').toString('ba se64'),
};
//3.发送请求
const response = yield client.request(action, params);
console.log(JSON.stringify(response));
```

```
});
```

5.2.2.3 MQTT 同步通信

MQTT 协议是基于发布/订阅的异步通信模式，不适用于服务端同步控制设备端返回结果的场景。物联网平台基于 MQTT 协议制定了一套请求和响应的同步机制，无须改动 MQTT 协议即可实现同步通信。物联网平台提供 API 给服务端，设备端只需按照固定的格式回复 PUB 消息，服务端使用 API，即可同步获取设备端的响应结果。

RPC（Remote Procedure Call，远程过程调用）采用客户机/服务器模式，用户不需要了解底层技术协议，即可远程请求服务。RRPC（Revert-RPC）可以实现由服务端向设备端发送请求并使设备端响应的功能。

为了适应智能灯开灯、智能锁开锁、充电宝弹出、自动售货机付款后出货、按摩椅启动等业务场景，应用服务器通过 POP API 发起 RRPC 调用，设备端只需要在超时时间内按照固定的格式回复 PUB 消息，服务端即可同步获取设备端的响应结果。

RRPC 的原理如图 5-15 所示（图中的用户服务器即前面提到的服务端）。

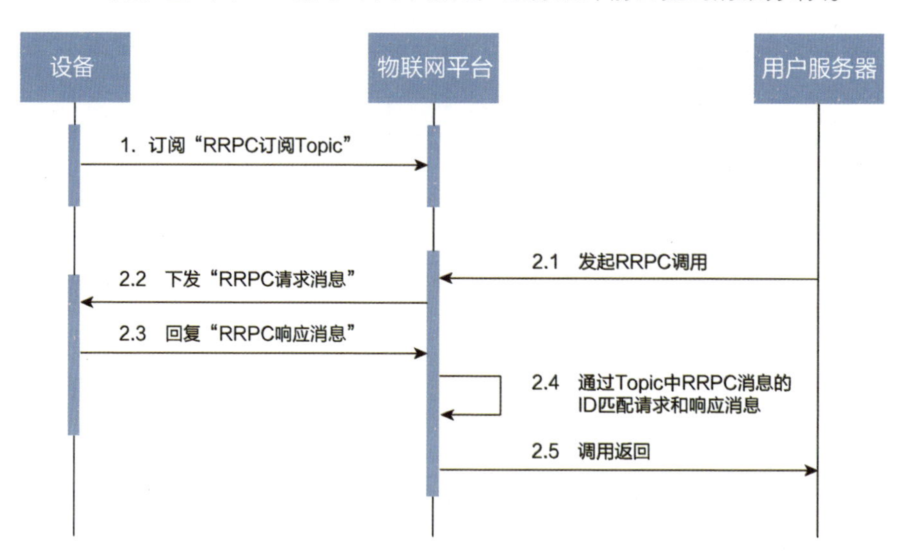

图 5-15 RRPC 的原理

自定义 Topic 的 RRPC 调用的 Topic 格式如下。

- RRPC 请求消息 Topic：/ext/rrpc/${messgaeId}/this/is/my/topic。
- RRPC 响应消息 Topic：/ext/rrpc/${messgaeId}/this/is/my/topic。

其中，${messgaeId}是物联网平台生成的唯一的 RRPC 消息 ID。

接下来是一个 RRPC 的实战案例。

- 设备端开发。以充电桩场景为例，用户完成付款后，服务端推送充电指令，并实时获取设备处理结果。指令如下：

```
{"power":200,"port":3}
```

设备响应如下：

```
{"bizCode": 0,"errMsg":"xxxxx"};// 0 表示充电成功，400 表示充电失败
```

创建充电桩产品，并注册设备。设备信息如图 5-16 所示。

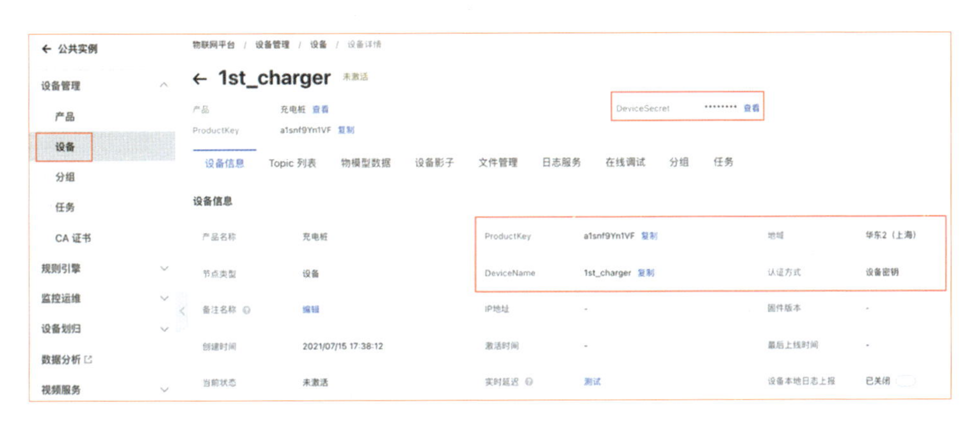

图 5-16　设备信息

设备端监听 RRPC 指令 Topic，开启指定把枪充电，并返回响应结果。示例代码如下：

```
const mqtt = require('aliyun-iot-mqtt'); // 1.设备身份三元组
const options = {
    productKey: "Your productKey",
    deviceName: "Your deviceName",
    deviceSecret: "Your deviceSecret",
    regionId:"cn-shanghai"
};
// 2.建立连接
const client = mqtt.getAliyunIotMqttClient(options) ;
// 3.订阅 RRPC Topic
client.subscribe(`/ext/rrpc/+`)
client.on('message', function(topic, message) {
```

```
    console.log("topic <<=" + topic)
    console.log("payload <<=" + message)
    if(topic.indexOf(`/ext/rrpc/`)>-1){
        // 接收并处理业务系统 RRPC 指令
        handleRrpc(topic, message)
    }
})
function handleRrpc(topic, message){
    //响应 RRPC 指令，Payload 自定义
    const payloadJson = {bizCode:0};// 0 表示充电成功，400 表示充电失败
    console.log()
    console.log("reply topic =>>" + topic)
    console.log("reply payload =>>" + JSON.stringify(payloadJson))
    client.publish(topic, JSON.stringify(payloadJson));
}
```

- 服务端开发。服务端通过 RRPC API 即可发起同步调用，实时获取设备端响应结果。

请求参数如表 5-8 如示。

表 5-8 请求参数

名称	类型	描述
Action	String	系统规定参数，取值：rrpc
DeviceName	String	要接收消息的名称
ProductKey	String	要发送的产品 Key
RequestBase64Byte	String	要发送的消息内容，是通过 Base64 编码的字符串格式数据
Timeout	Integer	等待设备回复消息的时间
Topic	String	自定义的 RRPC 相关 Topic

返回数据如表 5-9 所示。

表 5-9 返回数据

名称	类型	描述
Code	String	调用失败时返回的错误码
ErrorMessage	String	调用失败时返回的出错信息
MessageId	Long	成功发送请求消息后，云端生成的消息 ID，用于标识该消息
PayloadBase64Byte	String	设备返回结果，Base64 编码后的值

续表

名　称	类　型	描　述
RequestId	String	阿里云为该请求生成的唯一标识符
RrpcCode	String	调用成功时生成的调用返回码
Success	Boolean	表示是否调用成功，true 表示调用成功，false 表示调用失败

以 node.js 发起同步调用，示例代码如下：

```
const co = require('co');
const RPCClient = require('@alicloud/pop-core').RPCClient;
const options = {
accessKey: "your accessKey",
accessKeySecret: "your accessKeySecret"
};
//1.初始化 client
const client = new RPCClient({
    accessKeyId: options.accessKey,
    secretAccessKey: options.accessKeySecret,
    endpoint: 'https://iot.cn-shanghai.aliyuncs.com',
    apiVersion: '2018-01-20',
    opts: {
        timeout: 9000
    }
});
// 指令内容
const payload = {
    power: 200, port: 3
};
//2.构建 RRPC 请求
const params = {ProductKey: "your productKey", DeviceName: "your deviceName",
RequestBase64Byte: new Buffer(JSON.stringify(payload)).toString("base64"), Timeout: 8000,
Topic:"/charging/cmd "};
co(function*() {
    //3.发起 API 调用
    try {
        const response = client.request('Rrpc', params);
```

```
        console.log(JSON.stringify(response));
        console.log(response.RrpcCode);
        if (response.RrpcCode == "SUCCESS") {
            var resultJSON = new Buffer(response.PayloadBase64Byte,
'base64').toString();
            console.log("RRPC SUCCESS =====>", JSON.stringify(JSON.
parse(resultJSON)));
        }
    }
    catch (err) {
        console.log("RRPC ERROR =====>", JSON.stringify(err.data));
    }
});
```

- 控制台日志。执行 node node.js 指令之后，脚本便会调用 RRPC API 以调用云端服务，对应的控制台日志如图 5-17 所示。

图 5-17　控制台日志

5.2.3　数据流转

在使用规则引擎处理数据逻辑时，通过一种类似 SQL 的语法来定义，SQL 语句结构如下。

- SELECT：必需。可以使用上报消息的 Payload，也可以使用阿里云 IoT 平台内置的函数。
- FROM：必需。用于匹配需要处理的消息 Topic。
- WHERE：可选。规则触发条件，条件表达式。

5.2.3.1　云端数据流转

当设备接入阿里云物联网平台并基于 Topic 进行通信时，可以使用规则引擎编写 SQL，对 Topic 中的数据进行处理，并配置转发规则，将处理后的数据转发到阿里云的其他服务中。

- 可以转发到云数据库、表格存储、HiTSDB 中进行存储。
- 可以转发到 DataHub 中，使用 Streamcompute 进行流计算，使用 Maxcompute 进行大规模离线计算。
- 可以转发到函数计算中进行事件计算。
- 可以转发到另一个 Topic 中实现 M2M 通信。
- 可以转发到消息队列中实现可靠消费数据。
- 可以转发到消息服务中实现消费数据。

在使用规则引擎时，需要基于 Topic 编写 SQL 语句来处理数据。

基础版自定义 Topic 和高级版自定义 Topic 的数据格式都是自定义的。对于基础版，物联网平台不做处理，直接流转到规则引擎处理，如图 5-18 所示。

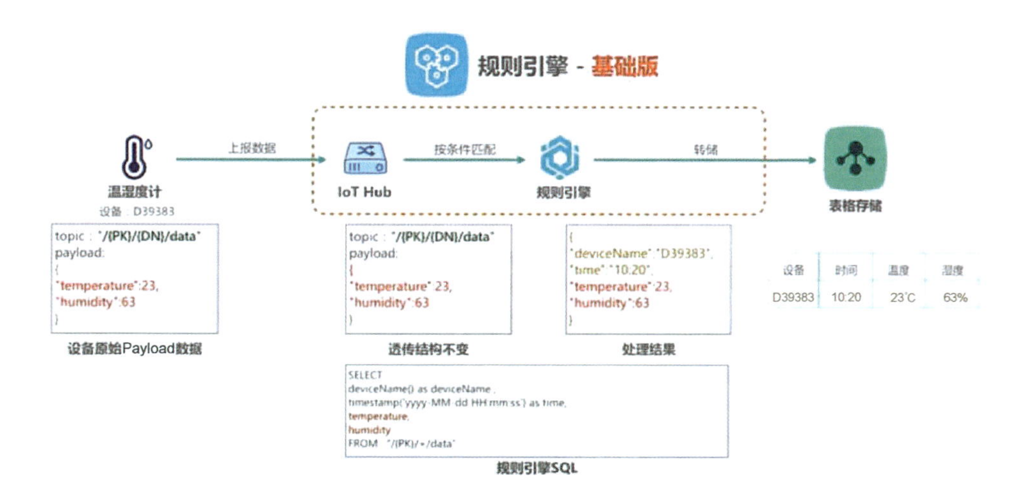

图 5-18　基础版产品数据流转

高级版系统中的设备 Payload 会在云端转换成物模型 Payload，再流转到规则引擎处理，如图 5-19 所示。

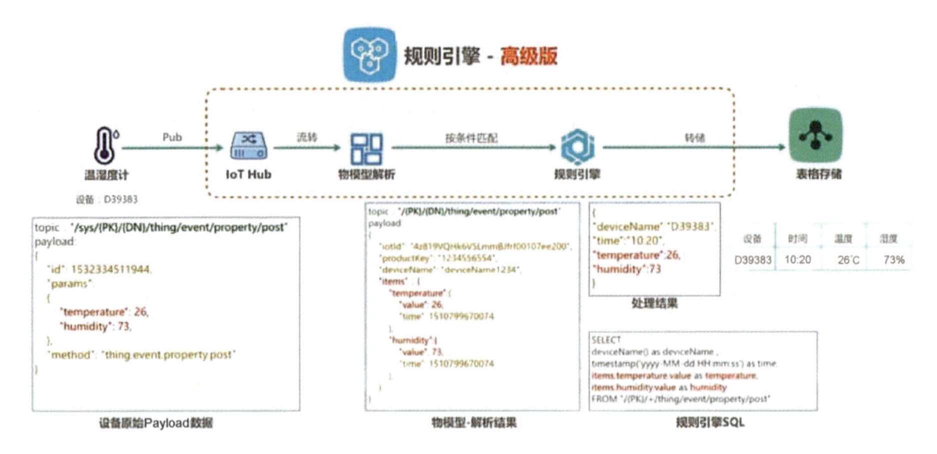

图 5-19　高级版产品数据流转

5.2.3.2　设备数据转储数据库实战

数据转储原理如图 5-20 所示。

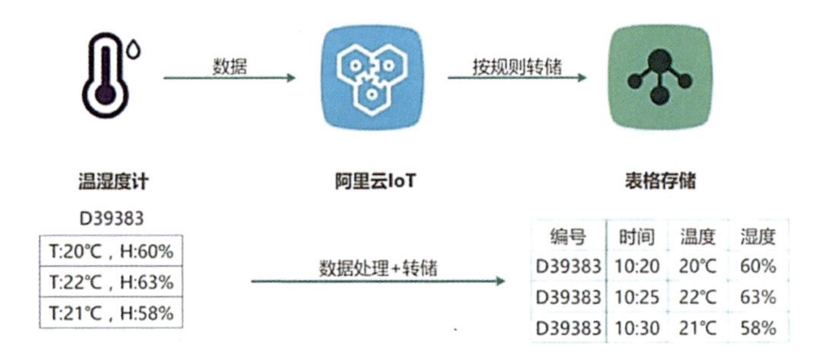

编号	时间	温度	湿度
D39383	10:20	20℃	60%
D39383	10:25	22℃	63%
D39383	10:30	21℃	58%

图 5-20　数据转储原理

1. 云端开发

- 创建设备。在阿里云物联网平台开通实例功能之后，登录物联网平台网站并进行如下操作。

创建基础版产品，添加自定义 Topic，如图 5-21 所示。

设备上报数据结构如下：

```
topic: /a1yDu7053kE/temperature_parlor/user/temperatureData
payload: { "tempearture":23, "humidity":63 }
```

添加设备，获取三元组，添加标签信息，如图 5-22 所示。

- 表格存储。开通表格存储服务（在阿里云官网搜索“表格存储”），创建用于存储设备数据的表，在创建过程中，添加 deviceId 作为主键，如图 5-23 所示。

图 5-21　创建基础版产品

图 5-22　添加设备

图 5-23　创建数据表

- 规则引擎。规则引擎如图 5-24 所示。

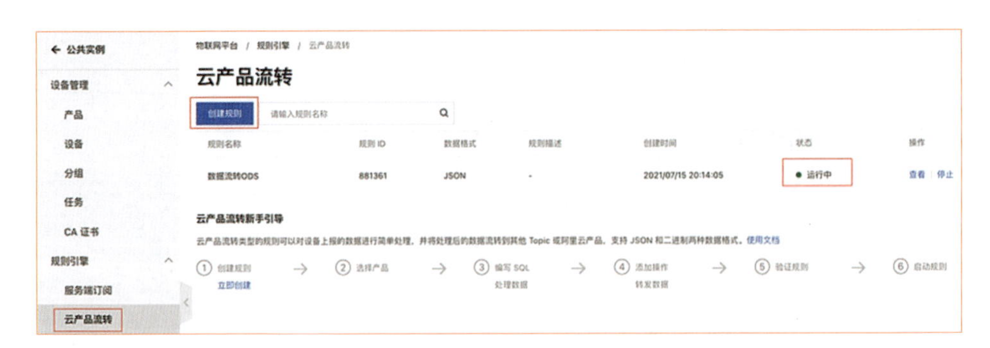

图 5-24　规则引擎

- 编写 SQL 语句，如图 5-25 所示。

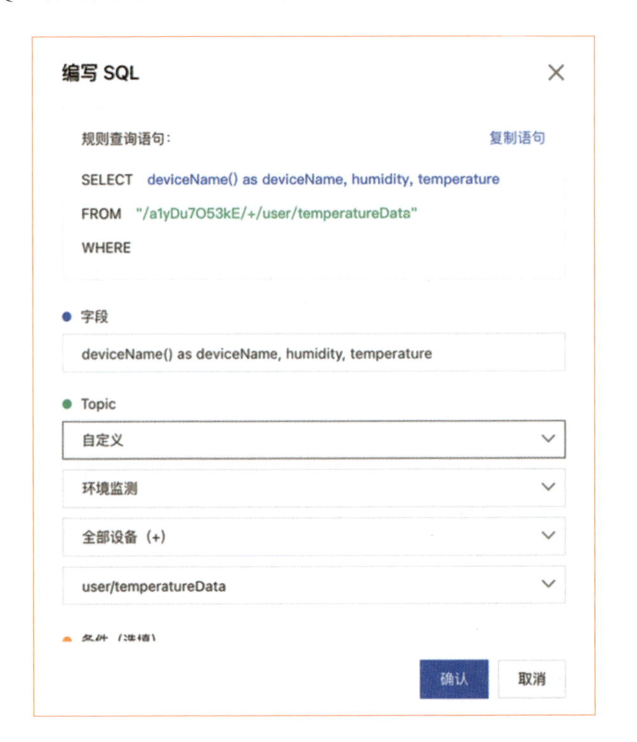

图 5-25　编写 SQL 语句

- 设定转发数据，如图 5-26 所示。

完整规则引擎如图 5-27 所示。

图 5-26　设定转发数据

图 5-27　完整规则引擎

启动规则引擎，如图 5-28 所示，单击“启动”按钮即可使能该规则引擎。

图 5-28　启动规则引擎

2. 设备端开发

模拟设备的 node.js 脚本——device-2-iot-2-ots.js：

```
// 引入依赖 MQTT 库或自己实现
const mqtt = require('aliyun-iot-mqtt');
// 设备身份
var options = {
    productKey: "设备 ProductKey",
    deviceName: "设备 DeviceName",
    deviceSecret: "设备 DeviceSecret",
    regionId: "cn-shanghai"
};

// 1.建立连接
const client = mqtt.getAliyunIotMqttClient(options);

// 2.设备接收云端指令数据
client.on('message', function(topic, message) {
    console.log("topic " + topic)
    console.log("message " + message)
})

// 3. 模拟设备上报数据（原始报文）
setInterval(function() {
    client.publish(`/${options.productKey}/${options.deviceName}/
user/temperatureData`, getPostData(),{qos:1});

}, 1000);
// 模拟设备原有报文格式
Function getPostData() {
let payload = {
     temperature:Math.floor((Math.random() * 20) + 10)
humidity:Math.floor((Math.random() * 20) + 20)
    };

    console.log("payload=[ " + payload+" ]")
```

```
    return JSON.stringify(payload);
}
```

- 启动运行。启动虚拟设备脚本（$ node device-2-iot-2-ots.js），查看表格存储数据，如图 5-29 所示。

图 5-29　表格存储数据

- 实时监听设备事件。当设备连接到物联网平台时，设备离线、在线状态变更会生成特定 Topic 的消息，服务端可以通过订阅这个 Topic 获得设备状态变更信息。

设备的上/下线状态流转的 Topic 格式：

```
/as/mqtt/status/{productKey}/{deviceName}
```

设备上线后的 Payload 数据格式如下：

```
{"lastTime":"2021-07-15 22:17:23.101",
"iotId":"Bu1SQkSsVkPhh5JjXJ21000000",
"utcLastTime":"2021-07-15T14:17:23.101Z",
"clientIp":"42.120.75.143",
"utcTime":"2021-07-15T14:17:23.101Z",
"time":"2021-07-15 22:17:23.101",
"productKey":"a1yDu7053kE",
"deviceName":"temperature_parlor",
"status":"online"}
```

设备状态消息参数说明如表 5-10 所示。

表 5-10　设备状态消息参数说明

名　称	类　型	描　述
status	String	设备状态，online 代表上线，offline 代表下线
productKey	String	设备所属产品的唯一标识
deviceName	String	设备名称

续表

名　称	类　型	描　述
time	String	此消息发送的时间点
utcTime	Integer	此消息发送的 UTC 时间点
lastTime	String	设备状态变更前最后一次通信（可能是 public/ping 等操作）的时间
utcLastTime	String	设备状态变更前最后一次通信的 UTC 时间
clientIp	String	设备公网出口 IP

- 配置 SQL。SQL 配置界面如图 5-30 所示。

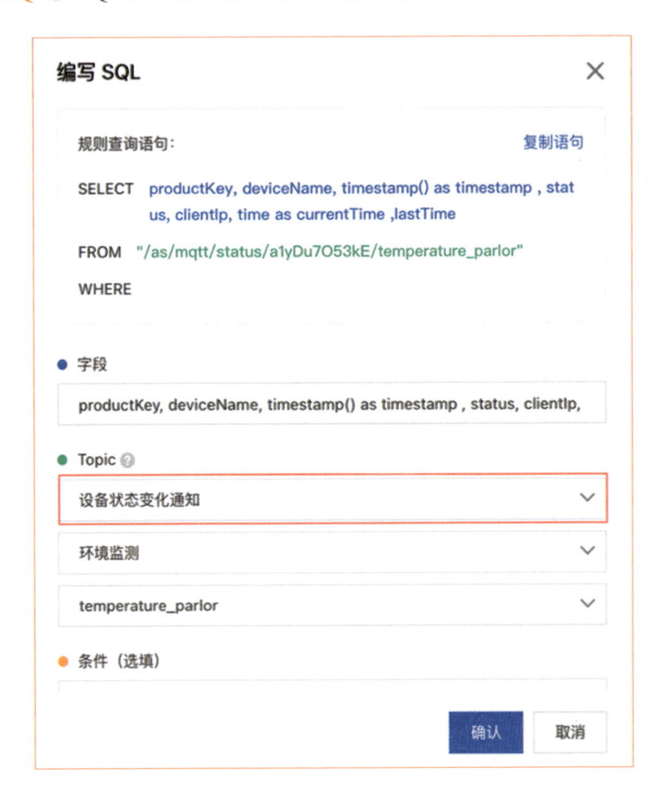

图 5-30　SQL 配置界面

如图 5-30 所示，设置好“字段”及“Topic”参数后，单击“确认”按钮就可以看到如下的 SQL 语句：

```
    SELECT productKey, deviceName, timestamp() as timestamp , status,
clientIp, time as currentTime ,lastTime
    FROM "/as/mqtt/status/ a1yDu7O53kE/temperature_parlor"
```

这是收到设备状态变化消息过程中实际执行的 SQL 语句，执行完毕就可以从消息体获取设备的 status、currentTime 和 lastTime 信息了，其中的 a1yDu7O53kE 为设备的 productKey。

- 配置数据流转目的地。数据流转配置操作同图 5-26 所示的操作。

这样，系统上线之后就可以查看表格中的内容了，如图 5-31 所示。

图 5-31　设备状态信息

5.2.4　监控运维

5.2.4.1　实时监控

物联网平台提供在线设备数量、上/下行消息数量、规则引擎流转消息次数、设备网络状态等指标数据的实时监控功能。同时，支持配置云监控报警规则，对物联网平台数据进行监控和报警。

物联网平台可以实时监控阿里云账号下的设备数据和网络状态，并在实时监控页展示以下监控数据。

1. 设备数据指标

统计数据包括实时在线设备数量、设备发送到物联网平台的消息数量、从物联网平台发送到设备端和服务端的消息数量、规则引擎流转消息的次数。

2. 设备网络状态

连网方式为 Wi-Fi 的设备可以上报网络状态数据。设备上报数据后，在实时监控页的设备网络状态页签下，根据指定的设备和查询时间段，展示设备网络状态数据和网络错误信息。

展示的设备网络状态数据包括采集时间、信号接收强度、无线信号信噪比、网络丢包率等。展示的具体数据说明包括设备上报网络数据的 Topic、网络状态数据格式和网络错误说明。

3. 云监控报警

物联网平台已接通云监控服务，支持使用云监控的事件报警和阈值报警功能对在线设备数量、上/下行消息数量、消息流转次数、单位时间内设备连接请求数、物模型操作失败次数等数据进行监控，并发送报警信息。

在实时监控页，可以单击“报警配置”按钮，进入云监控控制台，设置阈值报警规则和事件报警规则。

1）数据指标

在物联网平台实时监控页的数据指标页签下实时展示在线设备数量、上/下行消息量和规则引擎消息流转次数。查看数据指标的步骤如下。

- 登录物联网平台控制台。
- 在实例概览页找到对应的实例，单击实例进入实例详情页，如图 5-32 所示。

图 5-32　实例详情

在左侧导航栏中，选择“监控运维”→“实时监控”选项，如图 5-33 所示。

在数据指标页签下选择需要查看数据的产品和时间范围，时间范围支持 1 小时、1 天、1 周、自定义（最长 7 天）。

数据指标说明如表 5-11 所示。

图 5-33　实时监控

表 5-11　数据指标说明

数 据 类	说　　明
实时在线设备	与物联网平台建立长连接的设备数量
发送到平台的消息量	设备发送到物联网平台的实时消息数量
平台发出的消息量	物联网平台发送到设备和服务端的实时消息数量
规则引擎消息流转次数	规则引擎数据流转功能流转消息的次数

2）设备网络状态

物联网平台支持设备网络状态检测能力。通过 Wi-Fi 接入网络的设备可以将网络状态信息通过指定 Topic 上报至云端，也可以在控制台实时监控页的设备网络状态页签下查看设备的网络信号情况。

查看网络状态的操作如下。

- 登录物联网平台控制台。
- 在实例概览页找到对应的实例，单击实例进入实例详情页。
- 在左侧导航栏中，选择“监控运维”→“实时监控”选项。
- 在实时监控页选择设备网络状态。
- 选择要查看的设备和时间段。

物联网平台将根据用户选择的设备和时间段展示对应的网络状态数据信息，如

表 5-12 所示。

表 5-12 网络状态数据信息

字　段	说　明
上报时间	物联网平台接收到网络状态数据的时间
采集时间	设备采集网络状态数据的时间
RSSI	信号接收强度
SNR	无线信号信噪比
无线信号丢包率	数据丢包率
连接方式	设备连接方式

3）云监控报警规则

物联网平台支持云监控报警服务，可设置相关报警规则，以监控物联网平台的资源使用情况，并且在触发规则后，可及时接收报警信息。

此服务中可以配置报警的功能有一键报警或订阅报警、阈值报警、事件报警等，具体可参考阿里云物联网平台的云监控报警功能的在线说明文档。

5.2.4.2 日志服务

阿里云企业物联网平台上线了消息全景图功能，可以帮助开发者追踪消息通信的完整轨迹，快速分析和定位问题，以便及时恢复业务。

1. 设备上行消息

设备启动后，在设备详情页看到设备状态为在线，在物模型数据中可以看到设备最新上报的温度和湿度值，如图 5-34 所示。

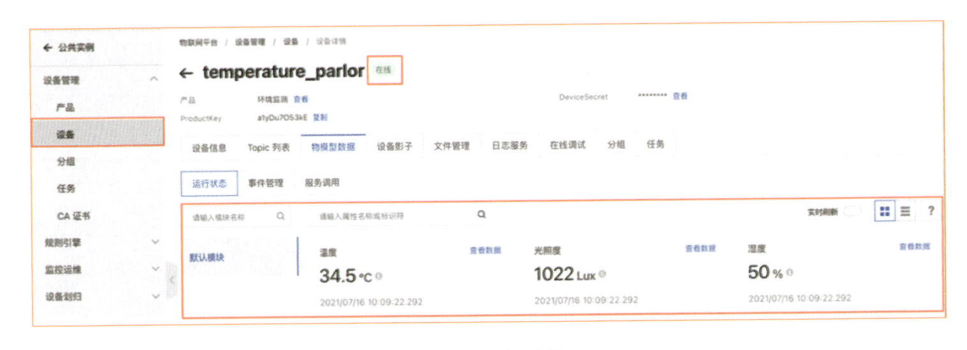

图 5-34 设备详情页

在监控运维的日志服务里，也可以看到设备上报数据的日志，如图 5-35 所示。

图 5-35　日志服务

在相同的页面中也可以看到规则引擎流转日志，如图 5-36 所示。

图 5-36　规则引擎流转日志

2. 云端下行消息

当通过 Pub API 下发控制指令到设备后，在企业实例控制台的日志服务中，可以追踪到完整的下行链路日志，如图 5-37 所示。

图 5-37　下行链路日志

3. 消息轨迹简介

在企业物联网实例的日志服务中可以查看任意消息的轨迹图，消息标识符为图 5-37 中的“TraceID”栏的内容，在搜索框中输入正确的 TraceID，即可看到这条消息从设备端到云端各个模块/功能之间的流转轨迹，如图 5-38 所示。如果使用了规则引擎及表格存储等功能，则在消息轨迹中，也会把所有涉及的模块的消息流转全过程展示出来，方便开发者了解一条消息涉及的所有环节的流程图。

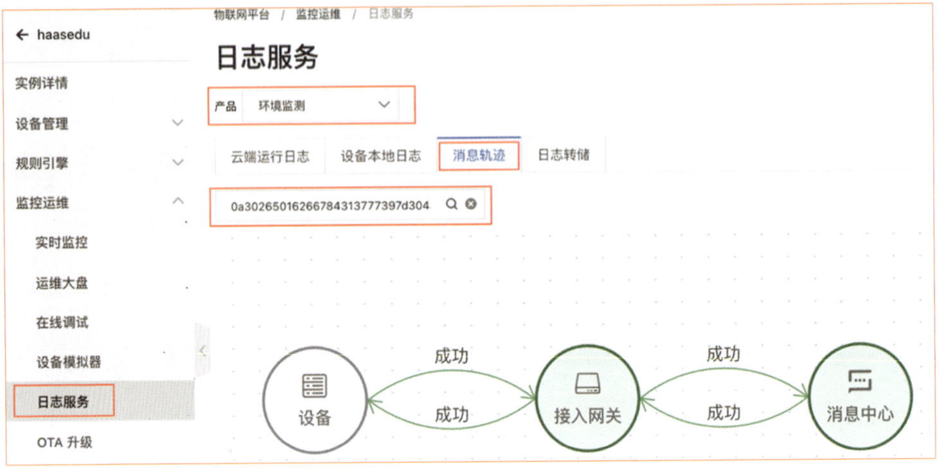

物联网平台 / 监控运维 / 日志服务
haasedu
日志服务
实例详情
设备管理
规则引擎
监控运维
实时监控
运维大盘
在线调试
设备模拟器
日志服务
OTA 升级
产品
环境监测
云端运行日志
设备本地日志
消息轨迹
日志转储
0a30265016266784313777397d304
成功
成功
成功
成功
设备
接入网关
消息中心

图 5-38　消息轨迹

4. 日志服务详解

在物联网平台控制台的日志服务中，可以查询云端运行日志。该日志包含了物联网平台、设备、第三方应用程序三者之间的交互通信记录。

上行消息的日志业务类型如图 5-39 所示。

设备
IoT Hub
云到设备消息
设备到云消息
数据解析
固件升级
物模型
数据上报
数据存储
拓扑关系
设备影子
其他
规则引擎
服务端订阅
云产品
第三方应用

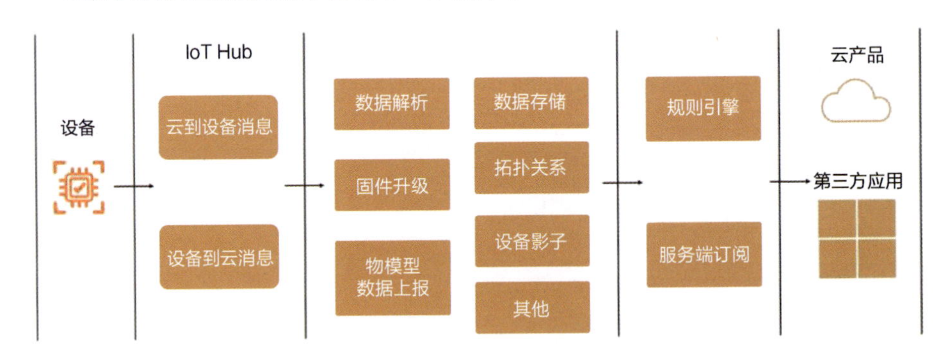

图 5-39　上行消息的日志业务类型

设备上报数据到物联网网关（IoT Hub），IoT Hub 打印设备到云平台的消息日志（包含消息的 Topic）到日志系统。

对于数据处理的不同业务模块，打印本模块的日志。

如果消息对外通过规则引擎和服务端订阅（AMQP/MNS）发送给订阅消息的客户端，那么规则引擎、服务端订阅都会打印本模块的日志到日志系统。

下行消息的日志业务类型如图 5-40 所示。

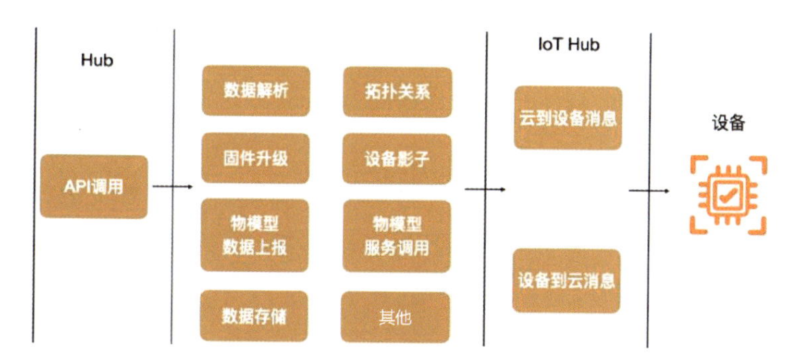

图 5-40　下行消息的日志业务类型

用户通过 API 调用产生消息，打印 API 调用日志，包含 API 名称。

对于数据处理的不同业务模块，打印本模块的日志到日志系统。

如果有消息发送到设备侧，则 IoT Hub 会打印云平台到设备的消息日志中，包含消息的 Topic。

各种不同类型的日志的消息链路及对应的日志示例如下。

1）设备上线/离线日志

消息链路为设备→物联网平台（上线）、设备→物联网平台（离线），如图 5-41 所示。

图 5-41　设备上线/离线日志

2）属性上报日志

消息链路为设备→物联网（IoT）平台→物模型校验→物模型数据存储，如图 5-42 所示。

图 5-42　属性上报日志

3）自定义消息规则引擎流转日志

消息链路为设备→物联网平台→规则引擎→服务端订阅 AMQP→业务服务器 ECS→服务端订阅 AMQP（ACK 响应），如图 5-43 所示。

图 5-43　自定义消息规则引擎流转日志

4）下行控制指令日志

消息链路为业务服务器 ECS（Pub API）→物联网平台（Publish）→设备→物联网平台（Pub ACK 响应），如图 5-44 所示。

图 5-44　下行控制指令日志

5）私有协议脚本解析处理日志

如图 5-45 所示，消息链路为设备→物联网平台→自定义协议脚本解析→规则引擎→服务端订阅 AMQP。关于私有协议脚本解析处理日志，请参考阿里云物联网平台的“设备管理”篇中“数据解析”文档的说明。

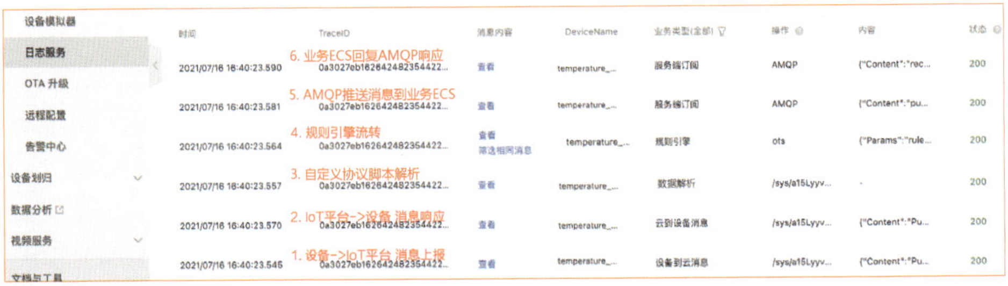

时间	TraceID	消息内容	DeviceName	业务类型(全部)	操作	内容	状态
2021/07/16 16:40:23.590	6. 业务ECS回复AMQP响应 0a3027eb162642482354422...	查看	temperature_...	服务端订阅	AMQP	{"Content":"rec...	200
2021/07/16 16:40:23.581	5. AMQP推送消息到业务ECS 0a3027eb162642482354422...	查看	temperature_...	服务端订阅	AMQP	{"Content":"pu...	200
2021/07/16 16:40:23.564	4. 规则引擎流转 0a3027eb162642482354422...	查看 筛选相同消息	temperature_...	规则引擎	ots	{"Params":"rule...	200
2021/07/16 16:40:23.557	3. 自定义协议脚本解析 0a3027eb162642482354422...	查看	temperature_...	数据解析	/sys/a15Lyyv...	-	200
2021/07/16 16:40:23.570	2. IoT平台->设备 消息响应 0a3027eb162642482354422...	查看	temperature_...	云到设备消息	/sys/a15Lyyv...	{"Content":"Pu...	200
2021/07/16 16:40:23.545	1. 设备->IoT平台 消息上报 0a3027eb162642482354422...	查看	temperature_...	设备到云消息	/sys/a15Lyyv...	{"Content":"Pu...	200

图 5-45　私有协议脚本解析处理日志

5.2.4.3　OTA 固件升级

OTA（Over-the-Air Technology，空中下载技术）固件升级是物联网平台必备的一项基础功能。通过 OTA 方式，可以对分布在全球各地的 IoT 设备进行设备远程固件升级，而不必让运维人员各地奔波。本节以 MQTT 协议下的固件升级为例，介绍 OTA 固件升级流程、数据流转使用的 Topic 和数据格式。

1. OTA 固件升级流程

MQTT 协议下的固件升级流程如图 5-46 所示。

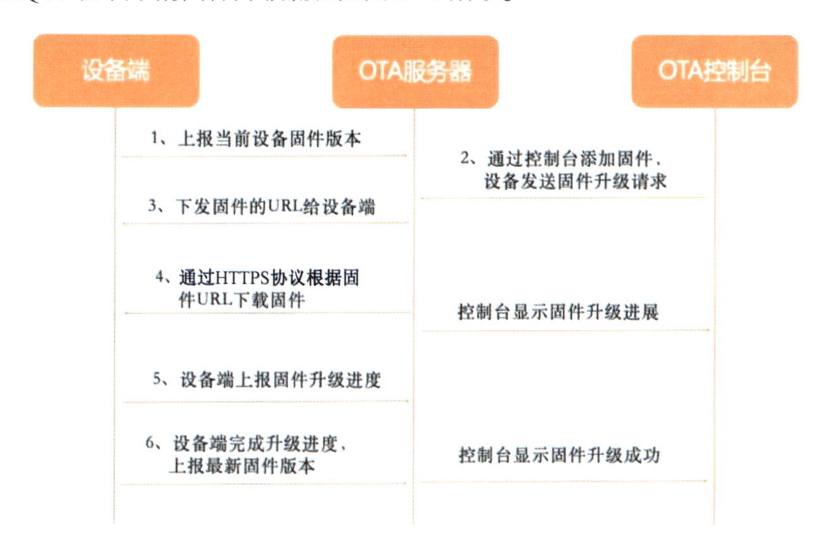

图 5-46　MQTT 协议下的 OTA 固件升级流程

固件升级过程使用不同的 Topic。

- 设备端通过以下 Topic 上报固件版本给物联网平台：

```
/ota/device/inform/${YourProductKey}/${YourDeviceName}
```

- 设备端订阅以下 Topic 接收物联网平台的固件升级通知：

```
/ota/device/upgrade/${YourProductKey}/${YourDeviceName}
```

- 设备端通过以下 Topic 上报固件升级进度：

```
/ota/device/progress/${YourProductKey}/${YourDeviceName}
```

2. 固件升级实战

为了实现固件升级功能，首先设备要正确上报当前固件版本，此信息在设备详情页可以查到，如图 5-47 所示。

图 5-47　设备固件版本信息

1）固件版本发布

当每台设备都准确上报固件版本时，就可以在控制台查看全量设备的固件版本发布情况，如图 5-48 所示。

图 5-48　全量设备的固件版本发布情况

2）上传新版本固件

当需要对设备进行固件升级时，首先要上传新版本固件到物联网平台并标记新版本号，如图 5-49 所示。

3）验证固件

新版本固件上传后，需要筛选测试设备，以验证固件是否正常，避免因新版本固件而使设备业务异常，如图 5-50 所示。

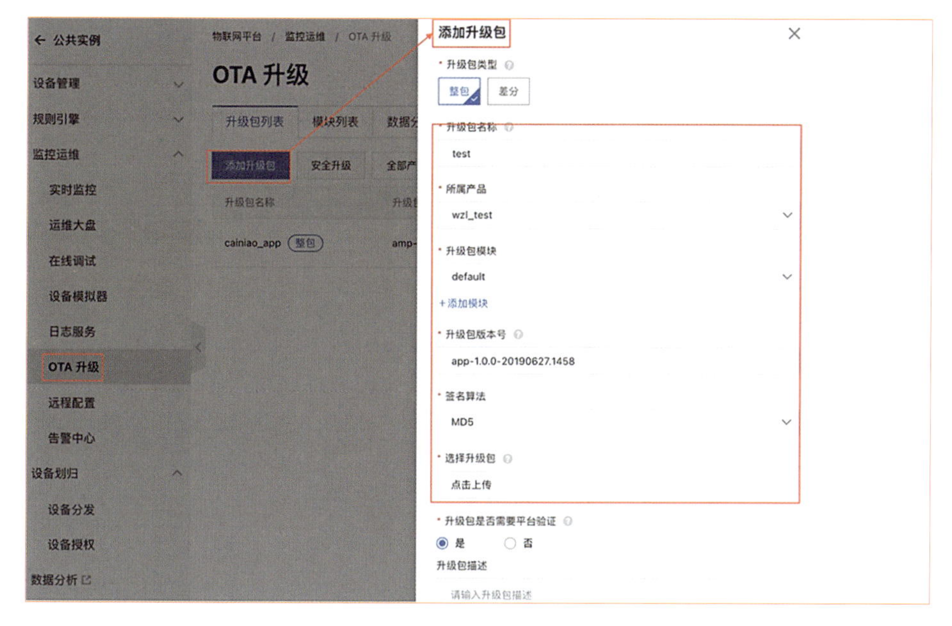

图 5-49　上传新版本固件

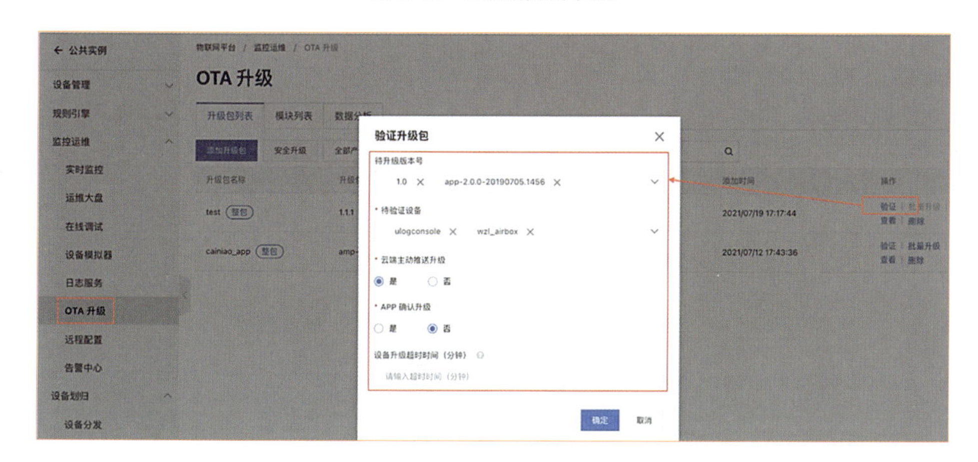

图 5-50　验证固件

验证通过后，会看到“批量升级”功能变为可用状态，如图 5-51 所示。

4）批量升级

单击“批量升级”按钮，进入升级配置页面。可以从多个维度筛选待升级的设备并配置升级策略，如图 5-52 所示。

5）升级过程

启动固件升级任务后，会看到一个升级批次，进入详情页，可以看到与这次升级相关的待推送、已推送、升级成功或升级失败的所有设备列表，如图 5-53 所示。其中“升级中”页面会展示升级中的设备列表和升级进度。

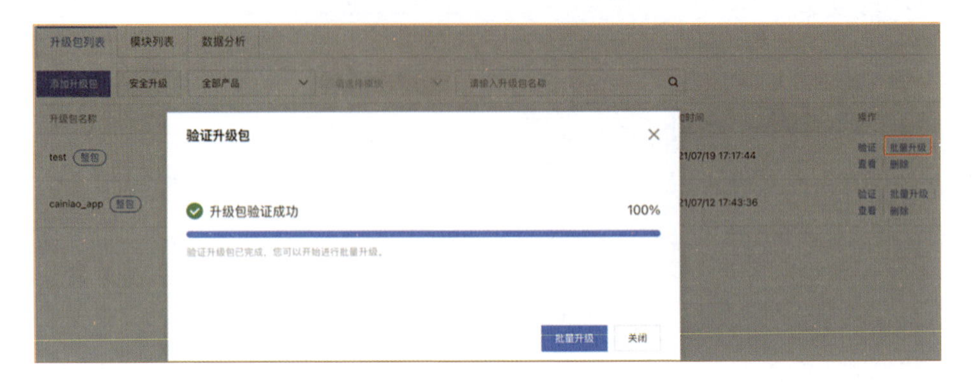

图 5-51　固件验证通过

图 5-52　批量升级

图 5-53　批次详情待升级列表

升级成功后，标签页会展示已经完成固件升级的设备列表，包括当前版本号、状态更新时间、状态，如图 5-54 所示。

图 5-54　批次升级成功的设备列表

升级失败后，标签页会展示已经升级失败的设备列表，包括当前版本号、状态更新时间，如图 5-55 所示。

图 5-55　批次升级失败的设备列表

第 6 章 IoT Studio

6.1 IoT Studio 简介

IoT Studio（物联网应用开发）是阿里云针对物联网场景提供的生产力工具，属于阿里云物联网平台的一部分，提供了 Web 可视化开发、移动可视化开发、业务逻辑开发与物联网数据分析等一系列便捷的物联网开发工具，主要解决的是物联网开发领域开发链路长、定制化程度高、投入产出比低、技术栈复杂、协同成本高及方案移植困难等问题，目的是帮助物联网企业完成设备上云的最后一千米。

6.1.1 IoT Studio 的架构和特点

如图 6-1 所示，开发者可以在完成设备接入的基础上使用 IoT Studio 提供的数据分析、业务逻辑开发、可视化开发能力，高效、经济地开发物联网应用。IoT Studio 的主要特点如下。

1. 可视化搭建

IoT Studio 提供可视化搭建能力，开发者可以通过拖曳、配置操作，快速完成与设备数据监控相关的 Web 应用、API 服务的开发。开发者可以专注于核心业务，从传统开发的烦琐细节中脱身，有效提升开发效率。

2. 与设备管理无缝集成

设备相关的属性、服务、事件等数据均可从物联网平台设备接入和管理模块中直接获取，IoT Studio 与物联网平台无缝打通，大大降低了物联网开发的工作量。

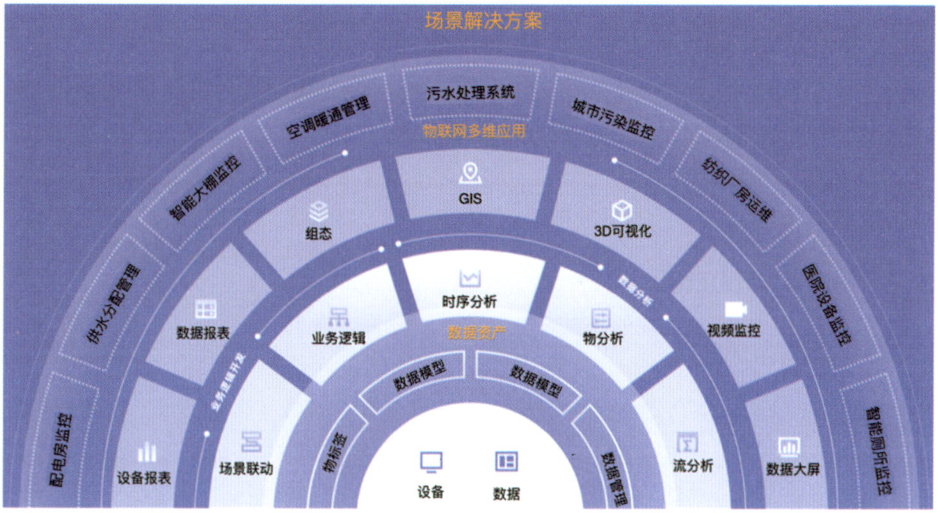

图 6-1　IoT Studio 的架构

3. 丰富的开发资源

IoT Studio 拥有数量众多的解决方案模板和组件。随着产品的迭代升级，解决方案和组件会更加丰富，可以帮助开发者提升开发效率。

4. 无须部署

使用 IoT Studio，应用服务开发完毕后，直接托管在云端，支持直接预览、使用。无须部署即可交付使用，免除了开发者额外购买服务器等产品的烦恼。

6.1.2　IoT Studio 功能介绍

IoT Studio 是阿里云物联网平台的一部分，提供了一系列便捷的物联网开发工具，接下来就对各个功能进行介绍。

- Web 可视化开发。IoT Studio 提供的 Web 可视化开发工具无须写代码，只需在编辑器中拖曳组件到画布上，再配置组件的显示样式、数据源和动作即可，以可视化的方式进行 Web 应用的开发。

该开发工具适用于开发状态监控面板、设备管理后台、设备数据分析报表等。

- 移动可视化开发。移动可视化开发工具与 Web 可视化开发工具的功能相同，区别在于它用于移动应用的开发。

- 业务逻辑开发。IoT Studio 提供的业务逻辑开发工具通过编排服务节点的方式快速完成简单的物联网业务逻辑的设计。
- 数据分析。物联网数据分析（Link Analytics，LA）是阿里云为物联网开发者提供的数据智能分析产品，提供海量数据的存储备份、资产管理、报表分析和数据服务能力。

IoT Studio 可满足开发者的需求，提升组件的丰富性，为可视化搭建提供无限可能。

6.2 IoT Studio 项目管理

项目是 IoT Studio 中多个应用、服务和物联网平台资源（产品、设备、数据资产、数据任务等）的集合。同一个项目内的不同应用或服务共享资源；不同项目之间的应用、服务和资源相互隔离，互不影响。IoT Studio 提供了两种类型的项目：全局资源项目和普通项目。在使用 IoT Studio 的时候，有如下一些使用限制。

在 IoT Studio 中创建普通项目，物联网平台控制台会自动创建名称为“p_项目I”的设备分组。

请勿在物联网平台删除该设备分组，否则，会同步删除项目中已关联的设备，并导致关联数据异常，影响正常业务，请谨慎操作。

6.2.1 项目介绍

前面提到，项目分为全局资源项目和普通项目，下面主要介绍它们的内容和区别。

6.2.1.1 全局资源项目

IoT Studio 默认提供了一个全局资源项目，需要手动创建后使用。该项目已自动同步物联网平台的全量资源，开发者可以在该项目中创建多个应用或服务。创建全局资源项目的具体操作如下。

- 登录 IoT Studio 控制台，在页面左上角选择对应实例后，在左侧导航栏中选择“项目管理”选项。
- 在全局资源项目模块中单击“立即创建”按钮。
- 在“创建全局资源项目”对话框中，选中“我已知晓并同意创建全局资源项目”复选框。

- 单击“确定”按钮。
- 创建成功后，开发者可查看已同步的全局资源信息。

6.2.1.2　普通项目

普通项目主要用于提供一个针对客户交付的隔离维度，是开发者在 IoT Studio 平台创建的一个包含应用、服务和各种资源的集合。开发者可自定义项目名称，手动关联或新增所需的资源，并基于该项目创建多个应用或服务。创建普通项目的具体操作如下。

- 登录 IoT Studio 控制台，在页面左上角选择对应实例后，在左侧导航栏中选择“项目管理”选项。
- 在普通项目下单击“新建项目”按钮。
- 在新建项目页面，将光标移动至新建空白项目区域，并单击“创建空白项目”按钮。
- 在“新建空白项目”对话框中输入基本信息。
- 单击“确定”按钮。
- 在 IoT Studio 的项目管理的普通项目列表中展示已创建成功的项目。
- 可选：修改项目基本信息。
- 在项目的主页，单击右上角的“项目配置”按钮，然后单击“编辑基本信息”按钮。
- 在“编辑基本信息”对话框中输入新的项目信息，然后单击“保存”按钮。
- 可选：回到项目管理页面，找到待删除项目，单击项目卡片右上角的按钮，并单击“删除”按钮。

6.2.1.3　查看项目详情

开发者可在项目管理页面单击项目名称，进入项目详情页面，查看应用、服务、资源的统计和列表信息。

6.2.2　产品介绍

IoT Studio 的项目详情页面提供了查看产品列表及详情、创建产品、编辑产品基本信息和删除产品等功能。

6.2.2.1 背景信息

在同一个物联网平台账号下的注意事项。

- 同一项目中的产品和设备仅可应用于相同项目下的 Web 可视化开发和业务逻辑开发。
- 不同项目之间支持关联相同的产品和设备。

6.2.2.2 使用限制

在 IoT Studio 项目中关联产品，在产品详情页面会自动添加产品标签。

请勿删除该产品标签，否则会同步删除项目中已关联的产品，并导致关联数据异常，影响正常业务，请谨慎操作。

6.2.2.3 创建产品步骤

在项目下创建的产品和设备将直接显示在物联网平台的设备管理模块中。

（1）在产品页面，单击产品列表左上方的“创建产品”按钮。

（2）按要求填写创建产品信息，确认后，系统会自动颁发产品相关信息。

（3）在产品详情页面的右上角单击“发布”按钮，在弹出的对话框中逐一确认相关操作步骤后，单击“发布”按钮。

（4）发布完成后，原“发布”按钮变成“撤销发布”按钮，单击它即弹出“撤销发布”对话框，单击“确定”按钮即可取消发布。

6.2.3 设备说明

IoT Studio 提供查看设备列表及其详情、新增设备、编辑设备基本信息、删除设备等功能。

6.2.3.1 前提条件

对设备进行以上操作的前提条件是已完成创建产品工作。

6.2.3.2 背景信息

为了使 IoT Studio 项目中的应用具有访问产品或设备的权限，需要将物联网平台的设备管理模块中的产品或设备关联到项目中，或者直接在项目下创建产品和设备。

6.2.3.3 添加设备

添加设备的步骤如下。

（1）在设备页先选择要操作的产品。

（2）单击“添加设备”按钮。

（3）在弹出的对话框中输入 DeviceName 即可。为了可以方便记忆设备，可以为其添加备注名称。

（4）设备创建完成后，设备的默认状态是未激活状态。可参见阿里云物联网平台的 LinkSDK 文档开发设备端 SDK，激活设备。

6.2.4 空间说明

IoT Studio 提供了空间功能，用于管理物理世界中的二维或三维等空间数据模型，实现空间数据可视化、设备位置告警等功能，目前仅支持配置地理空间管理二维空间数据模型，未来会开发更多功能以满足更加复杂的空间管理，相关更新请以官网为准。

6.2.4.1 前提条件

使用上述功能的前提条件是已完成创建项目工作。

6.2.4.2 应用示例

在农业产业管理系统中，通过设备地图配置地理空间，可以在地图上总览产品布局（如企业、农场基地、加工点、农资经营点和交易市场等分布）信息场景，进一步分析农业产业的发展前景。

在生长季完成作物长势和土壤环境相关数据的监测与采集，通过设备地图和地理空间功能，在地图上展示不同区域不同作物的长势和土壤环境情况，通过与往年数据的对比分析来预测对当季不同区域作物产量的影响。

6.2.4.3 新增空间

- 在项目详情页面，选择左侧导航栏的“空间”选项，单击“新增空间”按钮，找到需要的地点，单击绘图空间选择绘制方式，根据提示完成地理空间区域的圈定。
- 进入下一步，设置空间名称和描述信息后，单击“下一步”按钮。
- 按要求填写属性标识和属性显示名（也可以新增属性），同时支持删除已添加的属性。

- 单击“完成”按钮后，提示创建成功，开发者可以在项目的空间列表中看到并管理开发者创建的空间。
- 单击“去列表查看”按钮，在空间页面，可执行关联空间的相关操作。
- 全局资源项目：支持新增、编辑（重新绘制空间区域、设置空间信息和属性）和删除操作；会自动导入该账号下所有普通项目中的新增空间。
- 普通项目：支持新增、编辑、删除或解绑操作；可关联全局资源项目中的任意空间。
- 关联空间后，在空间列表页，开发者就能看到关联的全部空间。

6.2.5 账号说明

为 IoT Studio 项目开通账号功能后，可登录运营后台，管理应用和业务服务运行时的角色、账号。

6.2.5.1 背景信息

IoT Studio 提供了一套项目内共享的账号系统，采用业界标准的 RBAC（Role Based Access Control，基于角色的访问控制）模型，具有管理账号、权限和角色的功能。开发者可将需要统一账号的应用或服务放在同一个项目内。在应用或服务开发中设置账号鉴权后，即可配置灵活的访问控制能力。

6.2.5.2 开通账号

- 登录 IoT Studio 控制台，在页面左上角选择对应实例后，在左侧导航栏选择“项目管理”选项。
- 在普通项目列表中找到目标项目，单击项目卡片。开发者也可单击全局资源项目，进入该项目详情页面。
- 在项目详情页，选择左侧栏导航栏的“账号”选项，单击“开通账号功能”按钮。
- 在“开通运营后台”对话框中设置公司名称、初始管理员名称（添加后不可修改）、手机号（初始登录密码将通过手机短信发送）、登录邮箱（选填），单击“确认”按钮。
- 开通运营后台功能后，可在“账号”→“管理员页签”中查看开通的初始管理员账号信息。

- 之前设置的手机号会接收到物联网应用账号开通成功的通知信息。通知信息中包含初始管理员的初始登录密码，请妥善保管。
- 初始管理员名称和手机号均可作为运营后台的登录名。

6.2.5.3　配置后台

在账号页面，单击“后台配置”页签，可查看匹配的账号后台地址，执行如下操作。

（1）单击基本信息中公司名称后的“修改”按钮，修改基本信息　。

（2）单击页面右上角的“配置登录界面”按钮，在“配置后台登录界面”对话框中进行以下配置。

① 设置后台名称。

② 单击“添加备案信息”按钮，输入备案信息，并设置备案信息的显示风格。

③ 单击“上传图片”按钮，按要求上传待配置的图片。

④ （可选步骤）单击“预览”按钮，查看配置效果图。

（3）根据页面的域名操作说明使用自己的域名，完成域名的配置和添加。

6.2.5.4　管理账号

开发者可登录后台，完成管理员账号的初始化。管理员账号拥有所有权限，可在运营后台管理运营账号，包括配置账号、角色、权限等。

（1）单击账号页面右上角的“登录后台”按钮。

（2）在登录界面输入初始管理员账号和密码，单击“登录”按钮。

（3）在运营后台的账号管理页面执行以下操作。

① 单击目标账号右侧操作栏的“编辑”按钮，在“编辑账号信息”对话框中修改手机号或登录邮箱，单击“保存”按钮。

② 单击页面右侧的“添加账号”按钮，在“添加账号”对话框中设置账号信息，然后单击“添加”按钮。

6.2.5.5　管理角色

账号通过角色授予获取角色拥有的权限。

在运营后台，选择左侧导航栏的“角色管理”选项，执行以下操作。

（1）单击页面右侧的“添加角色”按钮，在弹出的对话框中输入角色名称，可根据需要添加备注信息，单击“确定”按钮。

（2）在角色详情页面的角色成员页签下单击“添加成员”按钮，在弹出的对话框中选中账号，单击“确认”按钮。

（3）单击角色对应操作栏的“查看”按钮，在角色详情页面查看角色成员和角色权限信息，可移除角色权限。管理员角色拥有所有权限，不可更改。

6.2.5.6 管理权限

在运营后台，选择左侧导航栏的“权限管理”选项，管理应用和服务访问权限。

（1）开通账号鉴权功能后，选中应用访问限制或在页面配置中访问限制，可配置角色访问当前应用或页面。

（2）开启访问限制功能后，如果未设置指定角色访问应用和页面，则仅管理员账号可以访问当前应用和页面。

（3）当开发者在服务的 HTTP 节点配置中选中了账号鉴权功能时，在应用中需要使用账号登录才可以访问当前服务。

（4）当开发者同时选中了账号鉴权和访问限制时，只有指定角色才可以访问当前服务。

1. 应用访问权限

- 单击应用右侧操作栏的“配置”按钮，进入权限配置页面。
- 单击应用访问限制模块的“配置”按钮，设置可访问应用的相关角色。
- 单击页面访问限制模块下的“配置”按钮，设置可访问页面的相关角色。

2. 服务访问权限

- 服务访问权限配置功能仅支持应用中组件的数据源使用了账号鉴权的服务开发接口，暂时不对公网的请求开放该功能。
- 单击服务右侧操作栏的“配置”按钮，设置可访问服务的相关角色。

6.3 IoT Studio 应用开发

本节主要讲述 IoT Studio 的 Web 可视化开发、移动可视化开发、业务逻辑开发，详细介绍它们各自的特性，以及如何使用它们帮助开发者开发出好用的 IoT Studio

应用。

6.3.1　Web 可视化开发

6.3.1.1　什么是 Web 可视化

前面提到，Web 可视化开发工作台是 IoT Studio 中的工具，无须写代码，只需在编辑器中拖曳组件到画布上，再配置组件的显示样式、数据源及交互动作即可，以可视化的方式进行 Web 应用的开发。Web 可视化开发工作台的主要特点如下。

- 免代码开发：Web 可视化开发工作台与物联网平台的设备接入能力和物模型能力无缝衔接，无须写代码，开发者就可以调用设备数据、控制设备或完成 SaaS 的搭建。
- 完全托管：无须额外购买服务器和数据库，应用搭建完毕即可预览和发布到云端以供使用。应用发布后，支持绑定开发者自己的域名。
- 模板丰富：Web 可视化开发提供丰富的页面模板。使用页面模板，可有效地简化 IoT Studio 过程。应用发布后，可以为应用批量绑定设备。

6.3.1.2　Web 应用编辑器

Web 可视化开发工具通过 Web 应用编辑器帮助开发者开发一个基于网页的控制界面，无须编写代码，十分方便快捷。

1. 创建 Web 应用

下面讲解一下创建 Web 应用、页面布局及导航菜单的作用。

- 首先在 IoT Studio 主页新建一个项目。
- 在项目主页的项目开发中选择“Web 应用”标签。
- 单击“新建 Web 应用”按钮。
- 输入应用名称和描述。请注意以下填写要求。

① 应用名称：设置应用名称。支持中文汉字、英文大小写字母、数字、下画线（_）、短画线（-）和英文圆括号（()）；必须以中文汉字、英文字母或数字开头；长度不超过 30 个字符（1 个汉字算 1 个字符）。

② 描述：描述该应用，长度不超过 100 个字符（1 个汉字算 1 个字符）。

- 单击“确定”按钮，完成创建。
- 创建应用完成后，系统会自动打开 Web 应用编辑器。

Web 应用编辑器中各功能区的说明如下。

- 页面：当前应用包含的导航布局和页面列表，包含顶部栏（页面左上角显示 LOGO 和 Web 应用名称）、左侧导航栏（页面左侧显示 LOGO 和导航菜单）。
- 组件：展示 Web 可视化开发可使用的组件列表。拖曳组件到中间画布上，便可在应用编辑中使用该组件。
- 设备绑定管理：在应用绑定设备页，为当前应用中的组件设定数据源，从而给设备数据的组件批量绑定设备。
- 应用设置：可在此页面更新应用名称和描述，开启账号和 Token 鉴权；查看应用发布历史；管理应用绑定的域名。

2. 创建页面

在 Web 应用编辑器的左侧导航栏中选择“页面”选项。页面列表中默认已添加一个空白页面，如果开发者想新增多个页面，则可以在页面标题右侧单击“+”按钮，选择模板新增页面，如图 6-2 所示。

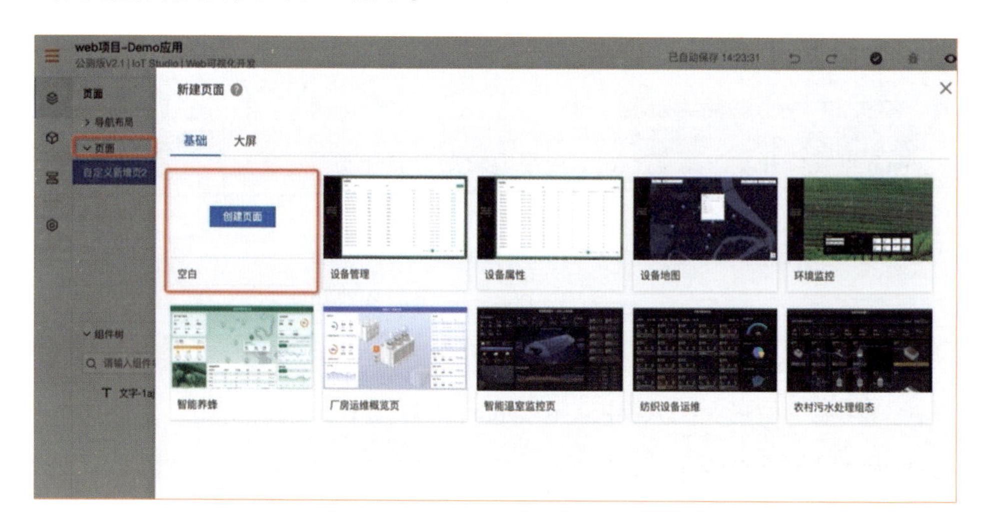

图 6-2　创建页面

单击页面空白处，在右侧就可以配置页面的相关属性了，可设置的属性参数包括作为首页、隐藏布局信息、免登录访问、访问限制、背景颜色、背景图像、页面分辨率，如图 6-3 所示。

在 Web 应用编辑器的左侧导航栏中，可以选择“导航布局”选项，如图 6-4 所示，左侧是布局样式选择，右侧是布局的各种属性配置。

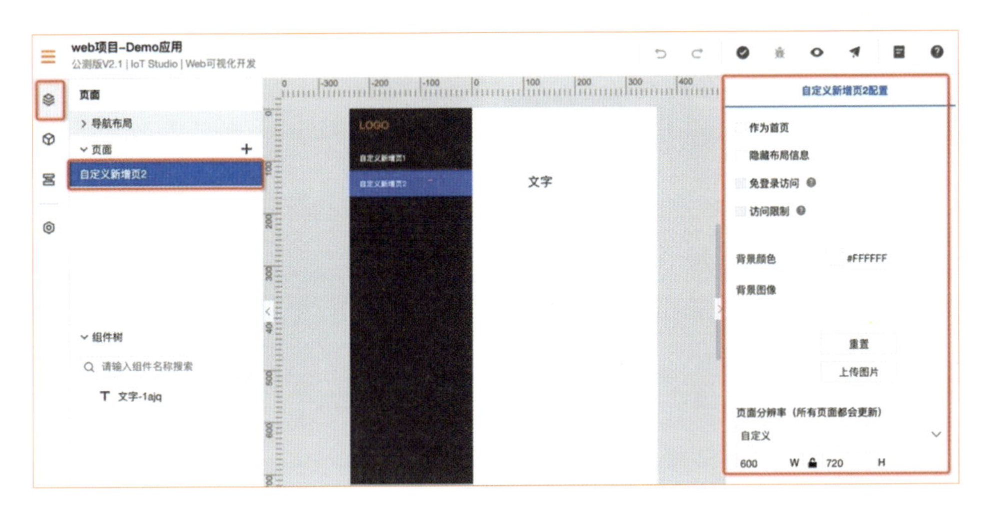

图 6-3　页面属性配置

图 6-4　导航布局配置

IoT Studio 提供了大量组件，如图标组件、基础组件、控制组件、表单组件、空间组件、复合组件、大屏组件、工业组件和三方组件，可以满足开发者的各种定制需求。

如图 6-5 所示，单击左侧“组件”图标即可看见组件列表，把想用的组件拖曳到页面中，单击组件后，右侧即可显示出组件对应的属性，可以根据需要进行设置。

在页面上把需要的样式设计完成后，调试通过，可以单击界面右上角的“发布”按钮。如果想修改，则可以修改后再次发布。

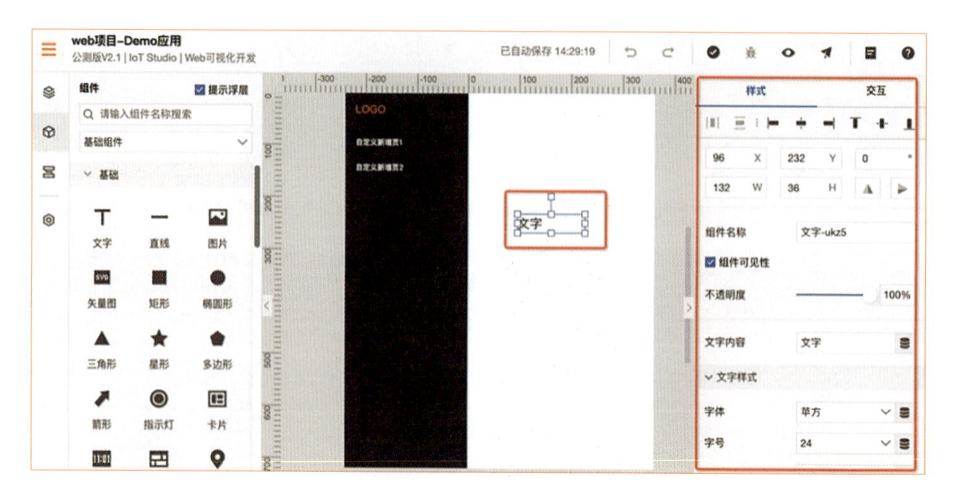

图 6-5　组件属性配置

发布成功后，需要绑定域名才能使用，要去应用设置的域名管理中添加开发者的域名。

设备配置发布后，将生成一个应用实例。系统生成的应用地址由于安全限制，有效期为 24 小时（已绑定域名的应用地址不受此限制，长期有效）。

6.3.1.3　组件

组件承载 Web 应用编辑器的核心功能，提供构成 Web 应用的基本要素。可在 Web 可视化编辑页面添加各种组件，配置组件数据源、样式或交互动作，完成应用的多样化设计和功能需求开发。

Web 可视化开发平台提供的组件有基础组件、图表组件、控制组件、表单组件、空间组件、复合组件、弹窗容器、大屏组件、工业组件、三方组件等。

1. 什么是组件

前面已经提到，组件承载 Web 应用编辑器的核心功能，提供构成 Web 应用的基本要素。

常用组件：集成常用的组件，方便用户快速调用开发。

基础组件：包含基础、控制、图表和表单 4 类组件。

工业组件：包含仪表、滑动条、管道、设备和开关按钮 5 类组件。

2. 添加组件

在 Web 应用编辑器中，单击最左侧的“组件”图标，即可出现组件列表，如

图 6-6 所示。

在画布左侧组件列表上方的搜索框中输入组件名称，找到该组件，然后将组件拖曳到中间画布中。开发者也可在“组件”下拉列表中选择组件类型，展开组件列表，找到目标组件。

在右侧配置栏完成组件配置。详细内容请参见本产品文档（Web 可视化开发的组件目录下的各组件文档）。

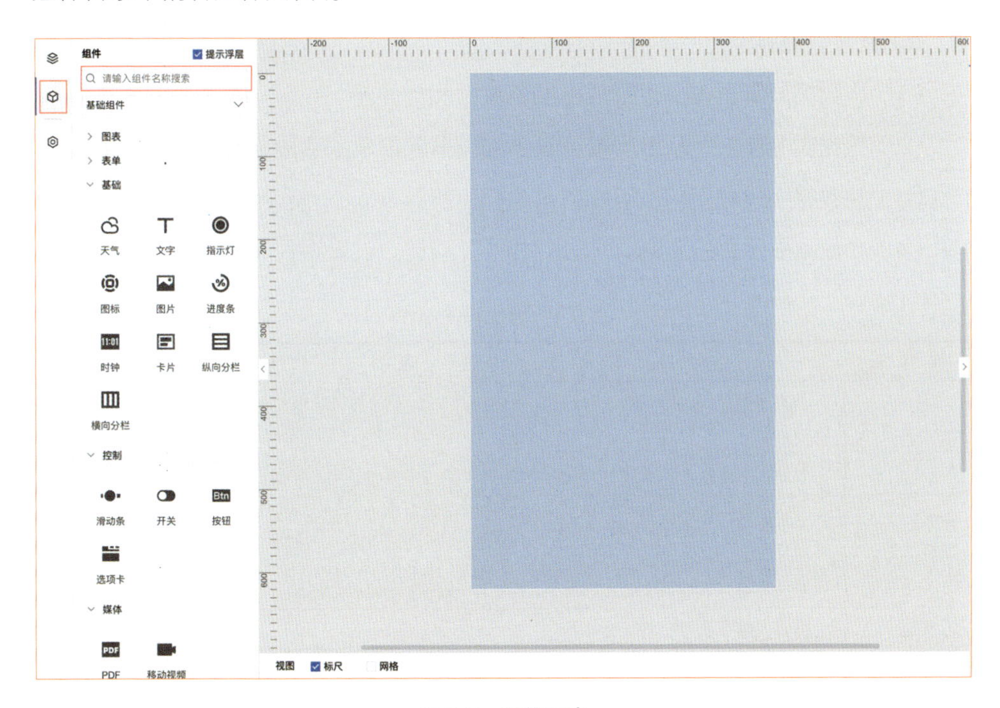

图 6-6　组件列表

3. 图表组件：表格

表格组件以表格形式展示数据。

1）添加组件

（1）创建 Web 应用。

（2）在 Web 应用编辑器中，单击最左侧的“组件”图标。

（3）在画布左侧组件列表上方的搜索框中输入“表格”，找到该组件，然后将其拖曳到中间画布中。

2）配置数据源

（1）在 Web 应用编辑器中选中组件，在右侧样式栏中单击“配置”按钮。

（2）在数据源配置页面选择数据源类型，完成配置。

可选数据类型有接口、数据表资源、静态数据、应用推送。

数据展示页签左侧数据源显示已配置的数据源名称、维度和度量、从数据源中自动解析的属性字段。

3）配置数据展示

（1）在数据展示页签中设置表格展示数据和样式。

（2）根据实际需求，从维度或度量下拖曳需要展示的字段到数据字段框中。

（3）在数据字段框，单击字段三角入口，执行表 6-1 所示的操作。

（4）在数据展示页签右侧，单击“样式”按钮，设置组件展示样式。

表 6-1 要执行的操作

操作项	说明
筛选器	添加字段到筛选器，作为筛选项，根据该字段配置条件过滤展示数据。最多支持添加 10 个筛选器。 开发者也可从左侧维度或度量中，单击字段三角入口，添加字段到筛选器
颜色标记	设置度量字段不同条件下的数据需要标记的颜色。支持配置不同的度量字段数据为相同或不同颜色。 在页面右侧属性页签显示已标记的字段，支持重新编辑和删除
设置显示名	编辑字段在表格中的显示名称

（5）单击完成配置，返回 Web 应用编辑器，查看已配置的组件数据，如表 6-2 所示。

表 6-2 已配置的组件数据

配置项	说明
全局样式	设置全局字体和背景色
导出数据入口	设置是否显示表格数据的导出按钮及可显示的效果
表格标题	设置是否显示表格标题及可显示的效果
表头文字	设置表头背景和文字样式
内容文字	设置内容背景和文字的显示样式等
行/列样式	设置行或列的显示效果
表身外边框	设置表格外边框是否显示及可显示的效果

续表

配 置 项	说　　明
分页器	设置是否显示分页器及可显示的效果。开启分页器后，每页数量的取值为 1～200 行。 如果没有开启分页显示功能，但表格中数据过多，超出了表格的高度，则可以通过滚动方式查看所有数据。如果选中了冻结首行功能，则在表格滚动时，表头将固定在表格顶部
筛选器	只有当组件数据源类型为数据表资源时才支持该功能

（6）最后，需要调整组件在页面中的最终位置。

4. 图表组件：柱状图

柱状图组件以柱状形式展示多条数据的变动趋势，方便开发者分析比较数据的变动情况。

图 6-7 为使用柱状图形式展示的某公司 1 月至 3 月某物品的销售单价（Price）和销售量（Sales）数据。

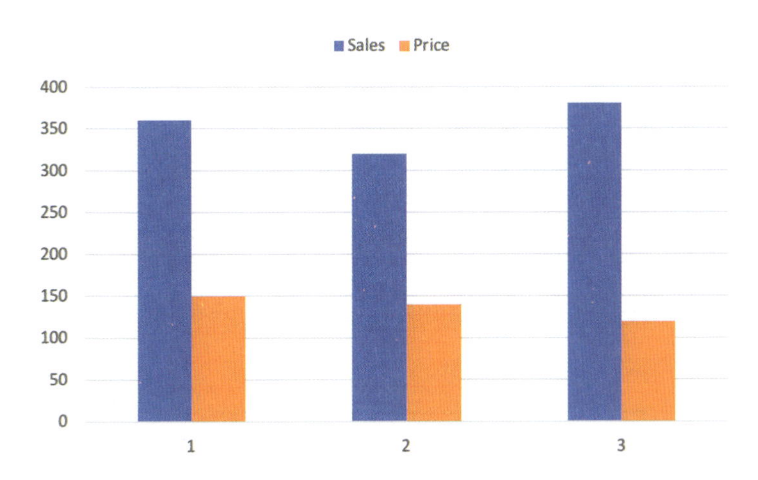

图 6-7　某公司 1 月至 3 月某物品的销售单价和销售量数据

1）添加组件

（1）创建 Web 应用。

（2）在 Web 应用编辑器中，单击最左侧的“组件”图标 。

（3）在画布左侧组件列表上方的搜索框中输入“表格”，找到该组件，然后将组件拖曳到中间画布中。

2）配置数据源

（1）在 Web 应用编辑器中选中组件，在右侧样式栏中单击“配置”按钮。

（2）在数据源配置页面选择数据源类型，完成配置。

可选数据类型有接口、数据表资源、静态数据、应用推送。

数据展示页签左侧数据源显示已配置的数据源名称、维度和度量、从数据源中自动解析的属性字段。

3）配置数据展示

（1）在数据展示页签中设置柱状图展示数据和样式。

（2）根据实际需求，从维度或度量下拖曳需要展示的字段到数据字段框中。

（3）在数据展示页签右侧，单击“样式”按钮，设置组件展示样式。

数据展示配置项如表 6-3 所示。

表 6-3　数据展示配置项

配置项	说明
图表类型	设置柱状图的类型。以 X 轴为参考方向，分为柱状图（各系列的数据并行显示）和堆叠柱状图（各系列的数据依次堆叠）
全局样式	设置全局字体和背景色
标题	设置是否显示标题及可显示的效果
X 轴	设置是否显示 X 轴刻度值及可显示的效果
Y 轴	设置是否显示 Y 轴刻度值及可显示的效果
标签	设置是否显示组件的 Y 轴数据点的具体数值、背景网格线、背景颜色和边框及可显示的效果
横向网格线	
背景	
边框	

（4）单击完成配置，返回 Web 应用编辑器，查看已配置的组件数据并调整组件在页面中的最终位置。

5. 更多组件介绍

由于篇幅限制，更多的组件可以登录物联网平台官网，在文档中心进行查阅。

6.3.1.4　组件配置

讲完组件后，需要讲解组件配置，主要包含样式配置、筛选器配置、数据源配置、交互配置、变量管理。下面只对样式配置和筛选器配置、数据源配置进行详细讲解。

1. 样式配置

对于样式配置，主要介绍配置样式，即配置组件在应用页面的展示样式，包含位置、大小、可见性、不透明度等。

样式配置分为通用配置和个性化配置。不同组件要求的个性化配置项不同。

组件通用样式配置项如表 6-4 所示。

表 6-4　组件通用样式配置项

参　数	描　述
分布或对齐	该参数不显示，相应功能为置于样式配置页面顶部的分布与对齐图表按钮。 单击选中一个或多个组件后，通过分布与对齐图表按钮可设置组件水平分布、垂直分布、左对齐、居中、右对齐、顶部对齐、处置居中和底部对齐
坐标	设置组件在页面中的显示位置，以页面左上角为起点坐标[0,0]，设置 X 轴和 Y 轴的值，调整组件坐标位置。目前支持的调整步长为 4px
角度	以组件中心点为基准点，组件按顺时针方向旋转的角度
镜像	该参数不显示，相应功能为角度下方的“镜像”按钮。选中一个组件或组件组，通过“镜像”按钮设置左右镜像或上下镜像
尺寸	W 和 H，即组件的宽度和高度。设置 W 和 H 的数值，以调整组件尺寸
组件名称	设置组件名称，名称需要在应用内具有唯一性
组件可见性	设置组件是否在页面上显示。若设置为不可见，则可配合交互设置组件功能的使用
不透明度	设置组件显示的不透明度，0%为完全透明，100%为完全不透明

2. 筛选器配置

部分图表组件在绑定数据表资源使用时，支持数据筛选器功能。

- 功能特点。在 Web 应用编辑器中选中组件，在右侧样式栏中单击“配置”按钮。

支持通过筛选器对数据进行过滤，展示特定数据。

支持设置字符型、数值型、时间型的筛选条件。

支持将筛选项在前端显示为查询项，方便在运行态随时对数据进行搜索或过滤。

- 配置属性。在维度或度量栏下，单击字段的三角入口，选择筛选器。

设置字段的过滤筛选条件，并单击“确认”按钮。

图表组件默认展示该字段的全部数据，支持字符型、数值型、时间型的筛选条件设置。

3. 数据源配置

数据源配置包括设备、接口、静态数据、应用推送、数据表资源、数据过滤器、账号数据。

1）设备

将组件数据源选择为设备，即以设备上报的属性数据和事件数据作为该组件的数据源。下面介绍设备数据源所需的配置。

在 Web 可视化编辑页面的画布中，选中待配置的组件，如文字组件，单击右侧样式栏中文字内容提交框右侧的“配置数据源”按钮，在数据源配置面板选择设备数据源进行配置。设备数据源配置项如表 6-5 所示。

表 6-5 设备数据源配置项

参　数	描　述
选择数据源	选择设备
产品	单击选择产品，在选择产品面板中会展示当前应用所属项目中已关联的产品。如果没有相应产品，则请单击左下角的“产品管理”按钮，前往项目详情的产品页创建或关联产品
设备	选择该组件的数据源设备。 指定设备：如果已有真实设备连接到物联网平台，则选择真实设备；如果真实设备未连接到物联网平台，没有上报数据，则需要使用设备模拟器功能推送模拟数据，进行数据格式验证。 动态设备：可选变量、组件值、URL 参数和来自交互动作 4 种类型的动态设备。 变量：选择在当前应用中已创建的变量作为动态设备来源。 组件值：选择当前应用中已配置的表单组件作为动态设备来源。 URL 参数：以最终发布页面上的某个参数作为该服务的动态设备。常用于嵌入页面时，由宿主页提供动态参数，如将传入的产品型号作为服务的动态设备。 来自交互动作：最终以交互页签配置的弹窗数据源作为动态设备来源。 空设备：若选择为空，则可在设备模拟数据框中输入模拟数据，进行数据格式验证
数据项	作为组件数据源的数据项。 设备属性：选择使用设备上报的某个属性值作为组件数据源。 设备事件：选择使用设备上报的某个事件数据作为组件数据源。 部分组件不支持设备事件数据项，开发者可根据实际使用的组件选择数据项
属性	选择设备属性。将鼠标指针移动到右侧的“提示”按钮上，可查看该组件支持的数据类型
事件	选择具体的设备事件
设备模拟数据	输入用于验证数据格式的模拟数据，是设备选择为空时出现的参数。 推送模拟数据后，该组件会根据推送的数据展示相应的结果
分页器	设置是否显示分页器及可显示的效果。开启分页器后，每页数量的取值为 1 ~ 200 行。 如果没有开启分页显示功能，但表格中数据过多，超出了表格的高度，则可以通过滚动方式查看所有数据。如果选中了冻结首行功能，则在表格滚动时，表头将固定在表格顶部
筛选器	只有当组件数据源类型为数据表资源时才支持该功能

2）接口

当将组件数据源选择为接口时，可将接口返回结果设置为组件展示的数据。目前支持的接口来源有数据分析服务、自定义接口、服务开发工作台、产品与物的管理。下面介绍接口数据源的参数配置。

在 Web 可视化编辑页面的画布中，选中待配置的组件，如文字组件，单击右侧样式栏中文字内容提交框右侧的“配置数据源”按钮，选中接口数据源进行配置。数据源接口说明如表 6-6 所示。

表 6-6 数据源接口说明

参　数	描　述
选择数据源	选择接口
接口来源	数据分析服务：调用开发者在物联网数据分析服务中开发的 API 接口（包含官方通用接口、用户自定义接口），将返回数据作为组件数据源。 自定义接口：调用开发者自己开发的开放接口或第三方接口，将返回数据作为组件数据源。 服务开发工作台：调用在当前项目中通过服务开发工作台开发的服务接口，将返回数据作为组件数据源。 产品与物的管理：调用查询产品信息列表的接口、查询产品属性的接口、查询物的详情列表的接口、查询物的数量的接口，将返回数据作为组件数据源
请求方法	选择自定义接口的请求方法，可选 get、post。 当将接口来源选择为自定义接口时出现的参数
请求地址	输入开发者的自定义接口的请求地址。 当将接口来源选择为自定义接口时出现的参数
请求参数	静态参数：需要在下方输入框中填入键值对组成的请求参数，格式需要为标准的 JSON 格式。 动态参数：需要在下方添加请求参数，设置键和值。 自动更新：当参数变化时，数据源更新。如果不勾选该选项，则开发者可以通过交互动作触发数据源更新。 参数值来源可选择如下几项。 变量：选择在当前应用中已创建的变量作为参数值来源。 组件值：选择当前应用中已配置的表单组件作为参数值来源。 URL 参数：以最终发布页面上的某个参数作为该接口的请求参数值。常用于嵌入页面时，由宿主页提供动态参数，如将传入的产品型号作为当前接口的请求参数。 登录账号：在开启应用账号鉴权的情况下，当配置自定义接口和服务开发工作台接口时，可以选择登录的账号信息作为请求参数，以完成一些界面或功能的定制需求。 来自交互动作：最终以交互页签配置的弹窗数据源作为该接口的请求参数值
返回结果	在单击“验证数据格式”或“确认”按钮时，系统都会调用该接口，请求结果会写入返回结果中，以供开发者参考

续表

参　数	描　述
数据过滤脚本	选中后，基于 JavaScript 对接口返回的原始数据进行一定的加工以适配图表或文字的展示需求
数据表配置	选中后，对接口返回或脚本处理之后的结构化数据进行解析并排序，以决定在组件上具体显示数据
处理后结果	经过脚本处理及数据表配置优化之后的结果，将直接用于组件的显示。 在勾选了“数据过滤脚本”或“数据表配置”选项后出现的参数
数据表配置	选中后，需要指定每隔多少秒自动调用接口一次，以获得最新数据。默认不开启

不同组件支持的返回数据格式不同，其中需要注意的组件是表格组件。

如果接口返回的数据格式和静态数据中的格式相同，则是否分页展示的规则也相同。

接口数据源也支持动态返回每页内容，如果开启表格组件的分页器，则需要满足以下要求。

- 接口请求参数需要包含 pageSize（每页记录数）、pageNo（当前页码，第一页从 1 开始）。
- 接口返回参数需要包含 pageSize（每页记录数）、pageNo（当前页码，第一页从 1 开始）、total（总记录数，可不传。不传时，目前会影响表格组件的分页器显示）。

3）静态数据

静态数据主要用于无须动态获取数据能力的场景。组件中的部分基础组件（如穿梭框、下拉框、单选、步骤、重复列表等）和部分图表组件（如表格、柱状图、条形图、折线图、双 Y 轴折线图、饼图和交叉表）支持绑定静态数据源，通过列表或图表形式将数据录入系统后固化展示。

系统提供了默认静态数据源，不同组件的静态数据源格式要求不同。

步骤组件：数据格式必须为正整数。数字代表了组件切换显示的步骤，即 1 代表步骤 1、2 代表步骤 2、3 代表步骤 3，依次类推。

穿梭框、树型选择、级联选择组件：3 个组件的数据格式相同，展示形式不同。其中，穿梭框组件支持最多展示两个层级的树型数据，而树型选择和级联选择组件对展示的数据层级没有限制。

搜索框组件：数据格式为一维数组，如["Recent", "dress", "sunglasses"]。当开始在搜索框中输入内容时，显示数据源提示框。

4）数据表资源

数据分析组件支持将数据源设置为数据表资源，如部分图表组件（表格、柱状图、条形图、折线图、双 Y 轴折线图、饼图）。通过物联网数据分析配置的数据表资源，将分析的数据结果通过组件展示出来。数据表资源说明如表 6-7 所示。

表 6-7　数据表资源说明

参　数	描　述
数据表类型	数据表来源于物联网数据分析功能内产生的表数据，可选数据表类型如下。 平台系统表：开发者在物联网平台创建的产品、设备、设备分组等数据。 设备数据表：设备产生的历史运行数据。 设备快照表：设备产生的即时运行数据。 设备事件表：设备产生的事件上报数据。 外部数据源：物联网平台中“数据分析”→“数据资产”→“数据表”下外部数据源的数据信息。 业务模型数据源：物联网平台中数据分析→数据资产→数据表下业务模型数据源的数据信息
数据表	当数据表类型为平台系统表、外部数据源或业务模型数据源时，显示该参数。 选择的数据表类型不同，配置方法不同。 平台系统表：展开下拉列表，选择数据表。 外部数据源或业务模型数据源：单击选择数据表，选择物联网“数据分析”下对应的数据表
产品	当数据表类型为设备数据表、设备快照表或设备事件表时，显示该参数。需要设置以下参数。 选择产品：单击该操作按钮，选择已创建并导入项目内的产品
设备选择方式	当数据表类型为设备数据表、设备快照表或设备事件表时，显示该参数。 配置每次更新自动拉取该产品下设备的指定方式。 产品下全部设备：项目下所选产品的全部设备，无论是否导入项目。 项目下指定设备：手动指定已经导入项目的设备
选择设备	当数据表类型为设备数据表、设备快照表或设备事件表，且设备选择方式为项目下指定设备时，显示该参数，可选配置如下。 指定设备：如果已有真实设备连接到物联网平台，则选择真实设备；如果真实设备未连接到物联网平台，没有上报数据，则需要使用虚拟设备功能推送模拟数据，进行数据格式验证。 动态设备：可选变量、组件值和 URL 参数 3 种类型的动态设备。 变量：选择当前应用中已创建的变量作为动态设备来源。 组件值：选择当前应用中已配置的表单组件作为动态设备来源。 URL 参数：以最终发布页面上的某个参数作为该服务的动态设备。常用于嵌入页面时，由宿主页提供动态参数，如将传入的产品型号作为服务的动态设备

续表

参　　数	描　　述
事件	当数据表类型为设备事件表时，显示该参数。 单击“选择事件”按钮，选择设备运行时的事件
刷新设置	选中“定时刷新”复选框，需要设置刷新频次，单位为 min；如果未选中，那么数据将不会自动更新。为保证性能，刷新频次间隔最少为 1min

5）数据过滤器

数据过滤器用于过滤出数据源中指定的数据，支持数据过滤脚本和数据表配置两种过滤方法。通过数据过滤器，可以将接口（数据分析服务、自定义接口或服务开发工作台）返回的数据转换成开发者所需的内容，并展示在 Web 可视化组件上。下面介绍数据过滤器的使用方法。

- 过滤方法。

数据过滤脚本：基于 JavaScript 对接口返回的原始数据进行一定的加工，以适配图表或文字组件的展示需求。

数据表格配置：系统自动解析接口返回的或数据过滤脚本处理之后的结构化数据，展示可供筛选的数据列表。

- 注意事项。

数据过滤器支持返回的数据格式有单值（Number、String、Boolean）、一维数据（一维 JSON、一维表）、二维数据（一维 JSON Array、二维表）。

目前，表格、折线图、柱状图、条形图、饼图和双 Y 轴折线图仅支持通过数据过滤脚本进行过滤。

当开发者选中了两种过滤方法时，编写的数据过滤脚本优先生效后，数据配置表自动解析处理后的数据。

如果选中数据表配置来处理二维数据，则系统默认仅解析数据源的第一组数据。例如，一维 JSON Array：[{ a:1, b:2, c:3 }, { a:4, b:5, c:63 }, { a:7, b:8, c:9 },]，经过数据表配置可解析出字段 a、b、c。如果开发者选中字段 a，则处理后的结果就是第一组数据中字段 a 的值 1。

6）账号数据

当 Web 可视化应用开启了账号鉴权功能后，即配置了账号数据（手机号、邮箱、账号名），开发者可在配置数据分析服务、自定义接口或业务服务接口时，设置请求参数来存储和传递账号数据，以完成一些界面或功能的定制需求。例如，在 Web 可视化应用中调用 API 时，选择账号数据作为动态请求参数，界面即可展示指定账号数据下的内容。

登录 IoT Studio 控制台，在左侧导航栏中选择“IoT Studio”→“应用开发”选项。同时可在左侧导航栏中选择“相关产品”→“IoT Studio”选项，进入 IoT Studio 控制台。

在应用开发页面的开发工具模块中单击“业务逻辑”按钮。

在业务逻辑工作台，以配置一个简单的 HTTP 请求返回静态数据为例，创建一个带请求参数的服务接口。

打开已创建的 Web 可视化应用的编辑页面，拖曳一个文字组件到画布上，并在右侧样式栏中单击文字内容后的“配置数据源”按钮。

单击参数来源并选择登录账号。

在“登录账号”对话框中配置数据并单击“确定”按钮。

单击“确定”按钮，完成数据源配置。

交互配置和变量管理的使用方法请参考阿里云物联网平台的说明文档。

6.3.1.5　绑定设备

绑定设备事件需要预先创建好物模型，进入产品页面的功能定义标签页，单击“编辑草稿”链接，添加想要的属性、服务、事件的功能名称、标识符、数据类型、取值范围、步长、读/写类型等属性后，单击“确定”按钮，完成一个功能的定义。

单击左下角的“发布上线”按钮。

物模型创建完成后，选中组件，在右侧“交互”标签中依次绑定产品、设备、属性和属性值。

一个组件最多支持 20 个交互动作，并支持多个交互动作使用同一个触发事件。当事件触发时，按照交互动作配置的先后顺序依次执行相应的动作。

6.3.2　移动可视化开发

6.3.2.1　什么是移动可视化开发

前面提到，移动可视化开发是 IoT Studio 提供的开发工具，无须写代码，只需在编辑器中，拖曳组件到画布上，再配置组件显示样式、数据源和动作即可。目前，它支持生成 HTML5 应用，并绑定域名发布，适用于开发设备控制 App、工业监测 App 等。这种开发方式的主要特点如下。

- 简单易用。移动可视化开发工作台与阿里云物联网平台设备接入能力、物模型能力无缝衔接，无须写代码，开发者就可以快速搭建设备控制、设备状态展示、数据展示等物联网场景下的移动应用。
- 安全托管。移动可视化开发平台无须额外的服务器和数据库，移动应用搭建完毕后，直接由云端托管，支持直接预览、使用。

手机兼容性说明如表 6-8 所示。

表 6-8　手机兼容性说明

手机品牌	手机型号
华为	HUAWEI Mate20 Pro、HUAWEI P30、荣耀 9XX
vivo	vivo Z5
小米	小米 8
OPPO	OPPO R11
苹果	iPhone 11 Pro

如果开发者使用 IoT Studio 的移动可视化开发工具开发移动应用，则请参考表 6-8 来选择适合的手机使用该应用。以上手机的自带浏览器、钉钉、支付宝、微信可以使用该应用。尽管应用可以在其他手机上运行，但为了最佳的稳定性和安全性，建议开发者选择在官方支持的手机上运行。

6.3.2.2　移动应用编辑器

1. 创建移动应用的步骤

（1）在项目主页页面的项目开发下选择移动应用。

（2）单击应用列表上方的“新建”按钮，在“新建移动应用”对话框中填入应用名称和描述，单击“确认”按钮。

（3）开发者可将鼠标指针移动到配置项右侧的“帮助”按钮?上，查看配置说明。

（4）创建应用完成后，会自动打开移动应用编辑器。

2. 编辑页面

（1）在移动应用编辑器中，单击最左侧的“页面”图标。

（2）在页面页签的右侧单击“新建”图标。

（3）在“新建页面”对话框中选择页面模板，单击“确认”按钮。

（4）在中间画布上，单击页面的空白处，然后在右侧配置栏中配置页面。

（5）（可选）在页面列表中，单击页面对应的“编辑”图标，更新页面标题。页面标题也是显示的顶部导航标题。

（6）（可选）在页面列表中，单击页面对应的“删除”图标，删除该页面。

注意：删除操作不可撤销，且页面删除后不可恢复。请谨慎操作。

3. 添加组件

移动可视化编辑页面中支持的组件类别为图表组件、表单组件、基础组件、控制组件、媒体组件、复合组件，开发者可以根据业务需要选择要添加的组件，下面就介绍下如何添加组件，配置组件数据源、样式或交互动作，完成应用的多样化设计和功能需求开发。

在移动应用编辑器中，单击最左侧的“组件”图标，在画布左侧组件列表上方的搜索框中输入组件名称，找到该组件，然后将组件拖曳到中间画布中。开发者也可直接在基础组件列表中找到目标组件进行添加。

在移动应用编辑器中，选中并配置组件，相关功能项说明如下。

（1）通用样式：配置组件名称、宽高和布局位置等。

（2）个性化样式：配置组件本身的展示效果。部分个性配置项支持配置数据源。

（3）通用操作包括选择图层、剪切、复制等操作。

（4）通用样式配置说明如表 6-9 所示。

表 6-9　通用样式配置说明

配 置 项	说　明
组件名称	设置组件名称，名称需要在应用内具有唯一性
组件可见性	设置组件是否在页面上显示。若设置为不可见，则可配合交互功能设置组件功能的使用
不透明度	设置组件显示的不透明度，0%为完全透明，100%为完全不透明
宽度和高度	设置组件在页面中展示的宽度和高度
上下左右边距	设置当前组件与相邻组件或所属栏边界的距离。 组件与所属栏上/下边界的实际距离=所属栏上/下内边距+该组件的上/下外边距

（5）配置项的数据源。组件样式的部分配置项支持设置动态数据源设备或接口，

其中颜色仅支持配置接口。组件会根据配置项的数据源实时更新组件的显示效果。不同配置项支持的数据格式不同，数据源返回的数据格式需要与要求的数据格式保持一致。数据源配置如表 6-10 所示。

表 6-10　数据源配置

配 置 项	数 据 格 式
文字级别	字符串。对应的映射关系如下。 font-size-display-3：运营标题–大 font-size-display-2：运营标题–中 font-size-display-1：运营标题–小 font-size-headline：标题–大 font-size-title：标题–中 font-size-subhead：标题–小 font-size-body-2：正文–强调 font-size-body-1：正文–常规 font-size-caption：水印文本 font-size-footnote：脚注
字号和行高	单精度数字、双精度数字、整数
字重	数值。对应的映射关系如下。 300：细体 400：常规 500：中黑 600：中粗 700：粗体
边框粗细	整数，取值为 0 ~ 100
边框样式	整数，取值为 0 ~ 2。对应线样式的映射关系如下（同下拉列表顺序）。 0：实线 1：虚线 2：点线

颜色	RGB 颜色的 JSON 格式：
	{
	"r": 255,
	"g": 255,
	"b": 255,
	"a":0
	}
	其中，a 表示颜色透明度，取值为 0 ~ 1

6.3.2.3　组件总结

组件承载移动端的编辑页面能力，配置组件数据源、样式或交互动作，完成应用的多样化设计和功能需求开发。

移动可视化开发提供的组件有图表组件、表单组件、基础组件、控制组件、媒体组件、复合组件。

由于篇幅原因，这里不再针对组件进行介绍，开发者可以去 IoT 官网的文档中心进行查阅。

6.3.2.4　应用发布与使用

在移动应用编辑器页面完成组件配置后，需要将应用发布到云端，以供使用。下面是应用发布和集成的具体步骤。

（1）在移动应用编辑器中，单击页面右上方的“预览”按钮，查看并调试组件的显示效果。

（2）在应用预览页面右侧选择机型。

（3）使用手机扫描二维码，在手机端调试应用的功能。

（4）回到移动应用编辑器页面，单击最左侧导航栏的“应用设置”图标，在域名管理页签下添加域名（移动应用必须绑定域名才能发布）。

（5）单击最左侧导航栏的“页面”图标，单击页面右上角的“发布”图标。单击“确定”按钮。

（6）配置应用鉴权（可选）。

（7）返回应用开发页面，或者在应用所在项目的主页单击“移动应用”页签，单击已发布应用操作栏的发布地址，可查看和复制应用访问地址。

（8）在官方适配的手机上复制应用的访问地址，可直接访问并使用已发布的应用。

6.3.2.5　小程序设置

小程序易于获取和传播，并且提供了多样化的便捷服务和更优的用户体验。移动应用成功发布后，可以将移动应用集成到支付宝小程序、钉钉小程序、第三方小程序中使用。

6.3.3 业务逻辑开发

6.3.3.1 什么是业务逻辑

IoT Studio 提供了物联网业务逻辑的开发工具，支持通过编排服务节点的方式快速完成简单的物联网业务逻辑的设计。

一般情况下，需要对如下应用场景进行业务逻辑的设定。

- 设备联动。
- 设备数据处理。
- 设备与服务联动。
- API 的生成。
- 生成 App 的后端服务。

编写业务逻辑开发工具的功能特点如下。

- 简单易用。对不熟悉服务端开发的用户提供免代码开发物联网服务方案，只需简单学习即可使用；对高阶用户提供 JavaScript 脚本、扩展库等高阶能力。
- 基于阿里云丰富的物联网云服务。可以使用阿里云物联网平台提供的基础服务、阿里云市场的 API，也可以接入开发者自定义的 API。
- 易读、易理解，沉淀企业核心业务。可视化的流程图更利于业务人员理解，避免人员交接造成信息丢失，有利于沉淀企业核心业务能力。
- 易快速定位、修复故障。节点之间的依赖项清晰可见，便于开发者快速定位服务问题，快速进行热修复。
- 云端完全托管服务。IoT Studio 提供云端托管能力，服务开发完成即可使用，开发者无须额外购买服务器，并且支持在线调试。

6.3.3.2 业务逻辑编辑器

业务逻辑开发工具帮助开发者在业务逻辑编辑器中通过编排服务节点的方式，快速完成简单的物联网业务逻辑设计。

1. 创建业务服务

（1）创建项目。

（2）在项目主页页面的项目开发下选择业务服务。

（3）依次单击应用列表上方的“新建”→“新建”按钮。

（4）在“新建业务服务”对话框中配置服务基本信息。

（5）如果无项目，则会有红色字体的提示说明，单击“新建项目”按钮，再回来新建业务服务即可。

（6）创建完成后出现使用向导界面，可根据自身需要选择是否跳过。

2. 节点类型

- 触发（支持空间、设备、HTTP 请求、定时、MQTT 订阅等类型的触发）。
- 输出（HTTP 返回）。
- 功能（包括路径选择、自定义 NodeJS 脚本、自定义 Python 脚本、数值计算、条件判断等功能）。
- 人工智能（包括 OCR、图形识别、人脸识别等）。
- 消息（通过短信、钉钉机器人、移动应用推送、MQTT 发布等方式）。
- API 调用（支持通过项目内 API、自定义 API、云市场 API 3 种方式进行调用）。
- 数据（相关功能如变量设置、表格存储、云数据库 MySQL、键值对操作和数据分析等）。
- 设备（产品节点）。

6.3.3.3　查看业务服务

IoT Studio 提供查看业务服务功能，包括业务服务基本信息、逻辑配置、监控运维等。

1. 背景信息

IoT Studio 提供测试环境和正式环境两个维度的业务服务。

- 测试环境：展示所有已创建的业务服务。
- 正式环境：仅展示已发布的业务服务。

1）IoT Studio 工作台说明

- 业务服务列表中默认展示测试环境的所有业务服务。
- 仅支持正式环境中的业务服务在 Web 应用或代码程序内调用。

- 不支持在正式环境中修改业务服务；仅支持在测试环境中修改业务服务，并且只有重新发布才能生效。

2）查看业务服务的方法

登录 IoT Studio 平台后，在左上角选择项目名称，在其主页中选择业务服务 Tab 项，可看到已发布的业务服务信息，如服务名称、运行状态、所属项目、描述信息、最新发布时间和操作功能。

2. 管理业务服务

在测试环境和正式环境的业务服务列表中，单击对应操作管理相应的业务服务。业务服务操作说明如表 6-11 所示。

表 6-11　业务服务操作说明

操作	说　明	适合环境
查看	查看已发布业务服务的数据概览、服务日志、节点排布信息	正式环境
编辑	进入业务服务编辑页面，配置业务逻辑	测试环境
启动	启动设备。已发布业务服务中配置了设备触发功能，需要启动监听设备后才能正常调用服务	正式环境
暂停	暂停已发布业务服务中启动的设备	正式环境
删除	删除已有的业务服务	正式环境和测试环境

在正式环境的业务服务列表中，定位目标业务服务，单击其操作栏的“查看”按钮，在服务监控运维中可以查看节点排布、服务日志、数据概览信息等。

6.3.3.4　节点动态变量配置

在配置服务节点时，可使用节点的内置动态变量获取节点上下游数据。下面介绍节点动态变量的配置规则。

节点配置参数支持使用内置变量访问服务上下游参数，变量说明如表 6-12 所示，节点配置如图 6-8 所示。单击图 6-8 中右上角的“如何使用该节点？”链接，可查看更详细的使用说明。

表 6-12　变量说明

变 量 名	功　能	输入格式示例
payload	调用上一个节点的输出参数	{{payload.contain}}
query	HTTP 请求节点内定义的参数或起始节点的参数	{{query.contain}}
node	通过节点 ID 指定访问某个具体节点的输出	{{node.node_111.contain}}

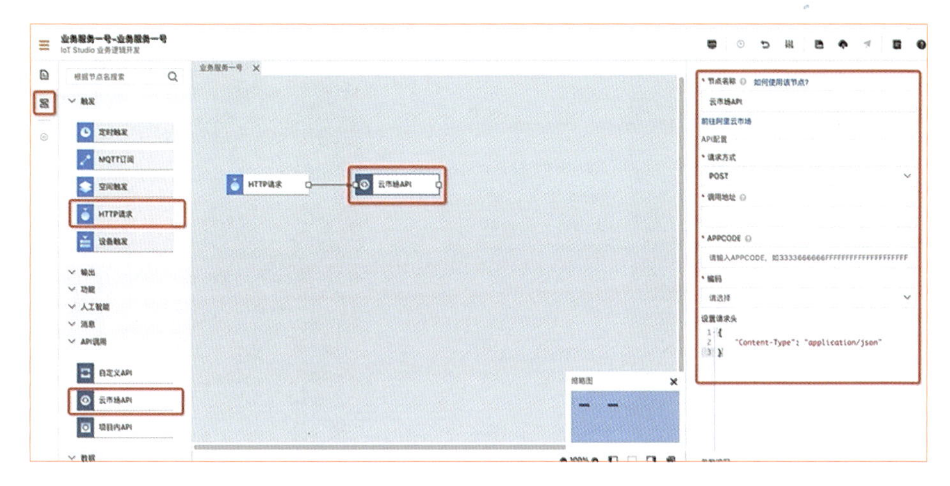

图 6-8　节点配置

6.3.3.5　变量配置

变量主要用于存储和传递数据。IoT Studio 的业务逻辑提供了变量配置功能，开发者可在业务服务编辑页面配置全局变量和局部变量。

1. 全局变量和局部变量说明

（1）全局变量：可被项目下的所有服务读/写。

（2）局部变量：只可被当前服务读/写，当服务发布或重新启动时，会重置为默认值。数据类型主要支持下面几种格式（注意：一旦创建就不可变更）。

- Num（数值型）。
- String（字符型）。
- bool（布尔型）。
- Array（数组）
- JSON（结构体）。

2. 添加变量

在业务逻辑编辑器中，如图 6-9 所示，根据需要添加变量，设置变量名称、数据类型、默认值、描述等信息，变量即创建完成。

3. 使用变量

在业务逻辑编辑器中，选择左侧的“数据”选项，选择“变量设置”选项，在画布上选中变量设置，在右侧添加变量，即可把创建的变量同节点关联起来，如图 6-10 所示。

图 6-9　添加变量

图 6-10　变量设置

开发者可在配置服务节点时将变量作为参数使用。目前，IoT Studio 支持通过以下节点修改并传递变量值。

- 变量设置：详细使用方法前面已介绍过。
- NodeJS 脚本：通过“global.变量名”指定某个变量，如图 6-11 所示，其中的 test_list 为已配置的变量。

注意事项如下。

- 当使用 NodeJS 脚本修改变量值时，必须保证修改值的数据类型与该变量的数据类型保持一致。如果在修改全局变量时数据类型不一致，则会导致该变量所属项目下的所有业务服务运行失败，从而导致整个项目无法正常运行。综上所述，虽支持但不推荐通过 NodeJS 脚本节点使用变量。

- 当使用变量设置修改变量值时，可校验数据类型，推荐开发者通过此节点来使用变量。

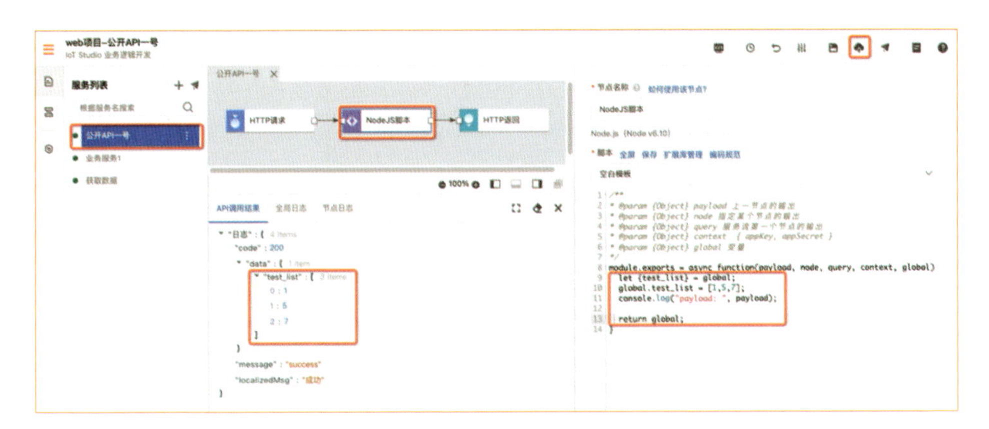

图 6-11　使用变量

6.3.3.6　公开 API

公开 API 服务模板可帮助开发者创建一个无须鉴权和 SDK 即可直接调用的 API 服务，且创建之后无法再修改为需要 AppKey 鉴权的 API。该 API 主要用于更简单的物联网能力输出。

使用公开 API 的前提是项目创建完成。创建完项目之后，便可以创建公开 API 模板业务服务了，这个过程中的注意事项如下。

- 公开 API 服务中不能配置的节点：设备节点的各产品、MQTT 发布、移动应用推送、应用推送、项目内 API、变量设置和键值对操作。使用以上节点需要鉴权，在外部（除 Web 可视化开发外）直接调用公开 API 时，将无法获取节点的输出数据。开发者可创建空白的业务服务，配置所需的鉴权节点，发布为鉴权 API。当外部调用该 API 时，开发者需要依赖 SDK 提供的功能完成节点鉴权。
- 外部可直接调用 HTTP 协议的公开 API，以获取其返回数据，如果该数据中包含敏感信息，则有严重泄露风险。为保障开发者数据的安全性，请谨慎配置和使用公开 API。

创建公开 API 的操作步骤如下。

（1）登录 IoT Studio 控制台，在左侧导航栏中选择“项目管理”选项。

（2）在普通项目列表中找到目标项目，单击项目卡片；开发者也可单击全局资源项目，进入该项目详情页面。

（3）在项目的主页选择业务逻辑页签。

（4）单击业务服务列表左上方的“新建”按钮，选择从模板新建。

（5）在业务逻辑开发页面，单击右上方的“展开更多模板”按钮，展开更多模板，找到并单击公开 API 模板卡片。

（6）在右侧的从模板创建业务逻辑页面配置服务基本信息。服务参数说明如表 6-13 所示。

表 6-13　服务参数说明

参　数	说　明
服务名称	自定义服务名称。 仅支持中文汉字、英文字母、数字、下画线（_）、连接号（-）和英文圆括号（()），且必须以中文汉字、英文字母或数字开头，长度不超过 30 个字符（1 个中文汉字算 1 个字符）
所属项目	显示服务所属的项目
描述	描述服务的用途等信息，长度不超过 100 个字符（1 个中文汉字算 1 个字符）

（7）单击使用该模板新建，业务服务创建成功后，页面跳转至业务服务的编辑页面，并自动生成了一个业务流，如图 6-12 所示，开发者可根据实际需求配置节点参数。

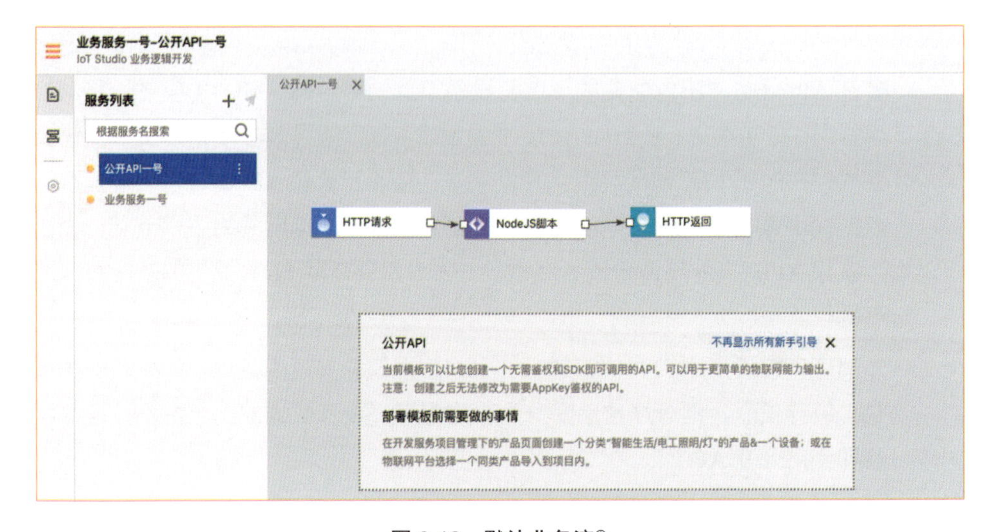

图 6-12　默认业务流[①]

① 注：软件图中的“无需”的正确写法为“无须”。

- 编辑服务流。

（1）在业务服务编辑画布中，单击 HTTP 请求节点，设置在调用该 API 服务时参数 action 的值（如 GetTask）。

（2）单击脚本节点，进行节点配置。

（3）单击 HTTP 返回节点，设置该 API 服务的返回值，以直接返回上一节点的（payload）值。

（4）单击页面右上角的“保存”按钮。

- 调试与发布。

（1）在业务服务编辑页面，单击右上方的“部署调试”按钮，部署服务。

（2）服务部署成功后，再次单击“部署调试”按钮，调试该服务，开发者在界面下方可以查看 API 调用结果、全局日志、节点日志。

（3）单击调试右侧的“发布”按钮，发布该服务。业务服务只有发布到云端，才能被调用。

- 已发布 API 调用示例。

下面以 curl 命令为例，描述已发布 API 的直接调用方法。

（1）单击页面最左侧的“服务调用”设置按钮。

（2）在左侧的“服务调用设置-API 调用方式”页签下获取 POST 的 API Path 值（如 http://*.com）和 action 的默认值（如 GetTask）。

（3）打开系统的命令窗口，输入 curl 命令。命令中的 action 的值 GetTask 和 API Path 的值 http://*.com 仅为示例，实际场景中需要替换为上一步获取的数据。

（4）按 Enter 键，执行命令，获取 API 的返回结果：

```
curl -v -X POST -d
"{'params':{'action':GetTask'},'request':{'apiVer':'1.0.0'},'version':'1.0','id':12}"
http://*.com
```

第 7 章 HaaS 轻应用开发实践

HaaS 轻应用框架提供了 Python 和 JavaScript 这两种语言的轻应用框架。这两种框架基于的语言和解释引擎是不同的，但采用的应用更新方式及硬件外设配置方法是相同的，为开发者提供使用体验接近一致的开发方式。

HaaS 轻应用框架同时提供了 HaaS Studio 这一 IDE（Integrated Development Environment，集成开发环境）开发工具，支持代码高亮、调试、打包、热更新等功能，帮助开发者高效地开发 Python 和 JavaScript 应用。

下面分别对 HaaS Studio、HaaS Python 轻应用框架和 HaaS JavaScript 轻应用框架的原理、架构及应用开发方法等进行详细的介绍，同时会按照实际开发流程介绍多个实际应用案例以帮助开发者学习理解 HaaS 轻应用框架，并熟悉 HaaS 轻应用的开发流程。

7.1 HaaS Studio

HaaS 开发框架的魂是“易用性”，开发界面是展现易用性最前端、最直接的表现形式。为了提供易用的开发界面，HaaS 团队提供了一站式的 IDE 工具：HaaS Studio。通过 HaaS Studio，把 HaaS 开发框架背后的复杂实现全部隐藏，让开发者快速高效地实现自己的需求。

HaaS Studio 提供了代码开发、调试、编译和烧录等功能，并集成了全套文档和官网资源。由于开发者群体的多样性，HaaS Studio 提供了 JavaScript 轻应用开发、Python 轻应用开发和 C/C++应用开发这 3 种模式，不同的模式提供的功能是不同的，如 JavaScript 轻应用开发就不需要编译功能。

HaaS Studio 目前是基于 Visual Studio Code 的插件形式提供给开发者使用的，在 IDE 界面的背后，通过 aos-tools 实现的各种命令行的能力来提供前端的界面所展示的功能。这样，一方面可以通过图形化的方式提供易用的开发环境；另一方面，HaaS 团队后续也会把 HaaS Studio 适配到更多流行的代码编辑器中，让开发者可以选用自己习惯的代码编辑器进行应用开发。

本节会先介绍 HaaS Studio 的安装和基本界面功能，再依次演示 Python 轻应用和 JavaScript 轻应用的开发模式。

7.1.1　初识 HaaS Studio

HaaS Studio 目前是基于 Visual Studio Code 开发的，关于 Visual Studio Code 的相关界面和功能，这里不再赘述，读者可以查阅 Visual Studio Code 官网的相关资料。

为了使用 HaaS Studio，首先应根据系统环境下载对应版本的 Visual Studio Code 并安装。运行 Visual Studio Code 后，在插件库中搜索“haas-studio”并安装，如图 7-1 所示。

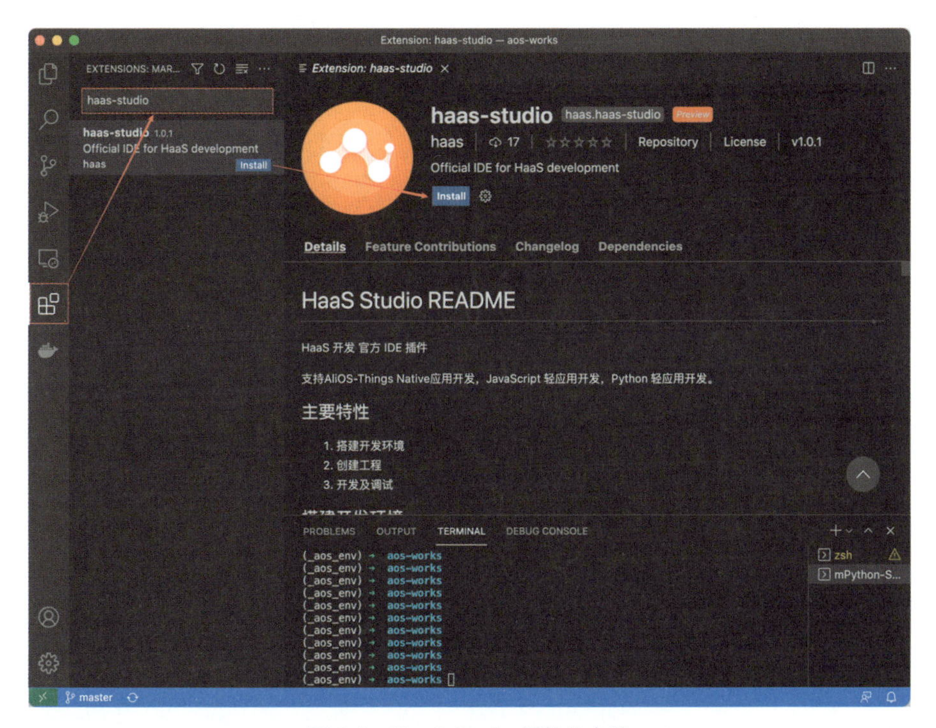

图 7-1　HaaS Studio 插件的安装

安装成功后，Visual Studio Code 会自动在界面右下角提示安装 aos-tools，请单击“是”按钮确认安装，如图 7-2 所示。

注意：在 Windows 系统下，请以管理员身份运行 Visual Studio Code，避免由于权限问题导致安装失败。

图 7-2　提示安装 aos-tools

aos-tools 安装完毕，窗口右下角会显示“成功安装 aos-tools”的字样。此时，在已安装插件列表中会显示 Haas Studio 插件，如图 7-3 所示。

图 7-3　成功安装 Haas Studio 插件

同时，Visual Studio Code 界面上会增加如图 7-4 中方框所示的两部分功能。其中，“H”图标是整个 HaaS Studio 的入口，单击此图标后，会显示 HaaS Studio 的所有功能，如创建工程、增加组件等；左下角方框框起来的部分是功能面板，提供了常用功能的快捷方式，该面板在不同的开发模式下会显示不同的功能图标。在图 7-4 中，是“编译”功能按钮，在 C/C++开发中单击该按钮，会提供编译功能，在 Python 轻应用开发中是代码检查功能按钮；是“烧录”按钮，在 C/C++开发中单击该按钮，会把编译阶段生成的镜像烧录到开发板上，在 Python 轻应用开发中单击该按钮，会把 Python 文件推送到开发板上。

在使用开发板的过程中，还可以通过单击图标来连接开发板以查看实时日志，如图 7-5 所示。

是“清理”按钮，用于清理编译过程产生的中间文件。

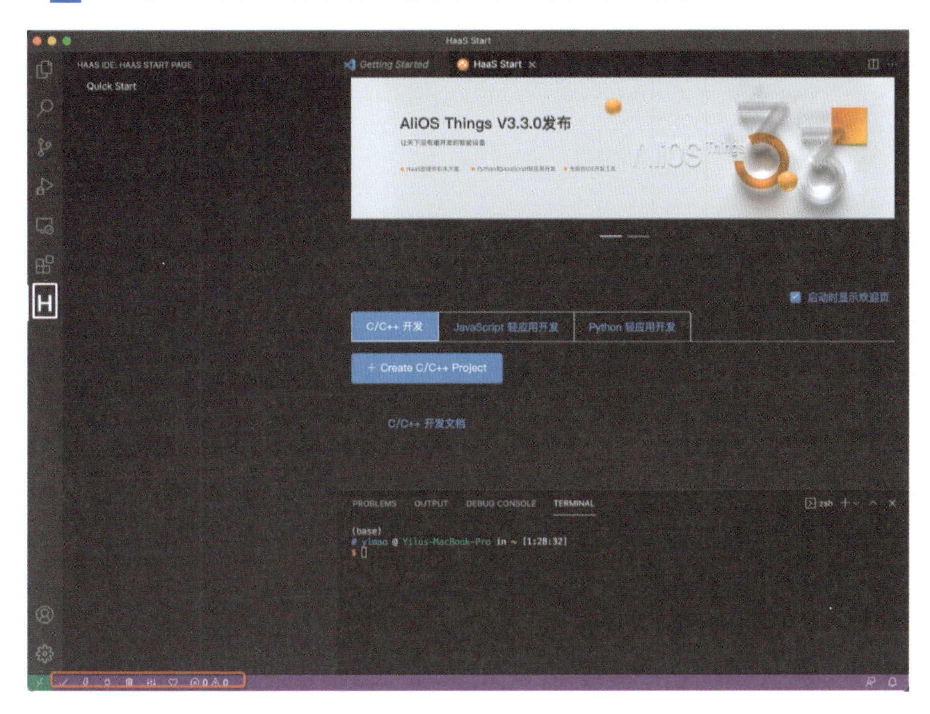

图 7-4　HaaS Studio 欢迎页

```
--- Available ports:
---  1: /dev/cu.Bluetooth-Incoming-Port 'n/a'
---  2: /dev/cu.WF-1000XM3-Airoha_APP 'n/a'
---  3: /dev/cu.WF-1000XM3-IAPSERVER 'n/a'
---  4: /dev/cu.WF-1000XM3-SerialHPC 'n/a'
---  5: /dev/cu.WF-1000XM3-SerialMC-4 'n/a'
---  6: /dev/cu.usbserial-1420 'CP2102N USB to UART Bridge Controller'
--- Enter port index or full name: 6
--- Enter serial baudrate: 1500000
--- Miniterm on /dev/cu.usbserial-1420  1500000,8,N,1 ---
--- Quit: Ctrl+] | Menu: Ctrl+T | Help: Ctrl+T followed by Ctrl+H ---
hello world! count 128
hello world! count 129
```

图 7-5　串口日志显示

7.1.2 Python 轻应用开发

如果开发者采用 Python 语言进行应用开发，则可以在如图 7-4 所示页面的“Python 轻应用开发”标签下单击“创建 Python 工程”按钮。在弹出的“创建工程向导”对话框中，按如图 7-6 所示的指示分别填入项目名字、工作区路径、硬件类型和解决方案信息。单击“立即创建”按钮，在确认页面再次确认输入信息的正确性后，单击“确认”按钮，完成 Python 轻应用工程的创建。在创建工程的过程中，HaaS Studio 会在工作区路径中根据硬件类型和解决方案下载必要的代码，同时在该路径的 solutions 目录下创建以项目名字命名的目录，提供以该解决方案为模板的代码给开发者进行应用程序的二次开发。

图 7-6　创建 Python 轻应用工程向导

图 7-6 展示的是创建一个播报音箱的 Python 轻应用解决方案；创建完成后，可以通过单击功能面板的☑图标来检查代码语法的正确性；单击⚡图标，可以把开发的 Python 工程目录的文件推送到开发板上，之后该工程中的 Python 脚本会自动在设备上运行起来。

7.1.3 JavaScript 轻应用开发

如果开发者使用的是 JavaScript 语言，则可以在如图 7-4 所示页面的“JavaScript 轻应用开发”标签下单击“创建 JavaScript 工程”按钮，在弹出的“创建工程向导”对话框（见图 7-7）中分别输入项目名字、工作区路径、硬件类型、解决方案信息。

单击“立即创建”按钮，在确认页面确认输入信息无误后，单击“确认”按钮，即可完成 JavaScript 轻应用工程的创建。在创建项目的过程中，HaaS Studio 会在工作区路径中根据硬件类型和解决方案下载必要的代码，同时在该路径下的 solutions 目录下创建以项目名字命名的目录，提供以该解决方案为模板的代码给开发者进行应用程序的二次开发。

图 7-7 展示的是一个以 helloworld 的 JavaScript 轻应用为模板创建的名为“JS_test”的轻应用工程向导。创建完成后，可以通过单击功能面板的☑图标来检查代码语法的正确性，通过单击功能面板的⚡图标把开发的 JavaScript 工程（包括 JavaScript 脚本和其他资源文件）推送到开发板上并运行，这个操作包括如下步骤。

图 7-7　创建 JavaScript 轻应用工程向导

（1）首先选择在线更新还是本地更新，在线更新通过云端更新 JavaScript 工程，本地更新通过串口推送 JavaScript 工程。

（2）如果选择了本地更新，则进行以下操作。

- 配置计算机和设备连接的串口，包括串口设备和波特率的选择。
- 选择 JavaScript 引擎，请选择 quickjs。
- 选择是否编译，这个代表是否将 JavaScript 文件加密。

（3）如果选择了在线更新，则进行以下操作。

- 配置 Token。

- 配置设备名称，需要选择开发者名下对应的设备。

当所有的配置都完成后，该 JavaScript 文件就被推送到开发板并运行起来。

7.2 HaaS 轻应用——Python 篇

Python 在计算机端取得的巨大成功是众所周知的。IoT 场景如何借力 Python 生态？如何通过 Python 这种简单、高效的脚本化语言赋能硬件资源受限的 IoT 设备研发呢？这两个问题被 IoT 行业持续关注，但始终未能找到一个完美的解决方案。

2014 年，MicroPython 诞生，MicroPython 是 Python3 编程语言的精简高效实现，包含了 Python 基础语法特性和部分最常用的 Python 库，可以满足 IoT 应用开发的基本需求。MicroPython 最低内存占用只有 16KB，具备被广泛应用在硬件资源受限的 IoT 设备上的条件。基于 MicroPython 使用各种复杂的外设功能只需要少量的代码。因此，MicroPython 诞生之后，意法半导体、TI、乐鑫等物联网芯片方案的厂商积极跟进，完成了芯片层的适配，从此，MicroPython 硬件生态初具雏形。如今，随着越来越多的芯片原生支持 MicroPython，以及树莓派、荔枝派、HaaS 等国内外知名开发板宣布全面支持 MicroPython，数以十万计的开发者开始学习和使用 MicroPython。

MicroPython 开源项目中主要包含 4 部分内容：轻量级的 Python 解释器、开发应用必备的基础库、设备基础能力的适配接口标准、MicroPython 在各种芯片上的硬件适配实现，这 4 部分内容基本可以覆盖大多数 IoT 设备最基础的开发需要。但是，IoT 场景的需求复杂多样，想要真正实现快速定制和零门槛开发，需要基于 MicroPython 官方版本做更多的扩展。HaaS Python 轻应用（简称 Python 轻应用）对 MicroPython 做了大批易用性的改造和高级能力的补齐，是目前 MicroPython 相关开源工程中很受行业认可的长期维护项目。下面将详细讲述 Python 轻应用的架构和编程方式。

7.2.1 Python 轻应用介绍

Python 轻应用是阿里云 IoT 团队最新研发的一套低代码编程框架，兼容 MicroPython 编程规范，依托 HaaS 平台 100+软/硬件积木提供 AI、支付、蓝牙配网、云连接等物联网场景常用的能力，从而解决了物联网应用开发难的问题。有了 Python

轻应用框架，物联网编程不再局限于专业软件开发人员，一般的技术员也可以快速实现复杂的物联网需求。

7.2.1.1　Python 轻应用的软件架构

Python 轻应用是一套云端集合、软硬结合的一站式解决方案，采用分层架构，具体如图 7-8 所示。

图 7-8　Python 轻应用

从图 7-8 可以看出，Python 轻应用在兼容 MicroPython 原生接口的同时，引入了很多 HaaS 软件积木和传感器支持，也引入了一套支持代码快速编辑和应用一键部署的 IDE 环境。整体架构自下向上分为 5 层。

第一层是硬件，包括 HaaS100、HaaS600、HaaS EDU 系列等开发板，以及距离、温湿度、光强度等数百种传感器。基于这些 HaaS 硬件积木，可以快速搭建开发者的硬件环境。

第二层是系统，目前已经支持 AliOS Things 和 RTOS 两种操作系统，覆盖绝大多数物联网场景。

第三层是积木，这些积木基于 C 语言实现，对上提供与硬件无关的调用接口，功能层面覆盖云连接、外设控制、AI 等最常见的物联网应用场景。

第四层是 Python 轻应用框架，基于 MicroPython 引擎打造，兼容 MicroPython 原生特性，在扩展库的基础上新增支持 HaaS 软/硬件积木的高级扩展接口、应用热更新和远程调试功能。Python 轻应用框架将复杂的技术细节屏蔽，给开发者提供最简单的开发接口。

第五层是云服务，依靠阿里生态强大的平台能力，提供了支付、云端 AI、多媒体资源等行业独有的平台能力。

7.2.1.2 Python 轻应用的特点

前面介绍了 Python 轻应用的分层架构，本节将介绍 Python 轻应用相对原生 MicroPython 的差异。

1. 更好地解决数据上云问题

物联网中最常用的场景是数据上云及远程设备控制，针对这一点，Python 轻应用提供了简单易用的硬件访问接口，以及包括 Socket、HTTP、HTTPS、Websocke、MQTT、LinkSDK（连接阿里云物联网平台的 SDK）在内的多种网络功能。以下是基于 Python 轻应用框架实现远程控制 HaaS EDK K1 LED 灯的例子（可以看出，只需数十行代码，就可以完成物联网设备数据上云及远程控制的功能）：

```
# -*- coding: UTF-8 -*-
import iot
import utime
from driver import GPIO
import ujson
# 初始化 LinkKit SDK
key_info = {
    'region' : 'cn-shanghai' ,
    'productKey' : 'xxxxx',
    'deviceName': 'xxxxx',
    'deviceSecret': 'xxxxx',
    'productSecret': 'xxxxx'
}
# 物联网平台连接成功的回调函数
def on_props(request):
#将服务端返回的 json 转换成 dict 并获取 dict 中的 led 状态
    payload = ujson.loads(request)
    state = payload["ledSwitch"]
    gpio = GPIO()
```

```
        gpio.open('led1')
        gpio.write(state)
        gpio.close()
    def main():
        # 连接物联网平台
        device = iot.Device(key_info)
        device.on('props',on_props)
        device.connect()
        while True:
            utime.sleep(1)
        device.close()
    if __name__ == "__main__":
        main()
```

2. 丰富的垂直解决方案

HaaS 云端解决方案中心包含大量软硬一体应用案例，覆盖连云、控端、AI、UI 等 IoT 设备常见应用。开发者可以基于这些案例快速定制物联网产品。

3. 背靠阿里生态，不只有端，还有云

Python 轻应用不仅是一个端上开发框架，它还背靠阿里生态，提供强大的云端能力。它除了提供物联网常用的设备管理、远程控制、数据报表、异常预警等能力，还接入了支付宝支付能力、天猫精灵语音识别和语义理解能力、达摩院视觉算法能力、高德地图能力等。

4. 易上手、易精通

通过积木化编程接口+跨平台 IDE，可以快速搭建所需的物联网应用并一键热部署；精简掉了传统 C 语言编译系统烧录固件等烦琐、复杂的必须调试环节，使得 Python 轻应用易上手、易精通。

5. 完善的技术保障和支持体系

HaaS 开发者钉钉群提供 7×24 小时的贴身技术支持。HaaS 供需平台帮助 HaaS 开发者实现商业链路闭环。对于每月一次的 Python 轻应用开发者月会，开发者提出的需求和建议会通过阿里巴巴内部任务系统跟进，并通过 HaaS 微发布向开发者反馈最新进展。另外，Python 轻应用的开发团队还提供了一套详细的编程文档，其中包括如何在不同的 HaaS 开发板上快速上手的文章，以及最新编程接口的详细介绍及参

考用法（其中包括 Python 轻应用在物联网场景的垂直使用案例），基于这套文档及技术支持体系，开发者只需一两天就可以学会 Python 轻应用。Python 轻应用官方文档如图 7-9 所示。

图 7-9　Python 轻应用官方文档

7.2.2　Python 轻应用开发指南

前面讲述了 Python 轻应用诞生的背景及技术框架。本节将详细介绍如何基于 HaaS EDU K1 进行 Python 轻应用开发。

7.2.2.1　Python 轻应用快速开始

HaaS EDU K1 出厂固件默认集成了 Python 轻应用框架，系统开机以后，用波特率为 1500000bit/s 的串口连接 EDU K1，此时就可以开始 Python 轻应用之旅了。Python 轻应用默认支持两种运行模式：交互模式和文件执行模式，在 EDU K1 Shell 中输入不同的命令可以进入不同的运行模式。

在 EDU K1 Shell 中输入“python”命令，进入交互模式。进入交互模式以后，可以逐行输入 Python 代码并通过换行符触发 Python 解释器执行。如图 7-10 所示，首先在 EDU K1 Shell 中输入“python”命令以进入 Python 交互模式，然后输入一条 print("hello-world")代码，打印 hello-world 字符串。

如果开发者希望批量执行一个或多个 Python 文件，那么应该如何操作呢？可以通过在 EDU K1 Shell 中输入“python xxx.py”命令进入文件执行模式，解释器将执行 xxx.py 及其依赖的其他 Python 文件，目前支持通过两种方式将 Python 文件存储到 EDU K1 设备中：第一种方式是将期望执行的 Python 文件复制到 sdcard 根目录下；第二种方式是通过 Python IDE 将期望执行的 Python 文件一键推送到 EDU K1 的 /data 目录下，并执行。关于 IDE 的详细用法，请参考 Python 轻应用官方文档和本书前面章节中的内容。

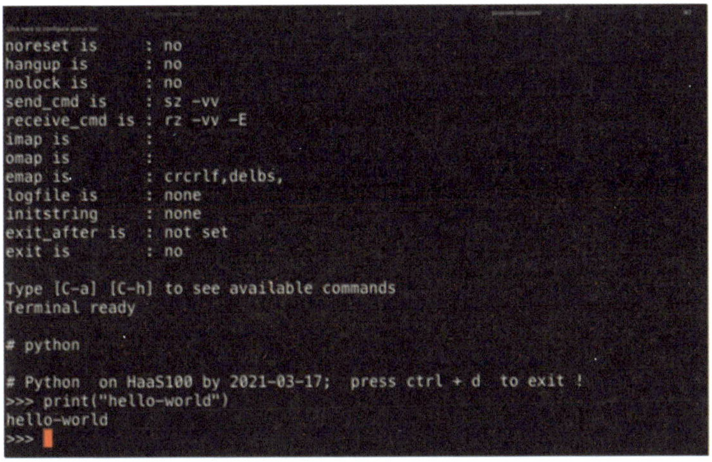

```
noreset is     : no
hangup is      : no
nolock is      : no
send_cmd is    : sz -vv
receive_cmd is : rz -vv -E
imap is        :
omap is        :
emap is        : crcrlf,delbs,
logfile is     : none
initstring     : none
exit_after is  : not set
exit is        : no

Type [C-a] [C-h] to see available commands
Terminal ready

# python

# Python  on HaaS100 by 2021-03-17;  press ctrl + d  to exit !
>>> print("hello-world")
hello-world
>>>
```

图 7-10　HaaS EDU K1 Shell 中的 Python 交互模式

7.2.2.2　Python 轻应用编程接口介绍

关于 Python 轻应用基础语法，本书不做详细说明，请读者参考 HaaS 官网轻应用部分内容。本节将对最常用的 Python 轻应用编程接口做详细介绍。Python 轻应用编程接口分两部分：第一部分是基础库接口，第二部分是 HaaS 高级扩展编程接口。

Python 轻应用基础库接口实现了对 MicroPython 原生接口的完全兼容，这些接口可以满足数学运算、数组、队列、堆、文件、线程等最基础的编程 Python 需求。Python 轻应用基础库接口列表如表 7-1 所示，每个模块的详细接口介绍及参考代码请查阅 Python 轻应用官方文档。

表 7-1　Python 轻应用基础库接口列表

库 名 称	功 能 描 述
cmath	提供对复数进行有效运算的基本数学函数

续表

库 名 称	功 能 描 述
math	提供处理浮点数运算的基本函数（32 位浮点数）
uarray	精简版本数组类
ubinascii	实现二进制码和 ASCII 码的转换
Uerrno	错误码
Ucollections	容器
Uhashlib	二进制数据的散列算法，目前实现了 SHA256 算法
Uheapq	堆队列
uio	输入/输出流操作
ujson	JSON 编/解码
uos	基础系统操作
ure	正则表达式
uselect	在一组流中等待事件
socket	接触 socket 接口
ussl	TLS/SSL 包装器
ustruct	打包/解包原始数据类型
utime	时间函数库
uzlib	压缩/解压库
usys	系统接口
_thread	线程操作接口
machine	硬件端口控制

Python 轻应用高级扩展接口完成了一些高级功能的易用性封装，如蓝牙配网、物联网设备管理、机器视觉等。表 7-2 中罗列了最新版本 Python 轻应用支持的高级编程库，其详细的接口文档和参考代码请参考 Python 轻应用官方文档。

表 7-2 最新版本 Python 轻应用支持的高级编程库

库 名 称	功 能 描 述
iot	对接阿里云物联网平台
minicv	机器视觉相关能力
oss	对接阿里云 OSS 存储
audio	录音、播放、TTS、ASR
ble_netconfig	蓝牙配网功能
http	HTTP 模块
mqtt	MQTT 模块
network	网络管理

续表

库 名 称	功 能 描 述
modbus	Modbus 协议数据收发
display	显示模块
kv	关键值存储
driver	HaaS 高度封装驱动编程接口

driver 库是 HaaS 团队开发的一套更规范的硬件接口控制库，相对于 MicroPython 官方提供的 machine 库，driver 库屏蔽了更多的硬件细节，有统一的硬件接口访问模型，从而更符合高级语言的编程习惯，如典型的外设控制函数包括 open、read、write、close 等。

目前，driver 库中已支持的硬件接口类及其功能如表 7-3 所示，更详细的接口文档和参考代码请参考 Python 轻应用官方文档。

表 7-3　Python 轻应用 driver 库支持的硬件接口类及其功能

类 名 称	功 能 描 述
UART	UART 端口控制类
GPIO	通用 I/O 口控制类
ADC	ADC 端口控制类
PWM	PWM 端口控制类
I2C	I2C 端口控制类
SPI	SPI 端口控制类
TIMER	定时器

接下来，结合一段通过 I2C 写数据的代码介绍一下 driver 库带来的便捷：

```
# coding=utf-8
# This is a sample Python script.
from driver import I2C  # 从driver 库中引入 I2C 类

print("-------------------i2c test--------------------")
i2c = I2C()                 # 新建一个 I2C 类的对象
# 打开名为 pca9544 的设备（设备配置参考 board.json 配置文件）
i2c.open("pca9544")
regval = bytearray(1)
regval[0] = 0x5             # 变量赋值
```

```
print(regval)
ret = i2c.write(regval) # 通过 I2C 向 pca9544 写入 0x5
print(ret)              # 打印 I2C 写操作结果
i2c.close()             # 关闭此 I2C 设备
print("-------------------i2c test-------------------")
```

board.json 为全局配置文件，配置的是硬件接口及硬件设备标识信息，以下代码定义的是一个名为 pca9544 的 I2C 类型的从设备，其地址为 112，I2C 通信速率为 100000bit/s：

```
{
  "version": "1.0.0",
  "io": {
    "pca9544": {
      "type": "I2C",
      "port": 1,
      "addrWidth": 8,
      "freq": 100000,
      "mode": "master",
      "devAddr": 112
    }
  },
  "debugLevel": "DEBUG"
}
```

7.2.3 Python 轻应用组件扩展

前面介绍了如何基于 HaaS EDU K1 进行 Python 轻应用开发，本节将详细介绍 Python 轻应用组件扩展。

7.2.3.1 组件扩展

组件扩展方式分两种：模块扩展和模块+类扩展。

如图 7-11 所示，右边的 netmgr 功能是以模块的方式扩展的，直接导入模块进行使用；左边的 ADC 是通过模块+类的方式扩展的，需要通过模块导入 ADC 类进行使用。

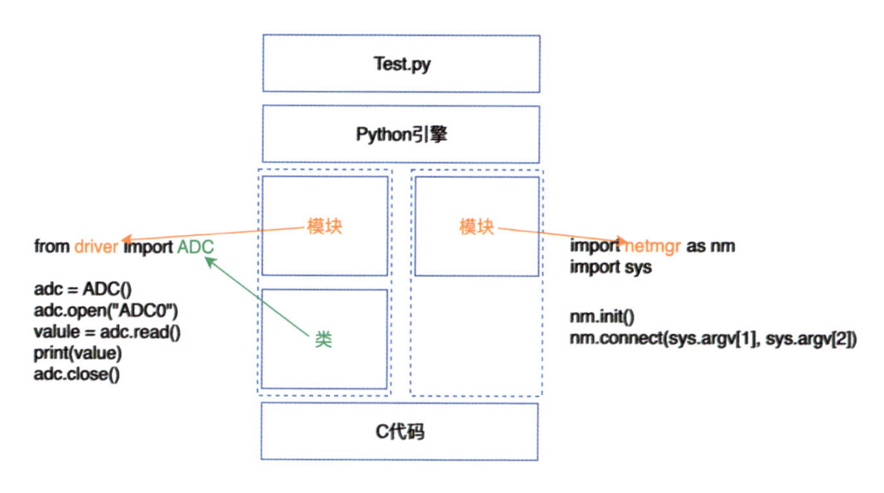

图 7-11　组件扩展方式

1. 模块扩展

下面以 netmgr 功能为例讲解模块扩展的方式具体是怎么实现的。

代码路径为 components/py_engine/mpy-adaptor/component/netmgr/modnetmgr.c。

首先通过 Python 引擎的 mp_obj_module_t 数据结构定义 netmgr 模块。其中，base 成员是 mp_obj_base_t 类型的，一般作为 Python 对象的第一个成员变量；globals 成员是 mp_obj_dict_t 类型的，里面存储的是功能映射关系：

```
const mp_obj_module_t netmgr_module = {
    .base = {&mp_type_module},
    .globals = (mp_obj_dict_t *)&netmgr_module_globals,
};
```

映射表 netmgr_module_globals 包含多个函数功能：

```
STATIC const mp_rom_map_elem_t netmgr_module_globals_table[] = {
    {MP_OBJ_NEW_QSTR(MP_QSTR___name__),
MP_ROM_QSTR(MP_QSTR_netmgr)},
    {MP_OBJ_NEW_QSTR(MP_QSTR_init),
MP_ROM_PTR(&netmgr_obj_init)},
    {MP_OBJ_NEW_QSTR(MP_QSTR_getInfo),
MP_ROM_PTR(&netmgr_obj_get_info)},
    {MP_OBJ_NEW_QSTR(MP_QSTR_getType),
MP_ROM_PTR(&netmgr_obj_get_type)},
```

```
        {MP_OBJ_NEW_QSTR(MP_QSTR_getStatus),
MP_ROM_PTR(&netmgr_obj_get_status)},
        {MP_OBJ_NEW_QSTR(MP_QSTR_connect),
MP_ROM_PTR(&netmgr_obj_connect_wifi)},
        {MP_OBJ_NEW_QSTR(MP_QSTR_disconnect),
MP_ROM_PTR(&netmgr_obj_disconnect_wifi)},
        {MP_OBJ_NEW_QSTR(MP_QSTR_on), MP_ROM_PTR(&netmgr_obj_on)},
        {MP_OBJ_NEW_QSTR(MP_QSTR_register_call_back),
MP_ROM_PTR(&mp_wifi_register_call_back)},};
```

其中负责网络连线功能的函数是 mp_obj_t connect_wifi，该函数有两个参数，分别为 Wi-Fi 路由器名称（ssid）和路由器密码（pwd），通过这两个参数将 Python 代码中设定的路由器名称和密码传给 C 代码。C 代码拿到参数后，通过 mp_obj_str_get_str 函数，将 mp_obj 转换成 char 类型；然后调用 aos_task_new 创建一个名为 wifi_connect_task 的线程完成 Wi-Fi 连线功能。

下面是 mp_obj_t connect_wifi 的 C 代码的具体实现：

```
    STATIC mp_obj_t connect_wifi(mp_obj_t ssid,mp_obj_t pwd) {
        char* _ssid = mp_obj_str_get_str(ssid); // 获取 SSID 字符串
        char* _pwd = mp_obj_str_get_str(pwd);   // 获取密码字符串
        netmgr_wifi_connect_params_t *params;
        params    =    (netmgr_wifi_connect_params_t*)    malloc(sizeof
(netmgr_wifi_connect_params_t));
        if(params == NULL) {
            LOGE(LOG_TAG, "%s:%d malloc failed\n", __func__, __LINE__);
            return mp_obj_new_int(-1);
        }
        memset(params, 0, sizeof(netmgr_wifi_connect_params_t));
        strncpy(params->ssid, _ssid, sizeof(params->ssid)-1);
        params->timeout = 18000;  // 设置 Wi-Fi 连线超时时间为 1800ms
        strncpy((char* )params->pwd, _pwd, sizeof(params->pwd)-1);
        aos_task_new("wifi_connect_task",wifi_connect_handle,
params, 4*1024); // 创建新线程进行 Wi-Fi 连线操作
        return mp_obj_new_int(0);
    }
    MP_DEFINE_CONST_FUN_OBJ_2(netmgr_obj_connect_wifi,
connect_wifi);
```

netmgr 组件扩展成 Python 联网模块之后，就可以在 Python 应用程序中调用其提供的 Python API 了，具体使用方法如下：

```
import netmgr as nm                 # 导入 netmgr 模块，为该模块取别名为 nm
                                    # 后续访问此模块功能均通过 nm
import utime as time                # 导入 utime 模块，为该模块取名为 time
import sys                          # 导入 sys 库
nm.init()                           # netmgr 组件初始化
connected = nm.getStatus()          # 获取 Wi-Fi 连接状态
def on_wifi_connected(status):      # 定义 Wi-Fi 连线成功的回调函数
    global connected
    print('*******wifi connected*********')
    connected = True                # 设置 connected 变量为 True
# 如果连线没有成功，就向 nm 组件注册连线成功回调函数
if  not connected:
    nm.register_call_back(1,on_wifi_connected)  #
    if(len(sys.argv) == 3):
        # 如果执行此 python 脚本时同时输入了 Wi-Fi SSID 和密码作为参数，则连
接用户输入的指定路由器
        nm.connect(sys.argv[1],sys.argv[2])
    else:
        # 如果在执行此 Python 脚本时没有输入 Wi-Fi SSID 和密码，则连接预设的
名为 KIDS 的路由器
        nm.connect("KIDS","12345678")
while True :                        # 等待 Wi-Fi 连接成功
    if connected:
        break                       # 若连线成功，则跳出此循环
    else:
        print('Wait for wifi connected')
        time.sleep(1)               # 若没有连线成功，则打印日志并休眠 1s
if nm.getStatus():
    # 若连线成功，则通过呼叫 getInfo 来获取 IP 地址信息
    print('DeviceIP:' + nm.getInfo()['IP'])
else:
    print('DeviceIP:get failed')
print("ConnectWifi finished")
```

2. 模块+类扩展

下面以 ADC 功能为例来讲解如何通过模块+类扩展方式扩展一个 Python。

相关代码路径如下。

- 模块代码：components/py_engine/mpy-adaptor/system/moddriver.c。
- 类代码：components/py_engine/mpy-adaptor/system/driver/adc.c。

首先要通过 Python 引擎的 mp_obj_module_t 数据结构定义 driver_module 模块：

```
const mp_obj_module_t driver_module = {
    .base = {&mp_type_module},
    .globals = (mp_obj_dict_t *)&driver_locals_dict,
};
```

然后通过数据结构 mp_rom_map_elem_t 定义此模块对应的类表，截至本书编写时，driver 库支持类 ADC、PWM、GPIO、I2C、UART、SPI、RTC、TIMER、DAC 等：

```
STATIC const mp_rom_map_elem_t driver_locals_dict_table[] = {
    {MP_OBJ_NEW_QSTR(MP_QSTR___name__),
MP_ROM_QSTR(MP_QSTR_driver)},
    {MP_OBJ_NEW_QSTR(MP_QSTR_ADC),
MP_ROM_PTR(&driver_adc_type)},
    {MP_OBJ_NEW_QSTR(MP_QSTR_PWM),
MP_ROM_PTR(&driver_pwm_type)},
    {MP_OBJ_NEW_QSTR(MP_QSTR_GPIO),
MP_ROM_PTR(&driver_gpio_type)},
    {MP_OBJ_NEW_QSTR(MP_QSTR_I2C),
MP_ROM_PTR(&driver_i2c_type)},
    {MP_OBJ_NEW_QSTR(MP_QSTR_UART),
MP_ROM_PTR(&driver_uart_type)},
    {MP_OBJ_NEW_QSTR(MP_QSTR_SPI),
MP_ROM_PTR(&driver_spi_type)},
    {MP_OBJ_NEW_QSTR(MP_QSTR_RTC),
MP_ROM_PTR(&driver_rtc_type)},
    {MP_OBJ_NEW_QSTR(MP_QSTR_TIMER),
MP_ROM_PTR(&driver_timer_type)},
    {MP_OBJ_NEW_QSTR(MP_QSTR_CAN),
MP_ROM_PTR(&driver_can_type)},
    //{MP_OBJ_NEW_QSTR(MP_QSTR_DAC),
```

```
MP_ROM_PTR(&driver_dac_type)},
        {MP_OBJ_NEW_QSTR(MP_QSTR_IR), MP_ROM_PTR(&driver_ir_type)},
        {MP_OBJ_NEW_QSTR(MP_QSTR_WDT),
MP_ROM_PTR(&driver_wdt_type)},
        {MP_OBJ_NEW_QSTR(MP_QSTR_KeyPad),
MP_ROM_PTR(&driver_keypad_type)},
        {MP_OBJ_NEW_QSTR(MP_QSTR_Location),
MP_ROM_PTR(&driver_location_type)},
        {MP_OBJ_NEW_QSTR(MP_QSTR_UND),
MP_ROM_PTR(&driver_und_type)},
        {MP_OBJ_NEW_QSTR(MP_QSTR_Crypto),
MP_ROM_PTR(&driver_crypto_type)},
    };
```

接下来需要通过 Python 引擎的 mp_obj_type_t 数据结构定义 driver_adc_type 模块，此结构体的成员主要包含构造函数、打印函数、功能映射表等信息：

```
    const mp_obj_type_t driver_adc_type = {
        .base = {&mp_type_type},
        .name = MP_QSTR_ADC,                    // ADC 模块名称
        .print = adc_obj_print,                 // 打印函数
        .make_new = adc_obj_make_new,           // 构造函数
        .locals_dict = (mp_obj_dict_t *)&adc_locals_dict,// 功能映射表
    };
```

类和模块一样，也可以通过数据结构 mp_rom_map_elem_t 来定义函数功能表：

```
    STATIC const mp_rom_map_elem_t adc_locals_dict_table[] = {
        {MP_OBJ_NEW_QSTR(MP_QSTR___name__),
MP_ROM_QSTR(MP_QSTR_ADC)},
        {MP_ROM_QSTR(MP_QSTR_open), MP_ROM_PTR(&adc_obj_open)},
        {MP_ROM_QSTR(MP_QSTR_close), MP_ROM_PTR(&adc_obj_close)},
        {MP_ROM_QSTR(MP_QSTR_read), MP_ROM_PTR(&adc_obj_read)},
    };
```

下面是通过 ADC 进行读/写操作的具体函数实现：

```
    STATIC mp_obj_t obj_read(size_t n_args, const mp_obj_t *args)
    {
        LOGD(LOG_TAG, "entern  %s; n_args = %d;\n", __func__, n_args);
        int ret = -1;
```

```
    adc_dev_t *adc_device = NULL;
    int32_t adc_value = -1;
    if (n_args < 1)
    {
        LOGE(LOG_TAG, "%s: args num is illegal :n_args = %d;\n",
__func__, n_args);
        return mp_const_none;
    }
    mp_obj_base_t *self = (mp_obj_base_t*)MP_OBJ_TO_PTR(args[0]);
    mp_adc_obj_t* driver_obj = (mp_adc_obj_t *)self;
    if (driver_obj == NULL)
    {
        LOGE(LOG_TAG, "driver_obj is NULL\n");
        return mp_const_none;
    }
   adc_device = py_board_get_node_by_handle(MODULE_ADC, &(driver_
obj->adc_handle)); // 获取 ADC 设备的指针
    if (NULL == adc_device) {
        LOGE(LOG_TAG, "%s: py_board_get_node_by_handle failed;\n",
__func__);
        return mp_const_none;
    }

    (void)aos_hal_adc_value_get(adc_device, (void *)&adc_value,
0);              // 呼叫 C 语言进行 ACD 读操作的 API
    LOGD(LOG_TAG, "%s:out adc_value = %d;\n", __func__, adc_value);

    return MP_ROM_INT(adc_value);
}
STATIC MP_DEFINE_CONST_FUN_OBJ_VAR(adc_obj_read, 1, obj_read);
```

在 driver 库中扩展 ADC 类之后，在 Python 应用层代码中使用 ADC 类的案例如下：

```
from driver import ADC          # 从 driver 库中导入 ADC 类
adc = ADC()                     # 新建一个 ADC 设备对象
adc.open("ADC0")                # 打开 ADC 的通道 0
```

```
value = adc.read()              # 进行 ADC 读操作
print(value)
adc.close()                     # 关闭 ADC 对象（关闭 ADC 通道 0）
```

7.2.3.2 组件扩展基础知识

上面介绍了如何扩展一个 Python 组件，在组件扩展过程中，会用到函数定义、参数类型转换及如何通过 Python 调用 C 语言代码等功能，下面是对这些功能的说明。

1. 函数和参数的定义方式

函数和参数的定义方式如下：

```
MP_DEFINE_CONST_FUN_OBJ_0(obj_name, fun_name)      //表示函数无参数
// 表示函数有 1 个参数
#define MP_DEFINE_CONST_FUN_OBJ_1(obj_name, fun_name)
// 表示函数有 2 个参数
#define MP_DEFINE_CONST_FUN_OBJ_2(obj_name, fun_name)
//表示函数有 3 个参数
#define MP_DEFINE_CONST_FUN_OBJ_3(obj_name, fun_name)
#define MP_DEFINE_CONST_FUN_OBJ_VAR(obj_name, n_args_min, fun_
name)    // n_args_min 是最小参数个数
// n_args_min 和 n_args_max 表示函数的参数个数范围
#define MP_DEFINE_CONST_FUN_OBJ_VAR_BETWEEN(obj_name, n_args_
min, n_args_max, fun_name)
```

2. 类型定义和转换

类型定义和转换的代码如下：

```
MP_OBJ_NEW_SMALL_INT(small_int)        //构造 INT 类型的 OBJ 对象
MP_OBJ_NEW_QSTR(qst)                   // 构造 QSTR 类型的 OBJ 对象
MP_OBJ_NEW_IMMEDIATE_OBJ(val)          // 构造 IMMEDIATE 类型的 OBJ 对象
MP_ROM_INT(i)                          //构造 INT 类型的 OBJ 对象
MP_ROM_QSTR(q)                         //构造 QSTR 类型的 OBJ 对象
MP_ROM_PTR                             //构造存储指针的 OBJ 对象
MP_OBJ_TO_PTR(o)                       //将 OBJ 对象转换成 OBJ 指针
MP_OBJ_FROM_PTR(p)                     //将 OBJ 指针转换成 OBJ 对象
MP_ROM_NONE                            //构造空的 OBJ 对象
MP_ROM_FALSE                           //构造 FALSE 值的 OBJ 对象
MP_ROM_TRUE                            //构造 TRUE 值的 OBJ 对象
```

3. 将 Python 参数转换成 C 参数的方法

将 Python 参数转换成 C 参数的具体代码如下：

```
//将 int 类型的 obj 参数转换成 int 类型
mp_int_t mp_obj_get_int(mp_const_obj_t arg)
//将 float 类型的 obj 参数转换成 float 类型
mp_float_t mp_obj_get_float(mp_obj_t self_in)
//将 str 类型的 obj 参数转换成 char 类型
const char *mp_obj_get_type_str(mp_const_obj_t o_in)
```

7.2.3.3 Python 语言和 C 语言字符关联

本节就以 ADC 类名字符来举例说明模块扩展过程中 Python 语言中的字符是怎么和 C 语言中的字符（如模块名、类名、变量名、函数名等）关联起来的。

（1）ADC 类中的 C 语言中的字符如下:

```
STATIC const mp_rom_map_elem_t driver_locals_dict_table[] = {
    {MP_OBJ_NEW_QSTR(MP_QSTR___name__), MP_ROM_QSTR(MP_QSTR_driver)},
    {MP_OBJ_NEW_QSTR(MP_QSTR_ADC), MP_ROM_PTR(&driver_adc_type)},
  ......
};
```

（2）ADC 类中的 Python 语言中的字符如下：

```
from driver import ADC
```

（3）ADC 类中 Python 语言和 C 语言字符关联的方法如下。

通过执行脚本命令（脚本路径：components/py_engine/engine/genhdr/gen_qstr.py）：

```
python gen_qstr.py ADC
```

生成唯一的字符映射关系：

```
QDEF(MP_QSTR_ADC, (const byte*)"\x63\x03" "ADC")
```

最后将结果存放到文件 components/py_engine/adapter/haas/genhdr/qstrdefs.generated.h 中，这样就完成了字符的映射，代码执行过程中，Python 引擎通过 qstrdefs.generated.h 信息映射关联字符。

7.2.3.4 Python 代码调用 C 代码

Python 引擎运行的时候会寻找宏定义 MICROPY_PORT_BUILTIN_MODULES，并将它作为组件扩展的入口，netmgr_module 和 driver_module 就是前面定义的扩展模块的名字。

代码路径为 components/py_engine/adapter/haas/mpconfigport.h。

```
#define MICROPY_PORT_BUILTIN_MODULES \
        {MP_ROM_QSTR(MP_QSTR_netmgr), MP_ROM_PTR(&netmgr_module)}, \
        {MP_ROM_QSTR(MP_QSTR_driver), MP_ROM_PTR(&driver_module)},
```

这样，C 扩展组件就和 Python 引擎关联上了。Python 应用就可以通过 import netmgr 导入 netmgr 模块，通过 from driver import ADC 从 driver 库中导入 ADC 类并调用该模块/类提供的功能了。

7.2.3.5 C 代码调用 Python 代码

在嵌入式开发中，多数外设（如 Timer、UART、GPIO 等）接口的事件通知都是通过回调函数实现的；部分模块的状态通知也是通过回调函数实现的，如网络状态变化通知功能。对于常规的基于 C 语言的开发，中断回调函数（ISR）工作在系统进程/线程的上下文，回调通知机制容易控制；但 Python 应用工作在虚拟机进程的上下文，中断回调函数发生在 C 底层进程的上下文，C 进程与 Python 虚拟机进程是相互隔离的，如图 7-12 所示。因此，C 语言直接调用 Python 代码的路径是不通的。

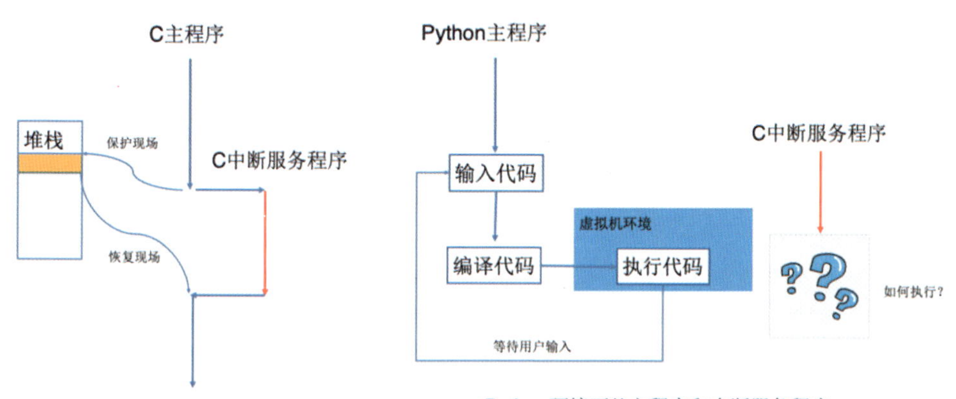

图 7-12 C 和 Python 的 ISR 处理过程

MicroPython 提供了两种方式以实现 C 底层进程到 Python 虚拟机进程的通信，实现 C 语言通知 Python 应用层的功能。接下来以 Timer 模块为例，详细分析两种回调机制的原理，以便开发者扩展自己的模块到 MicroPython 系统中，共同丰富并发展 Python 轻应用生态。

首先要创建并初始化 ISR（中断回调函数）线程虚拟化环境，使得 ISR 线程能与 Python 虚拟机进程使用相同的上下文：

```
//1.获取并保存当前虚拟机线程状态
void *old_state = mp_thread_get_state();
//2.分配并设置 ISR 线程的状态信息，后续初始化均作用在该线程状态上
mp_state_thread_t ts;
mp_thread_set_state(&ts);
//3.初始化 ISR 新虚拟机线程的堆栈指针
//+1 表示在垃圾回收时，在内存扫描过程中需要将 ts 结构体所占内存包含进去
mp_stack_set_top(&ts + 1);
//4.根据 ISR 线程的堆栈大小设置新线程虚拟机堆栈大小
//堆栈大小依赖于 ISR 线程堆栈，在不同的模块中该值会有所变化（痛点 1）
mp_stack_set_limit(1024);
//5.传递当前虚拟机线程本地和全局状态信息到新创建线程中
mp_locals_set(mp_locals_get());
mp_globals_set(mp_globals_get());
//6.禁止虚拟机线程调度，防止虚拟机切换到其他 MicroPython 线程
mp_sched_lock();
//7.屏蔽内存分配
gc_lock();
//8.执行 MicroPython APIs 回调，完成 C 底层到 Python 应用层的回调（痛点 2）
mp_call_function_1_protected(callback, MP_OBJ_FROM_PTR(arg));
//9.使能内存分配
gc_unlock();
//10.使能虚拟机线程调度
mp_sched_unlock();
//11.恢复虚拟机线程状态到第一步保存的状态
mp_thread_set_state(old_state);
```

在 C 语言的 ISR 中调用 Python 线程的回调函数共计需要 11 步才能完成，并且存在两处痛点。

（1）第 4 步需要评估 ISR 线程的堆栈大小，以设置新线程虚拟环境的堆栈，评估线程堆栈大小是不容易的。

（2）第 8 步需要根据 ISR 回调参数的数目确定函数调用，当有更多的回调参数时，需要把多个参数转换成字典类型的变量。目前，MicroPython 提供两个变量的回调函数定义：

```
mp_obj_t mp_call_function_1_protected(mp_obj_t fun, mp_obj_t arg);
```

```
mp_obj_t mp_call_function_2_protected(mp_obj_t fun, mp_obj_t arg1,
mp_obj_t arg2);
```

可以看出，上述方法虽然能够实现ISR到Python应用层的回调，但是需要11步才能完成，且新线程的堆栈大小不容易评估。那么是否可以有另外一种机制呢？Micro Python提供了第二种回调机制：Looper-Handler模式。在这种模式下，ISR线程把Python应用层传过来的回调函数句柄注入虚拟机环境中并通知Python主线程，在Python主线程中查询并调用回调函数，如此就不需要创建新虚拟线程了。

MicroPython Looper-Handler模式提供了mp_sched_schedule函数，允许ISR注册回调函数到虚拟机环境中。Python主线程在解析执行脚本代码的时候，会检查虚拟机调度状态，进而决定是否需要执行回调函数。以下是mp_sched_schedule函数的实现：

```
bool  MICROPY_WRAP_MP_SCHED_SCHEDULE(mp_sched_schedule)(mp_obj_t
function, mp_obj_t arg) {
    mp_uint_t atomic_state = MICROPY_BEGIN_ATOMIC_SECTION();
    bool ret;
    //1.检查调度队列是否已满，只有在队列未满的情况下才可以继续注入回调函数
    if (!mp_sched_full()) {
        if (MP_STATE_VM(sched_state) == MP_SCHED_IDLE) {
            //2.设置调度状态，方便后续虚拟机主线程查询执行
            MP_STATE_VM(sched_state) = MP_SCHED_PENDING;
        }
        //3.增加调度队列的索引并注入回调函数
        uint8_t iput = IDX_MASK(MP_STATE_VM(sched_idx) + MP_STATE_
VM(sched_len)++);
        MP_STATE_VM(sched_queue)[iput].func = function;
        MP_STATE_VM(sched_queue)[iput].arg = arg;
        //4.回调注入成功，返回true
        ret = true;
    } else {
        //5.调度队列已满，返回false
        ret = false;
    }
    MICROPY_END_ATOMIC_SECTION(atomic_state);
    return ret;
}
```

MicroPython 通过预编译参数 MICROPY_SCHEDULER_DEPTH 设定调度队列的深度，默认情况下为 4：

```
// Maximum number of entries in the scheduler
#ifndef MICROPY_SCHEDULER_DEPTH
#define MICROPY_SCHEDULER_DEPTH (4)
#endif
```

HaaS 轻应用封装了 MICROPY_EVENT_POLL_HOOK 宏定义，在 REPL（交互式解释器）模式或其他情形需要立刻执行回调函数的时候调用该宏，以触发虚拟机线程调用 mp_handle_pending(true)，完成对 mp_handle_pending_tail 函数的调用，最终实现对注入调度队列中的函数的回调。这个宏定义的代码实现如下：

```
#define MICROPY_EVENT_POLL_HOOK \
    do { \
        extern void mp_handle_pending(bool); \
        mp_handle_pending(true); \
        MICROPY_PY_USOCKET_EVENTS_HANDLER \
        MP_THREAD_GIL_EXIT(); \
        MP_THREAD_GIL_ENTER(); \
    } while (0);
// A variant of this is inlined in the VM at the pending exception
check
// 检查调度状态是否被设定为 MP_SCHED_PENDING 状态
void mp_handle_pending(bool raise_exc) {
    if (MP_STATE_VM(sched_state) == MP_SCHED_PENDING) {
        mp_uint_t atomic_state = MICROPY_BEGIN_ATOMIC_SECTION();
        // Re-check state is still pending now that we're in the
atomic section.
        if (MP_STATE_VM(sched_state) == MP_SCHED_PENDING) {
            mp_obj_t obj = MP_STATE_VM(mp_pending_exception);
            if (obj != MP_OBJ_NULL) {
                ...
            }
            mp_handle_pending_tail(atomic_state);  //呼叫回调函数
        } else {
            MICROPY_END_ATOMIC_SECTION(atomic_state);
        }
```

```
    }
}
```

在 lexer（词法分析器）模式下可以直接调用 mp_handle_pending_tail 函数实现回调触发，这里不做详细的分析。mp_handle_pending_tail 的代码实现如下：

```
// 这个函数只能被 mp_handle_pending 函数调用
void mp_handle_pending_tail(mp_uint_t atomic_state) {
    MP_STATE_VM(sched_state) = MP_SCHED_LOCKED;
    if (!mp_sched_empty()) {
        mp_sched_item_t item = MP_STATE_VM(sched_queue)[MP_STATE_
VM(sched_idx)];
        MP_STATE_VM(sched_idx)  =  IDX_MASK(MP_STATE_VM(sched_idx)
+ 1);
        --MP_STATE_VM(sched_len);
        MICROPY_END_ATOMIC_SECTION(atomic_state);
        mp_call_function_1_protected(item.func, item.arg);
    } else {
        MICROPY_END_ATOMIC_SECTION(atomic_state);
    }
    mp_sched_unlock();
}
```

可以看出，第二种方式仅需要调用一个函数即可实现回调函数的注入，极大地方便了开发者。下面给出 Timer 模块中 ISR 函数的示例代码以供读者参考：

```
STATIC void driver_timer_isr(void *self_in) {
    driver_timer_obj_t *self = (driver_timer_obj_t*)self_in;
    if (self->callback != mp_const_none) {
        bool      ret      =      mp_sched_schedule(self->callback,
MP_OBJ_FROM_PTR(self));
        if(ret == false) {
            printf("[utility]: schedule queue is full !!!!\r\n");
        }
    }
}
```

7.2.3.6　总结

HaaS 团队通过组件扩展的方式将底层 HaaS 丰富的软/硬件积木能力封装成

Python 库，供 Python 应用层代码直接使用，大大提高了 Python 轻应用程序的产品化效率。

7.2.4 Python 轻应用实践

前面介绍了 Python 轻应用的背景知识和编程接口，本节将结合几个案例详细介绍如何使用 Python 轻应用组件进行应用程序的开发。

7.2.4.1 人脸表情识别案例

阿里云视觉智能开放平台支持 150 多种在线视觉算法，包括人脸、人体、车辆、医学影像识别等多种场景，结合该平台，可以让硬件资源受限的 IoT 设备也具备一定的 AI 能力。

Python 轻应用中的 MiniCV 组件的 ML 类封装了对视觉智能开放平台能力的调用接口。基于 ML 类可以非常便捷地调用该平台的算法能力。在调用视觉智能开放平台 API 之前，需要将待识别的图片上传到 OSS（Object Storage Service，阿里云对象存储服务）中。Python 轻应用的 OSS 模块实现了文件上传 OSS 服务器的能力。

此案例是基于 Python 轻应用识别一张给定的照片中的人脸表情。先将图片上传到 OSS 服务器中并获取 OSS 返回的 URL，然后用 URL 请求视觉智能开放平台执行表情识别，该平台完成表情识别以后会返回结果，结果中包含识别置信度、人脸位置、表情描述等信息，具体流程如图 7-13 所示。

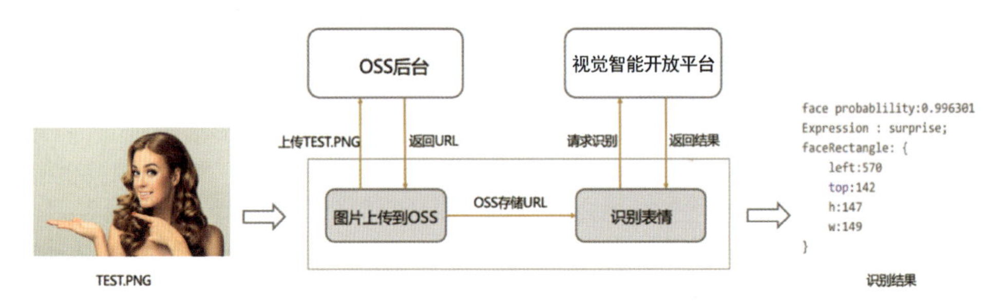

图 7-13　人脸表情识别流程

该案例的具体实现步骤如下。

（1）登录阿里云官网，注册 OSS 账号并获取账号信息。

（2）在 OSS 中创建 Bucket 并设定 Bucket 权限。

在使用 OSS 功能的时候，涉及 4 个配置参数：AccessKeyId、AccessKeySecret、

Endpoint 和 BucketName。开发者需要查看 AccessKeyId、AccessKeySecret。如图 7-14 和图 7-15 所示，选择“AccessKey 管理”选项，进入 RAM 管理页面（注意：AccessKeySecret 只能查看一次，请务必将其保存到安全的地方）。

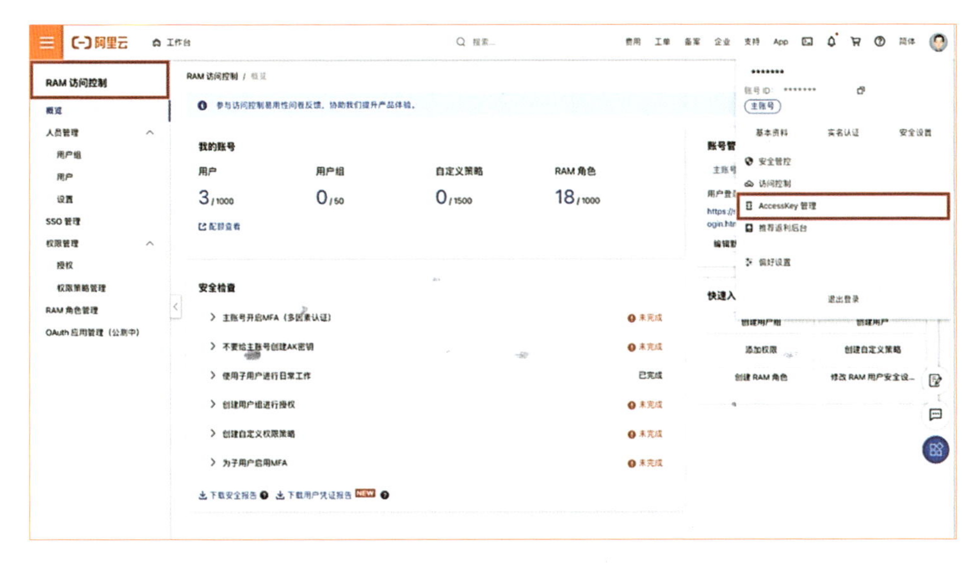

图 7-14 RAM 访问控制台

图 7-15　获取 AccessKey

在获取 OSS 账号信息以后，开发者需要在 OSS 控制台继续创建一个 Bucket，用来存储待识别图片，需要特别注意的是，在创建 Bucket 时，地域信息一定要选择上海。创建 Bucket 的过程如图 7-16 和图 7-17 所示。

图 7-16　创建 Bucket 1

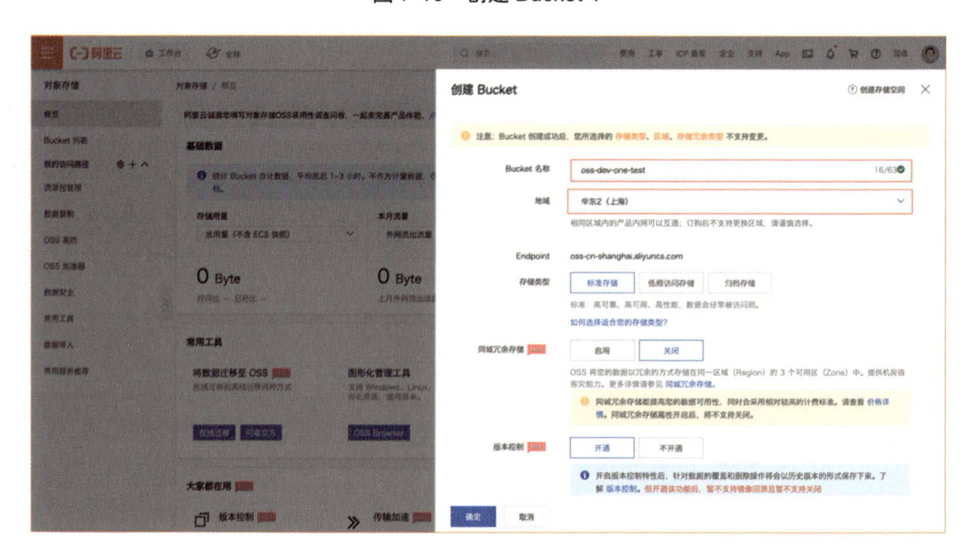

图 7-17　创建 Bucket 2

（3）开通表情识别功能。

登录阿里云视觉智能开放平台（在阿里云官网搜索“视觉智能开放平台”，找到对应链接），开通表情识别功能。

（4）编写客户端代码以调用表情识别功能：

```
import OSS                      # 引入 OSS 模块
from minicv import ML           # 从 MiniCV 模块中引入 ML 类
```

```
    OSS_ACCESS_KEY = "xxxx"           # 开发者自己的 AccessKey
    OSS_ACCESS_SECRET = "xxxx"        # 开发者 OSS 的 AccessKey
    OSS_ENDPOINT = "xxxx"             # 开发者 OSS 的 Endpoint 设定
    OSS_BUCKET = "xxxx"               # 开发者 OSS 的 Bucket 信息
    File_PATH = "/data/TEST.PNG"      # 待识别图片在文件系统中的存放位置
    # 上传 TEST.PNG 到 OSS 服务器并获得 URL
    fileURL  =  OSS.uploadFile(OSS_ACCESS_KEY,  OSS_ACCESS_SECRET,
OSS_ENDPOINT, OSS_BUCKET, File_PATH)
    print("File url:")
    print(fileURL)
    # 调用视觉智能开放平台的表情识别算法并获取表情识别结果
    ml = ML()                         # 新建一个识别对象
    ml.open(ml.ML_ENGINE_CLOUD)       # 打开云端识别引擎
    ml.config(OSS_ACCESS_KEY, OSS_ACCESS_SECRET, OSS_ENDPOINT, OSS_
BUCKET, "NULL")                 # 设定 OSS 的配置信息
    ml.setInputData(fileURL)          # 设定待识别图片的存放地址
    ml.loadNet("RecognizeExpression")# 加载表情识别网络
    ml.predict()                      # 开始进行表情识别
    ml.getPredictResponses(responses)# 获取识别结果
    ml.close()                        # 关闭识别对象

    # 解析返回结果
    # 识别结果以 json 的形式返回，解析识别结果
    dirResult = ujson.loads(responses)
    Print(dirResult.Expression)
```

（5）实验结果：

```
    surprise
```

通过这个人脸表情识别案例可以看出，通过 HaaS 轻应用，可以轻松地实现 AI 识别的目标。

7.2.4.2　语音播报案例

手机支付是日常生活中一个非常普遍的应用场景。目前，各种线下消费场合（如小超市、农贸市场、便利店及各种夜市等）基本上都支持手机扫码支付。扫码支付极大地方便了我们的生活，消费者只需携带手机，就可以在各种场所消费。

由于支付操作是通过手机完成的，所以没有明显的体感。消费者支付成功了没有，消费者支付了多少钱，这些都没有现金支付直接。以往商家需要去手机上面查看每笔收费的详情，很不方便。针对这个问题，市场上出现了一类新产品：播报音箱。它将所有的收款信息都通过语音的方式实时地播报出来，商家在任何场景下都能直接听到收款详情，免去在手机上核对收款信息的烦恼。

针对这种播报音箱的产品需求，阿里云 IoT 提供了一个从云到端的全链路解决方案，云上提供了物联网平台连接服务和千里传音语音播报服务，端上提供 HaaS 系列播报硬件，以及简单便捷地连云和连接千里传音的功能。开发者只需要通过几十行 Python 代码就可以完成一个播报音箱的产品开发。

物联网平台中的千里传音服务是专门针对语音类产品的一个软件服务。那到底什么是千里传音呢？

1. 千里传音介绍

千里传音服务是阿里云 IoT 针对带有语音播报能力的 AIoT 设备提供的一个云端一体的解决方案，为播报提醒类设备应用提供播报、语料合成、语料管理、语料推送到设备、播报设备管理等完善功能，配合集成了端侧播报能力的 HaaS 设备，帮助开发者高效完成播报类设备应用的开发和长期运行。

千里传音服务以项目为单位来帮助开发者组织应用和管理设备，以便开发者面向不同的终端用户来管理设备语料更新，以及批量或单个设备语料推送。同时，千里传音服务为开发者应用提供云端 API，通过传入语料组合逻辑及设备 ID 就可以完成对端设备播报的调用，简单方便。借助阿里云 IoT 平台提供的高并发设备通信能力，帮助开发者无忧完成大规模设备的部署和长期高可用运行。

1）原理简介

如图 7-18 所示，千里传音实现的播报产品主要由 3 部分组成：App、服务器和播报设备。

图 7-18　千里传音播报产品组成

所谓千里传音，指的就是无论 App 和播放设备之间的物理距离有多长，都可以通过服务器将自己想要传达的音频数据传输给目标播报设备进行播报。

- APP 可以通过千里传音服务提供的 SDK 与服务器进行通信。目前，千里传音服务提供了多种编程语言的 SDK，包括 Java、JavaScript、Python、PHP 等，开发者可以选择自己熟悉的开发语言进行开发。在调试阶段，开发者还可以使用在线调试工具进行联调。
- 服务器通过 MQTT 协议将播放资源和指令下发给播放设备进行播放。目前，设备支持本地音频播放和在线音频播放，在线音频播放需要通过物模型自定义服务，将音频的 URL 发送给设备端；本地音频播放需要通过千里传音服务先将音频链接及 ID 发送给设备端，设备端将音频文件以 ID 命名并保存。当服务端需要播放的时候，将所有的音频文件按照 ID 组合起来，通过千里传音服务下发给设备端，设备端依次播放 ID 对应的音频文件。

2）功能介绍

- 项目管理。客户通过项目形式管理不同应用场景中的设备和语料。
- 智能语料生成。通过 AI 算法帮助客户快速完成从文字到固定播报语料的生成，支持 WAV 和 MP3 格式输出。
- 语料组合播报。通过远程命令通知特定设备，将本地语料以特定顺序组合后播报，并支持加入动态数字内容。
- 动态语料合成。支持用户通过 API 生成动态播报语料，并推送到端侧播报。此类语料设备端采用在线播放的形式，将不固化到设备中。
- 语料空中推送。为客户提供推送云端语料到项目中设备的能力，实现设备端固化语料的动态更新，使设备播报语音内容变得可以运营。
- 云端 API。为客户提供与平台能力对应的云端 API，以实现对上述播报能力的云端控制。

2. 开启千里传音服务

由于千里传音是一个云端的软件服务，所以需要先登录阿里云官网，开启该服务。登录阿里云官网以后，依次选择导航栏的“产品”→“物联网 IoT”→“企业物联网平台”选项，单击“进入控制台”按钮。进入控制台以后，选择“增值服务”中的“IoT 云端一体服务”选项，就可以进入千里传音服务后台，如图 7-19 所示。

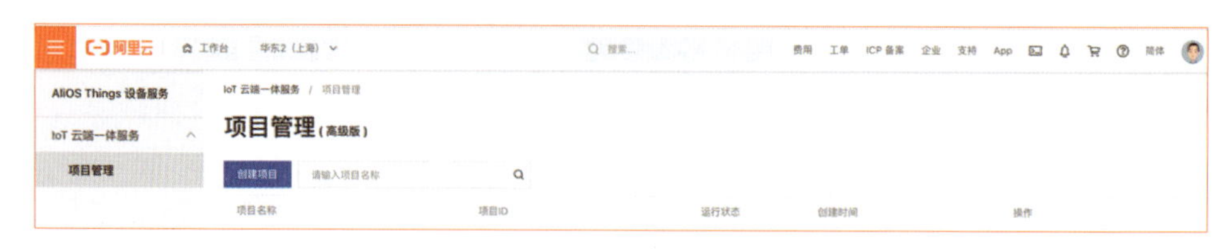

图 7-19　千里传音服务后台界面

单击图 7-19 中的“创建项目”按钮，在弹出的对话框中输入项目名称和项目描述以后，就可以创建一个包含千里传音服务的项目了。在完成项目的创建后，系统将帮助开发者创建一个与项目名称相同的产品，以便后续加入设备。如果开发者希望为设备增加千里传音以外的能力，则可以到物联网平台的设备管理界面为设备添加物模型能力。项目管理界面会列出所有支持千里传音产品的项目，开发者可以对每个项目进行编辑、配置和启/停操作。其中，编辑主要是对项目描述信息的修改，不常用；启/停主要是对项目状态的控制；配置操作是最常用的，作用是对该项目进行软件服务的配置和设备数量的控制。单击“配置”按钮，进入如图 7-20 所示的项目配置界面。

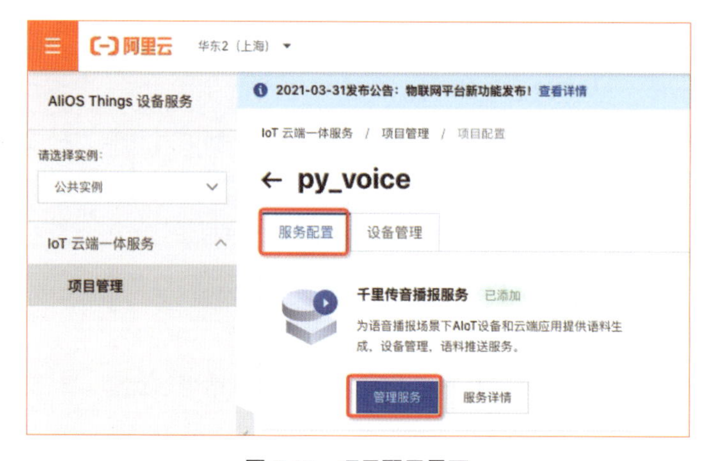

图 7-20　项目配置界面

项目配置界面有两个选项，分别是“服务配置”和“设备管理”。其中，“服务配置”选项用来配置千里传音服务，主要是语料管理和语料推送任务看板；“设备管理”选项是用来管理项目中的设备列表的。

3. 语料管理

单击“管理服务”按钮，进入如图 7-21 所示的语料配置界面。

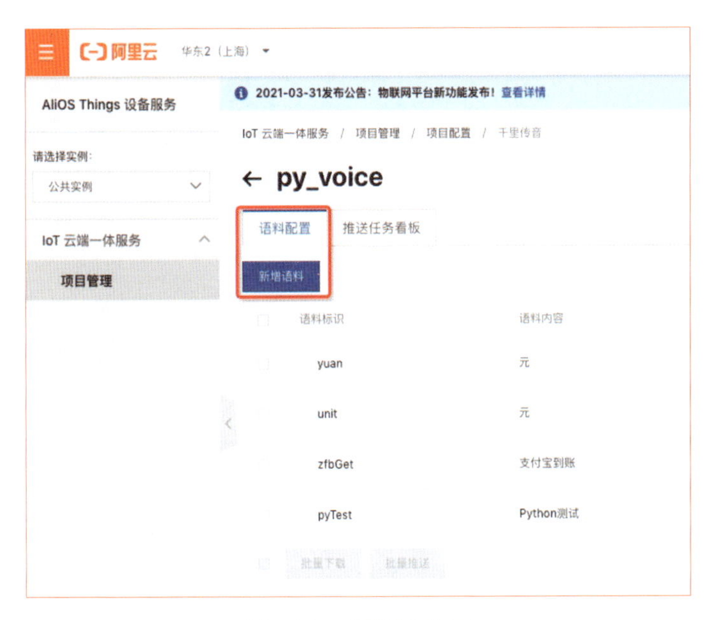

图 7-21　语料配置界面

选择“新增语料”选项，弹出如图 7-22 所示的“新增语料”对话框。

图 7-22　“新增语料”对话框

在“新增语料”对话框中，所有带*号的信息都是必须填写或选择的。其中，语料标识和语料内容非常重要，语料标识在一个项目里是唯一的，是语料组合调用时的唯一标签，也作为设备端保存语料的文件名；语料内容指的就是要播报的文字内容。除此之外，开发者还可以自定义语料场景，包括方言场景、童声场景、客服场景及通用场景；自定义语料的播放速度；自定义语料的播报音量等。

4. 设备管理

在完成语料构建后，需要在项目中创建设备，以便最终用户的播报应用可以将播报命令发送到设备端，完成整个播报链路。单击“设备管理”标签，将进入如图 7-23 所示的设备管理界面。

图 7-23　设备管理界面

设备创建有单个创建和批量创建两种方式。

（1）单击“创建设备”按钮，会打开创建单个设备弹窗，并要求开发者输入设备相关信息。其中，DeviceName 是由英文字符组成的设备名称，设备名称在项目中不可重复；备注名称是为了便于用户区分设备而给设备赋予的别名。

（2）单击“批量添加”按钮，会打开批量创建设备弹窗，批量添加支持以下两种添加方式（其中的设备数量是指需要批量添加的设备的数量）。

- 自动生成：系统将为用户自动生成 DeviceName。
- 批量上传：需要用户通过.csv 文件上传自定义的 DeviceName。

在创建完设备后，设备管理界面可以显示设备列表，如图 7-24 所示，单击设备对应的“鉴权信息”链接，可以查看设备的三元组信息，当配置设备端连接物联网平台时，需要用到这个三元组信息。

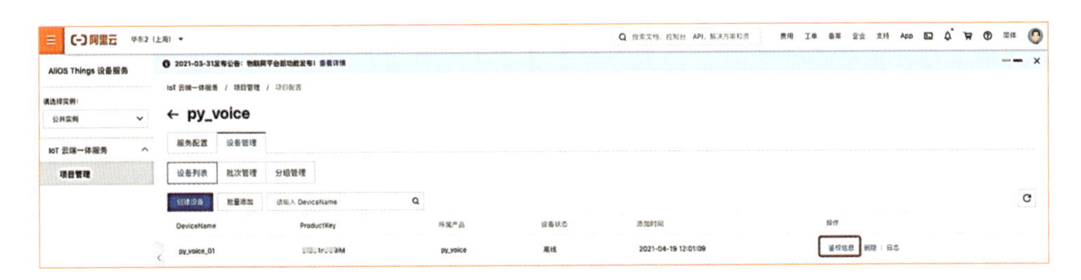

图 7-24　设备管理界面

5. 语料推送

在创建完设备后，就可以回到语料配置界面，将新增的语料推送到相应的设备（前提是设备已经连接上物联网平台）上进行测试了。如图 7-25 所示，单击需要推送的语料，然后单击操作栏中的“推送到设备”链接（在图 7-25 中，推送的语料 ID 是 yuan）。

图 7-25　语料推送操作

进入“推送到设备”对话框，如图 7-26 所示，默认支持单个设备推送、分组推送和全部设备推送。在单个设备和分组模式下，需要选择自己的设备名或分组名，选中以后单击“确定”按钮即可完成推送。

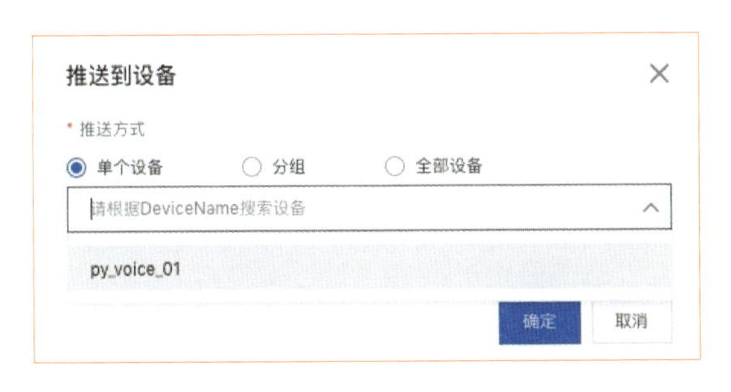

图 7-26　“推送到设备”对话框

6. 设备端 Python 轻应用开发

前面完成了千里传音服务的开启和语料配置、设备创建，以及怎样将创建的语料推送到对应的设备上，那么设备到底如何才能和服务端建立连接并处理云端的相关操作请求呢?

在正式开始软件开发之前，开发者需要按照图 7-27 所示的接法将 HaaS EDU K1 和喇叭连接好。

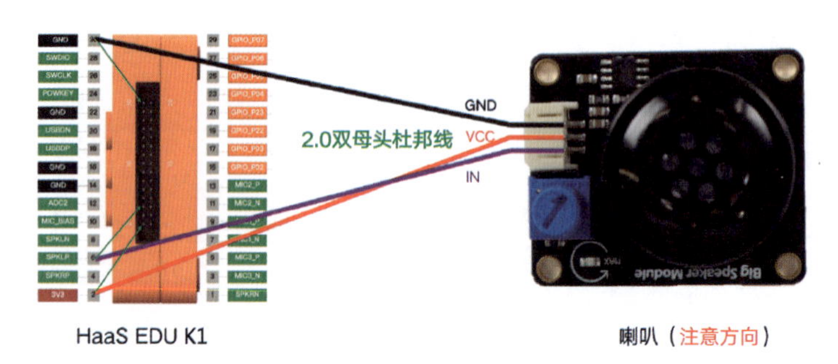

图 7-27　播报音箱所需硬件

在连接好硬件之后，需要开发相关软件，Python 轻应用软件要实现的功能如下。

- 初始化音频驱动。
- 连接物联网平台。
- 监听千里传音服务，下载服务端推送过来的音频文件到/sdcard/resource/中（如果 HaaS EDU K1 没有插入 Micro-SD 卡，则可以将代码中的目录改为/data/resource，需要确保/data/resource 目录是存在的）。
- 监听 SpeechBroadcast 服务，播放指定的音频。

完整的代码请参考 remote_speaker.py 中的内容。

注意：*在运行之前，需要将代码中的三元组信息替换成自己的千里传音产品的三元组信息。*

在完成代码编译以后，通过 IDE 工具将 remote_speaker.py 重命名为 main.py 并推送到设备的/data/main.py 中。在确保设备联网以后，执行 python /data/main.py 命令即可。

7. 功能测试

（1）安装 SDK 核心库，安装命令如下：

```
pip install aliyun-python-sdk-core
```

（2）修改如下测试代码中的 accessKeyId 和 accessSecret，并保存为 SpeechByCombination.py。

（3）在计算机上执行“python SpeechByCombination.py”命令，就可以向播报音箱设备发送一个标识为 welcome 的播报指令。

```
#coding=utf-8

from aliyunsdkcore.client import AcsClient
from aliyunsdkcore.request import CommonRequest
# 导入自己物联网平台的 accessKeyId 和 accessSecret
# 获取方法请参考阿里云物联网平台官网说明
from aliyun_key import *
# 新建一个客户端，客户端连接的是上海的服务器
client = AcsClient(accessKeyId, accessSecret, 'cn-shanghai')
request = CommonRequest()
request.set_accept_format('json')
# 设置要连接的域名
request.set_domain('iot.cn-shanghai.aliyuncs.com')
request.set_method('POST')
#设定和服务器通信用的协议
request.set_protocol_type('https') # https | http
request.set_version('2018-01-20')
request.set_action_name('SpeechByCombination')

request.add_query_param('RegionId', "cn-shanghai")
# 指定要播报的语料的标识符
request.add_query_param('CombinationList.1', "welcome")
# 设定目标设备的 ProductKey
request.add_query_param('ProductKey', "a1Ba4rCO9iM")
# 设定目标设备端 DeviceName
request.add_query_param('DeviceName', "py_voice_01")

response = client.do_action(request)    # 发送语音播报请求到设备端
print(str(response, encoding = 'utf-8'))
```

7.2.4.3　温湿度数据采集案例

在物联网领域，利用温湿度传感器检测环境的温度和湿度是很常见的场景，

HaaS EDU K1 物联网教育开发板中集成了温湿度传感器（本书使用 SI7006 温湿度传感器）。本节主要介绍如何使用 HaaS EDU K1 进行温度和湿度的采集。

1. Python 代码示例

利用 Python 控制外设的前提是把外设的相关配置信息提供给 Python 轻应用框架。HaaS 轻应用框架提供了 board.json 配置文件，用来描述板子的配置信息。HaaS EDU K1 开发板的 board.json 中的配置片段如下（里面包含这款芯片的 I2C 的关键配置，包括 I2C、port、devAddr 及 freq 等）：

```
"si7006": {
  "type": "I2C",
  "port": 1,
  "addrWidth": 7,
  "freq": 400000,
  "mode": "master",
  "devAddr": 64
},
```

SI7006 的主要实现代码模块是 si7006.py。Python 轻应用框架提供了 driver 模块，用来实现对底层设备驱动的封装，要想操作底层设备，就需要导入这个模块。SI7006 芯片通信接口采用的是 I2C 总线类型，因此，主要依赖 driver 模块中的 I2C 类提供的方法。如果要操作的设备也是 I2C 接口的，则可以参考本示例的代码，代码路径为 components/py_engine/framework/si7006.py。

si7006.py 模块提供了 SI7006 类，它提供的方法如表 7-4 所示。

表 7-4　SI7006 类提供的方法

方法名	功能描述	参数	返回值
open	打开一个 SI7006 的实例	无	无
getVer	获取 SI7006 芯片的版本	无	芯片版本
getID	获取 SI7006 芯片的 ID	无	芯片 ID
getTemperature	获取温度	无	温度值
getHumidity	获取湿度	无	湿度值
getTempHumidity	获取温度和湿度	无	包含温度和湿度的列表
close	关闭 SI7006 的实例	无	无

2. 案例测试

案例测试代码如下：

```
"""
Testing si7006 python driver
The below i2c configuration is needed in your board.json.
"si7006": {
  "type": "I2C",
  "port": 1,
  "addrWidth": 7,
  "freq": 400000,
  "mode": "master",
  "devAddr": 64
}
"""

from si7006 import SI7006        # 引入 SI7006 驱动库
print("Testing si7006 ...")
si7006Dev = SI7006()             # 新建一个 SI7006 对象
si7006Dev.open("si7006")         # 打开 SI7006 设备
version = si7006Dev.getVer()     # 打印 SI7006 驱动库的版本信息
print("si7006 version is: %d" % version)
chipID = si7006Dev.getID()       # 获取 SI7006 ID 信息
print("si7006 chip id is:", chipID)
# 控制 SI7006 测量温度并读取温度值
temperature = si7006Dev.getTemperature()
print("The temperature is: %f" % temperature)
# 控制 SI7006 测量相对湿度并读取相对湿度值
humidity = si7006Dev.getHumidity()
print("The humidity is: %f" % humidity)
si7006Dev.close() # 关闭 SI7006 设备
print("Test si7006 success!")
```

运行程序，结果如下：

```
(ash:/data)# python /data/python-Apps/driver/i2c/test_si7006.py

Testing si7006 ...
si7006 version is: 32
```

```
si7006 chip id is:_space_bytearray(b'\x00\x00?\xeb\xe1\xf0\xbe"')
The temperature is: 53.182993
The humidity is: 17.785000
Test si7006 success!
free python heap mm
```

注意：以上测试结果的温度约为 53℃，湿度约为 17.8%。测试使用的 HaaS EDU K1 物联网教育开发板的温湿度传感器是贴在板子上的，测试结果显示的是板子的温度和湿度，与实际环境中的温度和湿度是有差别的。

3. 总结

要使用 Python 轻应用框架开发控制一个 I2C 设备的应用，只需很简短的代码就可以实现。另外，还可以利用 Python 语言的简洁和丰富的组件库的能力，省去传统嵌入式开发中编译、烧录等烦琐步骤，大大缩短了产品开发周期。

7.3 HaaS 轻应用——JavaScript 篇

7.3.1 JavaScript 轻应用介绍

JavaScript 轻应用是指可运行在轻量级嵌入式设备上的 JavaScript 应用。

JavaScript 轻应用框架是包含集成了 JavaScript 引擎、封装了底层硬件和服务并对应用层提供 API，用于支持轻应用开发的软件框架。

JavaScript 轻应用有如下特点。

- 轻巧。基于事件驱动的 JavaScript 轻应用短小精悍，免编译、免烧录。
- 快速。结合阿里云物联网平台，一键完成应用代码热更新。
- 简单。JavaScript API 简洁易懂，大幅降低 IoT 嵌入式设备应用开发门槛。
- 兼容。轻松移植 JavaScript 生态软件包，与各类云端业务浑然一体。

7.3.2 运行原理

JavaScript 轻应用运行原理如图 7-28 所示。

简言之，轻应用运行的主要步骤如下。

第一步，将 JavaScript 文件解析成字符串。

第二步，引擎将 JavaScript 字符串解析成对应可调用的 C 代码。

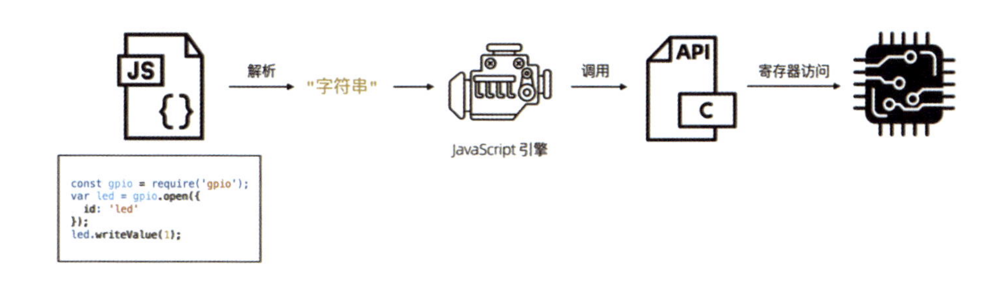

图 7-28　JavaScript 轻应用运行原理

第三步，通过 C 代码对底层硬件进行操作，实现具体功能。

常见的嵌入式开发主要体现在第三步，轻应用通过前两步对嵌入式做了抽象，开发者无须再去翻阅大量晦涩难懂的协议文档、寄存器手册，也无须再编写更多门槛极高的 C 代码，简洁的几行 JavaScript 代码就可以快速进行业务开发。

7.3.3　丰富的组件支持

轻应用目前支持以下组件。

- 基础组件：

```
文件系统 FS
系统信息 SYS
键值对存储 KV
电源管理 PM
硬件 I/O UART/GPIO/I2C/SPI
模数转换 ADC
脉宽调制 PWM
定时器 TIMER
实时时钟 RTC
看门狗 WDG
网络协议 UDP/TCP/HTTP/MQTT
```

- 高级组件：

```
物联网平台连接组件
支付组件
语音组件
传感器服务组件
定位服务组件
```

- 还有大量外设驱动库：

```
编码电机/步进电机/伺服电机/继电器
麦克风/语音录放模块/扬声器
PS2 摇杆/电容触摸/按键
TFT 彩屏/数码管/三色灯
加速度计/陀螺仪/电子罗盘/气压计/磁力计
温湿度/颜色/光照强度
... ...
```

7.3.4 目录结构

一个最精简的轻应用包由最少两个文件组成，必须放在项目文件夹的根目录下：

```
App/
├── App.js           #业务逻辑入口
└── App.json         #全局配置
```

7.3.4.1 轻应用入口 App.js

入口函数原型：App(Object options)。

App()用于注册轻应用，接受一个 Object 作为属性，用来配置轻应用的生命周期等。App()必须在 App.js 中调用，必须调用且只能调用一次。其中，options 属性如表 7-5 所示。

表 7-5 options 属性

属　性	类　型	描　述	触　发
onLaunch()	Function	监听轻应用初始化	轻应用初始化后触发，全局只触发一次
onError()	Function	监听轻应用错误	发生 js 错误时触发
onExit()	Function	监听轻应用退出	轻应用退出后触发，全局只触发一次

App.js 参考代码如下：

```
App({
  onLaunch: function() {
    // 第一次打开
    console.log('App onLaunch');
  },
  onError: function() {
    // 出现错误
```

```
    console.log('App onError');
  },
  onExit: function() {
    // 退出轻应用
    console.log('App onExit');
  }
});
```

7.3.4.2　轻应用全局配置 App.json

App.json 用于对轻应用进行全局配置，设置页面文件的路径、硬件 I/O 口的配置等。以下是一个定义了名为 D1、D2 的 2 个 GPIO 的基本配置示例：

```
{
  "version": "0.0.1",
  "io": {
    "D1": {
      "type": "GPIO",
      "port": 31,
      "dir": "output",
      "pull": "pullup"
    },
    "D2": {
      "type": "GPIO",
      "port": 32,
      "dir": "output",
      "pull": "pullup"
    },
  },
  "debugLevel": "DEBUG",
  "repl": "enable"
}
```

App.json 配置项如表 7-6 所示。

表 7-6　App.json 配置项

配 置 项	类　型	是否必填	描　述
version	String	否	轻应用版本号
io	Object	是	硬件接口配置

续表

配 置 项	类　　型	是否必填	描　　述
debugLevel	String	否	日志等级，默认为 ERROR
repl	String	否	REPL 开关，默认为 enable

在 JavaScript 应用代码中，可以通过系统内置的全局变量 AppConfig 获取 App.json 中的内容。

7.3.4.3　轻应用开发流程

JavaScript 轻应用开发流程如图 7-29 所示。

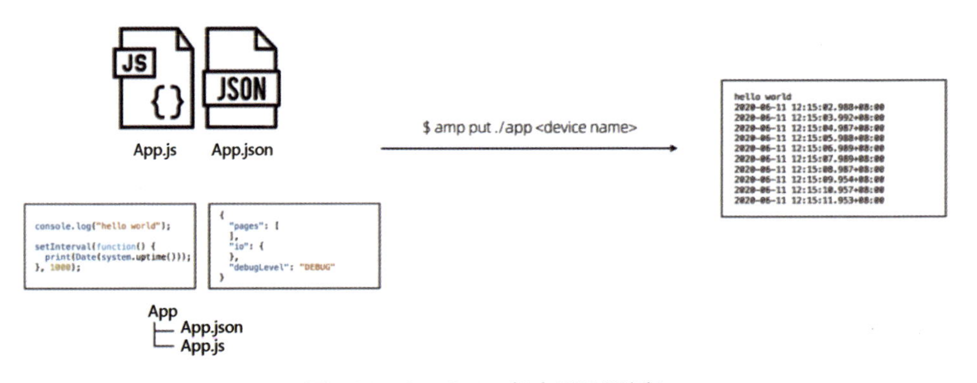

图 7-29　JavaScript 轻应用开发流程

可以看出，轻应用的开发步骤十分简单。

第一步，编写轻应用 JavaScript 代码。

第二步，通过轻应用命令行工具一键打包应用代码并热更新到设备中运行。

7.3.4.4　轻应用与 C/C++应用开发对比

JavaScript 轻应用运行原理如图 7-30 所示。

嵌入式 C/C++应用开发：每一次的开发过程都需要经历移植或编码、编译、链接、烧录一系列步骤。

轻应用 JavaScript 开发：依托庞大的 JavaScript 生态库和持续丰富的外设驱动，仅需编写脚本代码、热更新推送代码两步。因此，轻应用的主要优势如下。

其一，传统嵌入式开发有比较长的开发链路，轻应用的开发链路短很多。

其二，JavaScript 虽与 C 语法近似，但门槛更低，更易于上手。

其三，JavaScript 有更完善和蓬勃的生态，可以复用大量已有的代码。

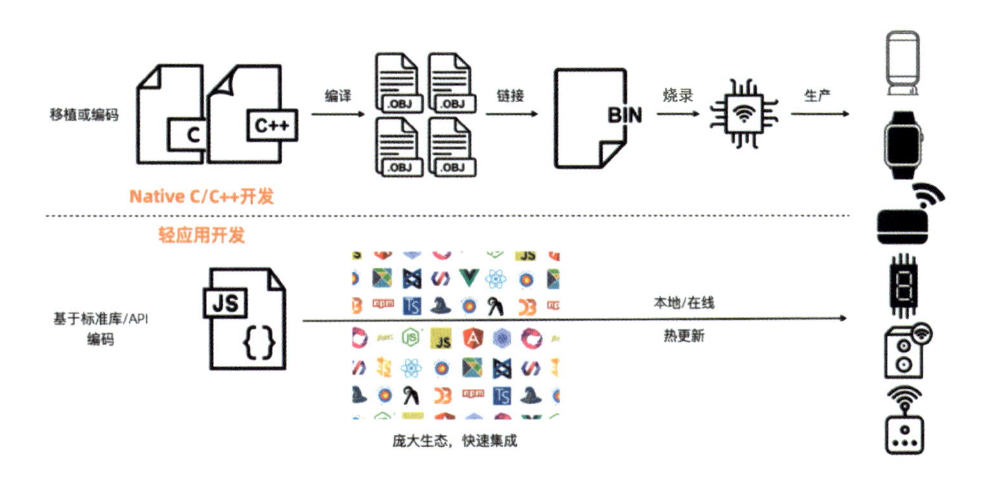

图 7-30　JavaScript 轻应用与 C/C++应用开发对比

7.3.5　JavaScript 轻应用开发环境

7.3.5.1　开发工具

命令行工具 amp（请在 HaaS 官网下载）用于轻应用的辅助开发，是以简单的命令行方式运行在 MAC 或 Windows 计算机上的工具程序。该命令行工具主要用来推送应用脚本到设备端，并拥有一套完整的命令，可以完成设备的应用热更新、运维服务、日志服务等。

amp 工具包中的内容如下：

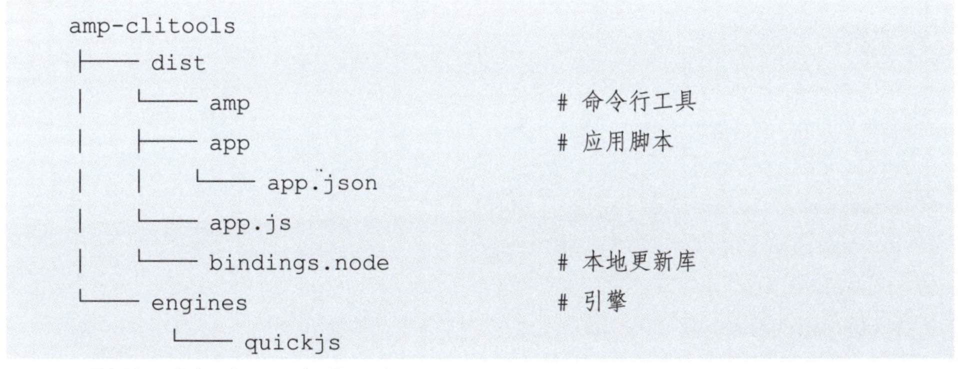

```
amp-clitools
├─── dist
|    └─── amp                      # 命令行工具
|    ├─── app                      # 应用脚本
|    |    └─── app.json
|    └─── app.js
|    └─── bindings.node            # 本地更新库
└─── engines                       # 引擎
       └─── quickjs
```

下面详细介绍此工具包的用法。

1.　登录 login

登录 login 的参数为 amp login <your-token>。

说明：使用在线热更新前，需要获取 token，该命令用于绑定用户，仅需执行一次。在使用本地串口更新时，无须执行此命令。

示例：

```
$ amp login b8****************************0e
```

2. 列出绑定的设备 device list

列出绑定的设备 device list 的参数为 amp device list。

说明：在 amp login <your-token>成功后，使用该命令可列出自己账号下已绑定的设备名称，建议使用 IMEI 号或其他硬件唯一标识作为设备名称。

示例：

```
$ amp device list
Your bound devices:
8675*******3456
8675*******4321
3522*******7456
```

3. 在线推送应用热更新到目标设备 put

在线推送应用热更新到目标设备 put 的参数为 amp put <App-dir> <device-name>。

其中，<App-dir>指存放应用代码的目录，包含配置文件和 JavaScript 脚本文件；<device-name>指需要推送应用热更新的目标设备，需要在已绑定的设备列表中。

说明：该命令会消耗网络流量，在推送应用到蜂窝模组时，请按需使用。

示例：

```
$ amp device list
Your bound devices:
8675*******3456
$ amp put ./App 8675*******3456
device:8675*******3456 ONLINE.
generate App package
push App package SUCCESS
```

4. 打包应用 pack

打包应用 pack 的参数为 amp pack <App-dir>。

说明：打包<App-dir>目录代码成 App.bin。

示例：

```
$ amp pack ./App
generating App package...
generate App package SUCCESS
```

5. 列出计算机串口 seriallist

列出计算机串口 seriallist 的参数为 amp seriallist。

说明：列出计算机上的所有串口，确定本地热更新的串口号<serial-port>。

示例：

```
// Mac
$ amp seriallist
/dev/tty.usbserial-AK08LNMO
/dev/tty.usbserial-AK08LNMM

// Windows
$ amp seriallist
COM59
COM60
```

6. 通过串口推送应用到目标设备 serialput

通过串口推送应用到目标设备 serialput 的参数为 amp serialput <App-dir> <serial-port>。

说明：推送应用前，需要确认串口连接正常。

示例：

```
$ amp seriallist
COM59
// USB 口以实际情况为准
$ amp serialput ./App COM59
device type: ymodem
generate App package
put complete!
```

7. 查看版本号——version

version 的参数为 amp --version。

8. 查看帮助——help

help 的参数为 amp --help。

示例：

```
$ ./amp --help
Usage: amp [options]
AliOS Things Mini Program PC CLI tool
Options:
 -V, --version                          output the version number
 -h, --help                             output usage information
Commands:
 login <token>                          login
 device list                            list bind devices
 put <filepath> <deviceName>            upload file to device
 seriallist                             list serial port
 serialput [options] <filepath> <port>          put file to device
via serial port
```

7.3.5.2 应用热更新

不同于传统嵌入式开发流程，轻应用的 JavaScript 代码在计算机端开发完成后，无须编译、链接、固件烧录等烦琐步骤，开发者可直接使用命令行工具动态推送最新的应用到指定设备，这个过程被称为应用热更新。轻应用支持本地串口更新和在线推送应用热更新两种方式。

本地串口更新：通过有线方式（串口）对设备的应用进行更新，适用于设备无法联网的环境。

在线热更新：通过无线方式（网络）对设备的应用进行更新，尤其适用于设备不在本地或不支持与开发机有线连接的环境。

7.3.5.3 准备工作

在线热更新的准备工作如下。

首先，下载命令行工具 amp。

然后，准备好支持轻应用开发的硬件，如 HaaS100、HaaS600 等。

最后，安装串口工具以便查看日志，波特率配置到 115200bit/s，串口工具可以使用常见或熟悉的软件。

1. 本地热更新

本地热更新如图 7-31 所示。

图 7-31　本地热更新

本地热更新与实际的硬件连接强相关，以 HaaS600 为例，需要先让开发板进入本地更新模式，然后运行 amp 命令完成本地更新。

操作示例：

```
$ ./amp serialput ./App /dev/tty.SLAB_USBtoUART
device type: ymodem
generate App package
put complete!
```

其中，/dev/tty.SLAB_USBtoUART 是实际硬件对应的串口号。

2. 在线热更新

在线热更新如图 7-32 所示。

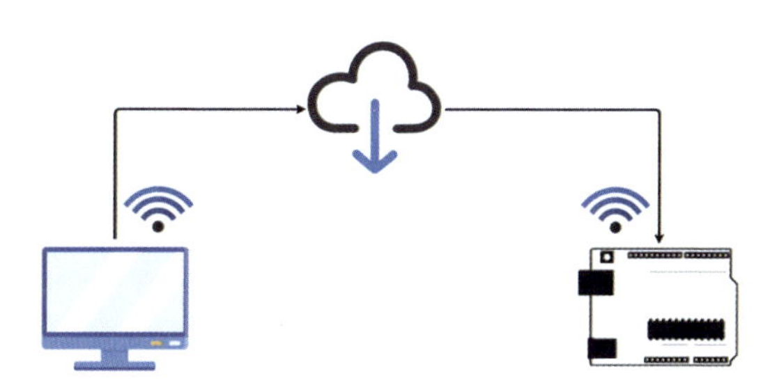

图 7-32　在线热更新

在线热更新通过网络完成应用包的推送，依赖阿里云服务，因此，需要提前准备好用于绑定开发者设备的 token，执行 amp login <your-token>命令，完成用户身份绑定。

可以通过 amp device list 查看已绑定的设备。

操作示例：

```
$ ./amp login 9da64dd7e367********c02655a8abcd
```

```
login success

$ ./amp device list
Your bound devices:
8675*******3456
8675*******4321
3522*******7456

$ ./amp put ./App 8675*******3456
device:8675*******3456 ONLINE.
generate App package
push App package SUCCESS
```

7.3.6 JavaScript 轻应用开发指南

关于 JavaScript 语言的基础语法，请读者参考 HaaS 官网的说明。

7.3.6.1 轻应用的面向对象开发

面向对象编程是一种常见的程序设计思想，在许多编程语言中都有应用。轻应用的编程也一样，它把对象作为基本单元，一个对象包含了数据和操作数据的函数，以此来对系统能力和硬件驱动做封装抽象，从而使应用开发能达到低代码、易上手的目标。

轻应用的基础组件文件系统 FS、系统信息 SYS、键值对存储 KV、电源管理 PM、硬件 I/O、网络协议，以及高级组件物联网平台连接、语音等大量积木组件，都是以对象形式封装 API 对上提供接口的。

7.3.6.2 基于事件驱动的轻应用开发

在实际的轻应用开发中，事件驱动是使用最多的编程模型。

事件驱动开发是基于发布/订阅模式进行的，所有能触发事件的对象都是 EventEmitter 类的实例。

一般事件驱动开发会存在两个角色，分别是发布者（又称触发器，Emitter）和订阅者（又称监听器，Listener），订阅者订阅自身关注的主题，一旦有发布者发布了相关的主题，订阅者就会收到相关信息并执行相对应的操作。

代码示例：

```
const EventEmitter = require('events');   // 引入EventEmitter类
// 初始化一个继承Emitter的对象
class ExampleEmitter extends EventEmitter {}

// 初始化一个事件驱动对象实例
const exampleEmitter = new ExampleEmitter();

// 增加订阅者，一旦发布者发布了'event'事件，订阅者便执行打印'触发事件'
exampleEmitter.on('event', () => {
  console.log('触发事件');
});

exampleEmitter.emit('event'); // 增加一个发布者，触发'event'事件
```

EventEmitter 类可以在 events 模块中定义和引出：

```
const EventEmitter = require('events');
```

7.3.6.3　轻应用配置详解

JavaScript 轻应用通过 App.json 来详细描述应用与硬件的配置。

1. version 配置项

version 是一个字符串类型的值，由开发者根据应用需求自定义。举例如下：

```
{
   "version": "1.0.0",
   ... ...
}
```

2. io 配置项

不同的模组或芯片的各个端口和引脚的功能映射可能是不一样的。

在轻应用的配置文件 App.json 中，可将硬件（芯片）的物理端口映射成为统一的应用层逻辑端口。

映射的好处是在替换不同的硬件或芯片时，只需替换 App.json 而不用修改应用程序或设备程序，从而便于应用的跨平台运行。

在 io 配置项中，有 type、port 等硬件描述概念，对于每一款硬件（通常是芯片/

模组/开发板），该配置文件均可能不同，如下面这段代码所示：

```
{
  "io": {
   "D1":{
     "type":"GPIO",
     "port":12,
     "dir":"output",
     "pull":"pullup"
    },
    "I2C0":{
     "type":"I2C",
     "port":0,
     "mode":"master",
     "addrWidth":7,
     "devAddr":270,
     "freq":100000
    }
  },
  "debugLevel": "DEBUG"
}
```

其中各参数的含义如下。

- D1、I2C0：定义对象，其后的大括号里面描述了该对象的类型；定义后可以在 JavaScript 中直接使用。
- type：描述了该对象的类型，可以是 IoT 轻应用支持的硬件扩展类型，如 GPIO、I2C、ADC 等。
- port：描述了该对象的端口，这里需要根据实际硬件连接及芯片的 PIN 引脚映射关系填写。
- dir、pull：是 GPIO 类型特有的，用于描述 GPIO 输入/输出及上拉/下拉，而其他（如 ADC）类型则有 sampling 采样频率这种类型描述。

外设 type 用于描述该对象是什么硬件端口类型，而每种 type 也拥有不同的属性字段，如 GPIO 与 ADC 的属性字段是不一样的。

下面提供了 GPIO、UART、I2C、SPI、ADC、PWM、TIMER 组件的 type 相关

配置以供参考。

- GPIO 模块配置如表 7-7 所示。

表 7-7　GPIO 模块配置

配置项	类　型	属性值	是否必填	说　明
port	Number	1/2/3…	否	物理端口号
dir	Object	output	否	配置引脚方向为输出（默认）
		input		配置引脚方向为输入
		irq		配置引脚为中断模式
		analog		配置引脚为模拟 I/O
pull	String	pulldown	否	下拉模式（默认）
		pullup		上拉模式
		opendrain		开漏模式
intMode	String	rising	否	中断模式上升沿触发
		falling		中断模式下降沿触发
		both		中断模式边沿触发（默认）

GPIO 配置示例：

```
{
  "io": {
    "D3": {
        "type": "GPIO",
        "port": 22,
        "dir": "output",
        "pull": "pullup"
    },
  },
  "debugLevel": "DEBUG"
}
```

- UART 串口相关配置如表 7-8 所示。

表 7-8　UART 串口相关配置

配置项	类　型	属性值	是否必填	说　明
port	Number	1/2/3…	是	物理端口号
dataWidth	Number	5/6/7/8（单位为 bit）	否	串口数据宽度值 默认为 8bit

续表

配置项	类　型	属性值	是否必填	说　明
baudRate	Number	9600、115200（单位为 bit/s）等	否	串口波特率 默认为 115200bit/s
stopBits	Number	1/2	否	串口停止位 默认为 1
flowControl	String	disable cts rts rtscts	否	流控设置 默认为 disable
parity	String	none odd even	否	奇偶校验设置 默认为 none

UART 配置示例：

```
{
  "io": {
    "UART1":{
      "type":"UART",
      "port":1,
      "dataWidth":3,
      "baudRate":9600,
      "stopBits":1,
      "flowControl":"disable",
      "parity":"none"
    },
  },
  "debugLevel": "DEBUG"
}
```

- I2C 相关配置如表 7-9 所示。

表 7-9　I2C 相关配置

配置项	类　型	属性值	是否必填	说　明
port	Number	1/2/3…	是	物理端口号
addrWidth	Number	7 或 10	否	I2C 总线地址宽度 默认为 7

续表

配置项	类　型	属性值	是否必填	说　明
freq	Number	100000～ 400000Hz	否	I2C 总线频率 默认为 300000Hz
mode	String	master slave	否	I2C 总线主从模式 默认为 master
devAddr	String	如 224	否	I2C 从设备地址 默认为 224

I2C 配置示例：

```
{
  "io": {
    "I2C0":{
      "type":"I2C",
      "port":0,
      "mode":"master",
      "addrWidth":7,
      "devAddr":27,
      "freq":100000
    }
  },
  "debugLevel": "DEBUG"
}
```

- SPI 串口相关配置如表 7-10 所示。

表 7-10　SPI 串口相关配置

配置项	类　型	属性值	是否必填	说　明
port	Number	1/2/3…	是	物理端口号
mode	Number	master slave	否	SPI 总线模式 默认为 master
freq	Number	3250000、6500000（单位为 Hz）等	是	SPI 总线频率

SPI 配置示例：

```
{
  "io": {
    "SPI1":{
```

```
        "type":"SPI",
        "port":1,
        "mode":"master",
        "freq":3250000
      }
    },
    "debugLevel": "DEBUG"
}
```

- ADC（模数转换）模块配置如表 7-11 所示。

表 7-11　ADC 模块配置

配置项	类　型	属性值	是否必填	说　明
port	Number	1/2/3…	是	物理端口号
sampling	Number	12000000	否	ADC 采样率

ADC 配置示例：

```
{
  "io": {
    "voltage": {
      "type": "ADC",
      "port": 1,
      "sampling": 12000000
    }
  },
  "debugLevel": "DEBUG"
}
```

- PWM（脉冲宽度调制）相关配置如表 7-12 所示。

表 7-12　PWM 相关配置

配置项	类　型	属性值	是否必填	说　明
port	Number	1/2/3…	是	物理端口号

PWM 配置示例：

```
{
  "io": {
    "PWM1": {
```

```
            "type": "PWM",
            "port": 1
        }
    },
    "debugLevel": "DEBUG"
}
```

- TIMER（定时器）相关配置如表 7-13 所示。

表 7-13　TIMER 相关配置

配置项	类　型	属性值	是否必填	说　明
port	Number	1/2/3…	是	物理端口号

TIMER 配置示例：

```
{
    "io": {
        "TIMER1": {
            "type": "TIMER",
            "port": 1
        }
    },
    "debugLevel": "DEBUG"
}
```

3. debugLevel 配置项

debugLevel 配置项用来配置调试日志等级，如表 7-14 所示，默认为 ERROR。

表 7-14　debugLevel 配置项

等　级	类　型
DEBUG	显示 debug 级别的日志
INFO	显示 info 级别的日志
WARN	显示 warning 级别的日志
ERROR	显示 error 级别的日志
FATAL	显示 fatal 级别的日志

4. REPL 配置项

REPL 配置项用来配置交互式解释器开关，默认打开。

REPL 来源于 Node.js，类似于计算机上的终端或 Shell，可以在这个“终端”中输入 JavaScript 代码，即可解释执行。

打开这个功能后，一般在硬件平台上通过串口进入 REPL（见表 7-15）。

表 7-15　REPL

值	说　明
enable	打开 REPL 功能
disable	关闭 REPL 功能

7.3.7　JavaScript 轻应用轻量级 UI

7.3.7.1　技术架构设计

1. 系统架构

轻应用框架如图 7-33 所示，从中可以看到渲染引擎在框架中的位置。渲染引擎的主要功能是解析 XML 文件，从而取得页面的内容（按钮、文本、图像等）并整理信息（如加入 CSS 等），然后调用 GUI 接口输出到显示屏。

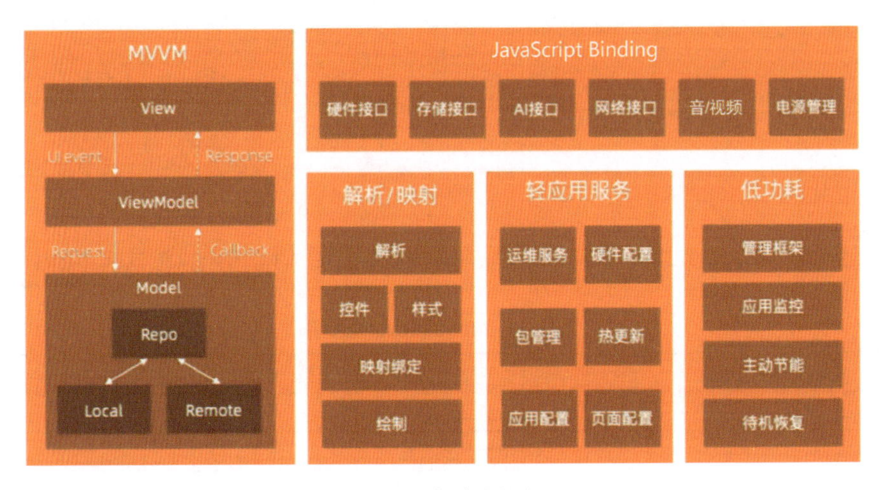

图 7-33　轻应用框架

2. 应用代码结构

带屏轻应用采用 DSL（Domain Specific Language，领域专用语言，一门表达受限但便于人们理解的编程语言或规范语言，可以被计算机解释执行）开发。代码示例结构如下，pages 下为页面相关 DSL 代码：

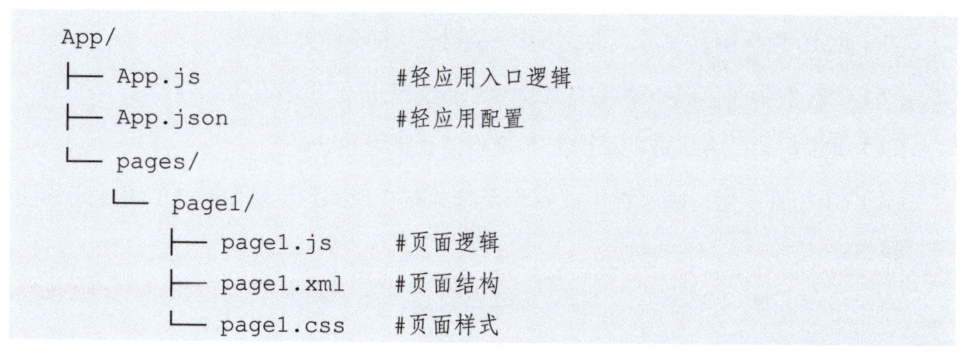

```
App/
├── App.js                #轻应用入口逻辑
├── App.json              #轻应用配置
└── pages/
    └── page1/
        ├── page1.js      #页面逻辑
        ├── page1.xml     #页面结构
        └── page1.css     #页面样式
```

（1）XML 文件为页面结构，主要描述了页面包含了哪些内容（如 UI 组件、组件的属性）。

（2）CSS 文件为页面样式，主要描述了页面的样式布局（如字体大小、颜色、位置等）。

（3）JavaScript 文件为页面逻辑，包含了 UI 组件的事件回调处理、UI 渲染触发机制等信息。

渲染引擎主要负责 XML 和 CSS 文件的解析绘制。

7.3.7.2　渲染流程

IoT 轻应用框架主要包含两部分，如图 7-34 所示，中间粗线框组件属于渲染引擎，细线框组件属于轻应用框架的逻辑部分，二者通过事件及数据绑定进行交互。其中，渲染引擎主要分为以下模块。

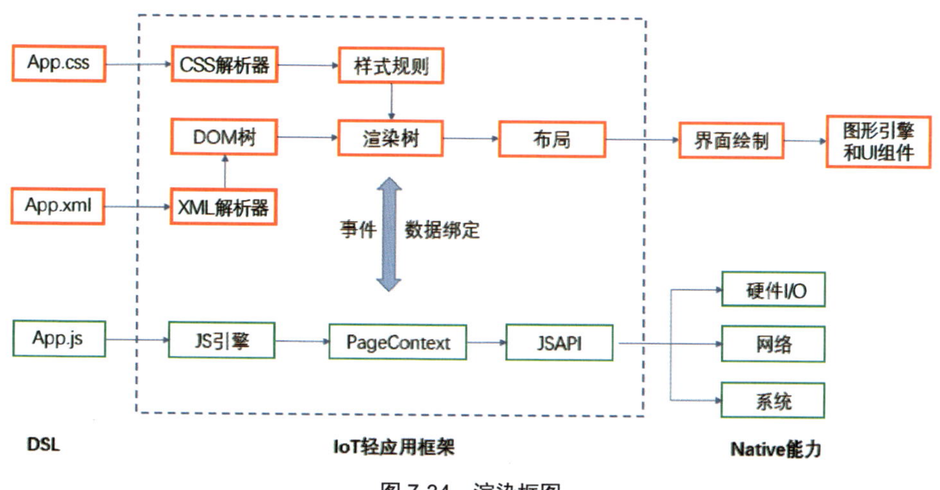

图 7-34　渲染框图

（1）XML 解析器，完成页面结构代码解析，生成 DOM 树。

（2）CSS 解析器，解析基础的页面样式，支持 id 选择器及类选择器。

（3）渲染树，结合生成的页面结构及样式生成渲染树。

（4）UI 组件映射，将页面中的组件及样式解析成图形引擎中的 UI 组件库的接口与参数。

渲染流程如图 7-35 所示，渲染完成后会调用图形引擎的接口完成 UI 组件的绘制。

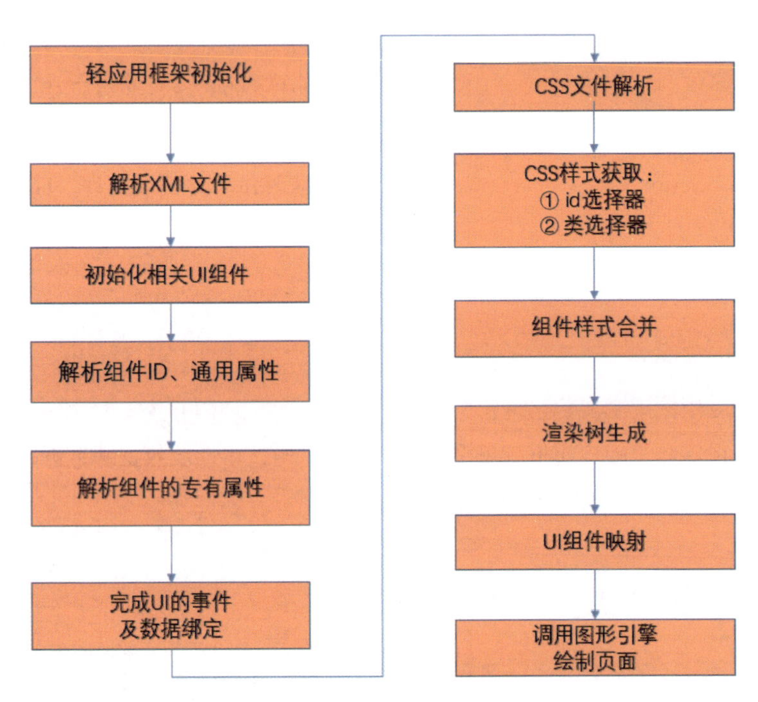

图 7-35 渲染流程

7.3.7.3 数据结构

在实现过程中，每个 UI 组件都对应一个组件描述符的数据结构，它是渲染框架中最重要的代码结构，以 Button 为例，其 UI 组件数据结构如图 7-36 所示。

组件描述符中的相关元素及含义如表 7-16 所示，每个组件的通用样式都是相同的；组件属性、专有样式有差异，每个 UI 组件都需要单独定义。

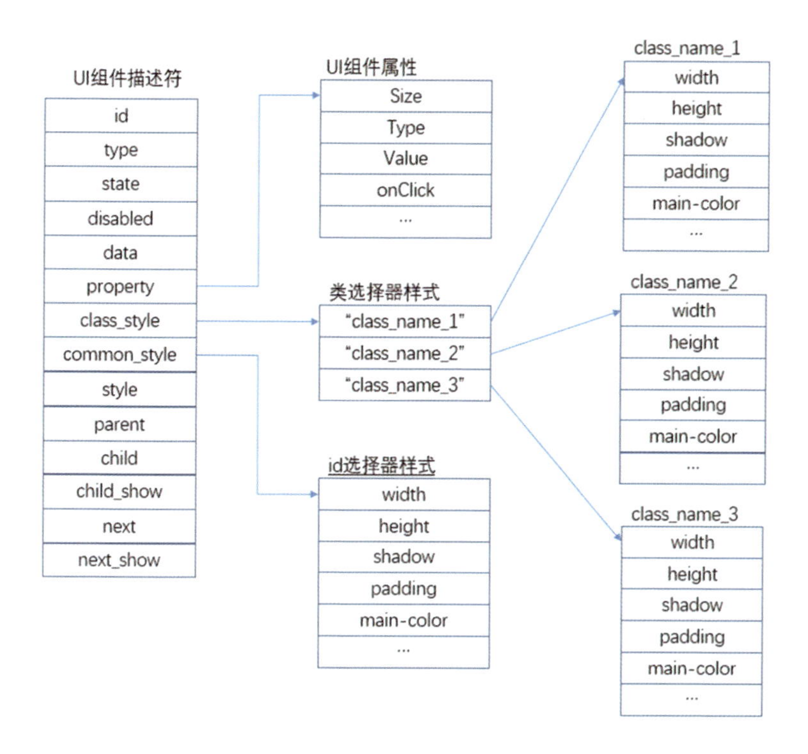

图 7-36　UI 组件数据结构

表 7-16　组件描述符中的相关元素及含义

元素符号	含　义
id	XML 中的 id 属性，对应 CSS 中的 id 选择器
type	组件类型
state	组件状态，包括 create、update、ready、delete
disabled	组件的使能状态
property	组件属性（在 XML 文件中定义）
class_style	类选择器列表，用来查找对应的类选择器
common_style	组件通用样式
parent	父节点
child	子节点列表（按 XML 文件解析的先后顺序排列）
child_show	子节点列表（按显示的先后顺序排列）
next	下一个兄弟节点（按 XML 文件解析的先后顺序）
next_show	下一个需要显示的兄弟节点（按 XML 文件解析的先后顺序）

解析完成后，页面渲染树的结构如图 7-37 所示，为降低复杂度，组件只支持 3 层嵌套。

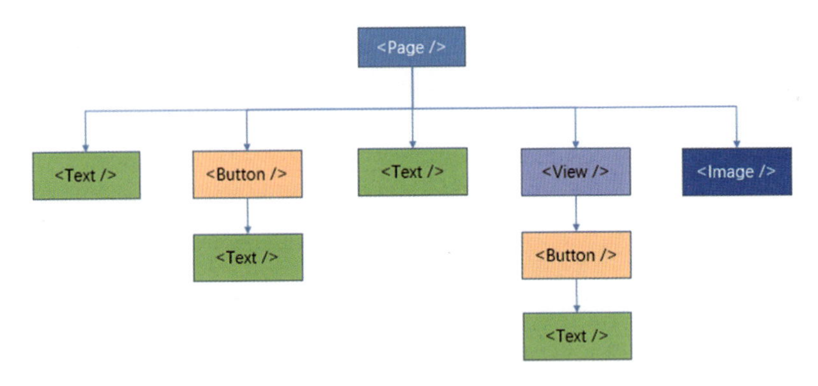

图 7-37　页面渲染树的结构

7.3.7.4　应用示例

本节示例代码中包含 1 个 image 和 3 个 line 组件，分别作为表盘和时、分、秒 3 个指针，其属性及样式配置如下。

（1）4 个组件都指定了 id。

（2）3 个 line 组件还指定了 class，并且在 CSS 文件中有相应的 class 样式配置。

（3）3 个 line 组件属性中配置了起点、长度、角度。

（4）CSS 文件中分别通过类选择器和 id 选择器完成样式配置。

示例是在计算机端模拟器上运行的，底层图形引擎选用的是 LittlevGL，运行效果可以体现在以下几点。

（1）渲染引擎可以完成 DSL 解析到页面绘制，并可以通过类选择器配置样式。

（2）通过 id 选择器可以修改样式，且优先级大于类选择器。

（3）通过 src 属性改变 image 的配置，查看表盘是否切换（在应用场景下，会通过 URL 下载 image）。

- XML 示例代码如下：

```
<page>
  <image id="image1" src="clock1"> </image>
  <line  id="hour"  class="hand"  start-x="195"  start-y="195"
mode="clock" len = "60" angle="{angle_hour}"> </line>
  <line  id="minute"  class="hand"  start-x="195"  start-y="195"
mode="clock" len = "90" angle="{angle_minute}"> </line>
  <line  id="second"  class="hand"  start-x="195"  start-y="195"
mode="clock" len="120" angle="{angle_second}"> </line>
```

```
</page>
```

- CSS 示例代码如下：

```
#image1 {
  z-index: 2;
}
.hand {
  line-width: 4px;
  line-color: #f8f8ff;
  z-index: 3;
}
#hour {
  line-width: 8px;
  line-color: #ffff00;
  z-index: 3;
}
#minute {
  line-width: 5px;
  line-color:  #0000ff;
  z-index: 5;
}
#second {
  line-width: 2px;
  line-color: #ff0000;
  z-index: 8;
}
```

实例运行后，结果如图 7-38 所示。

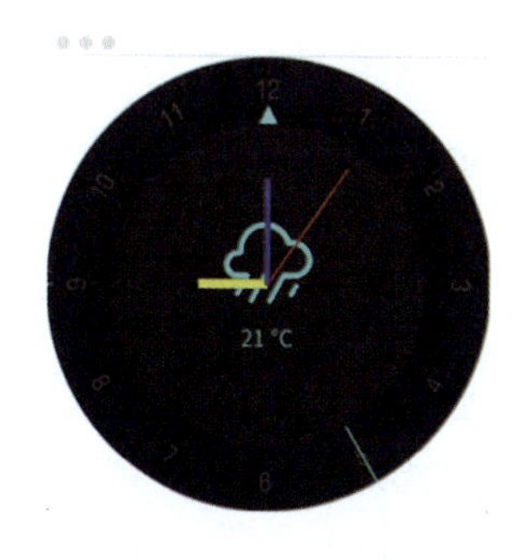

图 7-38　运行结果

7.3.8 JavaScript 轻应用组件扩展

轻应用原生自带丰富的基础组件和高级组件。但在物联网的实际业务场景中，往往无法穷尽所有将其封装到原生固件中。因此，下面以 Modbus 为例来看看如何封装，以此来扩展轻应用组件。

Modbus 是工业场景比较常见的协议，因此也把它封装起来，作为一个组件以便于不同的业务场景都可以引用。

modbus.js 文件内容如 modbus-comp/modbus.js 的内容。在代码中可以看到构造了一个 Modbus 对象，实现了它的读/写和监听数据方法。

这样，应用程序的业务逻辑就可以很简单了，示例参考 modbus-comp/App.js 的内容。

7.3.9 JavaScript 轻应用实践

7.3.9.1 LED 控制

先来看一个控制 LED 开关的例子。

在板级配置中，使用 3 个 GPIO 来完成跑马灯的实验。

App.json 代码如下(相关配置项的意义请参考 7.3.6.3 节中关于 io 配置项和 GPIO 的说明):

```
{
    "version": "1.0.0",
    "io": {
        "LED0": {
            "type": "GPIO",
            "port": 36,
            "dir": "output",
            "pull": "pulldown"
        },
        "LED1": {
            "type": "GPIO",
            "port": 35,
            "dir": "output",
            "pull": "pulldown"
        },
```

```
        "LED2": {
            "type": "GPIO",
            "port": 34,
            "dir": "output",
            "pull": "pulldown"
        }
    },
    "debugLevel": "DEBUG"
}
```

App.js 代码如下：

```
import * as gpio from 'gpio';

let ledList = {};

['LED0', 'LED1', 'LED2'].map((i) => {
  ledList[i] = gpio.open({
    id: i,
    success: function() {
      console.log('gpio: open led success')
    },
    fail: function() {
      console.log('gpio: open led failed')
    }
  });
})

let val = [0b000, 0b100, 0b110, 0b111, 0b110, 0b100];
let cout = 0;

// 跑马灯效果，定义 500ms 的时间间隔，周期性地执行 setInterval{}中的代码
setInterval(function() {
  if(cout === 6) {
    cout = 0;
  }
  console.log('ledStatus', val[cout].toString(2));
```

```
  ledList.LED0.writeValue((val[cout] & 0b100) >> 2);
  ledList.LED1.writeValue((val[cout] & 0b010) >> 1);
  ledList.LED2.writeValue(val[cout] & 0b001);
  cout++;
}, 500);
```

7.3.9.2 传感器数据采集

有了 GPIO 输出，下面再来看看如何处理外部输入，这是一个 I2C 数据采集的例子。

App.json 代码如下（相关配置项的意义请参考 7.3.6.3 节中关于 I2C 的说明）:

```
{
    "version": "1.0.0",
    "io": {
        "sensor": {
            "type": "I2C",
            "port": 1,
            "addrWidth": 7,
            "freq": 400000,
            "mode": "master",
            "devAddr": 64
        }
    },
    "debugLevel": "DEBUG"
}
```

App.js 代码如下：

```
import * as i2c from 'i2c';

let memaddr = [0xF5]

let sensor = i2c.open({
  id: 'sensor',
  success: function () {
    console.log('open i2c success')
  },
  fail: function () {
```

```
    console.log('open i2c failed')
  }
});

setInterval(function () {
  sensor.write(memaddr)
  sleepMs(30)
// 代码功能：原始数据格式为“142,124”的字串，先转换成 0x8e7c，再转换成数值 36476
  var sourceData = Number(sensor.read(2).split(',').map((i) =>
(i.toString(16))).toString().replace(/,/g, ''));
  var temp = ((175.72 * sourceData) / 65536 - 46.85).toFixed(2);
  console.log('temp data is ' + temp);
}, 1000);
```

7.3.9.3　语音播放

前面介绍了 I/O 操作，下面来看一下稍微复杂一点的语音播放功能。

我们知道，一个最精简的轻应用包含 App.js 和 App.json 两个文件，那么如何播放语音文件呢?

由于轻应用是基于文件系统的，所以直接把语音 MP3 文件和代码文件一起推送到设备即可，代码如下：

```
App/
├── test.mp3      # 测试语料
├── App.js        # 业务逻辑入口
└── App.json      # 全局配置
```

在板级配置中，需要加上语音 audio 部分的配置。

App.json 代码如下：

```
{
  "version": "1.0.0",
  "io": {
  },
  "audio": {
    "type": "AUDIO",
    "out_device": "headphone",
    "external_pa": "disable",
```

```
    "external_pa_pin": 38,
    "external_pa_delay_ms": 50,
    "external_pa_active_level": 1
  },
  "repl": "enable",
  "debugLevel": "DEBUG"
}
```

App.js 代码如下：

```
var audioplayer = require('audioplayer'); // 引入语音组件库

var audioplayerState = ['stop', 'paused', 'playing', 'listplay_begin',
'listplay_end', 'error'];        // 定义对应状态，用于打印状态

// 监听音频播放状态
audioplayer.on('stateChange', function(state) {
  console.log('audioplayer state: ' + audioplayerState[state]);
});

audioplayer.setVolume(6);   // 设置语音音量

audioplayer.play("/test.mp3",   function(){console.log('playback
complete');});                   // 播放名为 test.mp3 的音频文件

// 5s 后，播放暂停，并打印音频当前播放位置和音频总时长
setTimeout(function() {
  console.log("playback pause");
  audioplayer.pause();
  var position = audioplayer.getPosition();
  var duration = audioplayer.getDuration();
  console.log('playback progress: ' + position + '/' + duration);
}, 5000)

// 10s 后，恢复播放
setTimeout(function() {
  console.log("playback resume");
```

```
  audioplayer.resume();
}, 10000)

// 15s 后，跳到音频 1s 位置进行播放
setTimeout(function() {
  console.log("playback from 1s");
  audioplayer.seekto(1);
}, 15000)

// 15s 后，打印当前播放位置和音频总时长
setTimeout(function() {
  var position = audioplayer.getPosition();
  var duration = audioplayer.getDuration();
  console.log('playback progress: ' + position + '/' + duration);
}, 15000)

// 30s 后，停止播放
setTimeout(function() {
  console.log("playback stop");
  audioplayer.stop();
}, 30000)
```

7.3.9.4　语音播报音箱案例

前面介绍了原子化的组件功能，有 I/O 操作，也有语音播放功能，下面一起看看如何打造一个相对完整的语言播报音箱类产品案例。

这里使用千里传音服务作为语音播报音箱的后端服务。关于千里传音服务的介绍及物联网平台设备的创建及配置，请参考 7.2.4.2 节的说明。

物联网设备接入千里传音服务请参考 HaaS600 Kit 的千里传音设备接入示例代码（关于 Gitee 代码仓库位置，请在 AliOS Things Gitee 代码仓库搜索名为“amp_examples”的代码仓库，查看该代码仓库 master 分支的 board/HaaS600-EC600S/advance/linkspeech 路径），其目录结构及说明如下：

```
├── App.js                # 应用代码
├── App.json              # 应用配置
├── linkspeech.js         # 应用代码
```

```
└── resource                # 预置音频文件目录
    ├── connected.wav       # 服务连接成功提示音
    ├── poweron.wav         # 应用启动提示音
    ├── SYS_TONE_0.wav      # 数字 0
    ├── SYS_TONE_1.wav      # 数字 1
    ├── SYS_TONE_2.wav      # 数字 2
    ├── SYS_TONE_3.wav      # 数字 3
    ├── SYS_TONE_4.wav      # 数字 4
    ├── SYS_TONE_5.wav      # 数字 5
    ├── SYS_TONE_6.wav      # 数字 6
    ├── SYS_TONE_7.wav      # 数字 7
    ├── SYS_TONE_8.wav      # 数字 8
    ├── SYS_TONE_9.wav      # 数字 9
    ├── SYS_TONE_dian.wav   # 点
    ├── SYS_TONE_liang.wav  # 两
    ├── SYS_TONE_MEASURE_WORD_bai.wav     # 百
    ├── SYS_TONE_MEASURE_WORD_qian.wav    # 千
    ├── SYS_TONE_MEASURE_WORD_shi.wav     # 十
    ├── SYS_TONE_MEASURE_WORD_wan.wav     # 万
    ├── SYS_TONE_MEASURE_WORD_yi.wav      # 亿
    ├── SYS_TONE_yao.wav                  # 幺
    └── yuan.wav                          # 元
```

其中，linkspeech.js 是千里传音语音播报组件，对外提供 process()方法，处理千里传音服务的相关请求。在 App.js 主业务中，在设备服务回调中直接调用即可。

App.js 代码内容及注释如下：

```
var iot = require('iot');                          // 加载 iot 模块
var network = require('network');                  // 加载网络模块
var player = require('audioplayer');               // 加载播放器组件
var linkspeech = require('./linkspeech.js');// 加载 linkspeech 组件

const productkey = ****; //请填入您自己物联网平台目标设备的 ProductKey
const devicename = ****; //请填入您自己物联网平台目标设备 DeviceName
const devicesecret = ****;//请填入您自己物联网平台目标设备 DeviceSecret

var tonepathPowerOn = "/resource/poweron.wav"; // 定义开机语音变量
```

```
// 定义联网成功语音变量
var tonepathConnected = "/resource/connected.wav";

player.setVolume(3);          // 设置播放音量大小
var networkClient = network.openNetWorkClient();// 打开网络客户端
var iotdev;                   // 定义 IoT 设备变量
function iotDeviceCreate()    // 定义创建设备的函数
{
  iotdev = iot.device({
    productKey: productkey,
    deviceName: devicename,
    deviceSecret: devicesecret,
    keepaliveSec: 30
  });
  iotdev.on('connect', function() { // 定义连接到物联网平台的回调函数
    console.log('success connect to aliyun iot server');
    player.play(tonepathConnected, function(){console.log('play '
+ tonepathConnected + ' complete')}); // 播放连线成功音乐
    // 定义收到物联网平台设定设备属性的回调函数
    iotdev.onProps(function(res) {
      console.log('received cloud request len is ' + res.
params_len);                        // 打印云端请求消息长度
      console.log('received cloud request is ' + res.params);
// 打印云端请求消息内容
    });
    // 定义接收到云端调用设备端服务的回调函数
    iotdev.onService(function(res) {
      console.log('received cloud msg_id is ' + res.msg_id);
      console.log('received cloud service_id is ' + res.service_id);
      console.log('received cloud params_len is ' + res.params_len);
      console.log('received cloud params is ' + res.params);
      // 调用 linkspeech 执行云端请求
      linkspeech.process(0, iotdev, res.service_id, res.params);
    });
  });
```

```
    iotdev.on('close', function() {    // 定义 IoT 设备关闭的回调函数
      console.log('iot close');
    });
    // 定义 IoT 设备处理错误消息的回调函数
    iotdev.on('error', function(data) {
      console.log('error ' + data);
    });
  }
  player.play(tonepathPowerOn, function() {       // 播放系统开机音乐
    var netStatus = networkClient.getStatus();    // 查看网络状态
    if (netStatus == 'connect') {
      iotDeviceCreate();        // 如果网络连接成功，则创建 IoT 设备
    } else {
// 如果网络没有连接成功，则定义网络连接成功的回调函数，在回调函数中创建 IoT 设备
      networkClient.on('connect', function() {
        iotDeviceCreate();
      });
    }
  })
```

在上述 App.js 代码中，将 productkey、devicename、devicesecret 信息更换为在云平台创建的对应设备信息。

至此，一个完整的语音播报音箱类产品案例就打造完成了，通过轻应用 OTA 功能将 JavaScript 脚本推送到设备端之后，就可以使用 JavaScript 版本的语音播报音箱功能了。

更多组合创新的案例还有待读者继续发掘。

7.3.9.5 轻应用 OTA 功能

1. 功能简介

OTA 升级是很多嵌入式产品必备的一个功能。HaaS 轻应用提供了完备的 OTA 解决方案。本案例就是一个升级 JavaScript 脚本的云端一体化例子，开发者可以通过 JavaScript 脚本实现应用脚本的版本上报、下载、完整性检验和脚本加载，具体流程如图 7-39 所示。

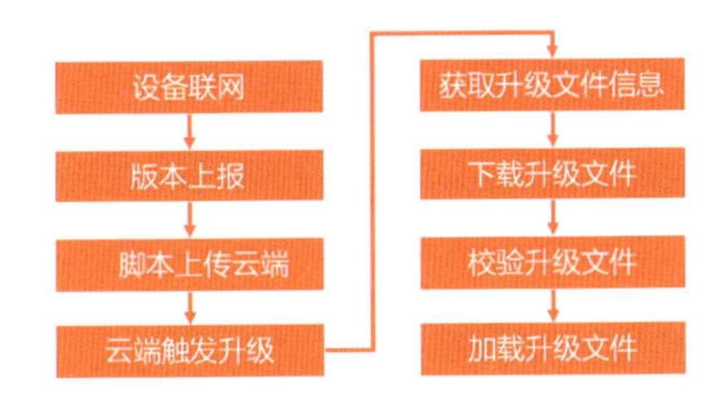

图 7-39 OTA 流程

2. 设备联网

在做脚本升级前，要确保设备是联网上线的，联网需要加入 iot 组件，如果是 Wi-Fi 设备，则需要加入 netmgr 组件进行配网，因此，在如下代码中，引入了 iot 组件和 netmgr 组件：

```
import * as netmgr from 'netmgr';
import * as iot from 'iot';
```

另外，还需要添加设备的三元组信息（参考前面从物联网平台获取三元组的方法）：

```
var productKey = ' ';       /* your productKey */
var deviceName = ' ';     /* your deviceName */
var deviceSecret = ' ';   /* your deviceSecret */
```

通过调用如下代码实现设备的上线：

```
var device = iot.device({
    productKey: productKey,
    deviceName: deviceName,
    deviceSecret: deviceSecret
});
```

3. 版本上报

当设备上线后，需要将脚本的版本号上报云端，因此，需要事先定义好脚本的版本，如示例代码定义的版本为：

```
var default_ver = '2.0.0';
```

由于阿里云物联网平台 OTA 是多模块升级方式，所以还需要定义一个模块名称，如果当前的脚本为设备的主业务，则模块名称必须为 default，如示例代码：

```
var module_name = 'default';
```

版本号和模块名称定义完成后，配合设备名和产品密钥，调用如下代码可实现版本号上报云端：

```
ota.report({
        device_handle: iotDeviceHandle,
        product_key: productKey,
        device_name: deviceName,
        module_name: module_name,
        version: default_ver
    });
```

其中，ota.report 接口用来将脚本版本号上报云端，入参有 5 个，第一个为 IoT 设备 handle，设备成功联网后，会返回整个对象；第二个为产品的密钥；第三个为设备名称；第四个为要上报版本模块的名称；第五个为设备固件的版本号。

完成以上调用后，在阿里云物联网平台会看到如图 7-40 所示的信息。

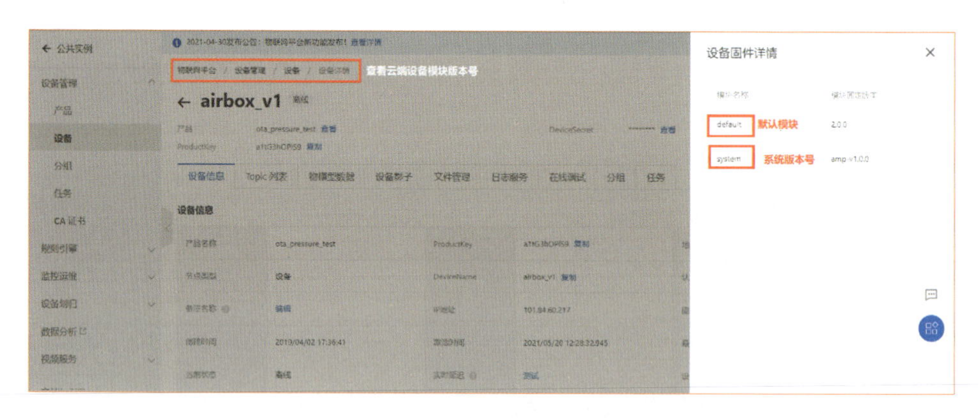

图 7-40　阿里云物联网平台

在图 7-40 中，default 模块版本即脚本中填入的版本号，system 模块的版本为当前运行 JavaScript 的系统版本。

4. 脚本上传云端

首先需要做个高版本的 JavaScript 脚本，将步骤 2 中的 JavaScript 版本号改成 var default_ver = '3.0.0';，然后创建一个 App.json 文件，文件内容如下：

```
{
    "version": "3.0.0",
    "io": {},
    "debugLevel": "DEBUG"
}
```

此文件主要是 JavaScript 的配套配置，如设备端的 I/O 配置及 JavaScript 的版本号（与 JavaScript 脚本中的版本号要相同）；将 App.js 和 App.json 放到一个文件夹中，用 JavaScript 工具打包成 App.bin（参考 7.3.5.1 节中对 pack 指令的说明）。

打包完成后，请参考图 7-41 完成固件上传到云端的工作。

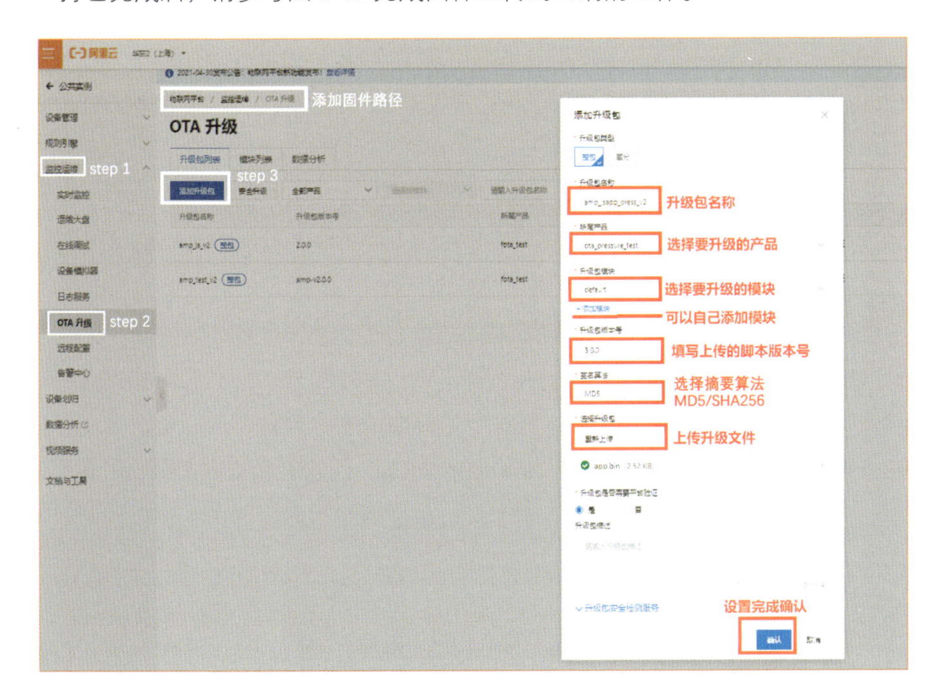

图 7-41　OTA 配置

5. 云端触发升级

JavaScript 脚本上传完成后，云端触发升级，如图 7-42 所示。

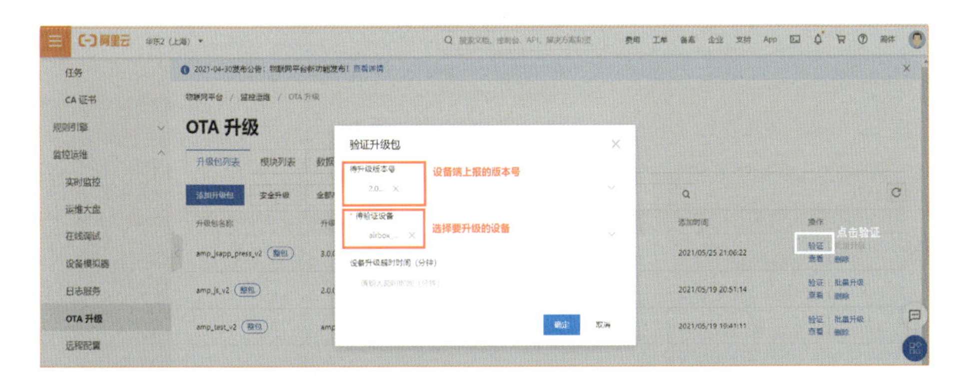

图 7-42　云端触发升级

6. 获取升级文件信息

当云端触发升级后，设备端会收到云端发送的脚本信息，具体包括文件大小、URL、模块名称、hash_type（MD5 或 SHA256）、hash 值，对应的代码为：

```
ota.on('new', function(res) {
        console.log('length is ' + res.length);
        console.log('module_name is ' + res.module_name);
        console.log('version is ' + res.version);
        console.log('url is ' + res.url);
        console.log('hash is ' + res.hash);
        console.log('hash_type is ' + res.hash_type);
```

7. 下载升级文件

通过步骤 6，设备端已拿到云端即将下发文件的版本号、URL、模块名称等，开发者可根据需求决定是否下载此文件。例如，进行版本比对，当发现版本号较当前版本号小时，可以选择不下载。另外，还可以通过模块名称判断下载的是什么文件，如果模块名称为 default，则下载的是 JavaScript 脚本，开发者可根据需要自己定义。

如用设备需要下载此文件，则通过 download 方法下载，如示例代码：

```
ota.download({
            url: info.url,
            store_path: info.store_path
        }, function(res) {
```

下载接口需要填入的参数有 2 个，第一个参数为文件的 URL，第二个参数为文件的存储路径，包括存储的文件名称，如示例代码：

```
var info = {
    url: '',
    store_path: '/data/jsamp/pack.bin',
```

8. 校验升级文件

当文件下载完成后，需要验证文件是否完整，调用 verify 验证，如下面的示例代码：

```
ota.verify({
                    length: info.length,
                    hash_type: info.hashType,
                    hash: info.hash,
```

```
            store_path: info.store_path
        }, function(res) {
```

ota.verify 的入参有 4 个，分别为下载文件的长度、云端下发的 hash_type（MD5 或 SHA256）、对应的 hash 值及存储已下载文件的路径，这些参数已通过步骤 5 全部获取，直接填入即可。

9. 加载升级文件

当升级文件校验成功后，即可实现脚本文件的加载，此时调用 upgrade 即可实现脚本的重新加载，如下面的示例代码：

```
ota.upgrade({
                  length: info.length,
                  store_path: info.store_path,
                  install_path: info.install_path
              }, function(res)
```

ota.upgrade 有 3 个入参，第一个为下载文件的长度，第二个为已下载文件的路径，第三个为要安装的路径，如示例代码定义的安装路径：

```
install_path: '/data/jsamp/',
```

如果升级成功，那么脚本会重新加载并上报版本号，云端状态如图 7-43 所示。

图 7-43　云端状态

7.3.9.6　Modbus-RTU 设备连云

Modbus 是由 Modicon 公司于 1979 年发明的一种应用于工业现场的应用层通信协议，用于在不同类型总线或网络上连接的设备之间进行服务端/客户端通信。

Modbus 协议位于 OSI 模型的第 7 层，其本身并没有规定物理层，支持 RS232、RS422、RS485 和以太网等多种电气接口。Modbus 因为其标准、开放、免费等特性在工业通信领域获得广泛应用。它一直是业界标准，在国内已经成为国家标准 GB/T 19582—2008。

Modbus 是一种请求/应答协议，采用半双工通信方式，一个服务端可以向多个客户端提供由功能码定义的服务，每个客户端都有唯一的 ID。根据信号传输模式的不同，Modbus 分为 ASCII、RTU 和 TCP 三种。通常情况下，Modbus 串行通信模式（RTU/ASCII）基于 RS485 接口，Modbus-TCP 协议基于 RJ45 接口。

Modbus ASCII 码（美国标准信息交换代码）协议的每帧数据都有明确的起始和结束字符定义；Modbus-RTU（远程终端单元）传输协议无起始和结束字符定义，但要求数据帧与帧传输间隔至少为 3.5 个字符时间，数据帧内部字符之间的间隔要小于 1.5 个字符时间；而 Modbus-TCP 传输协议则要添加报文头。

1. 原理介绍

在本示例中，首先在阿里云物联网平台下发物模型属性设置数据，HaaS 开发板经 4G 网络接收数据，板载 HaaS 轻应用软件服务进行云端数据解析并使用 Modbus-RTU 协议通过串口与计算机测试工具 Modbus Slave 进行通信，模拟设置 Modbus 从机设备线圈 0 的开启、关闭功能，如图 7-44 所示。

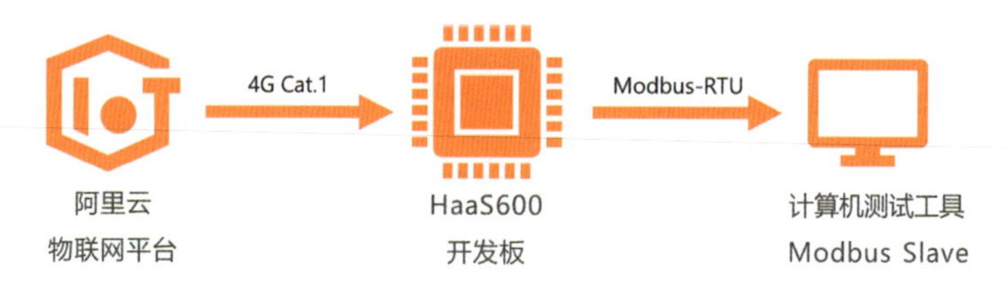

图 7-44　Modbus-RTU 案例系统原理示意图

2. 实践流程

（1）硬件平台。本示例需要使用 HaaS600 开发板（EC600S-CN）套件，如图 7-45 所示。

HaaS600 开发板有一个串口，为了方便开发者调试，该串口有 3 个可选接口，分别是 USB2、J5 和 J6，如图 7-46 所示。在本示例中，将开关 K1 拨到丝印 USB 侧，选择 USB2 为串口接口。USB2 接口有 USB 转串口芯片，使用开发板附赠的 Micro USB 线连接至计算机，安装好串口驱动即可使用。

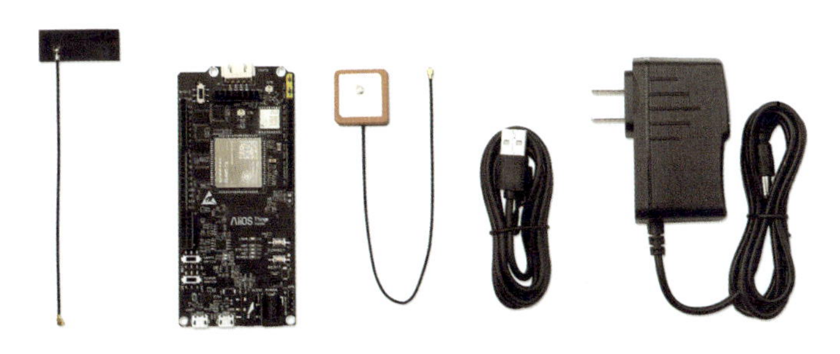

图 7-45　Modbus-RTU 实验所需硬件设备

图 7-46　HaaS600 接口示意图

说明：当将开关 K1 拨到丝印 JP 侧时，J5 和 J6 为串口接口（3.3V TTL 电平），开关 K3 用于调换 J5 和 J6 接口的 TX/RX 顺序。

（2）计算机软件工具。本示例会使用 Modbus Slave 软件，它是 Windows 系统上的一款 Modbus 模拟软件，最多可以模拟 32 个从机设备。在没有 Modbus 设备时，可以使用该软件进行 Modbus 编程及测试，可以大幅提高开发效率。

Modbus Slave 支持的功能如下。

① 读取线圈状态。

② 读取输入状态。

③ 读取保持寄存器。

④ 读取输入寄存器。

⑤ 写单个线圈。

⑥ 设置单个保持寄存器。

⑦ 设置多个线圈。

⑧ 设置多个保持寄存器。

⑨ 屏蔽写寄存器。

⑩ 读/写寄存器。

请参考如下步骤使用 Modbus Slave 软件。

① 新建 Modbus 从机设备，如图 7-47 所示。

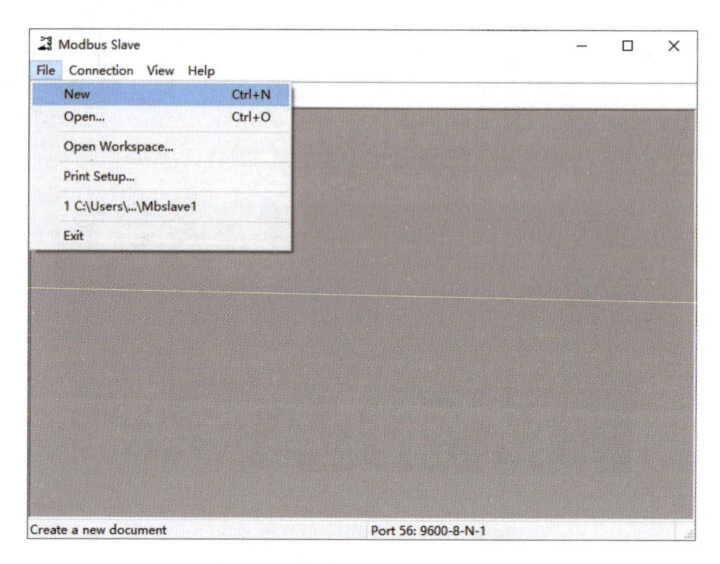

图 7-47　新建 Modbus 从机设备

② 定义从机设备，如图 7-48～图 7-50 所示。

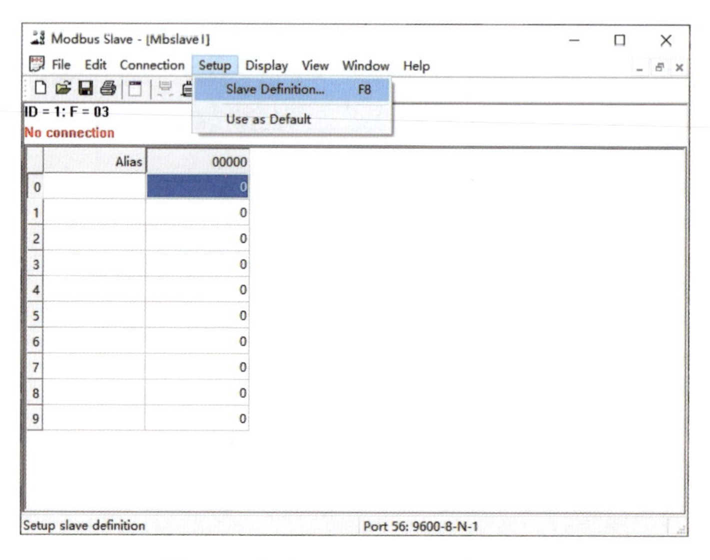

图 7-48　设置 Modbus 从机设备属性 1

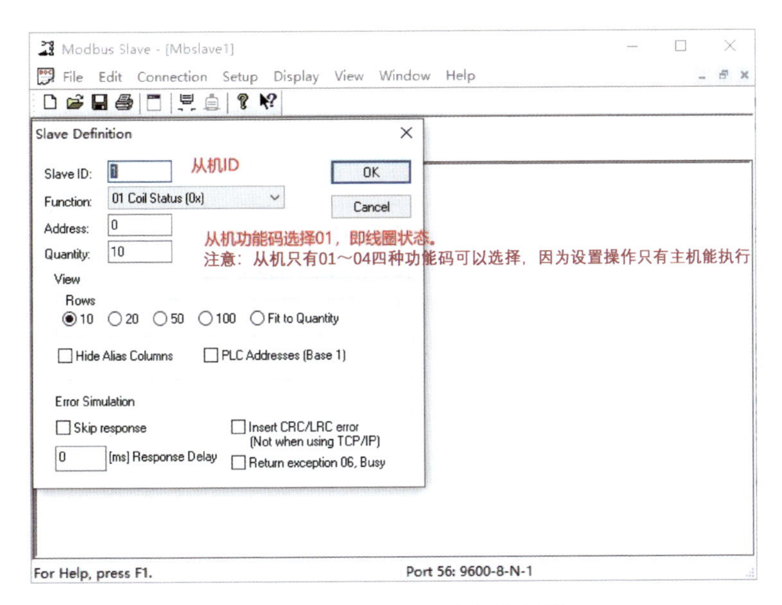

图 7-49　设置 Modbus 从机设备属性 2

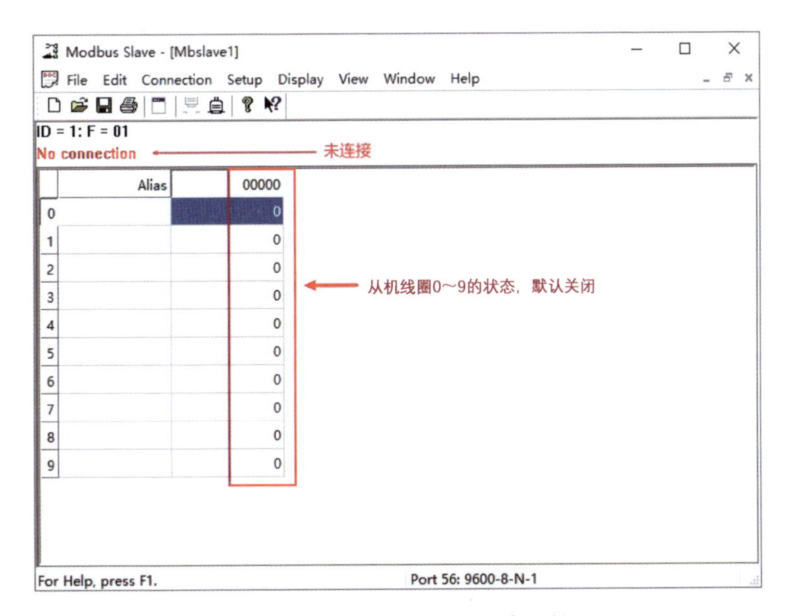

图 7-50　设置 Modbus 从机设备属性 3

③ 连接设置，如图 7-51 和图 7-52 所示。

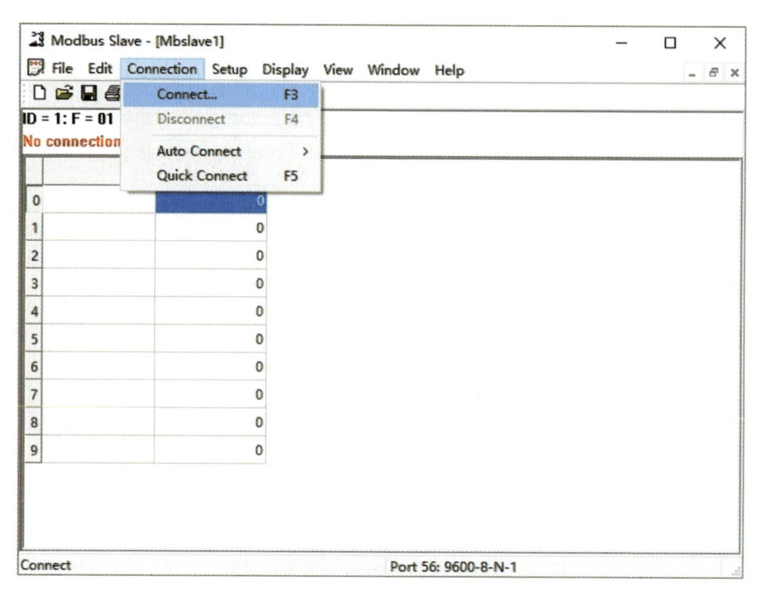

图 7-51　连接设置 1

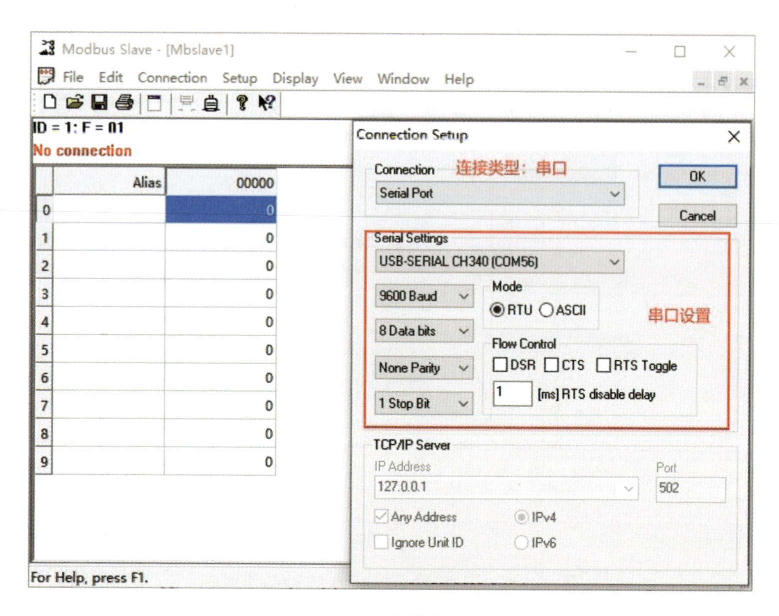

图 7-52　连接设置 2

④ 串口日志监控，如图 7-53 和图 7-54 所示。

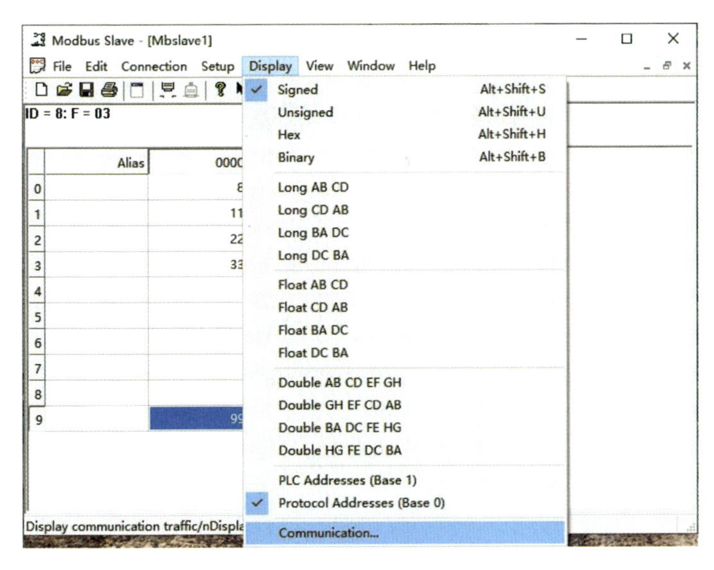

图 7-53　串口日志监控 1

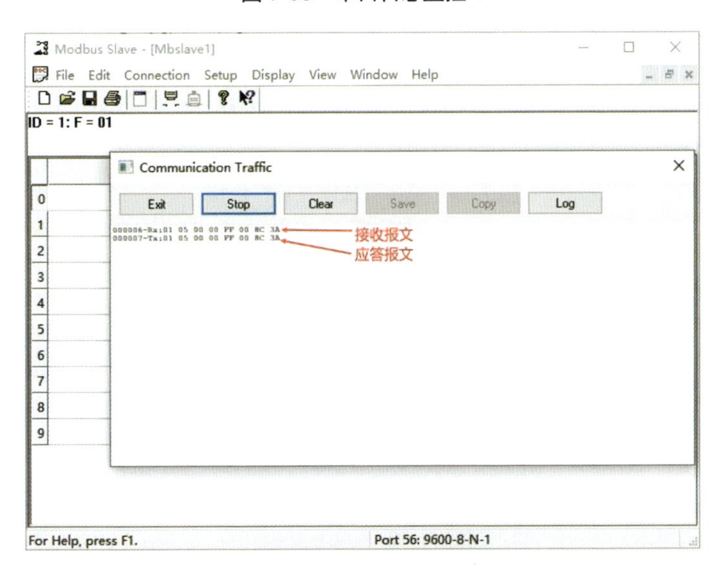

图 7-54　串口日志监控 2

（3）云端控制。本示例使用的云端服务为阿里云物联网平台，可以参考 5.2.2 节了解阿里云物联网平台的物模型技术。

登录阿里云官网，参考阿里云物联网平台帮助文档，依次创建产品、创建设备，然后添加物模型属性 PowerSwitch。PowerSwitch 属性和本示例应用代码直接关联，下面着重介绍如何单个添加自定义物模型属性。

功能定义请参考如下步骤。

① 打开“功能定义”页签，然后单击“编辑草稿”链接，如图 7-55 所示。

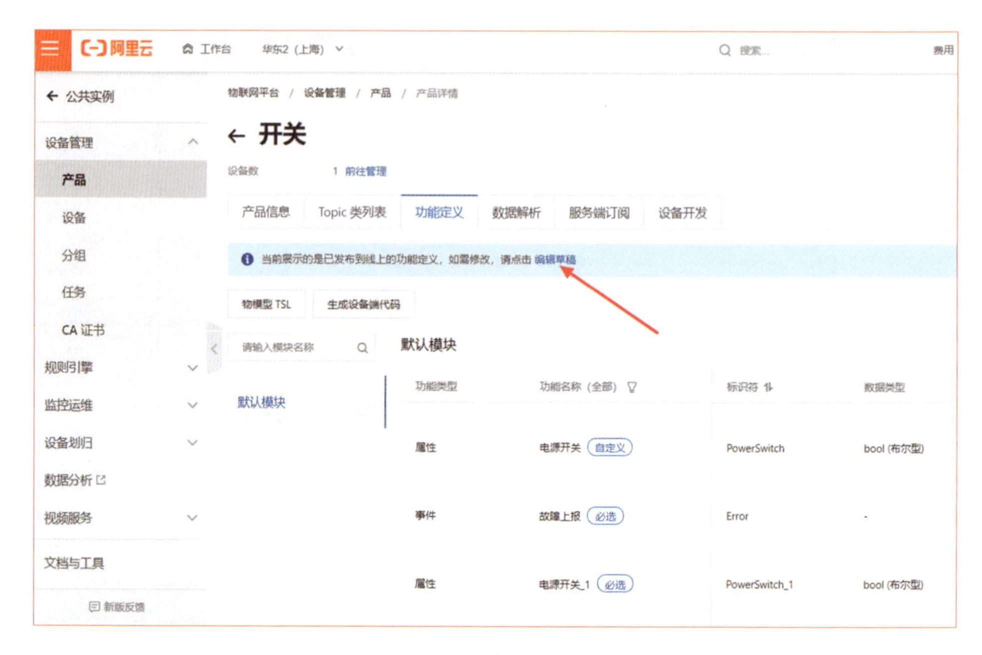

图 7-54　单击“编辑草稿”链接

② 在编辑草稿界面，单击“添加自定义功能”按钮，如图 7-56 所示。

图 7-56　单击“添加自定义功能”按钮

③ 在弹出的“添加自定义功能”对话框中设置自定义功能属性，如图 7-57 所示。

图 7-57　设置自定义功能属性

④ 编辑好自定义功能属性之后，单击“发布上线”按钮，如图 7-58 所示。

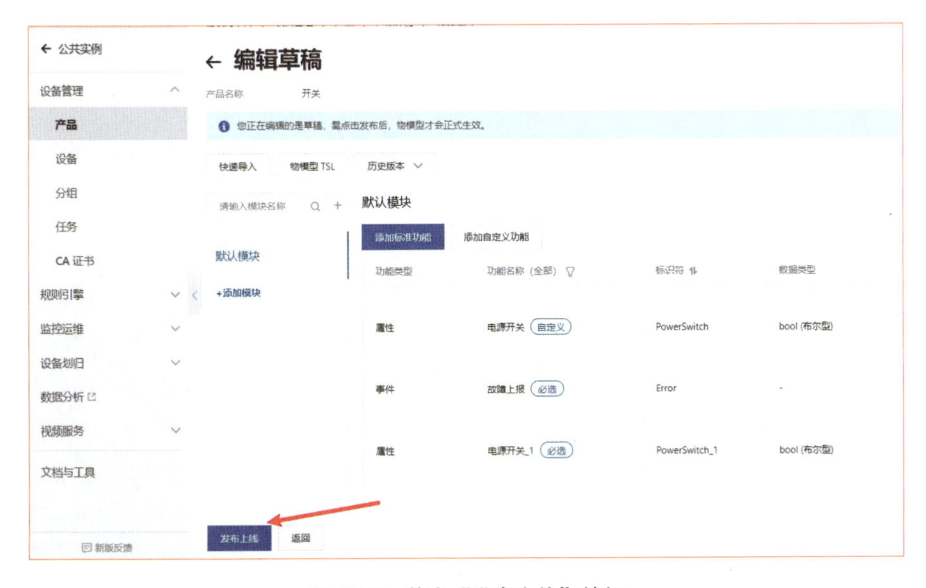

图 7-58　单击“发布上线”按钮

这样就完成了物模型属性发布的步骤，设备上线后，便可以通过在线调试功能在云端下发属性设置数据，如图 7-59 所示。

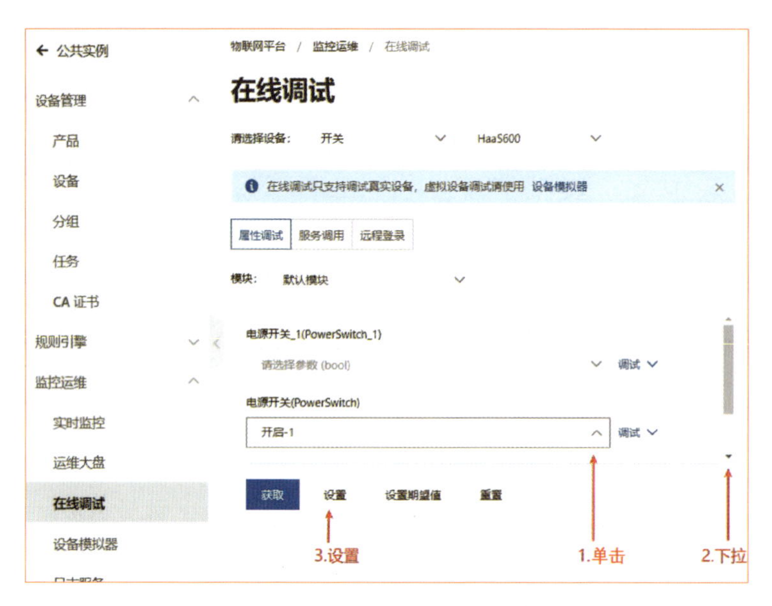

图 7-59　设置在线调试功能

（4）参考代码。App.js 和 App.json 的内容请参考 modbus-rtu 目录下的代码。注意：需要把已创建设备的 ProductKey、ProductKey 和 DeviceSecret 填入 App.js 代码中。

3. 示例运行结果

云端在线调试实时日志可以参考“在线调试”中的“实时日志”的内容，这里会记录设备端和云端通信的所有日志，如图 7-60 所示。可以通过左侧的“属性调试”功能中的“设置”按钮来控制 Modbus Slave 的开启和关闭状态。

系统运行后，HaaS600 开发板日志如下：

```
cloud onProps, msg_id is 1399004153
cloud onProps, params_len is 17
cloud onProps, params is {"PowerSwitch":1}
turn on relay
write send 1,5,0,0,255,0,140,58
rtn onData
onData: 1,5,0,0,255,0,140,58
```

```
cloud onProps, msg_id is 1435839973
cloud onProps, params_len is 17
cloud onProps, params is {"PowerSwitch":0}
turn off relay
write send 1,5,0,0,0,0,205,202
rtn onData
onData: 1,5,0,0,0,0,205,202
```

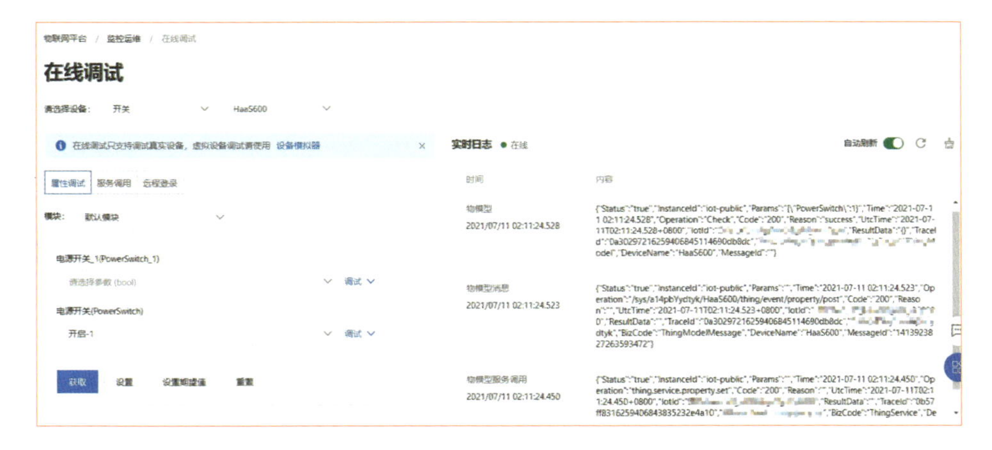

图 7-60　实时日志

在云端设置 Modbus Slave 为开启状态，可以看到 Modbus Slava 软件中的线圈 0 变成开启状态，如图 7-61 所示。

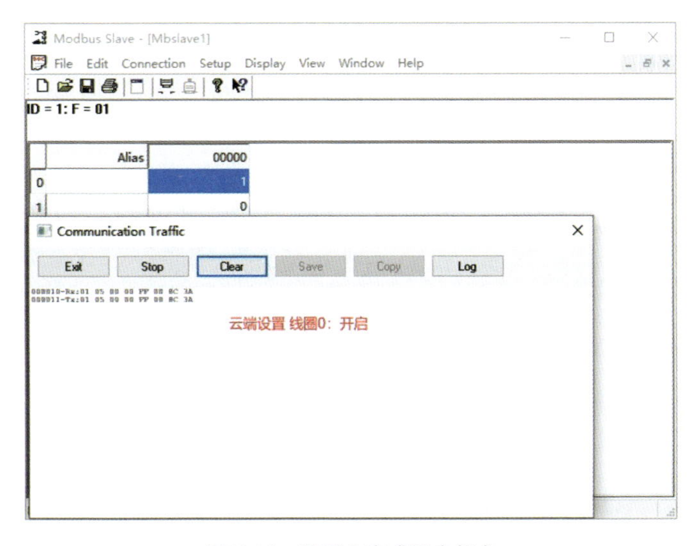

图 7-61　线圈 0 变成开启状态

在云端设置 Modbus Slave 为关闭状态，可以看到 Modbus Slava 软件中的线圈 0 变成关闭状态，如图 7-62 所示。

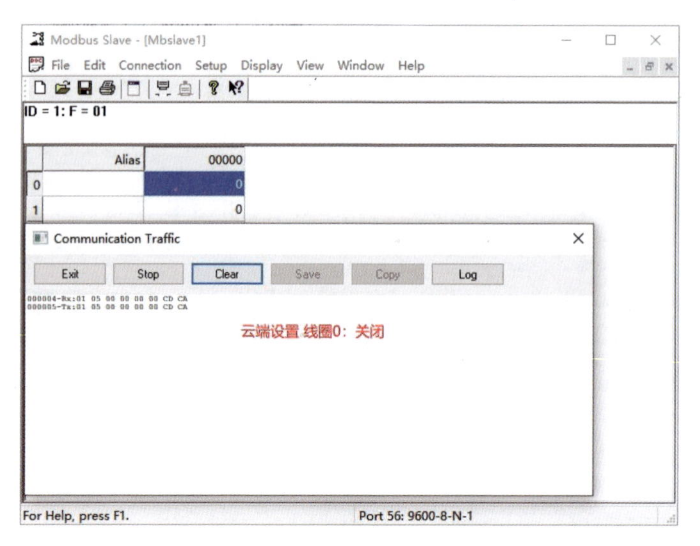

图 7-62　线圈 0 变成关闭状态

至此，ModBus-RTU 设备连云示例就完成了。